Pearson

Jetzt registrieren & besser lernen

AF645422

Mit Pearson MyLab zu mehr Lernerfolg

Die interaktive eLearning-Plattform Pearson MyLab erweitert unsere Lehrbücher um die digitale Welt. Selbst komplexe Inhalte werden so anschaulicher und leichter verständlich. Über die Theorie hinaus können Sie das Erlernte praktisch anwenden und unmittelbar erleben.

Lernen wo und wann immer Sie wollen

mit Ihrem persönlichen Lehrbuch als kommentierbaren eText.

Prüfungen effizient vorbereiten

mit vielzähligen Übungsaufgaben inklusive Lösungshinweisen und sofortigem Feedback.

Komplexe Inhalte leichter verstehen

dank interaktiver Zusätze wie z.B. Videos, interaktive Grafiken o.ä.

Sie sind Dozent*in

und möchten Zugang zu exklusiven Materialien für die Lehre bzw. MyLab in Ihrem Kurs einsetzen? Wenden Sie sich bitte an unsere Dozentenberater*innen und fordern Sie Ihren persönlichen Zugang an.

https://www.pearson.de/studium/dozierende/

Zugangscode

Nutzungsdauer 24 Monate

Q39PDJN8

https://www.pearson.de/mylab/stratm3e

Strategisches Management

Grundlagen für Studium und Praxis

3., aktualisierte Auflage

Sabine Reisinger
Regina Gattringer
Franz Strehl

Pearson

Bibliografische Information Der Deutschen Nationalbibliothek
Die Deutsche Nationalbibliothek verzeichnet diese Publikation in der Deutschen Nationalbibliografie; detaillierte bibliografische Daten sind im Internet über *http://dnb.dnb.de* abrufbar.

Bei Fragen zur Produktsicherheit wenden Sie Sich bitte an info@pearson.de.
Der Umwelt zuliebe verzichten wir auf Einschweißfolie.

10 9 8 7 6 5 4 3 2

27 26 25

ISBN 978-3-86894-436-5 (Buch)
ISBN 978-3-86326-337-9 (E-Book)

Zugangscode einlösbar bis 30.09.2027

St.-Martin-Straße 82, D-81541 München

www.pearson.de
A part of Pearson plc worldwide
Programmleitung: Martin Milbradt
Lektorat: Markus Stahmann, markus.stahmann@pearson.com
Korrektorat: Dipl.-Ök. Christina A. Sieger, Essen
Herstellung: Claudia Bäurle, cbaeurle@pearson.de
Satz: Reemers Publishing Services GmbH, Krefeld
Druck und Verarbeitung: Ovimex, Deventer

Printed in the Netherlands

Inhaltsverzeichnis

Kapitel 3 Strategische Analyse

Vorwort zur 3. Auflage

Das Buch „Strategisches Management – Grundlagen für Studium und Praxis“ konnte sich bereits mit der ersten Auflage als eines der Standardwerke im deutschsprachigen Raum etablieren. Es ist für Studierende sowie Praktiker geschrieben, unterstützt beim systematischen Durchdenken strategischer Fragestellungen und gibt einen kompakten Einblick in die Welt des Strategischen Managements.

Heute ist Strategisches Management aktueller denn je. In einer zunehmend volatilen, unsicheren, komplexen und von Ambiguität geprägten Umwelt (VUKA) sind Unternehmen oftmals gezwungen, sich rasch neu auszurichten, neue Geschäftsmodelle zu etablieren oder ihre Strategien umfassend anzupassen. Dies haben viele von uns während der Covid-19-Pandemie erlebt. Darüber hinaus revolutioniert die Digitalisierung Geschäftsmodelle oder ganze Branchen.

Viele Märkte und Technologien ändern sich rasant und verursachen eine enorme Dynamik im Wettbewerb. In einer VUKA-Umwelt dominieren oft die „Schnellen“ die „Langsamen“ und die „Kreativen“ die „Perfekten“. In einem derartigen Umfeld ist Veränderung an der Tagesordnung und der raschen Anpassung von Organisationen und ihren Angeboten an die Bedürfnisse von Märkten und Stakeholdern kommt eine zentrale Bedeutung zu. Dem tragen wir in diesem Buch Rechnung, indem wir besonderes Augenmerk auf die Phase der Strategieimplementierung und den strategischen Wandel legen.

In der dritten Auflage haben wir den grundlegenden Aufbau beibehalten, dies erleichtert den Einstieg in die vielgestaltige Welt des Strategischen Managements. Der gesamte Text wurde jedoch umfassend aktualisiert und um jene Erkenntnisse ergänzt, die für Strategen in einer VUKA-Umwelt für die Bewältigung strategischer Herausforderungen wichtig sind (z.B. Open Strategy, Agilität, Dynamic Capabilities, Geschäftsmodelle und Wertschöpfungsnetzwerke). Zudem finden Interessierte viele Hinweise auf aktuelle Erkenntnisse und neueste wissenschaftliche Studien. Dazu haben wir die Literatur umfassend aktualisiert und um zahlreiche neue Beiträge erweitert.

Wir bedanken uns bei all jenen Praktikern und Studierenden, die uns zu diesem Buch inspiriert haben. Ebenso gilt unser Dank jenen, die mit ihren Hinweisen und Fragen zur Weiterentwicklung der ersten beiden Auflagen beigetragen haben. Ganz besonders bedanken wir uns bei allen beteiligten Mitarbeiterinnen und Mitarbeitern von Pearson, insbesondere beim Programmleiter Martin Milbradt und der Lektorin Elisabeth Prümm, für die gute und herzliche Zusammenarbeit.

Wir wünschen Ihnen interessante Einblicke in die Welt des Strategischen Managements!

Sabine Reisinger
Regina Gattringer
Franz Strehl

Über die Autorinnen und Autoren

Sabine Reisinger lehrt Grundlagen und Spezifika des Strategischen Managements an der Johannes Kepler Universität in Linz. Sie erforscht aktuell, mit welchen strategischen Herausforderungen Unternehmen in einer digitalen und zunehmend vernetzten Welt konfrontiert sind und wie Unternehmen in einem VUKA-Umfeld im Wettbewerb punkten können. Als Strategieberaterin, Change-Begleiterin und Executive Coach ist sie eng mit der Praxis verbunden. Ihre Kernkompetenz ist die Verbindung von theoretischen Grundlagen, neuen wissenschaftlichen Erkenntnissen und praktischer Machbarkeit. Sie folgt der Devise: Wer etwas will, findet Wege!

Regina Gattringer ist Professorin am Institut für Strategisches Management an der Johannes Kepler Universität in Linz. Aufgrund ihrer langjährigen Trainings- und Beratungserfahrung hat sie einen engen Praxisbezug. Der Fokus ihrer aktuellen Forschungsaktivitäten liegt in den Bereichen Open Strategy und Foresight und damit auf der Frage, wie Unternehmen ihre Strategieprozesse offener und zukunftsorientierter gestalten können, um sich auf die Chancen und Herausforderungen der Zukunft besser vorzubereiten. Diesbezügliche Erkenntnisse wurden in unterschiedlichen wissenschaftlichen Journals publiziert.

Franz Strehl ist Professor für Strategisches Management und lehrt in Bachelor-, Master- und Doktoratsprogrammen an der Johannes Kepler Universität in Linz. Er kann auf langjährige Erfahrungen in verschiedenen Verantwortungsbereichen verweisen (Rektor der Johannes Kepler Universität in Linz, Präsident des International Institute of Administrative Sciences in Brüssel, wissenschaftlicher Leiter der Linzer Managementakademie). Derzeit forscht er insbesondere in den Bereichen Strategic Foresight, Strategie und Unternehmenskultur sowie Strategien in einer globalisierten, digitalen Welt.

MyLab | Strategisches Management

Zum Buch erhalten Sie einen AccessCode zur eLearning-Umgebung **MyLab | Strategisches Management**. Hier bekommen Sie Zugriff auf umfassende Online-Lernmaterialien, die Sie beim Lernen unterstützen sollen. Über 8 Millionen Studierende weltweit haben mit dieser Plattform schon gearbeitet.

Studierende

Studierende erhalten das komplette Lehrbuch als eText zum Online-Lesen – immer und überall. Den eText können Sie auf PCs, Macs und allen gängigen Tablets und Smartphones abrufen und zu Ihrem eigenen Arbeitsdokument machen. Praktische Werkzeuge wie Markieren, Notizen, Kommentieren sowie das Setzen von Lesezeichen sind im eText integriert.

Über eine Kapitelübersicht können Sie direkt die Schwerpunkte zu den einzelnen Kapiteln aufrufen und sich einen Gesamtüberblick über die Materie verschaffen.

Am Ende jeder Kapitelzusammenfassung finden Sie Digitale Lernkarten (Flashcards) zum Selberlernen und Einüben von Definitionen. Diese sind auch auf dem Tablet oder Smartphone nutzbar.

Übungsaufgaben und Fragen dienen der Prüfungs- und Vorlesungsvorbereitung. Lehrende können die Lösungen gemeinsam mit den Studierenden erarbeiten.

Dozierende

Als Lehrende stehen Ihnen PowerPoint-Folien für die Lehrveranstaltung zur Verfügung, des Weiteren alle Abbildungen und Tabellen aus dem Buch.

Zu den Übungsaufgaben und Fragen finden Sie in den Ressourcen für Dozierende auch die Teachingnotes, um die Inhalte mit Ihren Studierenden in der Vorlesung zu besprechen.

Für Informationen zum individualisierten Einsatz von **MyLab | Strategisches Management** wenden Sie sich bitte an unseren Service für Dozierende: dozenten.service@pearson.de

Einleitung

1

Wer langfristig erfolgreich sein will, muss Potenziale und Chancen rechtzeitig erkennen, bewerten und nutzen. In der heutigen Businesswelt ist das eine herausfordernde Angelegenheit. Denn in einer globalisierten digitalen Welt mit komplexen, dynamischen Märkten, bedarf es nicht nur der Schnelligkeit beim Aufgreifen neuer Ideen, sondern auch der organisatorischen Wendigkeit, um neue Strategien rasch umzusetzen. Dazu ist es erforderlich, bislang bewährte Denk- und Handlungsmuster immer wieder zu erweitern oder gar aufzugeben, schnell Neues zu erlernen und auszuprobieren.[1]

„Strategie ist heute aktueller denn je“, erklärt der internationale Wettbewerbsstratege Scheuss. In einer unsicheren, ungewissen Welt kommt Strategischem Management hohe Bedeutung zu, denn es beschäftigt sich mit der Erfolgsbasis eines Unternehmens: den Kunden, Märkten, Kernkompetenzen, Innovation, Wachstum, Wettbewerb, ...[2] Strategen stehen eine große Anzahl unterschiedlichster Werkzeuge, Konzepte und Modelle zur Verfügung. Sie erlauben eine professionelle Auseinandersetzung mit Unternehmen und ihrer Umwelt.

Umfangreiche Literaturbasis

Wie umfangreich die Literatur zum strategischen Management in den letzten Jahrzehnten geworden ist, wird bei einer kurzen Internetrecherche offensichtlich. Mehr als eine Million wissenschaftliche Beiträge und Bücher sind bereits verfügbar – nicht eingerechnet die mannigfaltigen Informationen von Beratern und Experten. Für die Studierenden und Praktiker stellt eben diese Vielfalt eine Hürde dar. Wo soll man in der umfangreichen Wissensbasis des strategischen Managements mit der Suche nach geeigneten Werkzeugen, Konzepten oder Ideen beginnen? Wie kann man sich rasch einen Überblick verschaffen? Wie findet man in der großen Menge an publizierten wissenschaftlichen Erkenntnissen, Lehrbüchern und simplifizierten Erfolgsrezepten jene, die einem Vorteile zwischen Industrie- und Informationszeitalter bringen?

Eine erste Annäherung

Die Unternehmensberaterin Fitzgerald beschreibt ihre erste Annäherung an die Disziplin des strategischen Managements wie folgt: *„Learning about strategy turned out to be a challenging venture. The books and articles I read were initially more confusing than illuminating.“*[3] Dies verwundert nicht, denn in der Disziplin des strategischen Managements existiert weder ein einheitliches Paradigma noch ein geschlossener theoretischer Rahmen.[4] Daher finden sich zu fast allen Kernthemen unterschiedliche Beiträge und Meinungen.[5] Eine erste unstrukturierte Annäherung bringt folglich eine Vielzahl unterschiedlicher Antworten, aber vor allem eine große Anzahl weiterer Fragen ans Tageslicht.[6]

Dieses Buch begleitet Sie durch diese vielgestaltige Welt des strategischen Managements. Dabei richtet sich der Scheinwerfer auf zentrale Erkenntnisse der Disziplin, ohne andere Sichtweisen und Meinungen vollkommen aus den Augen zu verlieren. So nähern Sie sich dem Gedankengut des strategischen Managements Schritt für Schritt an, ohne sich im Dschungel[7] an Theorien, Modellen und Methoden zu verirren. Dieses Buch bietet Ihnen die Möglichkeit, sich einfach und schnell mit der komplexen Welt des strategischen Managements vertraut zu machen. Sie erhalten hier einen strukturierten Einblick in die derzeitige Wissensbasis.

Wissensbasis

Die aktuelle Wissensbasis des strategischen Managements wurde in den letzten Jahrzehnten von Forschern, Beratungsfirmen und Unternehmen aufgebaut. Die zur Verfügung stehende Literatur bietet daher einerseits wissenschaftliche Journals aber auch eine Vielfalt von Büchern wie renommierte Klassiker (z.B. Porter, Ansoff)[8], Lehrbücher[9], komplexe wissenschaftliche Handbücher[10] bis hin zu praxisorientierten Ratgebern[11]. Sie unterscheiden sich hinsichtlich ihrer grundlegenden Orientierung (Wissenschaft vs. Praxis), der erörterten Prozessphasen und der wissenschaftlichen Grundlagen (Perspektivenvielfalt).

Das Buch „Strategisches Management – Grundlagen für Studium und Praxis" hat sich bereits mit der ersten Auflage zu einem der Standardwerke im deutschsprachigen Raum etabliert. Es freut uns, dass wir nun die dritte, aktualisierte Neuauflage vorlegen können. Umfassend überarbeitet, aktualisiert und thematisch erweitert, vermittelt das Buch fundiertes theoretisches Wissen, das in der Praxis anwendbar ist. Wir folgen auch in der dritten Auflage unserer ursprünglichen Zielsetzung: ein Buch zu schreiben, das für den Einstieg in das strategische Management geeignet ist und für Studierende und Praktiker unmittelbaren Nutzen stiftet. Aus diesem Grund haben wir den grundlegenden Aufbau beibehalten, jedoch den gesamten Text aktualisiert und um jene Aspekte ergänzt, die für Strategen in einer zunehmend volatilen, unsicheren, komplexen und ambiguiten Umwelt (VUKA)[12] von Bedeutung sind (▶ Abbildung 1.1). Schließlich dient strategisches Management der aktiven Gestaltung der Unternehmenszukunft und damit dem erfolgreichen Navigieren in der Wettbewerbslandschaft.

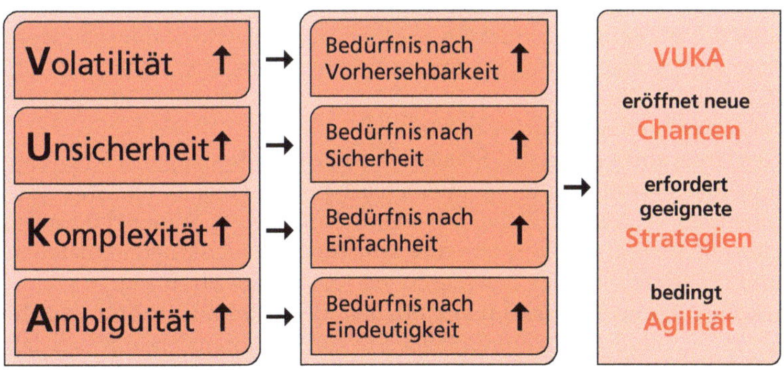

Abbildung 1.1: Strategisches Management in einer VUKA-Umwelt

In einer VUKA-Umwelt eröffnen sich für Strategen vollkommen neue Chancen, indem die steigenden Bedürfnisse der Menschen nach Vorhersehbarkeit, Sicherheit, Einfachheit (Komplexitätsreduktion) und Eindeutigkeit (Klarheit) in der Strategiearbeit Beachtung finden. Zudem ermöglichen die fortschreitende Digitalisierung von Produkten, Prozessen und Dienstleistungen sowie die zunehmende Vernetzung von Menschen und Dingen vollkommen neue Geschäftsmodelle. Die Herausforderung liegt allerdings darin, geeignete Strategien in einer von Dynamik geprägten VUKA-Umwelt schnell genug zu realisieren. Dazu bedarf es geeigneter Werkzeuge und Agilität im gesamten Strategieprozess.

Geeignete Methoden und Instrumente des strategischen Managements zu kennen und anwenden zu können, gehört zum Handwerkszeug von Führungskräften. Und auch hier gilt: Wer nur einen Hammer kennt, wird in jedem Problem einen Nagel entdecken[13]. Damit sind die Handlungsmöglichkeiten eingeschränkt. Wer hingegen verschiedene Werkzeuge einsetzen kann, wird effektiver und effizienter agieren können – eine Voraussetzung für erfolgreiches strategisches Management.

Spezifika dieses Buchs Das Einzigartige an diesem Buch ist die umfassende und zugleich prägnante Darstellung relevanter Themen entlang des gesamten Strategieprozesses. Konkret zeichnet sich das Buch durch folgende Spezifika aus:

- **Sieben Elemente (Handlungsfelder)** Die Strategie steht im Zentrum der Betrachtung, wird jedoch nicht als alleinige Erfolgsvoraussetzung erachtet. Insgesamt sind es sieben Elemente und deren Verknüpfungen, die es bei der Formulierung und Implementierung von Strategien besonders zu berücksichtigen gilt. Diese Elemente (Handlungsfelder) und ihre Zusammenhänge werden, basierend auf aktuellen Forschungsergebnissen, erörtert.
- **Sieben Perspektiven (wissenschaftliche Grundlagen)** Insgesamt sieben wegweisende Perspektiven des strategischen Managements bilden die Basis dieses Buchs. Sie zählen heute zu den bedeutendsten Ansätzen und sind weit verbreitet in Theorie und Praxis. Die multiperspektivische Herangehensweise erlaubt es, einen Aspekt bzw. ein Problem aus unterschiedlichen Perspektiven zu beleuchten – eine Voraussetzung für eine reflektierte Auseinandersetzung.
- **Strategieprozess** In diesem Buch werden alle Phasen eines Strategieprozesses erläutert. Der Bestimmung der Ausgangsposition im Rahmen der strategischen Analyse wird damit ebenso Rechnung getragen, wie der Strategieformulierung und der Strategieimplementierung. Ferner wird die strategische Evaluierung als ein wichtiges Element im gesamten Strategieprozess erörtert.
- **Geplante und emergente Strategien** Relevante Konzepte, Werkzeuge und Ideen werden entlang eines idealtypischen, geplanten Strategieprozesses vorgestellt. Dabei wird berücksichtigt, dass manche Strategien im Verlauf der Zeit aus den alltäglichen Handlungen entstehen und nicht alle Strategien geplant sind (emergente Strategien).
- **Aktualität und Praxisrelevanz** Ein Ziel der Autoren ist die Auswahl aktueller Inhalte mit hoher Relevanz für die Praxis. Damit werden jene Konzepte, Werkzeuge und Ideen aufgegriffen, die durch ihre Anwendung für Unternehmen besonderen Nutzen stiften.
- **Integrierte Darlegung der Inhalte** Die einzelnen Themen werden integriert dargelegt und erörtert. Indem Wechselbeziehungen zwischen den einzelnen Themen berücksichtigt werden, wird der, strategischen Fragestellungen inhärenten Komplexität, Rechnung getragen.
- **Kompakt und verständliche Form** Um einen einfachen Einstieg in die Disziplin des strategischen Managements auf wenigen Seiten zu ermöglichen, ist dieses Buch äußerst kompakt. Die Darlegung der Inhalte erfolgt in prägnanter Form. Auf ausführliche Erläuterungen von Details und Hintergründen sowie beispielhafte Erklärungen wird bewusst verzichtet.

Aufbau des Buchs

Der Aufbau des Buchs erlaubt einen schnellen Einstieg in die Welt des strategischen Managements. In Kapitel 2 werden zentrale Elemente (Handlungsfelder) und Inhalte des strategischen Managements beleuchtet und deren Zusammenhänge skizziert. Darüber hinaus werden die wissenschaftlichen Fundamente des Buchs erläutert. Genau genommen sind dies Erkenntnisse aus sieben Perspektiven des strategischen Managements. Damit wird eine Brücke zwischen den oft überaus komplexen Überlegungen von Forschern und den konkreten Anforderungen in Unternehmen hergestellt.

Die Darlegung und Erörterung aktueller Konzepte, Vorgehensmodelle und Werkzeuge erfolgen entlang eines geplanten Strategieprozesses (▶ Kapitel 3 bis ▶ Kapitel 6). Dies unterstützt Studierende beim erstmaligen Verstehen eines komplexen Prozesses und macht diesen für sie nachvollziehbar. Außerdem ermöglicht es dem Praktiker, rasch adäquate Konzepte, Vorgehensmodelle und Werkzeuge für die Gestaltung eines unternehmensspezifischen Strategieprozesses zu finden.

- **Strategische Analyse** Die erste Phase in einem idealtypischen geplanten Strategieprozess dient der Bestimmung der strategischen Ausgangsposition eines Unternehmens. Zielsetzung ist das Erkennen relevanter Faktoren für die Formulierung erfolgversprechender Strategien. In ▶ Kapitel 3 werden essenzielle, umfassend erprobte Methoden und Instrumente der Markt und Umweltanalyse, der Unternehmensanalyse sowie der strategischen Frühaufklärung und zusammenfassender Analysen vorgestellt. Letztere vereinfachen durch strukturierte Aggregation die Bewertung der gesammelten Informationen.
- **Strategieformulierung** Im Rahmen der Strategieformulierung geht es zunächst um die Frage, welche strategischen Optionen einem Unternehmen überhaupt zur Verfügung stehen. Dazu werden in ▶ Kapitel 4 Strategien auf unterschiedlichen Ebenen (Unternehmen, Geschäftsbereich, Funktion) vorgestellt und erörtert. Besteht Klarheit über die potenziell zur Verfügung stehenden Strategien, ist eine Entscheidung zu treffen, welche davon umgesetzt werden sollen. Im zweiten Teil des Kapitels wird gezeigt, was bei der strategischen Wahl zu berücksichtigen ist und welche Faktoren auf die Entscheidung Einfluss nehmen können.
- **Strategieimplementierung** Sind die Strategien formuliert, geht es darum, diese operativ wirksam zu machen. In ▶ Kapitel 5 wird erläutert, wie aus Ideen und Plänen Taten und Erfolge werden. Dazu sind geeignete Maßnahmen zur Operationalisierung zu setzen und der strategische Wandel in und von Unternehmen zu steuern. Das ist eine herausfordernde Aufgabe, gilt es doch Menschen für neue Ideen zu begeistern und davon zu überzeugen, ihr Verhalten im Sinne der Strategie zu verändern.
- **Strategische Evaluierung** Die strategische Evaluierung ermöglicht es, komplexe Sachverhalte in simplifizierter Form aufzuzeigen. Dadurch übernimmt die strategische Evaluierung vielfältige Funktionen, von der klassischen Kontrolle über die Informationsgewinnung und Bereitstellung bis hin zur Motivation und Steuerung. In ▶ Kapitel 6 werden wichtige finanzielle und nichtfinanzielle Kennzahlen, Indika-

toren und Instrumente der strategischen Evaluierung vorgestellt. Sie dienen der Analyse, Steuerung und Veränderung einer Strategie sowie der Beurteilung der erzielten Ergebnisse.

Perspektivenvielfalt Das Buch folgt in seiner Gliederung einem teleologischen Verständnis, denn es wird davon ausgegangen, dass Unternehmen zielorientiert agieren. Erst wenn im Rahmen der Analyse eine Abweichung festgestellt wird, werden neue Strategien festgelegt und anschließend umgesetzt.[14] Damit folgt dieses Buch einem planungsorientierten Prozess, basierend auf rationaler Analyse und Entscheidung.

Diese Darlegungsform des Strategieprozesses soll jedoch keinesfalls implizieren, dass Strategien immer geplant sind, immer bewusst formuliert werden und immer auf Ergebnissen einer Analyse basieren. Viele Strategien entstehen aus alltäglichen Handlungen oder aus den Ideen eines über die Konventionen hinausdenkenden Menschen (z.B. Apple, Ikea, Amazon). Aus diesem Grund finden sich in jedem Kapitel nicht nur die Erkenntnisse rational-analytischer Denker, sondern auch weitere interessante Beiträge aus anderen Perspektiven.

▶ Abbildung 1.2 zeigt den grundsätzlichen Aufbau dieses Buchs entlang eines idealtypischen Strategieprozesses im Überblick.

Abbildung 1.2: Aufbau des Buchs

Jedes Kapitel beginnt mit einem Überblick über die wesentlichen Inhalte und endet mit einer prägnanten Zusammenfassung. Innerhalb jedes Kapitels finden sich neben Text, Abbildungen und Tabellen spezifisch gekennzeichnete Informationskästen.

!

Ein Rufzeichen verweist auf eine grundlegende Aussage, auf der zahlreiche andere Beiträge aufbauen.

?

Ein Fragezeichen zeigt, dass hier ein Begriff näher erläutert wird.

+

Ein Plus kennzeichnet einen Beitrag mit weiterführenden Informationen.

Die Welt des strategischen Managements zu entdecken, gleicht einer spannenden Reise. Wir wünschen Ihnen viel Spaß und Erfolg dabei.

Zusatzmaterialien

Zu diesem Buch gibt es online zusätzliche Materialien für Lehrende und Studierende.

- **Kapitelfolien:** Powerpoint-Folien zu jedem Kapitel
- **Abbildungs- und Tabellenfolien:** alle Abbildungen und Tabellen dieses Buchs zum Download für den unmittelbaren Einsatz in der Lehrveranstaltung bzw. im Managementtraining
- **Ideen für Unterricht & Training:** eine Sammlung von Methoden und Ideen zur Unterstützung bei der Vermittlung der Inhalte
- **Teaching Notes:** zu Fallbeispielen, Anwendungsbeispielen und webbasierten Aufgaben
- **Kapitelzusammenfasssungen**
- **Tipps für das Selbststudium:** eine Zusammenstellung von Tipps, Hinweisen und Erläuterungen, die das Selbststudium erleichtern
- **Lernkarten (Flashcards):** Begriffe und Fragen erleichtern die Prüfungsvorbereitung
- **Anwendungsbeispiele und webbasierte Aufgaben** ermöglichen Praxisbezug für Studierende

Literaturhinweise und Anmerkungen

1 Kohlöffel und August (2012), S. 6.

2 Scheuss (2016), S. 11.

3 Fitzgerald und Berger (2002), S. 247.

4 Pettigrew, Thomas und Whittington (2006b), S. 11.

5 De Wit (2020), S. 2.

6 McGahan und Mitchell (2003), S. 234.

7 Mintzberg, Ahlstrand und Lampel (2008).

8 Die hier referenzierten Werke von Porter (1980 und 1985) und Ansoff (1965) sind Beispiele viel zitierter Einzelwerke.

9 Im deutschsprachigen Raum gibt es einige Klassiker unter den Standardlehrbüchern, wie beispielsweise Welge, Al-Laham und Eulerich (2017); Müller-Stewens und Lechner (2016); Hungenberg (2014); Bea und Haas (2019).

10 Zu den wissenschaftlichen Handbüchern zählen beispielsweise die Sammelbände von Pettigrew, Thomas und Whittington (2006a) sowie Hitt, Freeman und Harrison (2001).

11 Die große Anzahl an praxisorientierten Ratgebern umfasst Werke wie jene von Kerth, Asum und Stich (2015); Doppler und Lauterburg (2019) oder Scheuss (2016).

12 Der Begriff VUKA wurde ursprünglich in Politik und Militär verwendet. In der Wirtschaft wird der Begriff heute genutzt, um den disruptiven, komplexen und unvorhersehbaren Charakter der aktuellen Unternehmensumwelt zu beschreiben. Interessierte erfahren u. a. mehr bei Mack et al. (2016).

13 Siehe Watzlawick (2011) und Watzlawick (2015).

14 Van de Ven und Poole (1995), S. 515ff.

7 Elemente & 7 Perspektiven

2

Im MyLab | Strategisches Management finden Sie:

- eText des Kapitels mit praktischen Werkzeugen
- Kapitelübersicht mit Schwerpunkten
- Digitale Lernkarten und ein umfangreiches Glossar
- Übungsaufgaben und Fragen
- Tipps zum Selbststudium

KAPITELEINSTIEG

Warum unterscheiden sich Unternehmen voneinander? Warum sind einige erfolgreich und andere nicht? Warum können manche Unternehmen besser mit Krisen umgehen oder rascher Chancen nutzen? Welche Strategien versprechen heute für welche Unternehmen Erfolg? Wie kommen Unternehmen zu erfolgreichen Strategien?

Die Antworten auf derartige Fragen sind mannigfaltig und mitunter sogar widersprüchlich. Die Welt des strategischen Managements erscheint zu Beginn oftmals komplex und undurchsichtig. Aus diesem Grund gibt dieses Kapitel einen Überblick über zentrale Elemente (Handlungsfelder) des strategischen Managements und deren wissenschaftliche Grundlagen (Perspektiven). Das ist eine gute Ausgangsbasis für die nähere Erkundung der unterschiedlichen Konzepte, Erklärungsmodelle und Werkzeuge des strategischen Managements.

Um die Strategiearbeit zu strukturieren und nachvollziehbar zu machen, entwickelten Wissenschaftler und Praktiker zahlreiche Prozessmodelle. In diesem Kapitel wird hierzu ein prägnanter Überblick gegeben. Zudem wird auf aktuelle Strömungen wie Open Strategy und Agilität im Strategieprozess eingegangen. Außerdem wird aufgezeigt, was es bei der Erstellung eines situationsadäquaten Prozessmodells zu beachten gibt.

2.1 Ein erster Einblick

Grundsätzliche Ausrichtung und langfristige Erfolgssicherung

Strategisches Management hat in Zeiten erhöhter Komplexität und Dynamik an Bedeutung gewonnen und ist heute ein grundlegender Teil der Unternehmensführung. Es rückt all jene Aufgaben ins Zentrum des Interesses, die mit der grundsätzlichen Ausrichtung des Unternehmens und der langfristigen Erfolgssicherung einhergehen.

In diesem Buch beleuchten wir jene Themen und Fragestellungen des strategischen Managements, mit denen viele Unternehmen heute konfrontiert sind (▸ Abbildung 2.1). Dabei richtet sich der Blick nicht nur auf erfolgversprechende Strategien. Es werden interne Erfolgspotenziale ebenso beleuchtet wie aktuelle Herausforderungen aus der Unternehmensumwelt.

7 Elemente & 7 Perspektiven

▸ Abbildung 2.1 zeigt sieben zentrale Elemente (Handlungsfelder) des strategischen Managements. Mit diesen werden jene Handlungsfelder hervorgehoben, die heute, basierend auf Erkenntnissen der Disziplin, Erfolgspotenziale und Wettbewerbsvorteile begründen. Da sowohl Wissenschaftler als auch Praktiker strategisches Management aus durchaus unterschiedlichen Perspektiven betrachten und sich die Herausforderungen in den letzten Jahrzehnten verändert haben, finden sich in der Literatur unterschiedliche Handlungs- und Lösungsansätze. In diesem Buch beleuchten wir daher relevante Erkenntnisse in Bezug auf die einzelnen Handlungsfelder aus sieben wegweisenden Perspektiven des strategischen Managements (siehe ▸ Abschnitt 2.3).

Erfolgreiche Strategien sind kontextspezifisch

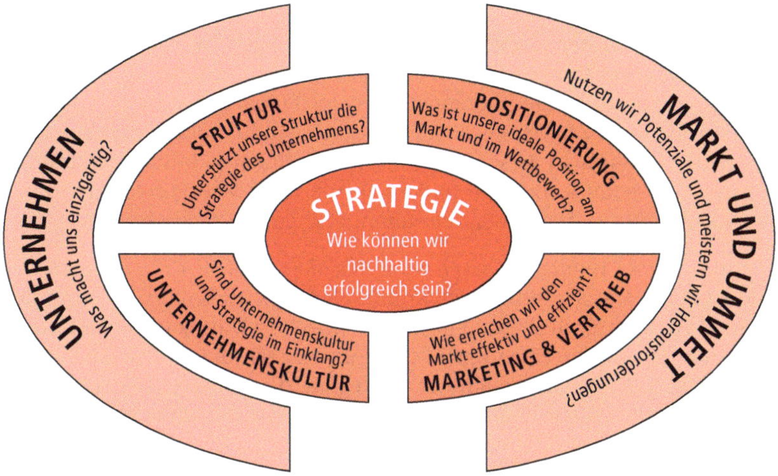

Abbildung 2.1: 7 Elemente (Handlungsfelder) des strategischen Managements

Die spezifische Form der Anordnung der sieben Elemente in ▶ Abbildung 2.1 ermöglicht die Strukturierung komplexer strategischer Problemstellungen, ohne dabei die Zusammenhänge und Wechselwirkungen zwischen den einzelnen Elementen (Handlungsfeldern) zu verleugnen. Praktiker können so einfacher ihre Strategiearbeit systematisieren und Studierenden wird eine schrittweise Annäherung an die vielfältigen strategischen Themen und Fragestellungen ermöglicht.

Im Zentrum steht die Strategie

Strategisches Management beschäftigt sich mit **Strategien**, ihrem Entstehen und ihrem Wirksamwerden. In der Mitte der ▶ Abbildung 2.1 befindet sich deshalb das Feld „Strategie" und die zentrale Frage nach dem nachhaltigen Unternehmenserfolg. Es interessieren vor allem die grundsätzliche Unternehmensentwicklung, der langfristige Erfolg, die externe und interne Ausrichtung des Unternehmens sowie die Schaffung und Nutzung von internen Erfolgspotenzialen und Wettbewerbsvorteilen. Das sind alles Themen, die weithin mit dem Attribut „strategisch" verknüpft werden.[1]

Strategische Entscheidungen sind komplex

Strategische Entscheidungen werden aus einer Meta-Perspektive getroffen. Das bedeutet, Strategen berücksichtigen externe Faktoren wie Markt und Umwelt (rechte Seite in ▶ Abbildung 2.1) und interne Faktoren wie Ressourcen und Fähigkeiten, Struktur und Unternehmenskultur (linke Seite in ▶ Abbildung 2.1). Durch die Berücksichtigung mannigfaltiger Faktoren sind strategische Entscheidungen komplex. Dazu kommt, dass Strategen unter Unsicherheit agieren, denn die Zukunft ist nicht vorhersehbar: Die Welt verändert sich permanent, ob durch gesellschaftliche Entwicklungen, neue Technologien, staatliche Eingriffe oder neue Geschäftsmodelle. Dabei sind manche Veränderungen weitgehend prognostizierbar (z.B. demografische Entwicklung), andere Neuerungen (z.B. Plattformökonomie, Social Media, Sharing Economy, Pandemien) überraschen jedoch aufgrund ihrer weitreichenden Auswirkungen und ihrer transformativen Kraft.

Disruptive Innovationen, ob aus dem Silicon Valley oder von einem anderen Ort unserer globalisierten Wirtschaftswelt, werden in Zukunft für zunehmende Dynamik im Wettbewerb sorgen, davon ist der Digitalisierungsexperte Keese überzeugt. Er geht davon aus, dass die digitale Transformation zu umfassenden Veränderungen in vielen Branchen führen wird.[2] Denkt man an weitere Trends wie Robotik, künstliche Intelligenzen, Gentechnik, Energie und Mobilität oder Medizintechnik, dann ist in Zukunft mit umwälzenden Veränderungen zu rechnen.

„*People cannot reduce the environment's ‚degree of VUCA' ...*", erklären Ferrari et al., aber Unternehmen können lernen, mit Volatilität, Komplexität, Unsicherheit und Ambiguität umzugehen.[3] Dies zeigte sich besonders deutlich in der Finanzkrise 2008 und durch die weltweite Pandemie 2020/21. Es bedarf geeigneter Strategien, die es einem Unternehmen ermöglichen, in einer derartigen komplexen und dynamischen Umwelt im Wettbewerb zu bestehen.

?

Der Begriff „Strategie"

Eine Strategie aktiviert, motiviert, richtet aus, macht handlungsfähig

Der Begriff „Strategie" genießt in der unternehmerischen Praxis große Popularität. Nicht zuletzt dadurch, dass sich das Konstrukt hervorragend eignet, um die Phantasie von Menschen zu beflügeln und ihre Imaginationskraft zu nutzen.[4] Dementsprechend häufig und vielfältig wird der Begriff in Theorie und Praxis verwendet.[5] Allgemein formuliert ist eine Strategie ein Konstrukt, das jemand aufgrund seines spezifischen Backgrounds imaginiert und deutet. Sie aktiviert und motiviert und gewährleistet, dass wir in einer von Komplexität und Unsicherheit geprägten Umwelt handlungsfähig bleiben[6].

Woher kommt der vielfältig genutzte Begriff „Strategie"? Die etymologische Wurzel des Begriffs „Strategie" liegt im griechischen Wort „Strategòs". Ein „Strategòs" ist einer der führt, vorwärtstreibt, anfeuert, begeistert, bewegt und seine Ressourcen optimal für seine Zwecke nützt.

Erste prägende Strategiebeiträge entstanden in den 1960er-Jahren

Der in seinen Ursprüngen militärisch geprägte Begriff fand Anfang der 1940er-Jahre durch Neumann und Morgensterns (1947) Arbeiten zur Spieltheorie Eingang in die Wirtschaftswissenschaften.[7] Erste Forschungsaktivitäten in der Betriebswirtschaftslehre begannen in den 1960er-Jahren. Die Werke von Penrose (1959), Chandler (1962), Andrews (1971) und Ansoff (1965) prägen bis heute unser Verständnis von Strategie.[8] Demnach umfasst eine Strategie das Verstehen der Ausgangslage, das Entwerfen einer attraktiven Geschäftszukunft und den Pfad, welcher das Unternehmen in die Zukunft führt.[9] In inhaltlicher Hinsicht beschreibt die Strategie primär, in welchen Geschäftsfeldern ein Unternehmen tätig ist, welche Kompetenzbasis es aufweist und wie es den Wettbewerb aufnimmt.

Diese Begriffsbestimmung aus den Anfangsjahren wird bis heute vielfach verwendet, blieb jedoch nicht ohne Kritik. So kam es im Verlauf der Zeit zu einem inflationären Anwachsen potenzieller Definitionen des Begriffs „Strategie". Sie stehen stellvertretend für die mannigfaltige Verwendung des Begriffs in Theorie und Praxis. Um dieser gerecht zu werden, plädieren viele Autoren für die Verwendung multipler Definitionen, wie jener des renommierten Organisations- und Strategieforschers Mintzberg. Er argumentiert, dass Strategie eine ganze Reihe von Definitionen erfordert und stellt fünf unterschiedliche Interpretationsmöglichkeiten vor – die fünf Ps der Strategie:[10]

5 Ps for Strategy: Plan, Pattern, Position, Perspective, Ploy

- **Plan:** Die erste Interpretation orientiert sich am klassischen rationalen Verständnis und beschreibt Strategie als einen „Plan" für die Zukunft. Eine Strategie zeigt demnach einen Sollzustand und den Weg dorthin auf. Sie verkörpert ein bewusstes, intendiertes und zielgerichtetes Vorgehen. Ob der als Strategie formulierte Plan ganz oder teilweise realisiert wird, kann erst im Rückblick festgestellt werden.
- **Pattern:** Manche Strategien entstehen aus zahlreichen Aktivitäten, aus denen sich im Verlauf der Zeit Muster entwickeln, die im Nachhinein als Strategien erkannt werden. Hier spricht Mintzberg von Strategie als „Pattern". Die Strategie umfasst alle Initiativen, Entscheidungen und Handlungen, welche zu einem bestimmten Weg und zu einem bestimmten Standpunkt führen.
- **Position:** Strategie betrifft auch die „Position", die ein Unternehmen am Markt und im Wettbewerb einnimmt. Es geht damit um die Frage, wie bestimmte Produkte und Dienstleistungen auf bestimmten Märkten positioniert werden. Dabei ist es das Ziel, attraktive Positionen rechtzeitig zu erkennen und strategisch zu erschließen.
- **Perspective:** Eine Strategie ist sinnstiftend (Vision), eine übergeordnete „Perspektive". Sie gibt den handelnden Personen Aufschluss, wie das Unternehmen und seine Umwelt zu interpretieren sind. Sie erklärt damit die grundlegende Art und Weise, wie ein Unternehmen agiert.
- **Ploy:** Strategie kann auch als List interpretiert werden. Hier wird Strategie als ein Manöver zur Täuschung (insbesondere der Mitbewerber) verstanden.

Mit einem derartigen Strategieverständnis wird offensichtlich, dass Strategien nicht immer geplant sind und nicht nur vom Topmanagement entwickelt werden. Es sind viele Entscheidungen und Handlungen, die eine erfolgreiche Strategie ausmachen. Damit gibt es zahlreiche Akteure, die auf die Formierung geplanter und emergenter Strategien einwirken. Dies wird besonders deutlich, wenn man sich bewusst wird, dass sich Strategien auf unterschiedlichen Ebenen im Unternehmen (corporate, business, functional) finden.[11]

Was Strategie noch alles sein kann, zeigt sich in der Auseinandersetzung mit den sieben wissenschaftlichen Grundlagen (siehe ▶ Abschnitt 2.3) des 7-Elemente-Modells.

Strategien können nicht einfach berechnet werden

Komplexität und Dynamik bedingen jedoch auch, dass Strategien nicht einfach berechnet werden können. Es bedarf vielmehr der Auseinandersetzung mit den spezifischen Gegebenheiten und den potenziellen Entwicklungen sowie dem Abwägen von Interpretationen und Argumenten.[12] Dabei können Strategen auf zahlreiche Modelle, Methoden und Instrumente des strategischen Managements zurückgreifen. Die wichtigsten werden in den folgenden Kapiteln dieses Buchs vorgestellt.

?

Strategen

Topmanagement

Zweifelsohne vermuten viele von uns Strategen an der Spitze eines Unternehmens. Es sind Vorstandsdirektoren, Geschäftsführer und Topmanagementteams, die wir für strategische Entscheidungen verantwortlich erachten. Dementsprechend hoch ist das Interesse von Forschern an ihrem tatsächlichen Einfluss auf die Auswahl von Strategien und damit auf die Performance des Unternehmens.

Aktuelle Forschungsergebnisse bestätigen, dass dem Topmanagement ein zentraler Einfluss zukommt. Topmanager treffen strategische Entscheidungen aufgrund bestimmter Gegebenheiten (Unternehmen, Umwelt). Dabei nehmen sie das Unternehmen und seine Umwelt subjektiv verzerrt, durch die Brille ihrer jeweiligen persönlichen Werdegänge (z.B. Sozialisation, Funktions- und Karrierehintergrund, Bildungsgrad, spezifische Werte und Vorurteile) wahr. Die spezifischen Charakteristika des Topmanagements sind damit relevant für strategische Wahlentscheidungen und die Performance von Unternehmen.[13]

Topmanager sind jedoch nicht die einzigen, die sich mit strategischen Fragestellungen beschäftigen. Als weitere Akteure im Strategieprozess gibt es das mittlere Management, Mitarbeiter, Strategieberater, staatliche Stellen, Familienangehörige und externe Akteure wie Kunden und Lieferanten (siehe ▶ Abschnitt 2.4.3)

Mittleres Management

Insbesondere das mittlere Management ist unter den Strategen hervorzuheben Bei der Formulierung von Strategien kommt den Führungskräften im mittleren Management aufgrund ihrer Nähe zum operativen Geschäft besondere Bedeutung zu. Diese Nähe ermöglicht es ihnen, potenzielle Chancen und Gefahren rascher zu erkennen; in dynamischen Märkten eine Voraussetzung, um im Wettbewerb zu punkten. Das ist ein Grund, warum heute das mittlere Management häufig an der Formulierung geeigneter Strategien mitwirkt.

Das mittlere Management wird überdies als ein zentraler Erfolgsfaktor für eine erfolgreiche Strategieumsetzung angesehen. Ihm obliegt es, die Strategie für untergeordnete Stellen verständlich zu kommunizieren. Schließlich sind es die Mitarbeiter, welche eine bestimmte Strategie im Tagesgeschäft mit Leben füllen. Erst durch sie wird eine Strategie real – ansonsten bleibt sie bloß ein Konstrukt bzw. eine Idee oder ein Plan. Vor allem in einer dynamischen Umwelt ist es erforderlich, Strategien rasch umzusetzen. Dabei nützen agile Strukturen, in denen Strategen (ob Führungskräfte oder Mitarbeiter) die Möglichkeit haben, Strategien derart anzupassen, dass sie damit bestmöglich der Mission und Vision dienen.

Interner Strategiekontext

Strategen befassen sich mit internen und externen Rahmenbedingungen. In ▶ Abbildung 2.1 werden auf der linken Seite der interne Strategiekontext (Unternehmen) und damit einhergehende Fragestellungen hervorgehoben. Der Blick richtet sich hier auf die interne Basis für nachhaltigen Erfolg, die besonderen Ressourcen und Fähigkeiten (Kernkompetenzen) eines Unternehmens. Dabei werden Fragen der Strukturierung und der Unternehmenskultur hervorgehoben, denn geeignete Strukturen und eine adäquate Unternehmenskultur gelten heute als zentrale Voraussetzungen für Aufbau und Ausschöpfung von Kernkompetenzen[14]. Strategie, Struktur und Unternehmenskultur bilden damit die interne Erfolgsbasis eines Unternehmens. Skizziert wird dieser Zusammenhang in ▶ Abbildung 2.2 im internen strategischen Dreieck.

Externer Strategiekontext

Der **externe Strategiekontext** wird auf der rechten Seite der ▶ Abbildung 2.1 skizziert. Markt und Umwelt stehen stellvertretend für die zahlreichen Stakeholder (Anspruchsgruppen) eines Unternehmens. Ihren Ansprüchen gilt es gerecht zu werden. Besonders interessiert hier die Frage nach der strategischen Positionierung am Markt und im Wettbewerb.[15] Wie soll sich das Unternehmen vom Wettbewerb abheben? Mit welchem Leistungsangebot wird es potenzielle Kunden überzeugen können? Wie kann es Märkte effektiv und effizient erreichen? Fragen, die mithilfe des externen strategischen Dreiecks versinnbildlicht werden (▶ Abbildung 2.2).

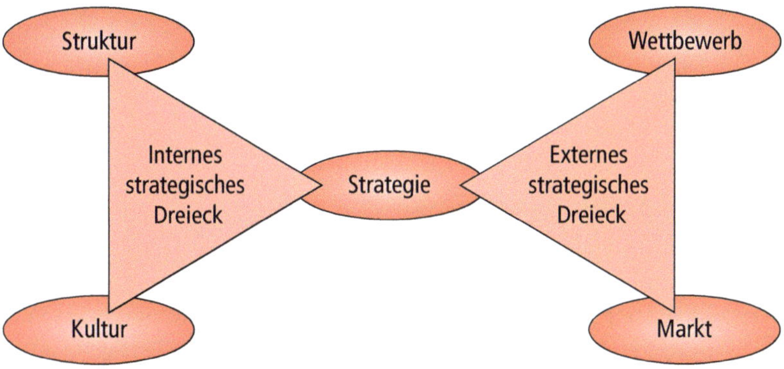

Abbildung 2.2: Strategische Dreiecke

Strategische Dreiecke

In diesem Buch werden damit zwei wesentliche strategische Prinzipien aufgegriffen: die Abstimmung von Strategie, Struktur und Kultur (internes strategisches Dreieck) und die Abstimmung von Strategie, Markt und Wettbewerb (externes strategisches Dreieck). Anders ausgedrückt: Wenn ein Computer nicht konfiguriert ist, dann funktioniert er nicht bzw. nicht optimal. Ähnliches gilt für Unternehmen. Es bedarf der Abstimmung der einzelnen Elemente aufeinander, damit ein Unternehmen seine Erfolgspotenziale nutzen kann. Erst wenn ein Rad ins andere greift, kann ein Getriebe funktionieren.

Die mittlere Ellipse – Konfiguration

In ▶ Abbildung 2.3 wird dieses Erfordernis der Abstimmung bzw. Konfiguration einzelner Erfolgsbausteine mittels drei Ellipsen verdeutlicht. Die innere Ellipse „Strategie“ verweist auf die Notwendigkeit der Abstimmung einzelner Strategien (z.B. Unternehmensstrategie, Marketingstrategie, Finanzierungsstrategie). Die mittlere Ellipse macht deutlich, dass es einer stimmigen Konfiguration der einzelnen Elemente (Handlungsfelder) bedarf. Wenn sich ein Unternehmen als der innovativste Anbieter am Markt und im Wettbewerb positioniert, dann benötigt es dafür die entsprechenden innovativen Ressourcen und Fähigkeiten sowie geeignete Strukturen und eine adäquate Unternehmenskultur, die ein Ausschöpfen innovativer Ressourcen und Fähigkeiten ermöglichen. Markt- und Wettbewerbsstrategien müssen mit der internen Erfolgsbasis des Unternehmens in Einklang stehen. Nur dann kann ein Unternehmen erfolgreich sein.

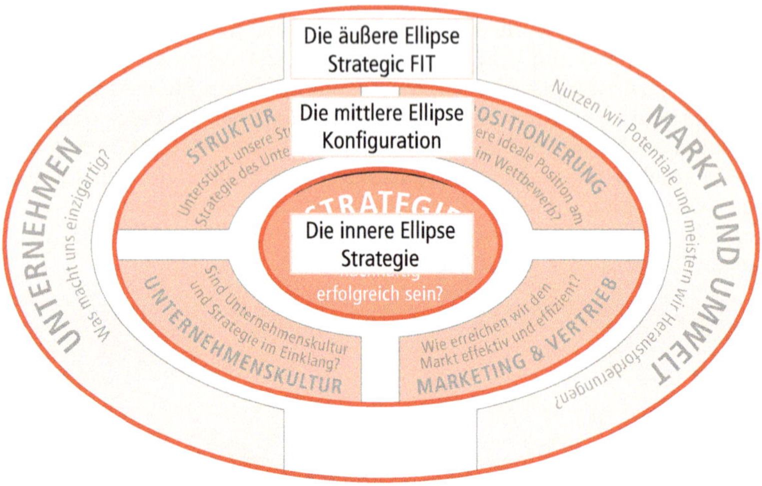

Abbildung 2.3: Strategic FIT und Konfiguration

Theoretische Grundlagen für die Notwendigkeit der Abstimmung (Konfiguration) finden sich insbesondere in der konfigurationsorientierten Perspektive (siehe ▶ Abschnitt 2.3.4) und in der systemorientierten Perspektive (siehe ▶ Abschnitt 2.3.6) des strategischen Managements. Aus konfigurationsorientierter Perspektive gibt es viele verschiedene Kombinationsmöglichkeiten, jedoch führt nur eine begrenzte Anzahl davon zum Erfolg.[16] Demnach gilt es jene Konfigurationen zu finden, welche Erfolg versprechen. Die systemorientierte Perspektive legt den Fokus auf die Vernetzung (Interaktivitäten) einzelner Elemente (Teile). Man geht von zahlreichen Wechselwirkungen zwischen den Elementen aus. Das Unternehmen ist somit mehr als die Summe der einzelnen Elemente, wodurch sich eine erhöhte Komplexität in Bezug auf die Auseinandersetzung mit strategischen Fragestellungen ergibt. Eine derart reflektierte Auseinandersetzung erhöht die Effektivität des strategischen Managements und die Durchsetzungskraft von Strategen.[17]

Die mittlere Ellipse „Konfiguration" verdeutlicht die Anforderung der Abstimmung der Aktivitäten außerhalb des Unternehmens (am Markt und gegenüber den Wettbewerbern etc.) mit den Aktivitäten innerhalb des Unternehmens. Für Strategen ist dies insbesondere dann eine große Herausforderung, wenn sich die strategische Ausrichtung des Unternehmens verändert, ob aus eigenem Antrieb oder durch externe Faktoren bedingt. In einer volatilen, unsicheren, komplexen und ambiguiten Umwelt (VUKA) gewinnen jene Unternehmen, die sich immer wieder neu erfinden und schnell wandeln – neu konfigurieren – können. Damit haben jene Unternehmen am Markt einen Vorteil, deren Konfiguration eine agile Anpassung ermöglicht.

Die äußere Ellipse verweist auf den strategischen FIT von Unternehmen (Kernkompetenzen) und Markt & Umwelt (Stakeholder) – eine weithin akzeptierte Erfolgsvoraussetzung.[18] In allen beschriebenen Perspektiven wird die Abstimmung von externen und internen Faktoren als Erfolgsvoraussetzung erachtet. Lediglich die Wege, wie dieser strategische FIT erreicht wird, unterscheiden sich.

Die äußere Ellipse – Strategic FIT

Nach ressourcenorientierten Überlegungen (siehe ▶ Abschnitt 2.3.3) findet ein Unternehmen auf Basis der vorhandenen Kernkompetenzen (einzigartige Ressourcen und Fähigkeiten) geeignete Märkte. Aus positionierungsorientierter Perspektive (siehe ▶ Abschnitt 2.3.2) hingegen sucht man sich zuerst Märkte mit hoher Rentabilität und akquiriert dann jene Ressourcen bzw. Mitarbeiter mit adäquaten Fähigkeiten, welche man auf den ausgewählten Märkten für die gewünschte Positionierung benötigt.

FIT bedeutet im stakeholderorientierten Ansatz (siehe ▶ Abschnitt 2.3.5), dass die Kompetenzen es einem Unternehmen ermöglichen, den Anforderungen seiner Stakeholder gerecht zu werden. Der Blick richtet sich demnach auf die strategische Ausrichtung des Unternehmens und seine Positionierung gegenüber den relevanten Stakeholdern. Vertreter der planungsorientierten Perspektive (siehe ▶ Abschnitt 2.3.1) thematisieren seit Anbeginn der Disziplin den FIT von Umwelt und Unternehmen. Besonders deutlich wird dies im Abgleich von Stärken und Schwächen mit Chancen und Risiken.

Unabhängig davon, wie der strategische FIT erreicht wird, ist er ein wesentlicher Bestandteil erfolgreicher Strategien.

2.2 7 Elemente (Handlungsfelder)

Sieben Elemente (Handlungsfelder) des strategischen Managements stehen in diesem Buch im Zentrum der Betrachtung: Strategie, Positionierung, Marketing & Vertrieb, Unternehmenskultur, Struktur, Markt & Umwelt (Stakeholder) sowie Unternehmen (Kernkompetenzen). Mit diesen werden jene Handlungsfelder in den Vordergrund der strategischen Auseinandersetzung gerückt, die heute für viele Unternehmen von strategischer Bedeutung sind und nach den Erkenntnissen der Disziplin Erfolgspotenziale und Wettbewerbsvorteile begründen.

Sieben Handlungsfelder sind von strategischer Bedeutung

Die Basis für nachhaltigen Erfolg findet sich – wie im vorherigen Kapitel dargelegt – nicht nur in den einzelnen Elementen, sondern auch in deren Abstimmung. Nur durch die Abstimmung aufeinander können sich die den einzelnen Elementen (Handlungsfeldern) innewohnenden Erfolgspotenziale entfalten und zu Wettbewerbsvorteilen führen. Das Erfordernis der Konfiguration und die zentrale Stellung eines „Strategic FIT“ werden in ▶ Abbildung 2.3 mittels Ellipsen dargestellt.

Die Abstimmung der einzelnen Handlungsfelder aufeinander ist entscheidend

Die sieben Elemente (Handlungsfelder) des strategischen Managements werden in diesem Kapitel beschrieben.

2.2.1 Strategie

Langfristige Entwicklung

Strategien betreffen die langfristige Entwicklung eines Unternehmens und zeigen, wie ein Unternehmen seine Mission durch geeignete Maßnahmen erfüllen will.[19] Die Möglichkeiten hierzu sind vielfältig und dementsprechend vielgestaltig präsentiert sich das Strategiespektrum aus inhaltlicher Sicht. In ▶ Abbildung 2.4 werden einige der wichtigsten Strategien entlang bestimmter Kriterien kategorisiert.[20] Die angeführten Strategien werden in ▶ Kapitel 4 näher beleuchtet.

Strategien existieren auf unterschiedlichen Ebenen

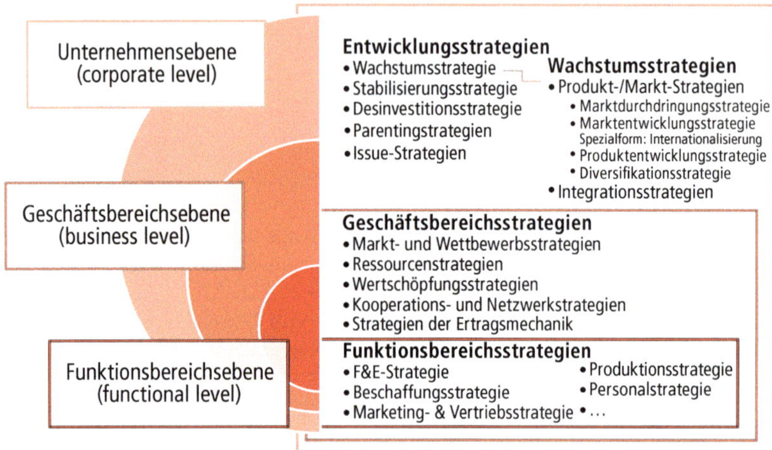

Abbildung 2.4: Strategiearten

Neben den in ▶ Abbildung 2.4 angeführten Strategien existieren zahlreiche weitere Strategien, beispielsweise in Bezug auf Innovationen, Nachhaltigkeit oder die Kreierung und Nutzung von Erfolgspotenzialen. Außerdem werden strategische Fragen nicht nur innerhalb des Unternehmens erörtert – Netzwerke. Plattformen und strategische Partnerschaften verfolgen ebenfalls Strategien, damit sie ihre Ziele bestmöglich erreichen. Damit existieren auch Strategien, die mehrere Unternehmen betreffen.

Strategie ist immer etwas Einzigartiges

„*Strategies come in all shapes and sizes, and almost all strategy writers, researchers and practitioners agree that each strategy is essentially unique.*“[21] Der Strategieforscher de Wit zeigt, dass sich jede Strategie in einem spezifischen internen und externen Strategiekontext im Rahmen eines individuellen Strategieprozesses formiert (▶ Abbildung 2.5). Da weder der Strategiekontext noch der Strategieprozess, in dem eine Strategie entsteht, jemals vollkommen identisch sein werden, ist eine Strategie immer etwas Einzigartiges.

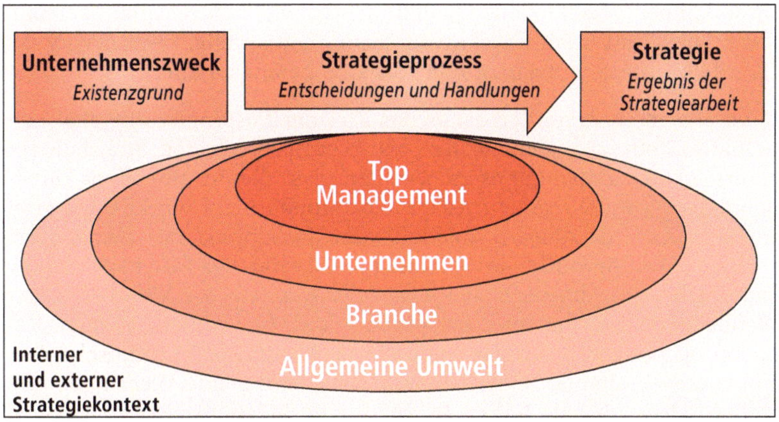

Abbildung 2.5: Strategiedimensionen

So bunt und vielschichtig Strategien sind, sie haben eines gemeinsam: Sie weisen den Weg, geben Orientierung und informieren über die grundlegende Stoßrichtung. Strategien halten Unternehmen und Menschen auf einem bestimmten Weg, sie erschweren den Blick zur Seite und ermöglichen dadurch effizientes Handeln. Den Strategieforschern Cummings und Wilson zufolge erkennt man eine gute Strategie daran, dass sie Unternehmen bzw. handelnden Personen Orientierung gibt (ihre Aktivitäten ausrichtet) und diese zum Handeln animiert (aktiviert).[22]

2.2.2 Positionierung

Eine ideale Position am Markt und im Wettbewerb

Spätestens seit den legendären Arbeiten von Porter[23] wissen wir, dass eine ideale Position am Markt und im Wettbewerb eine zentrale Voraussetzung für nachhaltigen Erfolg ist. Strategische Überlegungen beziehen sich daher insbesondere auf die aktive Gestaltung der Beziehungen zu Kunden und Wettbewerbern. Zudem kommt in den letzten Jahren, bedingt durch den demografischen Wandel (Stichwort: Fachkräftemangel), der aktiven Positionierung am Arbeitsmarkt eine steigende Bedeutung zu.

Eine umfassende Kenntnis der Branchen und Märkte (siehe ▸ Abschnitt 3.1) sowie die geistige Vorwegnahme potenzieller Markt- und Branchenentwicklungen ermöglichen eine fundierte Formulierung angemessener Markt- und Wettbewerbsstrategien (siehe ▸ Abschnitt 4.1). Dies ist in einer globalisierten, digitalen Welt, geprägt von hoher Komplexität und Dynamik, eine enorme Herausforderung für Strategen.

Markt- und Wettbewerbsstrategien geben Auskunft darüber, wie für (potenzielle) Kunden Nutzen gestiftet wird – eine Domäne strategischer Marketingexperten.[24] Außerdem informieren sie darüber, wie in einem Geschäftsbereich der Wettbewerb bestritten wird und wie das Unternehmen eine gefestigte Position innerhalb der Branche erreichen bzw. erhalten kann. Der Dreh- und Angelpunkt dabei sind Wettbewerbsvorteile.

Diese können verschiedene Quellen haben, wie zum Beispiel Skaleneffekte, Lern- und Erfahrungskurveneffekte, Zeitvorteile, Wissensvorteile, Qualitätsvorteile, Nutzenvorteile oder Kompetenzvorteile.

Vorteilhafte Stellung gegenüber Stakeholdern

Ganz allgemein formuliert ist es das Ziel der Positionierung, eine vorteilhafte Stellung gegenüber den als relevant erachteten Stakeholdern zu erreichen.[25] Dabei gilt es zu beachten, dass die Position eines Unternehmens gegenüber seinen Anspruchsgruppen nicht objektiv bewertet werden kann, da diese prinzipiell vom Standpunkt des Beobachters abhängt. Das Eigenbild des Unternehmens oder der Geschäftsführung kann sich somit drastisch von jenem der Kunden, der Mitarbeiter, der Wettbewerber oder anderer Stakeholder (z.B. Lieferanten, Medien, Kooperationspartner, staatliche Stellen oder Kapitalgeber) unterscheiden. Die voranschreitende Digitalisierung, die zunehmende Vernetzung und insbesondere soziale Medien eröffnen neue Möglichkeiten der aktiven Positionierung gegenüber den Stakeholdern. Zugleich erleichtern und forcieren sie die Interaktion zwischen den Stakeholdern, wodurch die Positionierung des Unternehmens beeinflusst werden kann. So können zufriedene Stakeholder die angestrebte Positionierung verstärken (z.B. über Erfahrungsberichte, Bewertungen). Unzufriedene Stakeholder hingegen können ihren Unmut über soziale Medien ebenfalls einfach und rasch verbreiten und so die Positionierung des Unternehmens schädigen. Hier gilt es, entsprechend achtsam zu sein.

2.2.3 Marketing & Vertrieb

Die besten Produkte und Dienstleistungen bleiben wertlos, wenn sie die potenziellen Kunden nicht erreichen. Erst wenn Unternehmen zur richtigen Zeit, am richtigen Ort, in der richtigen Qualität und Quantität, mit der richtigen Kommunikation und dem adäquaten Service ihre Zielgruppe erreichen, dann können sie erfolgreich sein. Damit rücken Marketing- und Vertriebsstrategien ins Zentrum strategischer Überlegungen, unabhängig davon, ob es sich um reale oder virtuelle Marktplätze handelt.

Marketing- und Vertriebsstrategien rücken heute in den Vordergrund

Die Bedeutung des Marketings und insbesondere des Vertriebs hat in den letzten Jahren zugenommen. Die Gründe dafür sind vielschichtig. Beispielsweise führt die verstärkte Austauschbarkeit von Produkten und Dienstleistungen dazu, dass der Vertrieb als ein wichtiger Differenzierungsfaktor im verstärkten Wettbewerb erkannt wurde. Aber auch das Wissen um Effizienzsteigerungspotenziale im Vertrieb, die steigende Vertriebskanalvielfalt, die Entwicklung des Internets und Wirtschaftskrisen können als potenzielle Ursachen angesehen werden.[26] Insbesondere die Digitalisierung, Social Media, Plattformen und intelligente Produkte ermöglichen vollkommen neue Formen der Interaktion und Kommunikation. Marketing- und Vertriebsstrategien wird daher heute bedeutend mehr Aufmerksamkeit geschenkt. Dabei gilt anzumerken, dass sich in einer zunehmend vernetzten Welt Marketing- und Kommunikationsstrategien oftmals nicht nur auf Kunden beziehen, sondern auch auf andere Stakeholder wie Geldgeber, Mitarbeiter oder Lieferanten.

Als wichtige Funktionalstrategien konkretisieren Marketing- und Vertriebsstrategien Unternehmens- und Geschäftsbereichsstrategien dahingehend, wie Märkte effektiv und effizient erreicht werden können. Eine Marketingstrategie gibt Auskunft über die Auswahl der Kunden (Markt/Zielgruppenwahl) und legt Rahmenaussagen in Bezug auf das absatzpolitische Instrumentarium (Marketing-Mix) fest.[27] Eine Vertriebsstrategie beschäftigt sich mit spezifischen Fragen der geeigneten Auswahl der Vertriebskanäle oder der Gestaltung der Beziehungen zu den Vertriebspartnern.[28]

2.2.4 Unternehmenskultur

Unternehmenskultur hat einen wesentlichen Einfluss auf den Erfolg von Unternehmen

Seit mehreren Jahrzehnten wird der Unternehmenskultur ein wesentlicher Einfluss auf den Erfolg von Unternehmen zugesprochen.[29] Die Gründe dafür liegen primär in ihrer indirekt wirkendenden Kraft, die das Denken und Handeln im Unternehmen leitet. Diese indirekte Kraft entsteht aus Aspekten, welche nicht direkt sichtbar bzw. messbar sind. Zu diesen zählen beispielsweise grundsätzliche Überzeugungen, Werte, Denkweisen und Einstellungen. Neben diesen finden sich auch sichtbare Aspekte wie Verhaltensweisen, Gebräuche und Rituale.[30]

Die Unternehmenskulturexpertin Sackmann verdeutlicht aufbauend auf den Überlegungen des Organisationspsychologen Schein, dass Unternehmenskultur vielfältige Aspekte enthält. Am Eisbergmodell (▶ Abbildung 2.6) wird deutlich, dass nur ein kleiner Teil der Unternehmenskultur sichtbar und bekannt ist. Unter der Wasseroberfläche liegt jedoch der bedeutend größere, nicht sichtbare Teil.[31] Gemeinsam prägen all diese Aspekte einer Unternehmenskultur das Verhalten im Unternehmen und dessen Erscheinungsbild nach innen und außen.

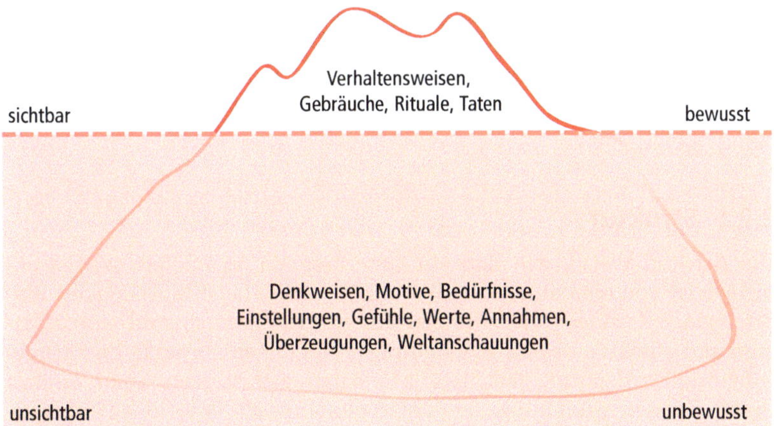

Abbildung 2.6: Eisbergmodell

Unternehmenskultur ist etwas Einzigartiges

Jedes Unternehmen hat eine ganz spezifische Unternehmenskultur, die einerseits von den Führungskräften und Mitarbeitern geprägt wird, die aber andererseits auch deren Verhalten beeinflusst. Die Unternehmenskultur trägt dazu bei, klarzumachen, was wichtig und was unwichtig ist. Sie dient der Orientierung und schafft durch das Bewusstmachen gemeinsamer Werte ein „Wir-Gefühl" und eine gewisse Ordnung. Demnach wirken die einzelnen Aspekte einer Unternehmenskultur dahingehend, dass sie Komplexität reduzieren, Orientierung geben und das alltägliche Handeln der Akteure ausrichten. Damit kommt der Unternehmenskultur in gewisser Hinsicht eine ausrichtende, ordnende und stabilisierende Rolle zu, wodurch sie ähnliche Funktionen übernimmt wie Strategie und Struktur.[32]

Geht man davon aus, dass Unternehmenskultur als „... *a pattern or system of beliefs, values, and behavioral norms that come to be taken for granted as basic assumptions and eventually drop out of awareness.*"[33] verstanden wird, dann wird klar, dass es schwierig ist, eine Unternehmenskultur bewusst in eine bestimmte Richtung zu lenken bzw. zu verändern. Aber eben dies ist im Rahmen der Strategieumsetzung in aller Regel erforderlich,[34] denn nur so kann die Unternehmenskultur mit einer neuen Strategie im Einklang stehen und diese nicht sabotieren. Andererseits geht aus der Definition von Schein hervor, dass die bestehende Unternehmenskultur auf die Strategieentwicklung einwirkt. Es ist daher davon auszugehen, dass eher Strategien entwickelt und akzeptiert werden, welche dem bestehenden kulturellen Paradigma entsprechen.[35] Dies kann sich in einer dynamischen Umwelt allerdings dann als höchst problematisch für das Unternehmen erweisen, wenn sich die Anforderungen der Kunden, das Wettbewerbsverhalten der Konkurrenten oder die Erwartungen (potenzieller) Mitarbeiter verändern.

Differenzierungspotenzial

Neben ihrem Einfluss auf Strategieentwicklung und Strategieumsetzung, wird der Unternehmenskultur, als kaum mess- und greifbarer Bestandteil eines Unternehmens, Differenzierungspotenzial zugesprochen.[36] In einer Welt, in der Wettbewerbsvorteile basierend auf Technologien oder Produkten rasch erodieren können, rücken eben jene Differenzierungsmerkmale in den Vordergrund, welche schwer bzw. unmöglich zu imitieren sind, dazu zählt die Unternehmenskultur. Und so positionieren sich Unternehmen als ausgesprochen kreativ, innovativ, engagiert, exakt, agil, flexibel usw.

2.2.5 Struktur

Die Art und Weise, wie sich ein Unternehmen organisiert bzw. strukturiert, ist von elementarer Bedeutung für seine Leistungsfähigkeit und Strategie.[37] Konkret sollen die gewählten Strukturen sowohl eine effiziente und effektive Leistungserstellung ermöglichen als auch die Formierung und Realisierung geeigneter Strategien unterstützen. Somit kommt ihnen für die Erreichung der Unternehmensziele sowohl auf operativer als auch auf strategischer Ebene eine wichtige Rolle zu. Daraus ist zu schließen, dass Strukturen und der Prozess der Strukturgestaltung (Strukturierung) bei der Entwicklung und Implementierung von Strategien nicht außer Acht zu lassen sind.

Unternehmens- bzw. Organisationsstrukturen entstehen vor dem Hintergrund der Erzielung von Effizienzvorteilen durch Spezialisierung (Arbeitsteilung) und Koordination (Integration der differenzierten Einzelaufgaben). Sie sind das Abbild eines formalen Regelwerks, um die gesetzten Organisationsziele zu erreichen. Sie geben unter anderem darüber Auskunft, wer wofür im Unternehmen zuständig ist. Strukturen reflektieren neben der Art der Spezialisierung und Koordination auch den Grad der Entscheidungszentralisation und das Ausmaß der Formalisierung und Standardisierung in einem Unternehmen.[38] Ist das Ausmaß an Standardisierung und Formalisierung in kleinen Unternehmen noch sehr gering, so steigt es tendenziell mit zunehmender Unternehmensgröße an.[39] Dies kann in einer dynamischen Umwelt problematisch werden. Es ist daher wenig verwunderlich, dass in einer VUKA-Umwelt viele Unternehmen auf der Suche nach neuen, flexibleren Strukturen sind, die es ihnen erlauben, neue Marktpotenziale schnell aufzugreifen.[40] Dazu werden unterschiedliche Methoden und Organisationsformen eingesetzt (z.B. Scrum, Swarming, Holokratie), welche Selbstorganisation und Eigenverantwortung erhöhen und schnelles Agieren ermöglichen.

Aufbau- und Ablauforganisation

Im deutschsprachigen Raum werden Fragen der Strukturierung im Rahmen der Aufbau- und Ablauforganisation beleuchtet. Die Aufbauorganisation zeigt, nach welchen grundlegenden Kriterien die Aufgaben und Aktivitäten gebündelt werden. Im Zentrum des Interesses stehen dabei u.a. Organisationsformen, Organigramme und Stellenbeschreibungen. Die Ablauforganisation hingegen legt fest, welche Aufgaben in welcher zeitlichen Abfolge wo (an welchen Orten) zu erfüllen sind. Sie stellt damit Prozesse und die Synchronisierung einzelner Aktivitäten im Prozessverlauf in den Vordergrund.[41] Letzterem kommt in einer zunehmend vernetzten Welt besonders hohe Bedeutung zu, denn nur so wird es möglich, die vielen Aktivitäten im Rahmen der Leistungserstellung zu koordinieren. Dies gilt insbesondere für die Plattformökonomie und die Sharing Economy, in der Strukturen die Aktivitäten der Teilnehmer im gesamten Netzwerk koordinieren.

Ganz generell kann man sagen, dass Strukturen Verhalten koordinieren. In einem Unternehmen kommt ihnen ähnlich wie der Strategie und der Unternehmenskultur somit eine ausrichtende, ordnende und stabilisierende Rolle zu.[42]

2.2.6 Markt und Umwelt (Stakeholder)

Unternehmen stehen in Interaktion mit ihrer Umwelt

Unternehmen stehen in ständiger Interaktion mit ihrer Umwelt. Sie bieten ihre Produkte und Dienstleistungen potenziellen Kunden an, ordern Materialien bei ihren Lieferanten, bezahlen Steuern, stellen Mitarbeiter ein, halten sich an Gesetze, machen Presseaussendungen und wetteifern mit ihren Konkurrenten um Kunden, Lieferanten oder Mitarbeiter. Die Umwelt eines Unternehmens besteht somit aus zahlreichen Akteuren bzw. Teilbereichen. Wie diese wahrgenommen bzw. kategorisiert werden, ist abhängig von der zugrunde gelegten Perspektive.

Vertreter der planungsorientierten Perspektive unterteilen die Umwelt eines Unternehmens in unterschiedliche Teilumwelten wie die allgemeine Umwelt (z.B. technologisch, politisch, rechtlich, soziokulturell, ökologisch, wirtschaftlich) und die Aufgaben- bzw. Wettbewerbsumwelt. Letztere bezieht sich auf jene Faktoren, welche die Wettbewerbsbedingungen in einem Geschäftsbereich bestimmen.[43] In der positionierungsorientierten Perspektive werden primär Aspekte der Aufgaben- bzw. Wettbewerbsumwelt betrachtet und die spezifischen Gegebenheiten von Branchen bzw. Märkten untersucht.

Die stakeholderorientierte Perspektive nimmt die Umwelt eines Unternehmens als ein System seiner Stakeholder (z.B. Kunden, Lieferanten, Kapitalgeber, Medien, Gewerkschaften) wahr. Im Mittelpunkt des Interesses stehen daher die Ansprüche der einzelnen Anspruchsgruppen.[44] Aus systemorientierter Perspektive hingegen ist die Umwelt eines Unternehmens ein System, an dem es partizipiert, bzw. Systeme, mit denen es interagiert. Dabei ist das Unternehmen eine Einheit, die von ihrer Umwelt unterscheidbar, davon abgrenzbar ist.[45]

Gemeinsam ist all diesen Perspektiven des strategischen Managements, dass sie die Umwelt eines Unternehmens, wenn auch in unterschiedlicher Form, als relevant für die Entwicklung und Realisierung von Strategien erachten. Demzufolge ist es naheliegend zu fragen, ob und inwieweit ein Unternehmen Umweltchancen nutzt. Dabei wird im 7-Elemente-Modell und in diesem Buch die Bedeutung des Markts hervorgehoben, da kein Unternehmen ohne zufriedene Kunden oder verlässliche Lieferanten überleben kann.

Die Umwelt verändert sich

Die Umwelt eines Unternehmens ist nicht stabil, sondern zahlreichen Veränderungen unterworfen. Diese bringen neue Chancen, aber auch neue Risiken mit sich. Hier stellt sich die Frage, ob das Unternehmen die damit einhergehenden Herausforderungen meistert bzw. meistern kann. Um diese Frage zu beantworten, werden die wahrgenommenen Umweltentwicklungen hinsichtlich ihrer Relevanz für das Unternehmen bewertet und im Strategieprozess berücksichtigt. Damit kommt Strategen und ihrer Urteilskraft eine zentrale Rolle in der strategischen Auseinandersetzung mit der Umwelt zu. Näheres dazu wird im ▶ Abschnitt 3.1 *„Markt- und Umweltanalyse“* und im ▶ Abschnitt 4.2 *„Strategische Entscheidung“* sowie im ▶ Abschnitt 3.3 *„Strategische Frühaufklärung“* ausgeführt.

2.2.7 Unternehmen (Kernkompetenzen)

Ermittlung von Stärken und Schwächen

Die Ermittlung von Stärken und Schwächen dient dem Auffinden jener Potenziale eines Unternehmens, welche es ihm ermöglichen, Chancen zu nutzen und Herausforderungen zu bewältigen. Seit Anbeginn des strategischen Managements stehen daher Stärken und Schwächen neben Chancen und Risiken im Zentrum der Strategiearbeit. Zu Beginn suchte man strategische Stärken und Schwächen in den Funktionen (Beschaffung, Marketing, Produktion, Entwicklung, ...) und im Produktprogramm. Dieser klassische Ansatz ist bis heute weit verbreitet. Eine andere Form ist die Betrachtung von Stärken und Schwächen eines Unternehmens anhand der Konfiguration seiner Wertkette.[46] Dieser wertorientierte Ansatz gewann durch die Wertkettenanalyse von Porter[47] an Bedeutung.

Im Verlauf der Zeit wurden weitere Ansätze für die Ermittlung von Stärken und Schwächen präsentiert. So plädieren beispielsweise Vertreter der systemorientierten Perspektive für eine umfassende Auseinandersetzung mit den spezifischen materiellen und immateriellen Komponenten des Systems Unternehmen sowie deren wechselseitigem Zusammenwirken als Ausgangsbasis für die Gestaltung der weiteren Entwicklung des Unternehmens.[48] Aus stakeholderorientierter Sicht findet man die Stärken und Schwächen eines Unternehmens in seinen Fähigkeiten, den Ansprüchen der Stakeholder gerecht zu werden.

Kompetenzorientierte Ansätze

Besondere Bedeutung im Auffinden von Erfolgspotenzialen wird heute ressourcen- bzw. kompetenzorientierten Ansätzen zugeschrieben. Dementsprechend rücken Methoden und Instrumente der ressourcenorientierten Perspektive ins Zentrum des Interesses. Sie analysieren Ressourcen (resource-based view), Fähigkeiten (capability-based view), Kompetenzen (competence-based view) bzw. Wissen (knowledge-based view). Einerseits interessiert, welche Ressourcen, Fähigkeiten, Kompetenzen bzw. Wissen in einem Unternehmen vorhanden sind, und andererseits, wie diese auf- und ausgebaut, erhalten und genutzt werden.[49] Betrachtet man aktuelle Entwicklungen in der Disziplin des strategischen Managements, so zeigt sich, dass derzeit eine intensive Auseinandersetzung um den Aufbau bzw. die Generierung neuer Kernkompetenzen durch Rekombination bestehender und neuer Ressourcen und Fähigkeiten erfolgt. Es sind „Dynamic Capabilities“, die es einem Unternehmen ermöglichen, neue Kompetenzen zu erzeugen und strategisch einzusetzen. Teece zufolge bedarf es dazu der Integration, Koordination und Neukombination interner und externer Ressourcen.[50] Die zunehmende Bedeutung dynamischer Fähigkeiten erklärt sich unter anderem aus den Anforderungen einer VUKA-Umwelt. In dieser können Kernkompetenzen innerhalb kurzer Zeit durch neue Geschäftsmodelle erodieren.

2.3 7 Perspektiven (wissenschaftliche Grundlagen)

Grundlagen: 7 Perspektiven des strategischen Managements

Die Erkenntnisse aus sieben wegweisenden Perspektiven (Ansätze, Sichtweisen) des strategischen Managements bilden die Grundlage für dieses Buch. Es werden damit primär jene Beiträge beleuchtet, welche bis heute die Disziplin nachhaltig geprägt haben. Zu diesen zählen die planungs-, positionierungs-, ressourcen-, konfigurations-, stakeholder-, system- und aktivitätenorientierte Perspektive (▸ Abbildung 2.7).

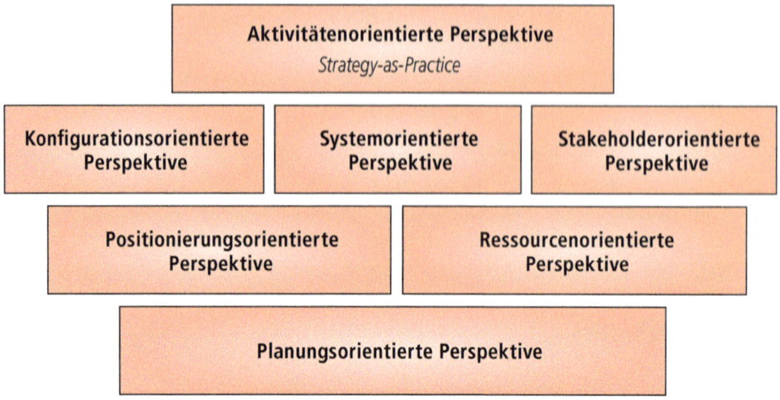

Abbildung 2.7: Wissenschaftliche Grundlagen

Bis heute zählen diese sieben Perspektiven des strategischen Managements zu den weitverbreiteten in Theorie und Praxis. Obgleich immer wieder neue Strömungen zu verzeichnen sind, vermochte bislang keine die zentrale Bedeutung der Erkenntnisse aus diesen sieben Perspektiven nachhaltig zu verrücken.

Die planungsorientierte Perspektive bildet das ursprüngliche Fundament des strategischen Managements. Zwei ökonomisch fundierte Perspektiven bauen auf diesen grundlegenden Überlegungen auf. Die positionierungsorientierte Perspektive lenkt dabei den Fokus auf das Aufgabenumfeld des Unternehmens und die ressourcenorientierte Perspektive ins Unternehmen, auf Ressourcen, Fähigkeiten und Kernkompetenzen. Mit der Zeit entwickelten sich weitere Perspektiven, welche die zunächst rational-ökonomisch determinierte Welt des strategischen Managements um konstruktivistische, systemtheoretische und andere Überlegungen anreicherten. Erst im letzten Jahrzehnt etablierte sich die aktivitätenorientierte Perspektive, welche die Strategen und ihre Aktivitäten (Praktiken) ins Zentrum des Interesses rückt.

Nutzung der Perspektivenvielfalt

Die Basis für Effektivität und Effizienz im strategischen Management liegt heute in der Nutzung der Perspektivenvielfalt. Sie macht eine situationsadäquate Bearbeitung strategischer Fragestellungen aus unterschiedlichen Blickwinkeln und mittels unterschiedlicher Herangehensweisen möglich. Dabei gilt es zu beachten, dass Erkenntnisse aus unterschiedlichen Forschungsströmungen auf unterschiedlichen Grundannahmen beruhen und damit spezifische Strategieinstrumente nur unter bestimmten Bedingungen Nutzen stiften. In diesem Buch nehmen wir diese Vielgestaltigkeit auf. Damit schaffen wir die Voraussetzungen, jene Themen, welche aus aktueller Sicht für den nachhaltigen Erfolg relevant sind, in geeigneter Form zu bearbeiten.

+

Die Entwicklung der Disziplin und die Professionalisierung des strategischen Denkens

Die Entwicklung der Disziplin des strategischen Managements erklärt sich vor dem Hintergrund der Professionalisierung des strategischen Denkens und Handelns in Unternehmen sowie Veränderungen in der Unternehmensumwelt.[51] Dieser Prozess geht einher mit steigender Dynamik und erhöhter Komplexität und lässt sich in fünf Phasen untergliedern:

Phase der Finanzplanung und Budgetierung: Die 1950er-Jahre waren geprägt von Wiederaufbau, weitgehend vorhersehbaren Umweltentwicklungen und stabilen Geschäftsverläufen. Für Unternehmen war es aufgrund der Vorhersehbarkeit möglich, auf Basis ihrer bisherigen Geschäftsergebnisse zu planen. Hierzu nutzten sie Methoden und Instrumente der Finanzplanung und Budgetierung.

Phase der Langfristplanung: In den 1960er-Jahren stieg der Wohlstand, und die Anforderungen der Kunden wurden differenzierter. Die positive Wirtschaftsentwicklung verlief weitgehend linear. Daher war es möglich, aus der bisherigen Markt- und Geschäftsentwicklung zukünftige Trends zu extrapolieren und diese als Grundlage für eine mehrjährige Planung zu verwenden. Damit wurde die zukünftige Entwicklung des Unternehmens auf Basis der vergangenen Geschäftsentwicklung geplant.

Phase der strategischen Planung: In den 1970er-Jahren und Anfang der 1980er-Jahre traten erste Turbulenzen auf. Unternehmen waren mit Konjunkturschwankungen, technologischen Sprüngen und Marktveränderungen konfrontiert. Eine vergangenheitsorientierte Planung erwies sich in dieser Umwelt als unzureichend. Es galt Chancen und Risiken frühzeitig zu entdecken und in die strategischen Überlegungen einzubeziehen. Eine bis heute verbreitete Methode aus dieser Zeit ist die Szenarioanalyse. Gleichzeitig weiteten viele Unternehmen ihre Geschäftstätigkeiten aus und entwickelten sich zu großen diversifizierten Unternehmen. Für deren Steuerung bedurfte es neuer Konzepte der strategischen Planung. Aus den zahlreichen Methoden und Instrumenten sind Portfoliokonzepte zur Ausrichtung des Gesamtunternehmens und Methoden zur Positionierung einzelner Geschäfte im Wettbewerb hervorzuheben. Sie sind bis heute zentraler Bestandteil des strategischen Instrumentariums.

Phase des strategischen Managements: Mit Ende der 1980er- und in den 1990er-Jahren intensivierte sich die Umweltdynamik, verschärfte sich der Wettbewerb und viele Unternehmen mussten sich eingestehen, dass sie ihre mitunter aufwendig formulierten Strategien nicht realisieren konnten. Man erkannte, dass neben der Formulierung auch der Implementierung eine entscheidende Rolle zukam. Damit richtete sich der Blick in das Unternehmen, auf seine Strukturen, Systeme, die Unternehmenskultur usw.

Phase der strategischen Initiativen: In den letzten Jahrzehnten hat sich die Dynamik der Umwelt weiter erhöht und das Ausmaß der Globalisierung ist weiter gewachsen. Ob begünstigt durch die Digitalisierung und die intensive Nutzung von Informations- und Kommunikationstechnologien oder durch vermehrte Deregulierung – Unternehmen agieren heute in einer komplexen, mitunter sogar turbulenten Umwelt. Für sie sind Unsicherheit und Ungewissheit Alltag geworden. Die Konsequenzen sind mannigfaltig. Erstens setzen Strategen vermehrt auf Methoden zur frühzeitigen Erkennung von Trends. Zweitens werden zahlreiche Konzepte und Instrumente des traditionellen strategischen Managements weiterentwickelt, um in dynamischen Umwelten Nutzen zu stiften. Drittens entwickeln sich neue Ansätze des strategischen Denkens und Handelns, welche in derartigen turbulenten Umwelten adäquater erscheinen.

Es ist davon auszugehen, dass sich unser bestehendes Wissen ergänzen und erweitern wird, denn eines ist gewiss, wir sind noch keinesfalls am Ende der Entwicklung angelangt. Dies zeigen uns unter anderem neue strategische Möglichkeiten und Herausforderungen einer zunehmend digitalen und vernetzten Welt (z.B. Big Data, Künstliche Intelligenz, Open Strategy).

2.3.1 Planungsorientierte Perspektive

Strategisches Management wird als ein rationaler, strukturierter Planungsprozess verstanden

Vertreter dieser Perspektive verstehen strategisches Management als einen rationalen, strukturierbaren Prozess aus aufeinanderfolgenden, sachlogisch zusammenhängenden Entscheidungen und Handlungen.[52] Die Basis dieser weit verbreiteten Perspektive bildet das klassische Strategieverständnis in der Harvard-Tradition. Strategie wird hier als ein Plan verstanden, der in einem rationalen, beabsichtigten und strukturierten Prozess formuliert und anschließend implementiert wird.

Der Plan (die Strategie) basiert dabei auf einer umfassenden Analyse der Umwelt (Chancen und Risiken) und des Unternehmens (Stärken und Schwächen). Er wird nach vollständiger Formulierung umgesetzt. Es gelten jene Unternehmen als erfolgreich, deren Strategien (Pläne) zu einem Strategic FIT von Umwelt und Unternehmen führen. Das Grundmodell planungsorientierter Ansätze (▶ Abbildung 2.8) inkludierte überdies sowohl die Werte der Entscheider als auch die soziale Verantwortung, die Unternehmen wahrzunehmen haben.

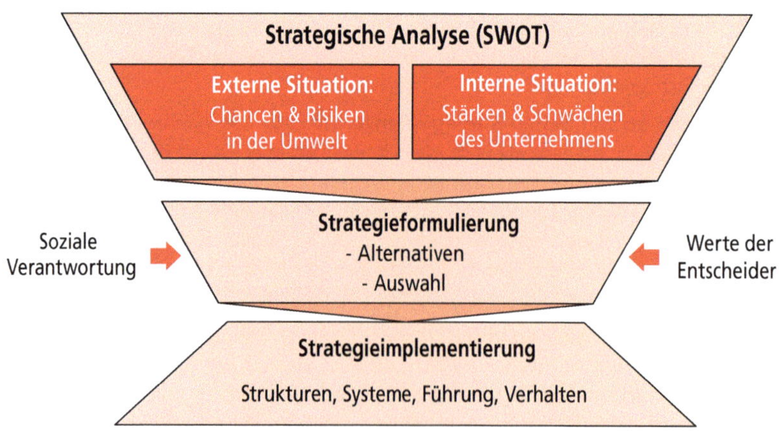

Abbildung 2.8: Grundmodell planungsorientierter Ansätze

Viele der heute verwendeten Methoden und Instrumente des strategischen Managements (z.B. SWOT-, Pestel-, Szenarioanalysen) entstammen dieser Perspektive. Das gilt gleichermaßen für die eingesetzten Prozessphasenmodelle, welche klar abgegrenzte Phasen (z.B. Formulierung und Implementierung) aufweisen und rational-entscheidungsorientiertes Vorgehen unterstellen.

Strategien entstehen gemäß den Vertretern dieser Perspektive aus einem wohlüberlegten und bewussten Denkvorgang an der Unternehmensspitze. Erst nach der vollständigen Formulierung kommt es zur Umsetzung – strategisches Denken und Handeln sind demnach voneinander getrennt. Es ist für jeden nachvollziehbar, dass derartige Annahmen, wie Rationalität von Entscheidungen, vollkommene Objektivität des Managements oder absolute Phasentrennung, in der Realität nicht zutreffen. Zudem zeigt sich in der Praxis, dass Strukturen, Systeme und vor allem Unternehmenskulturen und damit Führung und Verhalten nicht so einfach nach Plan geändert und angepasst werden können. Trotzdem bzw. eben wegen dieser Vereinfachung sind Vorgehensmodelle, Methoden und Instrumente aus dieser grundlegenden Perspektive in Theorie und Praxis weitverbreitet. Bei ihrem Einsatz ist es jedoch empfehlenswert, deren Ausgangsbasis (z.B. eine viel einfachere, stabilere und weitgehend überschaubare Unternehmensumwelt) und zugrunde liegende Annahmen zu berücksichtigen. In unserer heutigen globalisierten, digitalen und vernetzten Welt ist weder eine detaillierte strategische Planung in einem Top-down-Prozess noch eine strikte Phasentrennung zweckmäßig.

2.3.2 Positionierungsorientierte Perspektive

Positionierung gegenüber den Stakeholdern

Die positionierungsorientierte Perspektive des strategischen Managements richtet den Blick nach außen. Sie sucht nach der geeigneten Positionierung am Markt (Zielgruppen), im Wettbewerb (Konkurrenten) bzw. gegenüber den Stakeholdern. Um eine ideale Position zu finden, werden umfassende Analysen durchgeführt. Diese nach außen gerichtete Perspektive erlangte durch die Arbeiten des viel zitierten Harvard-Professors Porter[53] in den 1980er-Jahren große Bedeutung. Er erklärte den Erfolg eines Unternehmens anhand von Branchenattraktivität und adäquater Positionierung. Er lenkte damit die Aufmerksamkeit auf die Branche bzw. den Absatzmarkt als erfolgsrelevantes Kriterium.

Positionierung im Wettbewerb

Die Konzepte von Porter zählen zu den zentralen Werken des strategischen Managements.[54] Sie zeigen, dass Unternehmen durch eine geeignete Positionierung in rentablen Branchen Wettbewerbsvorteile erlangen. Dabei stellen Betriebsgrößenvorteile und Produktdifferenzierung zentrale Quellen für nachhaltige Wettbewerbsvorteile dar. Der Blick richtet sich ausschließlich nach außen, denn die erforderlichen Ressourcen vermeint man auf den jeweiligen Märkten beschaffen zu können. Porter begründete mit seinen Arbeiten, aufbauend auf den grundlegenden Arbeiten zur Industrieökonomik, eine eigenständige Forschungsrichtung innerhalb des strategischen Managements. Der von ihm geprägte marktorientierte Ansatz verwendet als Bezugsrahmen das weiterentwickelte Structure-Conduct-Performance-Paradigma[55] (▶ Abbildung 2.9) und stellt damit die Branchenstruktur ins Zentrum strategischer Überlegungen. Demnach determiniert die Branchenstruktur die Strategien von Unternehmen innerhalb dieser Branche und damit deren Performance. Allerdings können Unternehmen durch geeignete Strategien Branchenstrukturen verändern (z.B. Eintrittsbarrieren durch Differenzierung aufbauen). Zudem können Unternehmen in Abhängigkeit ihrer Performance (Erfolg/Misserfolg) ihre Strategien anpassen. Demzufolge ist es zweckmäßig, Branchen und ihr Erfolgspotenzial zu beleuchten und attraktive Branchen auszuwählen bzw. mithilfe geeigneter Strategien Branchenstrukturen zu gestalten. Porter übersetzte diese SCP-Logik mit dem Five-Forces-Framework in eine für die Praxis geeignete Form.[56] Zudem zeigte er, welche generischen Strategien geeignet sind, um Monopolrenten zu generieren und sich gegen die fünf Wettbewerbskräfte zu schützen. Neben den weitgehend statischen Arbeiten von Porter bezüglich der optimalen Positionierung eines Unternehmens innerhalb einer Branche bzw. einer strategischen Gruppe, finden wir in dieser Perspektive zahlreiche weitere Methoden und Instrumente, welche u.a. dynamische Analysen erlauben oder die Möglichkeit von Kooperationen berücksichtigen. Ausgewählte Analyseinstrumente werden in ▸ Kapitel 3.1.3 vorgestellt, konkrete Möglichkeiten der Positionierung am Markt und im Wettbewerb in ▸ Kapitel 4.1.2 beleuchtet.

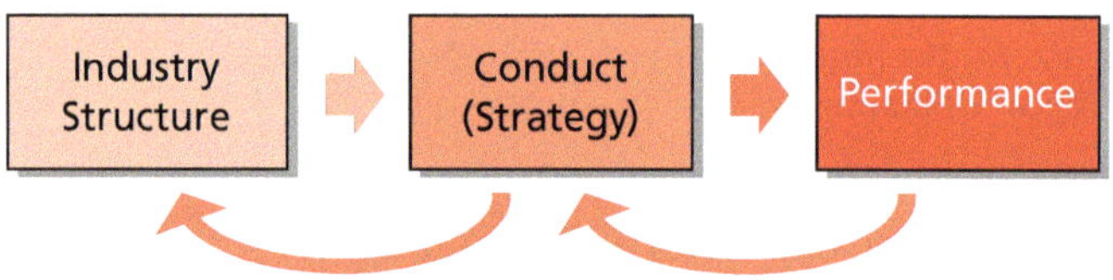

Abbildung 2.9: Porters Bezugsrahmen des market-based views im strategischen Management

Positionierung am Markt

In Bezug auf die geeignete Positionierung auf Märkten interessieren außerdem Beiträge des zielgruppenorientierten Marketings. Im Hinblick auf die Positionierung gegenüber Stakeholdern wird in aller Regel auf Beiträge des stakeholderorientierten Managements zurückgegriffen. Dabei gewinnt neben der Erzielung einer vorteilhaften Position am Absatzmarkt, die gelungene Positionierung auf wichtigen Beschaffungsmärkten und am Arbeitsmarkt (Stichwort Employer Branding) an Bedeutung.

Unabhängig davon, worauf sich die Positionierung bezieht (Markt, Branche, Stakeholder), zeigt sich, dass die Vertreter dieser Perspektive das Unternehmen selbst und seine Erfolgspotenziale vollkommen außer Acht lassen. Sie gehen davon aus, dass erforderliche Ressourcen entweder bereits im Unternehmen vorhanden sind oder frei verfügbar sind und jederzeit beschafft werden können. Denkt man an die gelebte Praxis von Übernahmen durch große Konzerne sowie die Möglichkeiten kleiner wie großer Unternehmen in einer zunehmend vernetzten Welt (z.B. Crowdfunding, Sharing-Konzepte), dann erscheinen diese Überlegungen heute von großer Relevanz.

2.3.3 Ressourcenorientierte Perspektive

Ressourcen, Fähigkeiten, Kompetenzen

Die ressourcenorientierte Perspektive richtet den Blick nach innen. Ihre Vertreter finden die Ursachen für den Unternehmenserfolg in der spezifischen Ressourcenausstattung eines Unternehmens bzw. ihrer Verwertung, wodurch sie wirtschaftliche Gewinne erzielen. Dies erklärt sich dadurch, dass jedes Unternehmen aufgrund seiner historischen Entwicklung eine spezifische Ressourcenausstattung aufweist. Dabei wird der Begriff Ressource relativ breit verstanden; er umfasst alle materiellen und immateriellen Vermögenswerte eines Unternehmens.[57]

Zu den Begründern des resource-based view zählt Wernerfelt (1984) mit seinem grundlegenden Artikel „A resource-based View of the Firm". Popularität erlangte der Ansatz jedoch erst in den 1990er-Jahren durch die beiden Managementforscher Prahalad und Hamel und ihren Aufsatz „The Core Competence of the Corporation". Sie erschlossen damit ressourcenorientiertes Gedankengut für den Praktiker. Heute genießt die ressourcenorientierte Perspektive eine erhebliche Bedeutung in der unternehmerischen Praxis. Nicht zuletzt durch die Beiträge von Barney, der mit seinem VRIN- bzw. VRIO-Framework ein praktisches Gedankenmodell bzw. Tool zum resource-based view bereitstellte.[58]

Innerhalb der ressourcenorientierten Perspektive finden wir unterschiedliche Ansätze. Sie erklären überdurchschnittlichen Erfolg und Wettbewerbsvorteile mittels einzigartiger Ressourcen (resource-based view), Fähigkeiten (capability-based view), Kompetenzen (competence-based view) bzw. Wissen (knowledge-based view).

Dynamic Capabilities

Aktuell erscheinen die Arbeiten in Bezug auf „Dynamic Capabilities" besonders interessant. Nach Teece, Pisano und Shuen geht es hierbei um die Fähigkeit eines Unternehmens *„... to integrate, build, and reconfigure internal and external competences to address rapidly changing environments."*[59] Es geht also darum, Wettbewerbsvorteile in dynamischen Umwelten im Zeitverlauf zu begründen und zu erhalten. Laut Eisenhardt und Martin sind es überlegene Ressourcenkombinationen, die es dem Unternehmen ermöglichen, überlegene Produkte zu vertreiben. Dazu benötigen sie „Dynamic Capabilities", welche es ihnen erlauben, überlegene Ressourcenkombinationen immer wieder aufzubauen, zu rekombinieren und zu ergänzen.[60]

In der Praxis und in vielen Lehrbüchern wird die ressourcenorientierte Perspektive als Ergänzung zur positionierungsorientierten Perspektive erachtet, obgleich sich ihre Prämissen und propagierten Vorgehensweisen deutlich voneinander unterscheiden. Strategien aus Sicht des resource-based views fokussieren auf die Nutzung von herausragenden Ressourcen, Fähigkeiten und Kompetenzen, um die Kundenpräferenzen in einer für andere Unternehmen schwer zu imitierenden Art zu befriedigen und dadurch Effizienzvorteile zu generieren. Strategien aus Sicht des market-based views dienen hingegen der Schaffung bzw. Aufrechterhaltung der Attraktivität einer Branche, um dadurch Monopolgewinne zu erzielen. Aus Sicht von Barney und Mackey[61] ist eine ressourcenorientierte Vorgehensweise dann zu empfehlen, wenn Effizienzgewinne auf Basis von einzigartigen, sozial komplexen, über die Zeit aufgebauten Ressourcen und Fähigkeiten erzielt werden können, indem diese zur Kostensenkung bzw. Ertragssteigerung eingesetzt werden. Eine positionierungsorientierte Vorgehensweise ist hingegen dann sinnvoll, wenn Monopolgewinne greifbar scheinen – wenn beispielsweise nur wenige Unternehmen in einer Branche konkurrieren, bereits Eintrittsbarrieren vorhanden sind bzw. aufgebaut werden können.

2.3.4 Konfigurationsorientierte Perspektive

Ganzheitliche Betrachtung

Im Rahmen einer konfigurationsorientierten Perspektive werden Unternehmen und ihre Umwelt ganzheitlich betrachtet. Es werden Konfigurationen beschrieben, in denen sich verschiedene Dimensionen eines Unternehmens (z.B. Strategie, Struktur, Ziele, Technologien) unter bestimmten Bedingungen zusammenfügen. Dabei gilt das Interesse insbesondere jenen Konfigurationen, welche Erfolg versprechen.[62]

Bereits in den 1980er-Jahren beschrieben Miles und Snow drei Konfigurationen (Defender, Prospector, Analyzer), welche es einem Unternehmen ermöglichen, über eine beträchtliche Zeitspanne eine vorteilhafte Wettbewerbsposition zu erreichen und zu erhalten. Gemäß der beiden Autoren weist jede der drei Konfigurationen eine eigene, unverwechselbare Strategie auf, mit der sich das Unternehmen am Markt positioniert. Dabei sind bei jeder Konfiguration Leistungsangebot, Technologien, Strukturen und Prozesse aufeinander abgestimmt. Beispielsweise beherrscht ein Defender ein enges und stabiles Marktsegment mit wenigen Produkten durch aggressive Preispolitik und/oder hohe Qualität. Um dies zu erreichen, benötigt ein Defender hohe technologische Effizienz und eine strikte Kontrolle der Organisation. Demgegenüber sucht ein Prospector aktiv nach innovativen Produkt- und Marktchancen, wodurch er Dynamik und Unsicherheit auf Märkten erzeugt. Sein Erfolgsrezept sind eine flexible Organisation und ebensolche Technologien. Ein Analyzer hingegen kann aufgrund seiner Konfiguration rasch neue vielversprechende Ideen aufgreifen (Fast Follower) und realisieren. Dabei reduziert er seine Risiken auf ein Mindestmaß und maximiert gleichzeitig seine Gewinnaussichten.[63]

Transformation

Forscher und Praktiker interessieren sich allerdings nicht nur für Konfigurationen an sich, sondern auch für den Weg zu diesen – sie benötigen Wissen über die Transformation, also jene Phase, in der sich das Unternehmen neu ausrichtet und konfiguriert. Hier stellt sich die Frage, wie sich eine Organisation umfassend (und rasch) wandeln kann. Antworten finden sich unter anderem in Beiträgen zu Strategic Change. Das Angebot ist reichhaltig, ob Turnaround, Downsizing, Revitalisierung, Change Management – es reicht von scheinbar einfachen Handlungsanweisungen bis zu komplexen Vorgehensmodellen. Erstere betrachten Wandel als ein Planungsproblem. Sie entwerfen Maßnahmenkataloge, die das Unternehmen Schritt für Schritt in Richtung Ziel lenken. Zweitere berücksichtigen in aller Regel interne und externe Kontextfaktoren und richten das spezifische Wandeldesign an diesen aus. Ein bekanntes Beispiel ist das Change-Kaleidoskop (siehe ▶ Abbildung 5.9) von Balogun und Hope

Hailey.[64] Die beiden Expertinnen plädieren dafür, den organisationalen Kontext zu analysieren, bevor ein spezifisches Wandeldesign festgelegt wird. Sie akzeptieren dabei, dass die Entwicklung eines Unternehmens nicht vollkommen willentlich gestaltet werden kann, wie in ▶ Kapitel 5 dargelegt wird.

Die konfigurationsorientierte Perspektive lenkt unseren Blick auf zwei wesentliche strategische Fragestellungen. Welche Konfigurationen versprechen Erfolg und wie erreichen wir diese (Transformation)? Ihr Beitrag ist es, Zusammenhänge und Abhängigkeiten in den Vordergrund zu rücken und aufzuzeigen, dass unterschiedliche Konfigurationen Erfolg versprechen können. Kritiker[65] merken an, dass die Welt nicht schwarzweiß ist und somit einige wenige Idealtypen wohl kaum die Vielzahl möglicher Konfigurationen abbilden können. Überdies bezweifeln sie, dass es sprunghafte Transformationen zwischen unterschiedlichen Konfigurationen gibt. In Anbetracht der Komplexität strategischer Fragestellungen ist ihre Kritik nicht unberechtigt. Sie zeigt, dass konfigurationsorientierte Strategiemodelle die Wirklichkeit nicht allumfassend abbilden können. Dennoch bzw. eben deshalb helfen sie uns, diese etwas besser zu verstehen und dadurch zu effektiven und effizienten Strategien zu gelangen.

Welche Konfigurationen versprechen Erfolg und wie erreichen wir diese (Transformation)?

2.3.5 Stakeholderorientierte Perspektive

Die stakeholderorientierte Perspektive rückt Stakeholder und ihre Ansprüche am Unternehmen in den Mittelpunkt der strategischen Auseinandersetzung. Das Management der Stakeholder-Beziehungen wird dabei als erfolgskritisch erachtet, da ein Unternehmen, das auf Dauer die Erwartungen seiner Stakeholder nicht erfüllen kann, diese an andere Unternehmen verlieren wird. Ziel des strategischen Managements ist es daher, die zahlreichen, mitunter konfliktären Anforderungen unterschiedlicher Stakeholder bestmöglich auszubalancieren.

Das Management der Stakeholder-Beziehungen ist erfolgskritisch

Die Bedeutung von Stakeholdern für den Erfolg eines Unternehmens wurde erstmals vom Stanford Research Institute (SRI) thematisiert. Stakeholder werden definiert als *„... those groups without whose support the organization would cease to exist."* Dementsprechend müssen Manager die Anliegen ihrer Stakeholder (Kapitalgeber, Mitarbeiter, Kunden, Lieferanten etc.) verstehen, um Strategien zu entwickeln, die ihre Ansprüche erfüllen.[66] Die Überlegungen des SRI sind die Basis der stakeholderorientierten Perspektive des strategischen Managements, welche durch das Werk von Freeman „Strategic Management: A Stakeholder Approach" 1984 begründet wurde. Er argumentiert, dass jedes Individuum und jede Gruppe, die durch die Ziele des Unternehmens beeinflusst werden oder diese beeinflussen können, ein Stakeholder ist, dessen Interessen in einer adäquaten Form zu berücksichtigen sind.[67] *„The central task ... is to manage and integrate the relationships and interests of shareholders, employees, customers, suppliers, communities and other groups in a way that ensures the long-term success of the firm."*[68]

Dieser umfassenden Stakeholder-Orientierung von Freeman stellt Barney einen primär ressourcenorientierten Zugang des Stakeholder-Managements gegenüber. Aus seiner Sicht sind nur diejenigen Stakeholder zu berücksichtigen, deren Ressourcen zum wirtschaftlichen Gewinn beitragen.[69] Ein derart ökonomisch orientiertes Stakeholder-Management greift jedoch aus Sicht von Freeman und anderen zu kurz, da es u.a. weder gesellschaftliche noch ökologische Aspekte aufgreift. Gerade im 21. Jahrhundert zeigt sich vielerorts, dass die Gesellschaft von Unternehmen erwartet, dass sie zur Lösung ökologischer und sozialer Probleme beitragen. Dementsprechend plädiert eine Reihe von Forschern für eine umfassende Berücksichtigung von Stakeholder-Interessen, manche sogar für eine stakeholderorientierte Betrachtung des Unternehmens.[70]

Begrenzte Ressourcen erfordern Prioritätensetzung

Da die Ressourcen eines Unternehmens zur Befriedigung der tendenziell unlimitierten Ansprüche seiner Stakeholder begrenzt sind, müssen Prioritäten gesetzt werden. Dies führt zu einem kontinuierlichen Ausbalancieren unterschiedlichster Ziele unter Einbeziehung sozialer, ethischer und ökonomischer Überlegungen. Um diesen Prozess zu vereinfachen, können Stakeholder in primäre Stakeholder mit direkter Relevanz für die Leistungserstellung und sekundäre Stakeholder unterschieden werden.[71] Eine andere Untergliederung ist jene von Mitchel, Agle und Wood, welche Stakeholder nach der Legitimität ihres Anspruchs, der Dringlichkeit ihres Anliegens und ihrer Macht kategorisieren.[72] Unabhängig davon, welche Kategorisierung gewählt wird, verbleibt das Management der vielfältigen Stakeholder und ihrer Ansprüche höchst komplex. Dementsprechend wird von einigen Forschern die Entwicklung einer eigenen Theorie der Stakeholder-Governance gefordert.[73]

Die Arbeiten zur stakeholderorientierten Perspektive zeigen, dass ohne die adäquate Berücksichtigung der Stakeholder und ihrer Ansprüche ein Unternehmen langfristig kaum erfolgreich sein wird. Wie diese Berücksichtigung stattfinden kann, dazu finden sich nicht nur in der Theorie unterschiedliche Zugänge, sondern in der Praxis gibt es eine Reihe unterschiedlicher Methoden und Instrumente ▶ Kapitel 3.1.4 Stakeholderanalyse.

2.3.6 Systemorientierte Perspektive

Das Unternehmen als ein komplexes System betrachten

In der systemorientierten Perspektive des strategischen Managements wird eine ganzheitliche Sichtweise eingenommen. Aufbauend auf systemtheoretischen Grundvorstellungen wird das Unternehmen als ein komplexes System begriffen, dessen Elemente in vielfältiger Weise interagieren und zueinander in einer spezifischen dynamischen Beziehung stehen.[74] Strategisches Management hat hier das Ziel, die Entwicklung von Unternehmen – unter Berücksichtigung, dass ein komplexes System wenn überhaupt, nur bedingt steuerbar ist – zu gestalten.[75] Aus systemischer Sicht stellt sich für das Management die Frage, welche Impulse gesetzt werden können, damit sich das System Unternehmen nachhaltig erfolgreich entwickelt.[76]

Strategisches Management orientiert sich dabei an den spezifischen Gegebenheiten des Systems Unternehmen, seiner Teilsysteme sowie seiner Umwelt. Für die konkrete Strategiearbeit werden auch Methoden und Instrumente aus anderen Perspektiven aufgegriffen und um systemorientierte Elemente und Denkmuster erweitert. Dies gilt insbesondere für die Analyse und Veränderung komplexer Systeme. Unabhängig davon, welche Unternehmens- bzw. Umweltbereiche analysiert werden, der Blick richtet sich immer wieder auf das Ganze und die Interaktionen der einzelnen Teile. Denn aus systemorientierter Perspektive resultiert der Erfolg oder Misserfolg eines Unternehmens (ganz ähnlich wie bei einer Fußballmannschaft) nicht aus den Fähigkeiten und Leistungen einzelner Akteure, sondern aus dem Zusammenspiel einer Vielzahl von interdependenten Voraussetzungen, Fähigkeiten und Dynamiken, die sich historisch in der Erbringung von organisationaler Wertschöpfung herauskristallisieren, erläutern Rüegg-Stürm und Grand in ihrer aktuellen Ausgabe des St. Galler Management-Modells.[77] Aus diesem Grund ist es aus systemischer Perspektive erforderlich, nicht nur einzelne Aspekte zu beleuchten, sondern das gesamte System Unternehmen mit seiner vielfältigen Umwelt zu verstehen.

Erlaubt eine reflektierte Auseinandersetzung und fördert effektive Interventionen

Eine derartige Sichtweise erlaubt Managern eine reflektierte Auseinandersetzung, sie fördert effektive Interventionen und verbessert damit das strategische Management. Nach der Ansicht von Brocklesby und Cummings gewinnt strategisches Management durch die systemorientierte Perspektive an Durchsetzungskraft, da es berücksichtigt, dass komplexe Systeme wie Menschen oder Unternehmen weder objektive Anwender bestimmter Konzepte noch vollkommen offen für Wandel sind.[78] Durch die Beachtung dieser Tatsachen können strategische Initiativen adäquat gefördert und strategische Veränderungen begünstigt werden.

Mittels einer systemtheoretisch inspirierten Perspektive kann überdies die Verbindung der beiden Systeme Familie und Unternehmen beleuchtet werden. Denkt man an die überwiegende Mehrzahl an Unternehmen, welche in Familienbesitz sind bzw. von den Eigentümern selbst geführt werden, so ist es überaus zweckmäßig zu wissen, wie sich die beiden Systeme gegenseitig beeinflussen und wie sich dies auf die Formierung von Strategien in Familienunternehmen auswirkt.[79]

Ganz generell erhöht eine systemorientierte Betrachtungsweise das Verständnis dafür, dass alles mit allem verbunden ist. Dementsprechend können wir erkennen, dass Strategien immer im Kontext des spezifischen sozioökonomischen Systems, in dem sie entstanden sind, zu bewerten sind. Damit ist ersichtlich, warum ein kontextblindes Übertragen einer bestimmten Strategie von einem Unternehmen auf ein anderes und damit auf ein anderes System nicht funktionieren kann. Nur die Berücksichtigung der spezifischen Systemeigenschaften eines Unternehmens kann strategisches Management gelingen lassen. Dazu bedarf es des Verstehens komplexer Phänomene, was eine umfassende Auseinandersetzung mit dem Unternehmen und seiner Umwelt voraussetzt.

2.3.7 Aktivitätenorientierte Perspektive

Aktivitäten und Praktiken der Strategen

Die aktivitätenorientierte Perspektive des strategischen Managements (Strategy-as-practice) ist eine relativ junge Strömung innerhalb der Disziplin. Sie rückt die Strategen und ihr tatsächliches Tun ins Zentrum des Interesses. Das Augenmerk der Forscher richtet sich auf die Aktivitäten und Praktiken der Strategen.[80] Sie wollen herausfinden, welchen Einfluss diese auf den Erfolg von Unternehmen haben. Ein Auszug aus der Agenda des großen internationalen Forschungsnetzwerks „Strategy as Practice International Network“ verdeutlicht den Fokus dieser Perspektive: *„Strategy as Practice research is interested in the activities that constitute strategy making.“ „Strategy as Practice research is interested in the detailed activities that constitute strategising and the link between these activities and larger organisational and societal phenomena.“*[81] Der Fokus der Forscher liegt demnach auf den Prozessen und nicht auf den Zuständen.[82] Damit knüpft diese Perspektive an die Strategieprozessforschung an und vertieft bzw. ergänzt sie im Hinblick auf die Mikroebene. Die Strategy-as-Practice-Forschung hat sich dabei in den letzten Jahren insbesondere auf soziale und organisatorische Praktiken bei der Strategieerstellung, Rollen und Identitäten der Praktiker, Sensemaking und Diskurse im strategizing (siehe ▶ Abschnitt 2.4.3), Soziomaterialität (z.B. in PowerPoint-Präsentationen) und Strategiewerkzeuge sowie Macht und Reflektiertheit in der Strategiearbeit konzentriert.[83]

Praktiker, Praktiken und Praxis

Der integrative Rahmen dieser Perspektive umfasst damit Praktiker, Praktiken und Praxis. Die Praktiker sind jene Menschen, welche die Arbeit der Strategie (strategizing) tun. Als Praktiken werden soziale, symbolische und materielle Werkzeuge verstanden, welche die Praktiker in ihrer Strategiearbeit anwenden bzw. einsetzen. Praxis ist der Fluss von Aktivitäten, durch die Strategie entsteht und realisiert wird.[84]

Durch die zentrale Stellung der Aktivitäten bietet diese Perspektive interessante Einblicke und Ansatzpunkte für Strategen. Diese können ihnen helfen, sich in ihrer tagtäglichen Arbeit auf jene Aktivitäten zu konzentrieren, mittels derer Strategiearbeit gelingt.[85] Denn eines steht fest: Strategien entstehen und realisieren sich nicht von alleine. Dazu bedarf es inspirierender und kreativer Aktivitäten (neue Ideen finden, Chancen aufspüren, ...) ebenso wie klassischer Managementaktivitäten (Budgetierung und Planung, das Schreiben von formellen Dokumenten, Präsentationen, ...). Beides ist wichtig für die erfolgreiche Formierung und Realisierung von Strategien. Es bedarf des Handelns und Interagierens, des Kommunizierens und Umsetzens, nur dann werden Strategien wirksam. Dabei interessiert es hier nicht, ob eine strategische Initiative einem formalisierten Prozess entstammt oder irgendwo innerhalb oder außerhalb des Unternehmens entsprang. Gelungenes Strategizing umfasst alle Aktivitäten, die zum nachhaltigen Erfolg des Unternehmens beitragen.

2.4 Strategieprozesse

Die Vielfalt an strategischen Fragestellungen, die große Anzahl unterschiedlicher Methoden und Instrumente des strategischen Managements und nicht zuletzt die mannigfaltigen Zugänge und unterschiedlichen Perspektiven machen deutlich, dass es keinen allgemeingültigen idealen Strategieprozess geben kann. Die Prozesse, in denen Strategien entstehen und wirksam werden, sind ebenso individuell wie die Strategien selbst. Sie bestehen aus unterschiedlichsten analytischen, intuitiven, kreativen und administrativen Aktivitäten zahlreicher Akteure. Im Folgenden werden zunächst zwei Strategieprozesse – ein idealtypischer und ein situationsadäquater – vorgestellt. Dem folgt die Beleuchtung aktueller Themen der Strategieprozessforschung und der gegenwärtigen Praxis des Strategizing.

2.4.1 Idealtypische Strategieprozesse

Prozessmodelle strukturieren die komplexe Welt der Strategiearbeit und machen diese nachvollziehbar

Um die komplexe Welt der Strategiearbeit etwas zu strukturieren und nachvollziehbar zu machen, haben Wissenschaftler und Beratungsunternehmen zahlreiche idealtypische Prozessmodelle entwickelt. Diese reichen von sehr einfachen Phasenmodellen[86] bis zu hoch komplexen integrierten Modellen.[87] Die einfachen Modelle basieren auf den Grundannahmen der planungsorientierten Perspektive. Hier geht man davon aus, dass Strategien in einem rational-analytischen Prozess vom Topmanagement formuliert und anschließend implementiert werden. ▸ Abbildung 2.10 skizziert ein derartiges Modell mit vier aufeinanderfolgenden Phasen:

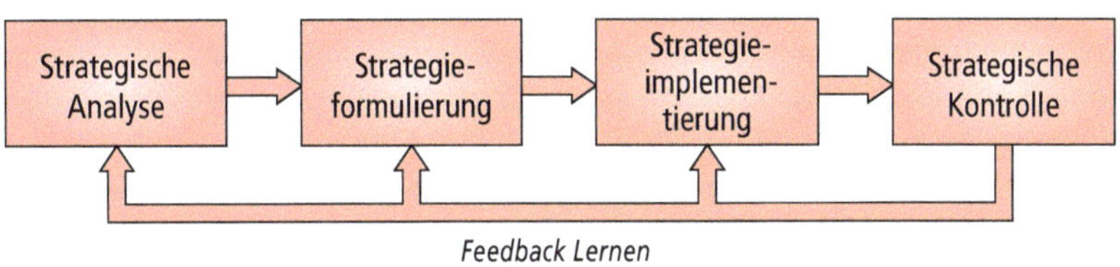

Abbildung 2.10: Ein einfaches Strategieprozessmodell

Die strategische Analyse umfasst die Auseinandersetzung mit der strategischen Ausgangssituation und inkludiert eine Analyse des Unternehmens und seiner Umwelt. Am Ende zeigt sich ein Bild der vorhandenen Stärken und Schwächen sowie der georteten Chancen und Risiken – in einem klassischen, planungsorientierten Strategieprozess die Ausgangsbasis der Strategieformulierung. Im Rahmen dieser werden zunächst strategische Optionen entwickelt. Aus diesen werden jene ausgewählt, welche aus Sicht der Entscheidungsträger am besten geeignet sind, um die Unternehmensziele zu erreichen. Die formulierte Strategie wird anschließend durch geeignete Maßnahmen umgesetzt (Strategieimplementierung). Im Rahmen einer strategischen Kontrolle wird die Umsetzung der Pläne überprüft. Dies inkludiert die Überprüfung der getroffenen Annahmen im Rahmen der strategischen Analyse und der Strategieformulierung sowie die Auswahl der Maßnahmen zur Strategieimplementierung und das Ausmaß der Strategierealisierung. Auf diese Weise erhalten die Akteure Feedback und können etwaige Anpassungen durchführen.

Kritik: zu starke Vereinfachung

Ein einfaches Phasenmodell erlaubt einen raschen Einstieg aufgrund der gemeinverständlichen Darstellung komplexer Sachverhalte. Allerdings blendet ein derart vereinfachendes Modell auch zahlreiche andere Entstehungsmöglichkeiten von Strategien aus. Der Querdenker Mintzberg präsentierte daher bereits 1978 sein Modell der beabsichtigten und emergenten Strategien.[88] In diesem erläutert er, dass Strategien nicht ausschließlich in einem bewussten Prozess entstehen. Vielmehr gibt es auch Strategien, die sich im Verlauf der Zeit aus einzelnen Handlungen herausbilden, sogenannte emergente Strategien. Sie werden erst rückblickend als Strategien erkannt. Außerdem werden nicht alle Strategien vom Topmanagement verabschiedet. Strategische Initiativen können überall im Unternehmen entstehen, ob durch ermächtigte Strategieteams, informelle Netzwerke oder einzelne Akteure auf allen Hierarchiestufen.

Nicht alle beabsichtigten Strategien werden zu 100 Prozent realisiert werden können. Selbst die beste Planung ermöglicht es nicht, die Zukunft vorherzusehen. Die Umwelt von Unternehmen ändert sich: Kunden entwickeln neue Präferenzen, Mitbewerber bringen neue Angebote auf den Markt usw. Strategen können nicht alle Veränderungen vorausahnen und in ihren Strategien (Plänen) berücksichtigen und so bleiben manche Strategien aufgrund geänderter Rahmenbedingungen bloß ein Plan. Dies ist auch dann der Fall, wenn Strategien aufgrund bestehender, der Strategie widersprechender Strukturen und Systeme oder interner Widerstände, nicht umgesetzt werden können.

Strategie ist mehr als ein Plan

Insgesamt können wir davon ausgehen, dass geplante Strategien nur zum Teil realisiert werden und realisierte Strategien immer ungeplante, emergente Teile aufweisen. Diesen Überlegungen folgend, ist Strategie mehr als ein Plan, sie ist auch ein Muster, eine Position, eine Perspektive oder eine List, erklärt Mintzberg in seiner vielzitierten Abhandlung zum Begriff der Strategie (▸ Abbildung 2.11[89]).

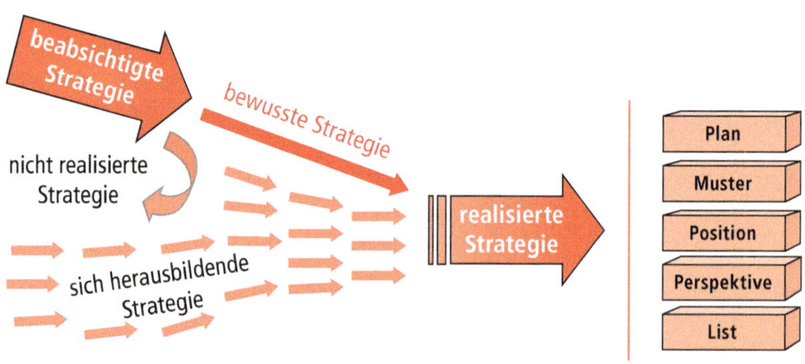

Abbildung 2.11: Mintzbergs Strategiebegriffe

In Anbetracht der zahlreichen Möglichkeiten, wie sich Strategien formieren können, ist es naheliegend, dass umfassendere Strategieprozessmodelle der Realität eher gerecht werden. Sie versuchen, all jene Elemente, Aktivitäten und Einflussfaktoren einzubeziehen, welche gemäß einer ganzheitlichen Sichtweise zur Formierung und Realisierung sowie Veränderung von Strategien in Unternehmen führen.

2.4.2 Situationsadäquate Strategieprozesse

Gemäß den Strategieprozessexperten Chakravarthy, Müller-Stewens, Lorange und Lechner[90] ist die konkrete Ausgestaltung eines spezifischen Strategieprozesses abhängig von zahlreichen Faktoren. Zu diesen zählen die spezifische Unternehmensumwelt, der gegebene Unternehmenszweck und der bestehende Unternehmenskontext sowie die Erfahrungen aus früheren Strategieprozessen und deren Konsequenzen in Bezug auf Kernkompetenzen, Wettbewerbsposition und Performance.

Ein Prozessmodell, das derart komplexe strategische Zusammenhänge, Wirkungen und Wechselwirkungen verdeutlicht und zugleich die vielfältige Praxis anerkennt, muss allerdings den Grundzweck von Modellen, die Vereinfachung der Wirklichkeit, verleugnen. Aber eben gerade dadurch wird ein Modell nützlich, indem es hilft, komplexe Zusammenhänge – wenn auch nur in eingeschränkter Form – zu erfassen. Aus diesem Grund plädieren wir für die Erstellung eines situationsadäquaten individuellen Strategieprozessmodells, das nur die jeweils relevanten Faktoren aufgreift.

Das Ergebnis erfolgreicher Strategieprozesse sind wirksame Strategien, mit denen die gesetzten Ziele erreicht werden. Wie erfolgreiche Strategieprozesse gestaltet werden, welche strategischen Fragestellungen von wem erörtert werden, welche strategischen Aktivitäten gesetzt werden oder welche Methoden eingesetzt werden, ist von Fall zu Fall festzulegen. Erfolg versprechende Strategieprozesse sind auf die Spezifika eines Unternehmens (z.B. Unternehmenskultur, Größe, Tätigkeitsbereiche) und die jeweiligen Anforderungen seiner Unternehmensumwelt (z.B. Branchendynamik, Marktsituation) abgestimmt. Zudem werden die Bedürfnisse relevanter Akteure berücksichtigt.

Entscheidungen und Handlungen in situationsadäquaten Strategieprozessen

Bei der Konzeption eines situationsadäquaten Strategieprozesses wird der grundlegende Ablauf von Entscheidungen und Handlungen skizziert. Dabei sollten zumindest folgende Aspekte berücksichtigt werden:

- **Markt & Umwelt (Stakeholder):** Unternehmen stehen in Interaktion mit Kunden, Lieferanten, staatlichen Stellen etc. Die Berücksichtigung zentraler Stakeholder bei der Gestaltung erfolgreicher Strategieprozesse ist damit von hoher Bedeutung. Es stellt sich die Frage, wer in welcher Form im Strategieprozess einbezogen bzw. berücksichtigt wird. Weitere Informationen dazu im ▶ Abschnitt 2.4.3 „*Strategizing & Open Strategy*“. Darüber hinaus gilt es zu bedenken, dass ein bestehendes Unternehmen eine spezifische Position am Markt und im Wettbewerb innehat. Die im Rahmen der Positionierung gemachten

Erfahrungen wirken in aller Regel auf den Strategieprozess ein. Was einmal erfolgreich war, wird gerne wiederholt, meist unabhängig davon, ob dies noch angemessen ist.

- **Unternehmen (Kernkompetenzen):** Der Unternehmenszweck gibt Aufschluss über das grundsätzliche Aktivitätsfeld des Unternehmens. Daraus ergeben sich bestimmte Anforderungen an die Ausgestaltung von Strukturen, Systemen etc. Es versteht sich von selbst, dass die Versorgung von Kranken in Spitälern andere Organisationen bedingt als die Herstellung, Vermarktung und der Vertrieb eines Energy Drinks. Der Unternehmenskontext – die spezifischen Strukturen und die einzigartige Kultur eines Unternehmens – nehmen Einfluss auf die Aktivitäten im Unternehmen und damit auch auf strategische Entscheidungen und Handlungen. Diese Kontextfaktoren gilt es bei der Prozessmodellierung zu beachten. Außerdem ist zu berücksichtigen, dass das Unternehmen über eine spezifische Kernkompetenzbasis verfügt. Dazu zählen nicht nur Ressourcen und Kompetenzen, sondern auch in Routinen verankerte Fähigkeiten, alles Aspekte, die Entscheidungen und Handlungen im Strategieprozess beeinflussen. Daher sollten sie bei dessen Ausgestaltung Berücksichtigung finden.
- **Performance:** Das vom Unternehmen erzielte Ergebnis (Performance) steht immer in Zusammenhang mit den spezifischen Kernkompetenzen, der erzielten Positionierung und der aktuellen Unternehmensumwelt. Wie die Performance bewertet wird, hängt von den Interessen und Erwartungen der Stakeholder ab. Diese sind durchaus unterschiedlich, so werden beispielsweise Kapitalgeber das Ergebnis aus einem anderen Blickwinkel betrachten als Mitarbeiter oder Kunden. Ganz generell stellt das Feedback der Stakeholder eine wichtige Informationsgrundlage für die weitere Strategiearbeit dar. Dabei ist anzumerken, dass nach wie vor der Evaluierung und den Reaktionen des Finanzmarkts besonders hohe Bedeutung zugemessen werden.

Bei der konkreten Gestaltung eines Strategieprozesses sind außerdem die spezifischen Erfahrungshintergründe der Strategen und weiterer Akteure zu berücksichtigen. Es ist zu klären, wie die strategische Ausgangsposition bestimmt wird, wie Strategien entstehen bzw. formuliert werden und wie diese realisiert werden. Dabei sind sowohl geplante (vorab konzipierte) Strategieprozesse als auch emergent verlaufende zu berücksichtigen.[91] Welche aktuellen Ansätze dazu in der Literatur erörtert werden, wird im nächsten Kapitel dargelegt.

2.4.3 Strategizing & Open Strategy

Strategizing verweist auf das tatsächliche Tun der Strategen

Mit dem Begriff „Strategizing" lenken Johnson, Melin und Whittington[92] die Aufmerksamkeit auf die konkreten Aktivitäten und Praktiken von Strategen im Strategieprozess. Sie verweisen damit auf das tatsächliche Tun im Rahmen der Strategiearbeit. Im Fokus stehen die Mikroaktivitäten, welche die tägliche Arbeit in Unternehmen ausmachen und das strategische Ergebnis beeinflussen. Mit dieser Hervorhebung rücken all jene Aktivitäten ins Zentrum des Interesses, die eine nachhaltige Konsequenz auf die strategische Ausrichtung, den langfristigen Erfolg (Misserfolg) und die Wettbewerbsfähigkeit des Unternehmens haben; ganz unabhängig davon, ob diese Aktivitäten im Rahmen eines formalisierten und geplanten Strategieprozesses stattfinden oder als strategische Initiativen in einem emergenten Prozess irgendwo im Unternehmen entstehen.[93] Dementsprechend interessieren im Zusammenhang mit Strategizing sowohl die Gestaltung von Strategieworkshops und der praktische Einsatz von Strategieinstrumenten als auch die Wirkung von Symbolen im Entstehen einer Strategie oder der Einfluss von Kommunikation bei deren Realisierung.

Jarzabkowski, Balogun und Seidl verorten Strategizing aufbauend auf den grundlegenden Überlegungen von Whittington zu Strategy-as-Practice in der Mitte der drei zentralen Handlungsfelder Praxis, Praktiker und Praktiken (siehe ▸ Abbildung 2.12).[94] Dabei beziehen die Autoren Strategizing auf das Tun, das heißt, Strategizing umfasst alle strategierelevanten Handlungen und Interaktionen aller Strategen (Akteure) sowie deren Praktiken und Methoden, auf die sie im Fluss der gesetzten Aktivitäten im Strategieprozess zurückgreifen.[95] Konkret geht es um folgende drei Fragen:

Relevante Fragen im Strategizing

1. Wer sind die Strategen? Anders formuliert: Wer wird in welcher Form in die Strategiearbeit einbezogen?
2. Welche Methoden werden wann und in welcher Form im Strategieprozess verwendet?
3. Welche Aktivitäten werden im Strategizing gesetzt? Anders formuliert: Wie wird konkret vorgegangen, was wird wie in welchen Bereichen gemacht?

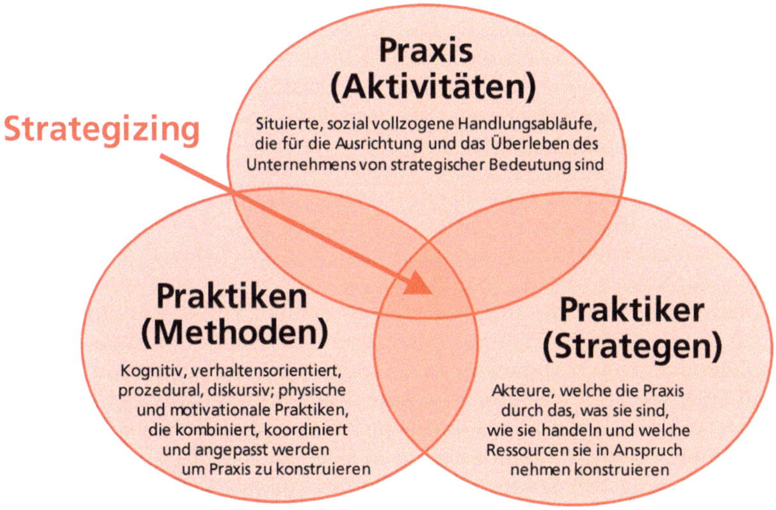

Abbildung 2.12: Strategizing

Strategen und Open Strategy

Zu den Strategen zählte man für lange Zeit primär das Top Management und Strategische Planer. Heute werden vielfach unterschiedlichste interne und externe Akteure (z.B. Mitarbeiter, Kunden, Lieferanten, Kooperationspartner, Community) in das Strategizing einbezogen. Dadurch ist mehr Information verfügbar, werden verschiedene Sichtweisen integriert und relevante Stakeholder in den Strategieprozess inkludiert. Die Öffnung des Strategieprozesses („Open Strategy") macht strategische Entscheidungen transparenter und strategische Handlungen nachvollziehbarer.[96] Allerdings bringt „Open Strategy" nicht nur Vorteile (z.B. größere Vielfalt an Ideen, stärkeres Engagement der Mitarbeiter und eine gemeinsame Sinnfindung), sondern auch zahlreiche Herausforderungen (z.B. mangelnde Bereitschaft zur Mitwirkung, Informationsflut, Enttäuschung, Eskalation) mit sich. Dementsprechend ist es erforderlich, das Ausmaß an Offenheit bzw. Geschlossenheit im Strategizing mit Behutsamkeit zu bestimmen, um die Vorteile zu nutzen und weder die Organisation noch die involvierten Menschen zu überfordern.[97]

2.5 Kritische Betrachtung

In diesem Kapitel wird die diesem Buch zugrunde liegende Strukturierung des strategischen Managements in sieben Elemente basierend auf sieben Perspektiven kritisch beleuchtet. Zunächst wird erläutert, wie dieses Modell in der Praxis genutzt werden kann. Danach werden Beitrag und Grenzen aufgezeigt.

2.5.1 Nutzen und Einsatzmöglichkeiten

Die einfache Form der Strukturierung des strategischen Managements (7 Elemente & 7 Perspektiven) gibt Studierenden und Praktikern die Möglichkeit einer situationsadäquaten Auseinandersetzung mit strategischen Fragestellungen in einem gesicherten wissenschaftlichen Rahmen. Die konkrete Herangehensweise kann sich dabei an den spezifischen Interessen des Studierenden bzw. den zu bewältigenden Herausforderungen des Praktikers orientieren. Die grundsätzlichen Einsatzmöglichkeiten sind in ▶ Abbildung 2.13 skizziert.

Der Blick auf einzelne Bereiche gerichtet

Ins Zentrum der Aufmerksamkeit rücken einzelne Bereiche dann, wenn ihnen besondere Bedeutung für die Generierung und Realisierung geeigneter Strategien und somit für den nachhaltigen Erfolg des Unternehmens zugemessen wird. So kann beispielsweise in einem wachsenden Unternehmen das Erfordernis entstehen, sich mit Fragen der Strukturierung zu beschäftigen. Hier ist es primäres Ziel, Strukturen zu etablieren, welche dem Unternehmen weiteres Wachstum ermöglichen. In diesem Fall findet sich der Auslöser der Strategiearbeit innerhalb des Unternehmens, konkret in der Realisierung der Wachstumsstrategie selbst. Vielfach führen jedoch Veränderungen in der Umwelt des Unternehmens zur Initiierung von Strategieprozessen. So können Veränderungen von Markt- und Branchenstrukturen oder neue Technologien beispielsweise neue Marketing- und Vertriebsstrategien erforderlich machen. Hier stellt sich die Frage, wie das Unternehmen seine Märkte zukünftig effektiv und effizient erreichen kann.

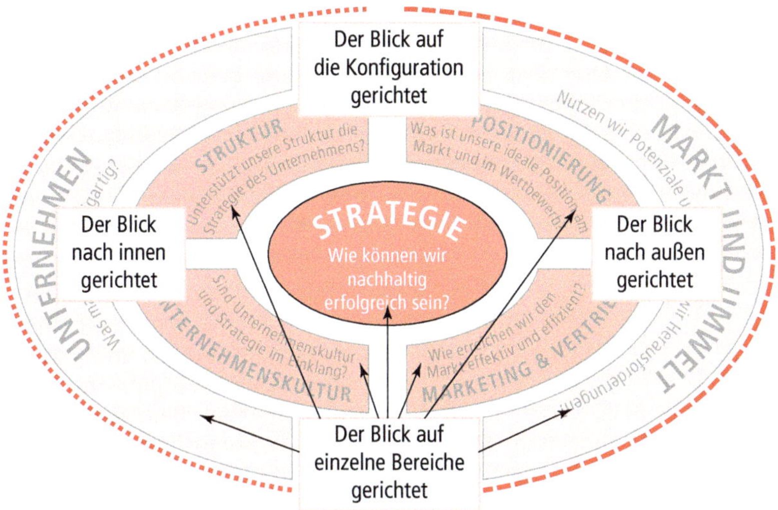

Abbildung 2.13: Nutzen und Einsatzmöglichkeiten

Geht es um die Optimierung einzelner Bereiche, werden oft Konzepte, Methoden und Instrumente aus den jeweiligen Fachbereichen aufgegriffen. In der Auseinandersetzung mit einzelnen strategischen Fragestellungen darf jedoch der Blick auf das Ganze, auf vorhandene Zusammenhänge und Wechselwirkungen mit anderen Bereichen nicht außer Acht gelassen werden. Das ist ein Grundprinzip konfigurations- und systemorientierter Strategiemodelle.

Der Blick nach außen gerichtet

Richtet sich der Blick nach außen, geht es um das Verhältnis des Unternehmens zu seiner Umwelt. Es interessieren potenzielle Chancen und Risiken, die Entwicklung der Märkte und Branchen, das Verhalten der Mitbewerber oder anderer Stakeholder. Als geeignete Strategien gelten jene, welche es dem Unternehmen ermöglichen, Chancen zu ergreifen und Herausforderungen zu meistern. In der Strategiearbeit wird daher primär auf Methoden und Instrumente der planungs-, positionierungs- und stakeholderorientierten Perspektive zurückgegriffen. Dabei interessieren derzeit primär jene Herangehensweisen, die in einer VUKA-Umwelt von Nutzen sind (z.B. Strategic Foresight, Strategic Entrepreneurship).

Der Blick nach innen gerichtet

Richtet sich der Blick nach innen, interessieren jene Bereiche des Unternehmens, welche für den nachhaltigen Erfolg als bedeutsam erachtet werden. Zu diesen zählen vor allem besondere Ressourcen, Fähigkeiten, Kompetenzen und Wissen sowie Strukturen, Systeme, Prozesse und die spezifische Unternehmenskultur. In der Strategiearbeit werden hier deshalb vor allem Methoden und Instrumente der planungs- und ressourcenorientierten Perspektive eingesetzt. Außerdem wird auf Erkenntnisse aus der Organisationsforschung zurückgegriffen. Vor allem interessieren Ansätze, die es einem Unternehmen ermöglichen, mit dem erhöhten Tempo und der größeren Unsicherheit umzugehen (z.B. Dynamic Capabilities, Agilität).

Der Blick auf die Konfiguration gerichtet

Erhält die Konfiguration selbst die Aufmerksamkeit des Betrachters, stellt sich die Frage, inwieweit die einzelnen Elemente aufeinander abgestimmt sind. Hier kann es das Erfordernis der Feinabstimmung (Verbesserung) einer erfolgversprechenden Konfiguration geben. Sowohl die system- als auch die konfigurationsorientierte Perspektive liefern hierzu wichtige Konzepte und Vorgehensmodelle. In Bezug auf eine optimale Abstimmung von Unternehmen und Umwelt finden sich nützliche Ansätze in der planungsorientierten Perspektive.

Sollte die bestehende Konfiguration nicht bzw. kaum erfolgversprechend sein, dann muss eine Transformation erfolgen. Eine Herausforderung, vor der heute viele Unternehmen stehen. In vielen Branchen verdrängen neue Lösungen bestehende Geschäftsmodelle und Unternehmen sind gezwungen, sich vollkommen neu zu erfinden. Wichtige Inputs, um diese Aufgabe zu meistern, finden sich in den zahlreichen Beiträgen zu Geschäftsmodellinnovation, Strategic Change, Organisationsentwicklung und Turnaround-Management.

Inhalts- und kontextorientiertes Modell

Schließlich verdeutlicht das 7-Elemente-Modell mit seiner inhalts- und kontextorientierten Darstellung des strategischen Managements (▶ Abbildung 2.13), dass Strategieprozesse situationsspezifisch zu gestalten sind. Es sind jene Methoden und Instrumente einzusetzen, welche zum gegebenen Zeitpunkt den größten Nutzen stiften. Dazu schafft dieses Buch mit bedeutenden Erkenntnissen und Beiträgen aus sieben zentralen Perspektiven eine umfassende Wissensbasis. Studierende und Praktiker finden zahlreiche Methoden und Instrumente, die sich in der Strategiearbeit bewährt haben. Wir präsentieren diese entlang eines planungsorientierten Strategieprozesses und bringen damit etwas Ordnung in die komplexe Welt des strategischen Managements. Derart ermöglichen wir einen einfachen Zugang, ohne dabei das Erfordernis kontextspezifischer Strategieprozesse außer Acht zu lassen. In den einzelnen Kapiteln werden grundlegende Konzepte, Vorgehensmodelle und Werkzeuge vorgestellt. Für ein gelungenes Strategizing können damit schnell jene Methoden und Instrumente gefunden und aufgegriffen werden, die in der spezifischen Situation eines konkreten Unternehmens zweckmäßig sind.

2.5.2 Beitrag und Grenzen

Situationsgerechte Gestaltung von Strategieprozessen

Ein wesentlicher Beitrag liegt in der multiperspektivischen Herangehensweise an Fragen des strategischen Managements. Derart können wichtige Beiträge aus unterschiedlichen wissenschaftlichen Strömungen für die Gestaltung erfolgversprechender Strategieprozesse nutzbar gemacht werden. Der Prozess kann von der Initiierung bis zur Realisierung je nach den spezifischen Gegebenheiten (Unternehmen, Umwelt) und anstehenden Herausforderungen gestaltet werden.

Das Erfordernis der Konfiguration wird durch die spezifische Form der Darstellung und die Strukturierung in sieben Elemente und zwei übergeordnete Felder betont. Die Autoren verzichten dabei bewusst auf das Propagieren spezifischer Konfigurationen, denn nur durch die Berücksichtigung der Spezifika des jeweiligen Unternehmens kann eine Konfiguration erfolgreich werden. Im Rahmen der Auseinandersetzung mit Beiträgen aus der systemorientierten Perspektive wird offensichtlich, dass ein kontextblindes Übertragen von erfolgreichen Strategien nicht möglich ist. Damit ist eine erfolgreiche Konfiguration immer spezifisch und einzigartig und kann nicht einfach von einem Unternehmen auf ein anderes übertragen werden.

Eine Abbildung, ein Modell oder eine Skizze erfordern die Systematisierung, Strukturierung und Vereinfachung komplexer Zusammenhänge. Das Schaffen einer derartigen Ordnung erleichtert und unterstützt unser Verständnis für komplexe Zusammenhänge, führt aber zugleich zur Vernachlässigung der zahlreichen und mannigfaltigen Details am Rande. Eben diese sind oft relevant, wenn es um besonders innovative und kreative Strategieprozesse geht.[98] Viele Erfolge und Misserfolge entstehen abseits von modellierten, planungsorientierten Strategieprozessen. Dementsprechend wichtig ist in der Strategiearbeit die Einbeziehung von emergenten Strategieprozessen.

Dieses Buch baut auf sieben zentralen Perspektiven auf. Damit bleiben einige Beiträge (wie beispielsweise solche zu Entrepreneurship und Innovation oder machtorientierte Zugänge) weitgehend unberücksichtigt. Dies gilt insbesondere für viele neue Strömungen innerhalb des Felds, denn die Disziplin des strategischen Managements ist verhältnismäßig jung und entwickelt sich permanent weiter. Dazu kommt, dass zahlreiche Erkenntnisse aus anderen Disziplinen (z.B. Gehirnforschung, Leadership, Kommunikation) den Erkenntnisstand verändern. Außerdem erweitern sich in einer technisierten digitalen Welt die Handlungsmöglichkeiten der Strategen in einem unglaublichen Tempo (z.B. durch Artificial Intelligence, Big Data, Predictive Analytics, Social Media).

In der dritten Auflage haben wir Aktuelles integriert, sind dabei jedoch unserer ursprünglichen Zielsetzung der Beschränkung auf zentrale Erkenntnisse treu geblieben. Nur so ist es möglich, rasch einen fundierten Überblick über jene strategischen Themen zu geben, denen heute von Wissenschaft und Praxis hohe Aufmerksamkeit zukommt.

ZUSAMMENFASSUNG

Strategisches Management beschäftigt sich mit **Strategien** und der zentralen Frage nach dem nachhaltigen Unternehmenserfolg. Es interessieren dabei vor allem die grundsätzliche Unternehmensentwicklung, der langfristige Erfolg, die externe und interne Ausrichtung des Unternehmens sowie die Schaffung und Nutzung von internen Erfolgspotenzialen und Wettbewerbsvorteilen.

Ganz generell zeigen **Strategien**, wie ein Unternehmen seine Mission und seine grundlegenden Ziele erfüllen will. **Strategien** sind individuell und kontextspezifisch, sie weisen den Weg, geben Orientierung, aktivieren und ermöglichen effizientes Handeln.

Insgesamt **sieben Elemente (Handlungsfelder)** des strategischen Managements sind heute für viele Unternehmen von strategischer Bedeutung: Strategie, Positionierung, Marketing & Vertrieb, Unternehmenskultur, Struktur, Markt & Umwelt (Stakeholder) sowie Unternehmen (Kernkompetenzen). Sie begründen gemäß der Erkenntnisse der Disziplin Erfolgspotenziale und Wettbewerbsvorteile. Damit stellen sie die zentralen Handlungsfelder in der Strategiearbeit dar. Zu diesen finden sich in der Literatur unterschiedliche Gestaltungsempfehlungen – je nach Sichtweise (Perspektive) des Wissenschaftlers bzw. Praktikers.

Sieben Perspektiven (wissenschaftliche Grundlagen) des strategischen Managements haben bis heute die Disziplin nachhaltig geprägt. Die planungsorientierte Perspektive bildet das Fundament des strategischen Managements. Die positionierungsorientierte Perspektive lenkt den Fokus nach außen (Branche) und die ressourcenorientierte Perspektive nach innen (Kernkompetenzen). Konfigurations-, stakeholder-, system- und aktivitätenorientierte Perspektiven erweitern und ergänzen die zuvor primär rational-ökonomisch determinierte Welt des strategischen Managements. Die Basis für Effektivität und Effizienz im strategischen Management liegt in der Nutzung der Perspektivenvielfalt. Sie macht eine situationsadäquate Bearbeitung strategischer Fragestellungen aus unterschiedlichen Blickwinkeln möglich.

Strategieprozesse bestehen aus unterschiedlichsten analytischen, intuitiven, kreativen und administrativen Aktivitäten zahlreicher Akteure. Wer konkret an einem Strategieprozess mitwirkt, hängt vom Ausmaß der Offenheit und Transparenz ab.

Prozessmodelle strukturieren die komplexe Welt der Strategiearbeit und machen diese für Praktiker und Studierende nachvollziehbar. Dabei gilt zu bedenken, dass das Strategizing in Unternehmen neben geplanten Prozessen auch emergente Prozesse beinhaltet.

Eine **multiperspektivische** Herangehensweise an strategische Fragestellungen ermöglicht eine situationsadäquate Gestaltung von Strategieprozessen. Je nach den spezifischen Gegebenheiten (Unternehmen und Umwelt) und anstehenden Herausforderungen in einer globalisierten und digitalen Welt können unterschiedliche Modelle und Werkzeuge nutzbar gemacht werden.

Literaturhinweise und Anmerkungen

1 Siehe beispielsweise Hungenberg (2014), S. 4ff.; Müller-Stewens und Lechner (2016), S. 17f.; Welge, Al-Laham und Eulerich (2017), S. 18ff.; Whittington et al. (2020), S. 5f. oder Scheuss (2016), S. 17.

2 Keese (2016b), S. 107ff., Keese (2016a), S. 151ff.

3 Ferrari et al. (2016), S. 26.

4 Reisinger (2007), S. 41.

5 Mintzberg (1987), S. 16.

6 Cummings und Wilson (2003), S. 2; Ungericht (2012), S. 16., Cummings und Angwin (2015), S. 10.

7 Neumann und Morgenstern (2007)

8 Penrose (1959); Chandler (1962); Andrews (1971); Ansoff (1965)

9 Scheuss (2016), S. 17.

10 Mintzberg (1987), S. 11ff.

11 Whittington et al. (2020), S. 12.

12 Hungenberg (2014), S. 6.

13 Für eine vertiefende Auseinandersetzung sind Beiträge zur Upper-Echelon-Theorie wie beispielsweise Hambrick und Mason (1984); Hambrick (2007); Nielsen und Nielsen (2013) sowie Erkenntnisse zu Konfigurationen und Entscheidungsträgern von Miles et al. (1978); Miles und Snow (1978) sowie Miles und Snow (2003) nützlich.

14 Eine umfassende Erklärung findet sich in den Werken von Barney (siehe z.B. Barney und Hesterly (2019) und Barney (1991)); Prahalad und Hamel (1990) und Prahalad und Hamel (2001) sowie Grant und Nippa (2006).

15 Interessierte finden eine gute Übersicht in den grundlegenden Werken von Porter (2013 und 2014) sowie in der klassischen Marketingliteratur (siehe z.B. Kotler et al. (2019) oder Meffert, Burmann und Kirchgeorg (2018)).

16 Scherer und Beyer (1998), S. 337 sowie die grundlegenden Werke von Miles und Snow (1978 und 2003).

17 Brocklesby und Cummings (2003), S. 269 und Rüegg-Stürm und Grand (2020).

18 Der zentrale Grundgedanke des Strategic FIT findet sich in den frühen Arbeiten von Ansoff (1965) oder Andrews (1971) ebenso wie in aktuellen Werken von Wheelen et al. (2018) oder Welge, Al-Laham und Eulerich (2017).

19 Ein derart grundlegendes Strategieverständnis skizzieren z.B. Wheelen et al. (2018), S. 32ff.; Bea und Haas (2019), S. 186ff. oder Whittington et al. (2020), S. 5.

20 In der Literatur finden sich zahlreiche Kategorisierungen, wie beispielsweise jene von Welge, Al-Laham und Eulerich (2017), S. 467ff. oder Bea und Haas (2019), S. 186ff. Besonders häufig wird auf die Einteilung von Kreikebaum, Behnam und Gilbert (2018), S. 135ff. verwiesen.

21 De Wit (2020), S. 5.

22 Cummings und Wilson (2003), S. 2., siehe auch Cummings und Angwin (2015)

23 Porter (1980) und Porter (1985).

24 Zu den Klassikern der Marketingliteratur zählen z.B. Kotler et al. (2019); Meffert, Burmann und Kirchgeorg (2018) oder Homburg (2020).

25 Müller-Stewens und Lechner (2016), S. 123.

26 Siehe z.B. Gattringer, Reisinger und Strehl (2012), S. 84 sowie Dannenberg und Zupancic (2007).

27 Siehe z.B. Kotler et al. (2019).

28 Gattringer (2009), S. 70.

29 Siehe z.B. Quinn und Rohrbaugh (1983); Denison und Mishra (1995) sowie Sackmann (2017) oder Schein und Schein (2017).

30 Sackmann (2017), S. 44f.; Schein und Schein (2017).

31 Sackmann (2017), S. 44f.; Schein und Schein (2017).

32 Rüegg-Stürm (2020), S. 55.

33 Schein und Schein (2019), S. 6

34 Welge, Al-Laham und Eulerich (2017), S. 820; siehe auch Doppler und Lauterburg (2019), S. 493ff.

35 Rüegg-Stürm (2020), S. 104ff.

36 Kerth, Asum und Stich (2015), S. 42.

37 Grant und Nippa (2006), S. 243; zum Zusammenhang von Strategie und Struktur siehe auch die ausführlichen Untersuchungen von Schewe (1998).

38 Schewe (1998), S. 40ff.

39 Reisinger (2007), S. 321.

40 Diefenbach und Deelmann (2016), S. 197.

41 Siehe Müller-Stewens und Lechner (2016), S. 537ff. und Rüegg-Stürm (2020), S. 97ff.; für weiterführende Ausführungen zur Struktur siehe z.B. Schreyögg und Geiger (2016); Kieser und Ebers (2019) oder Schreyögg und Koch (2015), S. 199ff.

42 Rüegg-Stürm (2020), S. 97ff.

43 Schreyögg und Geiger (2016), S. 193ff.

44 Carroll, Brown und Buchholtz (2018), S. 75.

45 Brocklesby und Cummings (2003), S. 278ff. und Rüegg-Stürm (2020), S. 45.

46 Bea und Haas (2019), S. 133ff. und Welge, Al-Laham und Eulerich (2017), S. 364ff.

47 Porter (1985), S. 37.

48 Müller-Stewens und Lechner (2016), S. 20 und Rüegg-Stürm (2020), S. 46f.

49 Zu einigen der wichtigsten Begründer der ressourcenorientierten Perspektive zählen Penrose (1959); Wernerfelt (1984); Barney (1991) und Prahalad und Hamel (1990).

50 Die Bedeutung von Dynamic Capabilities für den Erfolg von Unternehmen wird heute von zahlreichen Autoren hervorgehoben. Zu diesen zählen unter anderen Teece, Helfat, Eisenhardt und Martin mit Werken wie Teece (2012); Teece, Pisano und Shuen (1997); Eisenhardt und Martin (2000); Helfat et al. (2007) sowie Helfat und Peteraf (2015) und Teece (2018).

51 Die Entwicklung der Disziplin wird in vielen Büchern beschrieben, zu diesen zählen beispielsweise Scheuss (2016), S. 22ff.; Hungenberg (2014), S. 48ff.; Welge, Al-Laham und Eulerich (2017), S. 11ff.

52 Welge, Al-Laham und Eulerich (2017), S. 30; zu den Originalquellen der planungsorientieren Perspektive siehe auch Learned et al. (1965); Andrews (1971) und Ansoff (1965).

53 Interessierte finden die Originalbeiträge von Porter zu Wettbewerbsstrategien (1980) und zu Wettbewerbsvorteilen (1985) heute in jeder wirtschaftswissenschaftlichen Bibliothek sowie in aktualisierten Neuauflagen (2013 und 2014).

54 Nerur, Rasheed und Natarajan (2008), S. 330ff.; Ramos-Rodríguez und Ruíz-Navarro (2004), S. 981ff.; Rabetino, Kohtamäki und Federico (2021).

55 Porter (1981), S. 616.

56 Barney und Mackey (2018), S. 364.

57 Wie vielschichtig der Begriff Ressource Verwendung findet, ergibt sich u.a. aus den unterschiedlichen Ansatzpunkten der Forscher. Eine sehr zweckmäßige Definition finden Whittington et al. (2020), S. 96: *„Resources are the assets that organizations have or can call upon and capabilities are the ways those assets are used or deployed.“* Fähigkeiten ermöglichen Unternehmen die Nutzung der vorhandenen Ressourcen.

58 Barney und Mackey (2018), S. 364. Das VRIO-Framework findet sich in Barney (1991) und Barney und Hesterley (2019) bzw. das VRIN-Framework in früheren Auflagen des Werkes.

59 Teece, Pisano und Shuen (1997), S. 516.

60 Eisenhardt und Martin (2000), S. 1105ff.

61 Barney und Mackey (2018), S. 366.

62 Short, Payne und Ketchen (2008), S. 1053ff.; Scherer und Beyer (1998), S. 336ff.; Mintzberg, Ahlstrand und Lampel (2008), S. 318ff.

63 Die Werke von Miles und Snow (1978 und 2003) zählen bis heute zu den zentralen Werken der konfigurationsorientierten Perspektive des strategischen Managements.

64 Balogun, Hope Hailey und Gustafsson (2016), S. 15ff.

65 Donaldson (1996), S. 108ff.

66 Untersuchungen dazu finden sich u. a. bei Bridoux und Stoelhorst (2014); Chen und Miller (2011); SRI 1963 zitiert in Freeman (1984), S. 31; Freeman und McVea (2001), S. 189.

67 Freeman (1984) sowie neuere Werke von Freeman und McVea (2001); Freeman et al. (2018); Freeman, Dmytriyev und Phillips (2021).

68 Freeman und McVea (2001), S. 192.

69 Barney (2018), S. 3320, Freeman, Dmytriyev und Phillips (2021).

70 Alvarez, Zander, Barney und Afuah (2020), S. 712 sowie Freeman, Dmytriyev und Phillips (2021).

71 Carroll, Brown und Buchholtz (2018), S. 75ff.

72 Mitchell, Agle und Wood (1997), S. 872ff.

73 Amis, Barney, Mahoney und Wang (2020), S. 501.

74 Rüegg-Stürm (2020), S. 46.

75 Müller-Stewens und Lechner (2016), S. 21.

76 Interessante Einblicke in das systemorientierte Management bietet die 4. Generation des St. Galler Managementmodells: siehe Rüegg-Stürm und Grand (2015) sowie die aktuelle Gesamtbeschreibung von Rüegg-Stürm und Grand (2020) einer integrierten systemorientierten und praxisorientierten Vorgehensweise im strategischen Management.

77 Rüegg-Stürm und Grand (2020), S. 49.

78 Brocklesby und Cummings (2003), S. 266.

79 Siehe z.B. Habbershon, Williams und MacMillan (2003) und Zahra und Sharma (2004).

80 Whittington (1996), S. 731ff.; Johnson, Melin und Whittington (2003), S. 14; Whittington (2006). Einen umfassenden Überblick über diese Perspektive geben Golsorkhi et al. (2016) im Cambridge Handbook of Strategy-as-practice.

81 Strategy as Practice International Network: http://www.s-as-p.org/research-agenda [dl: 17. August 2021]. Ausführungen zur aktuellen Entwicklung der Disziplin finden sich in Seidl und Whittington (2014) sowie mit Bezug zur Strategieprozessforschung in Burgelman et al. (2018).

82 Die Forscherin Jarzabkowski (2005, S. 7) beschreibt dies beispielsweise wie folgt: *„Strategy as practice research is concerned with strategy as a situated, socially accomplished activity constructed through the actions and interactions of multiple actors.“*

83 Burgelman et al. (2018), S. 537.

84 Jarzabkowski und Paul Spee (2009); Whittington (2006); Jarzabkowski (2005); Whittington (1996).

85 Burgelman et al. (2018), S. 540f.; Hodgkinson Gerard P. et al. (2006), S. 479ff.; Jarzabkowski (2003), S. 50.

86 Zu den linearen Phasenmodellen zählen u.a. die Modelle von Wheelen et al. (2018) im anglo-amerikanischen Raum und Welge, Al-Laham und Eulerich (2017) im deutschsprachigen Raum.

87 Integrierte Phasenmodelle berücksichtigen viele Elemente und Wechselwirkungen zwischen diesen. Zu diesen zählt beispielsweise der Strategische Management Navigator von Müller-Stewens und Lechner (2016) aus St. Gallen oder das St. Galler Managementmodell von Rüegg-Stürm und Grand (2020).

88 Mintzberg (1978), S. 945; umfassendere Ausführungen finden sich in der Strategy Safari: Mintzberg, Ahlstrand und Lampel (2008).

89 Mintzberg (1978), S. 945; Mintzberg (1987), S. 11ff.

90 Chakravarthy et al. (2003); S. 5ff.

91 Whittington et al. (2020), S. 404ff. sowie die ausführliche Auseinandersetzung von Weiser, Jarzabkowski und Laamanen (2020) zu Implementierung und Realisierung.

92 Johnson, Melin und Whittington (2003), S. 11ff.

93 Jarzabkowski, Balogun und Seidl (2007), S. 7f.; Johnson, Melin und Whittington (2003).

94 Jarzabkowski, Balogun und Seidl (2007), S. 11; Whittington (2006), S. 621.

95 Jarzabkowski, Balogun und Seidl (2007), S. 8.; Jarzabkowski (2005).

96 Hautz, Seidl und Whittington (2017) geben einen prägnanten Überblick. Umfassende Informationen finden sich im Cambridge Handbook of Open Strategy von Seidl, Whittington und Krogh (2019).

97 Hautz, Seidl und Whittington (2017).

98 Mintzberg, Ahlstrand und Lampel (2008), S. 360f. sowie Donaldson (1996), S. 108ff.

Strategische Analyse

3

Im MyLab | Strategisches Management finden Sie:

- eText des Kapitels mit praktischen Werkzeugen
- Kapitelübersicht mit Schwerpunkten
- Digitale Lernkarten und ein umfangreiches Glossar
- Übungsaufgaben und Fragen
- Tipps zum Selbststudium

KAPITELEINSTIEG

Um Entscheidungen über zukünftige Strategien treffen zu können, sind unternehmerisches Gespür und Kreativität notwendig, aber auch ein möglichst umfassendes Verständnis über die Besonderheiten des Unternehmens und die Anforderungen, die sich aus der Umwelt ergeben. Dementsprechend setzt sich die strategische Analyse sowohl mit der Umwelt als auch mit dem Unternehmen auseinander. Die Zielsetzung der Umweltanalyse ist es, Chancen, die sich in der Umwelt bieten, zu erkennen und Risiken zu identifizieren, die eine Bedrohung für das Unternehmen darstellen könnten. Um diese Chancen zu nutzen bzw. Risiken zu begegnen, muss ein Unternehmen über geeignete Ressourcen und Fähigkeiten verfügen. In der Unternehmensanalyse steht daher die Identifikation dieser Ressourcen und Fähigkeiten im Mittelpunkt. Die Ergebnisse der strategischen Analyse und die diesbezüglichen Schlussfolgerungen sind eine wichtige Voraussetzung für die Phase der Strategieformulierung.

3.1 Markt- und Umweltanalyse

Die Umwelt bietet Chancen und Risiken

Jedes Unternehmen ist Teil einer Umwelt, mit der sie in vielfältigen Wechselbeziehungen steht. Diese Umwelt bietet einerseits Chancen (z.B. neue Kundenbedürfnisse, neue Märkte, neue gesellschaftliche Entwicklungen), aber auch Risiken (z.B. revolutionäre neue Technologien oder Geschäftsmodelle, Wirtschaftskrisen, Eintritt neuer Konkurrenten, neue Gesetze). Eine systematische Analyse der Umwelt und des relevanten Markts (siehe auch Environmental Scanning bzw. Scanning for Competitive Intelligence), um neue Chancen und Risiken möglichst bald zu erkennen oder wenn möglich sogar zu beeinflussen, ist daher in der Strategiearbeit von besonderer Bedeutung.[1]

Relevante Informationen identifizieren

Dabei stellt sich für Unternehmen heute verstärkt die Herausforderung, dass sie mit permanenten Umweltveränderungen und vielfältigen, unsicheren und komplexen Informationen („VUKA-Umfeld") konfrontiert sind. Eine systematische und laufende Beobachtung möglichst aller externen Einflüsse ist in diesem Kontext wenig effektiv. Darüber hinaus ist nicht jedes Ereignis für die jeweilige strategische Problem- oder Fragestellung von Relevanz. Eine zentrale Aufgabe der Umweltanalyse ist es, aus der Vielfalt von Informationen die relevanten herauszufiltern und Wichtiges von Unwichtigem zu unterscheiden. Kognitive Assistenzsysteme (basierend auf künstlicher Intelligenz) können bei der Erfassung, Analyse und Integration von Informationen heute bereits in vielen Bereichen wertvolle Unterstützung liefern.[2] Dabei spielen nicht nur die Informationen selbst, sondern auch organisatorisches Lernen und das Schaffen neuer „Mentaler Modelle" eine wesentliche Rolle. Die Mechanismen müssen innerhalb der Organisation erkannt, interpretiert und auch genutzt werden (Sensemaking, Sensegiving).[3] Dazu muss die komplexe Umwelt zunächst fassbar gemacht werden. Zu diesem Zweck stehen vereinfachende Modelle der Unternehmensumwelt zur Verfügung.[4]

In unserem Modell wird die Unternehmensumwelt durch folgende Analysefelder spezifiziert (▸ Abbildung 3.1):

Abbildung 3.1: Externe Analysefelder eines Unternehmens

Analysefelder

- Die **Umweltspezifika (generelle Analyse)** beschreiben die grundsätzlichen Besonderheiten der Umwelt (z.B. Ausmaß der Komplexität und Dynamik).
- Bei der **Analyse der globalen Umwelt** wird der Fokus auf Faktoren gelegt, die branchenunabhängig auf eine Vielzahl von Unternehmen einwirken und vom Unternehmen im Allgemeinen nicht beeinflusst werden können.
- In der **Branchenanalyse** werden die Branchenstrukturen und die Branchendynamik untersucht.
- Die **Stakeholder-Analyse** setzt sich mit den zentralen Stakeholdern eines Unternehmens (z.B. Kunden, Konkurrenten, Vertriebspartner, Gesellschaft, Lieferanten) auseinander.

Perspektivenvielfalt in der Markt- und Umweltanalyse

In der hier dargelegten Umweltanalyse wird zusätzlich zur positionierungsorientierten auch die planungsorientierte Perspektive berücksichtigt. Diese hat aufgrund ihres rationalen und strukturierbaren Prozesses in dieser Phase hohe Bedeutung. Außerdem werden auch die Ansätze der Stakeholder-Perspektive[5] integriert und somit die Interessen zusätzlicher Stakeholder (z.B. Öffentlichkeit, Umweltschutz- und Verbraucherverbände, Bürgerinitiativen), die in anderen Ansätzen oft wenig Beachtung finden. Im Sinne der aktivitätenorientierten Perspektive wird außerdem ein Schwerpunkt auf das tatsächliche Tun gelegt und es werden konkrete Hinweise für die Analysepraxis (spezifische Analyseschritte, Informationsquellen, ...) gegeben.

3.1.1 Generelle Analyse der Umwelt

Nicht alle Unternehmen sind dem gleichen Ausmaß von Umweltkomplexität und -dynamik ausgesetzt. Eine diesbezügliche Einschätzung der Eigenarten der Umwelt ist für die Auswahl der Analyseinstrumente von zentraler Bedeutung. Bevor mit der spezifischen Umweltanalyse begonnen wird, ist daher eine Analyse der generellen Umwelt empfehlenswert.

Bei der Analyse der generellen Umwelt wird der Umweltzustand mit verschiedenen Merkmalen charakterisiert. Folgt man Mintzberg[6], kann man dazu die beiden Kriterien Umweltkomplexität und Umweltdynamik verwenden:

Umweltkomplexität und -dynamik

- **Umweltkomplexität** (einfache versus komplexe Umwelt): Die Umwelt ist umso komplexer, je mehr relevante Elemente (z.B. Lieferanten, Kunden, Konkurrenten) in der Umwelt identifiziert werden, je verschiedenartiger sie sind und je mehr Wechselwirkungen zwischen den Elementen bestehen.
- **Umweltdynamik** (statische versus dynamische Umwelt): Die Umwelt ist umso dynamischer, je häufiger sich einzelne Umweltelemente ändern, je höher das Ausmaß der Änderung und je geringer die Vorhersehbarkeit dieser Änderungen sind.

Einfach-statische Umwelt

Bei einfach-statischen Umweltbedingungen ist die Umwelt relativ gut erfassbar und es sind keine großen Veränderungen aus der Umwelt zu erwarten. Historische Erfahrungen und Entwicklungen haben in diesem Umfeld hohe Relevanz. Manche Rohstofflieferanten oder kleine regionale Unternehmen (z.B. Gasthaus, Friseur) sind mit derartigen Umweltbedingungen konfrontiert.

Komplexe dynamische Umwelt

In komplexen Umweltsituationen ist dagegen das Unternehmen einer Umwelt ausgesetzt, die nur sehr schwer zu verstehen ist. Eine detaillierte Top-down-Analyse und -Planung ist in diesem Fall wenig sinnvoll, dagegen spielen dezentrale Erfahrungen, Know-how von Spezialisten und emergente Planungsansätze eine wichtige Rolle. Außerdem ist die Betrachtung der zukünftigen Umwelt (und nicht nur der vergangenen) ein wichtiger Faktor. Dementsprechend sind dynamische Analyseinstrumente und die strategische Frühaufklärung (siehe ▶ Abschnitt 3.3) von besonderer Bedeutung.[7]

3.1.2 Analyse der globalen Umwelt

Branchenunabhängige Einflussfaktoren

Bei der Analyse der globalen Umwelt liegt der Fokus auf Faktoren, die branchenunabhängig auf eine Vielzahl von Unternehmen einwirken und von den Unternehmen im Allgemeinen nicht beeinflusst werden können. Aufgabe der globalen Umweltanalyse ist es, Chancen und Risiken, die sich aus der globalen Umwelt ergeben, zu erkennen, um die Basis für strategische Anpassungen zu schaffen. In der Literatur existieren verschiedene Schemata zur Klassifikation und Systematisierung der großen Anzahl von möglichen Einflussfaktoren. Ein diesbezüglicher Ansatz wurde bereits in den 1960er-Jahren von Farmer und Richman[8] entwickelt. Heute ist die auf diesen Grundideen aufbauende **PESTEL-Analyse** (▶ Abbildung 3.2), mit ihrem einfachen analytischen Rahmen, weit verbreitet:

P	E	S	T	E	L
Political	Economic	Social	Technological	Environmental	Legal

Abbildung 3.2: PESTEL-Analyse

Die Einteilung möglicher Umweltfaktoren in sechs Bereiche (political, economic, social, technological, environmental, legal) bietet eine umfassende Systematisierung der komplexen Umwelt.

Praktische Umsetzung

Für die praktische Umsetzung der PESTEL-Analyse kann folgendes Vorgehen empfohlen werden:[9]

Identifikation potenzieller Einflussfaktoren (▶ Abbildung 3.3): Mittels des PESTEL-Frameworks[10] werden relevante Faktoren identifiziert. Dabei ist die Erstellung von langen Listen mit allen möglichen Einflussfaktoren zu vermeiden. Ziel sollte die Identifikation jener Faktoren sein, die den größten Einfluss auf den Erfolg oder Misserfolg einer Strategie haben. Software-Tools, die laufend automatisierte Analysen durchführen, können diese Recherchearbeit wesentlich unterstützen.

Politische Faktoren	Wirtschaftliche Faktoren	Soziokulturelle Faktoren
Einflussfaktoren, die von der Politik an die Unternehmen herangetragen werden ▪ Regierungsform und parteipolitische Entwicklungen ▪ Stabilität der politischen Umwelt ▪ Steuer-, Arbeitsmarkt- und Beschäftigungspolitik ▪ Industrie- und Subventionspolitik ▪ Entwicklungen in der Wirtschaftspolitik ▪ Einfluss der Gewerkschaften ▪ Globalpolitische Entwicklungen (Restriktive Maßnahmen in Bezug auf Handel, Zölle und Steuern, Gefahr lokaler/internationaler Konflikte)	Wirtschaftliche Einflussfaktoren können sich auf die Expansion des Unternehmens oder die Nachfrage auswirken ▪ Wirtschaftswachstum ▪ Zinsen und Kreditsicherheit ▪ Wechselkurse ▪ Arbeitslosenrate ▪ Bruttosozialprodukt ▪ Pro-Kopf-Einkommen ▪ Inflation ▪ Sparrate und Konsumneigung	Allgemeine gesellschaftliche Charakteristika und deren Veränderungen ▪ Demografische Entwicklungen Konsumentenverhalten und Kundenpräferenzen ▪ Wertewandel ▪ Bildungsniveau und -entwicklung ▪ Niveau der Gesundheitsversorgung ▪ Arbeitsmentalität und Freizeitverhalten ▪ Neue Lebensmodelle und lokale Lifestyle-Trends ▪ Haushaltsgrößen und Familienstruktur
Technologische Faktoren	**Ökologische Faktoren**	**Rechtliche Faktoren**
Technologische Faktoren wirken sich auf die Produktionsverfahren, Produktionskosten, Nachfrage und auf das Produktangebot aus ▪ State of the Art, Disruptive Technologien ▪ Prozess- und Produktinnovationen Konkurrierende und Substitutionstechnologien ▪ Lebenszyklusphasen von Technologien ▪ Informations- und Kommunikationstechnologien ▪ Cyberattacken, Datenbetrug ▪ Patentanmeldungen	Ökologische Faktoren, die sich aus der Wechselbeziehung zwischen Lebewesen und ihrer Umwelt ergeben beeinflussen die Rahmenbedingungen ▪ Klimawandel und Naturkatastrophen ▪ Umweltbewusstsein und Umweltschutz ▪ Energieeffizienz, Energiepreise und erneuerbare Energien ▪ Aktivitäten von Umweltschutzorganisationen ▪ Regelungen für Energieverbrauch und Abfallentsorgung ▪ Verfügbarkeit und Preise von Rohstoffen und Recyclingmaterialien ▪ Pandemien	Rechtliche Faktoren beziehen sich auf gesetzliche Regelungen/Verordnungen ▪ Betriebs- und Unternehmensverfassungsrecht ▪ Wettbewerbsrecht, Patentrecht, Investitionsvorschriften ▪ Finanz- und Steuerrecht ▪ Umweltschutzgesetzgebung ▪ Haftungsregelungen ▪ Gesellschafts- und Arbeitsrecht ▪ Wirtschaftsregulierungen, Handelsbeschränkungen ▪ Einfluss des EU-Rechts

Abbildung 3.3: PESTEL-Framework

Priorisierung der Einflussfaktoren: In dieser Phase werden die Einflussfaktoren geprüft und die Schlüsselfaktoren (ca. 15–30) ausgewählt. Die Wichtigkeit hängt von der Wahrscheinlichkeit des Eintretens und den damit verbundenen Konsequenzen ab. Diese Priorisierung ermöglicht dem Management eine intensive Auseinandersetzung mit jenen Faktoren, die wirklich erfolgsrelevant sind.

Analyse der Schlüsselfaktoren: Im dritten Schritt werden die vergangenen und aktuellen Entwicklungen der Schlüsselfaktoren knapp und präzise beschrieben. Als Informationsquellen spielen hier vor allem Sekundärinformationen (von Marktforschungs- und wirtschaftswissenschaftlichen Instituten, statistischen Zentralämtern, Wirtschaftskammern, Fach- und Wirtschaftszeitschriften, Unternehmensberatern, Branchenverbänden oder wissenschaftlichen Datenbanken) eine wichtige Rolle. Dabei sollten hochkritische Problemfelder permanent und weniger kritische Faktoren periodisch beobachtet werden.

Prognose erstellen: Basierend auf den Analyseergebnissen (Schritt 3) können Annahmen über mögliche Entwicklungen getroffen werden. In besonders erfolgskritischen Bereichen kann die Erstellung von Szenarien sinnvoll sein.

Auswirkungen und Interdependenzen prüfen: Nun werden die Auswirkungen der einzelnen Schlüsselfaktoren auf die Unternehmenszukunft geprüft. Gleichzeitig werden die einzelnen Faktoren in einem Gesamtbild der Umweltentwicklung zusammengefasst und Interdependenzen identifiziert. Dabei hat auch die gewissenhafte Dokumentation aller bisherigen Ergebnisse eine hohe Bedeutung.

Strategische Maßnahmen ableiten: Im letzten Schritt werden aus den Analyseerkenntnissen strategische Maßnahmen abgeleitet bzw. die Ergebnisse als Grundlage für weitere Analysen (z.B. Branchenanalyse) verwendet.

3.1.3 Branchenanalyse

Branchendefinition

Während bei der globalen Umweltanalyse allgemeine Faktoren, die viele Unternehmen in gleicher Weise betreffen, analysiert werden, stehen bei der Branchenanalyse jene Faktoren im Mittelpunkt, die nur für die Unternehmen einer spezifischen Branche von Relevanz sind. Entsprechend Ungericht[11] kann die Branche als eine Gruppe von Unternehmen definiert werden, die Produkte bzw. Dienstleistungen erzeugen, die sich – aus Kundensicht – nahezu gegenseitig ersetzen.

Branchenabgrenzung

Die Branchensituation hat in vielen Fällen einen starken Einfluss auf die strategische Situation des Unternehmens. Dementsprechend ist es wichtig, die „Spielregeln“ der Branche zu verstehen. Diese Branchenregeln (z.B. Notwendigkeit einer gewissen Unternehmensgröße) sind die Anforderungen, die dem Unternehmen durch den Branchenkontext diktiert werden und die den Umfang möglicher strategischer Verhaltensweisen – mehr oder weniger – begrenzen. Prinzipiell kann die Branchenumwelt jedoch stärker als die globale Umwelt vom Unternehmen beeinflusst werden.[12] Dabei ist zu berücksichtigen, dass je nachdem, wie die Branche abgegrenzt wird, andere Einflussfaktoren bzw. Stakeholder in die Betrachtung integriert werden. Der Branchenabgrenzung kommt dementsprechend eine hohe Bedeutung zu.[13] Grant und Nippa[14] empfehlen, bei der Bestimmung der Branchengrenzen die Frage der Substituierbarkeit zu prüfen: Welche Produkte sind aus Sicht der Kunden mit den eigenen Produkten direkt vergleich- und austauschbar? Kunden, die diese Produkte nachfragen, und Konkurrenten, die diese Produkte anbieten, müssen der eigenen Branche zugerechnet werden[15] (z.B. unterschiedliche Transportmöglichkeiten oder Energiearten).

Für die Branchenanalyse stehen verschiedenste Methoden, u.a. das überaus bekannte Tool der Branchenstrukturanalyse von Porter, und Analysen der Branchendynamik zur Verfügung. Basierend auf diesen Analysen soll das strategische Ziel, die Position in der Branche zu optimieren, erreicht werden.

3.1.3.1 Branchenstrukturanalyse von Porter

Das wohl bekannteste Modell der Branchenstrukturanalyse ist das Five-Forces-Modell von Porter.[16] Anfang der 1980er-Jahre rückte Porter die Betrachtung der Branchenstruktur in den Mittelpunkt der strategischen Planung. Aus seiner Sicht ist die Branchenstruktur der wesentlichste Einflussfaktor für den Unternehmenserfolg. Sein Modell basiert auf dem „Structure-Conduct-Performance-Paradigma" der traditionellen Industrieökonomik von Mason (1939) und Bain (1956)[17].

Fünf Wettbewerbskräfte bestimmen die Branchenattraktivität

Entsprechend Porter ist die wesentliche Bestimmungsgröße für die Rentabilität eines Unternehmens die Branchenattraktivität. Diese wird von folgenden fünf Wettbewerbskräften bestimmt:[18] dem Markteintritt neuer Konkurrenten, der Gefahr von Substituten (Ersatzprodukten), der Verhandlungsstärke der Abnehmer, der Verhandlungsstärke der Lieferanten und der Rivalität unter den vorhandenen Wettbewerbern (▶ Abbildung 3.4). Die zusammengefasste Stärke dieser fünf Triebkräfte bestimmt das Gewinnpotenzial der jeweiligen Branche.

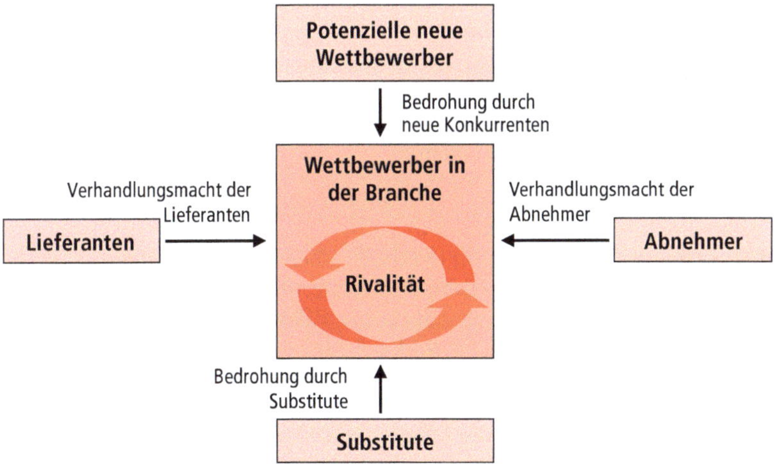

Abbildung 3.4: Triebkräfte des Branchenwettbewerbs nach Porter

Gefahr des Markteintritts neuer Mitbewerber

Neue Konkurrenten

Neue Konkurrenten bringen neue Kapazitäten und oft erhebliche Mittel in die Branche ein. Dadurch können Preise gedrückt oder die Kosten der etablierten Unternehmen erhöht und somit die Rentabilität gesenkt werden. Die Gefahr des Markteintritts hängt von den Eintrittsbarrieren und möglichen Vergeltungsmaßnahmen der bestehenden Wettbewerber ab. Sie ist gering, wenn beispielsweise:[19]

Eintrittsbarrieren und Vergeltungsmaßnahmen

- Betriebsgrößenersparnisse (Economies of Scale) existieren: Sie liegen vor, wenn die Stückkosten bei steigender Menge pro Zeiteinheit sinken. Das zwingt Neueinsteiger mit hohem Produktionsvolumen (und hohem Risiko) oder mit geringem Volumen und hohen Stückkosten einzusteigen.
- Produktdifferenzierungen (z.B. durch starke Marken, Service, Produktmerkmale) vorhanden sind: Sie stellen eine Eintrittsbarriere für neue Unternehmen dar, da diese erhebliche Mittel investieren bzw. günstige Preise anbieten müssen, um die Käuferloyalität zu überwinden.
- der Kapitalbedarf für den Markteintritt hoch ist.
- Umstellungskosten vorhanden sind: Sie müssen von Kunden investiert werden, wenn sie den Lieferanten wechseln (z.B. Schulungskosten von Mitarbeitern, Kosten und Zeit für die Einarbeitung).
- Vertriebskanäle bereits von bisherigen Anbietern blockiert sind (z.B. starker Wettbewerb um Regalflächen im Lebensmittelhandel).
- größenunabhängige Kostenvorteile der etablierten Unternehmen (z.B. Patente, günstiger Zugang zu Rohstoffen, günstiger Standort) existieren.
- staatliche Beschränkungen (z.B. Lizenzzwang, Branchenreglementierungen) vorhanden sind.
- heftige Vergeltungsmaßnahmen der bestehenden Konkurrenten (z.B. Preiskrieg, aggressive Marketingaktionen) zu erwarten sind.

Verhandlungsmacht der Abnehmer

Verhandeln eines besseren Preis-/Leistungsverhältnisses

Die Abnehmer können negative Auswirkungen auf die Rentabilität haben, wenn sie die Preise drücken, bessere Leistung verlangen bzw. die Konkurrenten gegeneinander ausspielen. Ihre Verhandlungsmacht ist meist besonders ausgeprägt, wenn:[20]

- sie konzentriert sind oder ihr Anteil am Unternehmensumsatz besonders hoch ist (z.B. Großkunden).
- die einzukaufenden Produkte einen hohen Kostenanteil bei den Abnehmern haben bzw. die Gewinne der Abnehmer gering sind.
- die Produkte standardisiert oder nicht differenziert sind bzw. die Umstellungskosten gering sind und ein Lieferantenwechsel leicht möglich ist.
- die Abnehmer glaubwürdig mit einer Rückwärtsintegration drohen können, d.h., sie haben die Möglichkeit, die Produkte der Lieferanten auch selbst zu produzieren (z.B. Handelsmarke statt Herstellermarke).
- die Produktqualität für den Abnehmer unerheblich ist.
- die Abnehmer sehr gut über aktuelle Marktpreise bzw. Kosten des Lieferanten informiert sind.

Verhandlungsmacht der Lieferanten

Preiserhöhungen bzw. Senkung der Qualität

Die Lieferanten können durch Preiserhöhungen bzw. Senkung der Qualität die Branchenrentabilität negativ beeinflussen. Lieferanten haben eine hohe Verhandlungsmacht, wenn:[21]

- die Branche der Lieferanten stärker konzentriert ist als die Branche der Abnehmer.
- die Branche der Abnehmer für die Lieferanten relativ unwichtig ist.
- das Lieferantenprodukt für die Produktqualität des Abnehmers bzw. den reibungslosen Produktionsprozess sehr wichtig ist.
- die Produkte der Lieferanten differenziert sind, keine Substitute existieren bzw. der Kunde bei einem Lieferantenwechsel mit hohen Umstellungskosten konfrontiert ist.
- die Lieferanten glaubwürdig mit einer Vorwärtsintegration drohen können (z.B. ohne Zwischenhändler direkt an den Endkunden liefern).

Auch Arbeitskräfte, als eine besondere Gruppe von Lieferanten, können die Branchenrentabilität wesentlich beeinflussen (z.B. knappe, hochqualifizierte Beschäftigte oder gewerkschaftlich gut organisierte Arbeitskräfte können Druck auf die Löhne ausüben).

Substitutionsprodukte

Ersatzprodukte, die eine gleiche bzw. ähnliche Funktion erfüllen

Die Unternehmen einer Branche konkurrieren nicht nur innerhalb einer Branche (Konkurrenzprodukte), sondern auch mit anderen Branchen, die Ersatzprodukte (Substitute) anbieten, die die gleiche bzw. eine ähnliche Funktion erfüllen. Je attraktiver das Preis-Leistungs-Verhältnis dieser Substitute ist, desto mehr wird das Gewinnpotenzial der Branche begrenzt.[22] Wichtig ist, dass Manager über die Branchengrenzen hinausblicken und Substitutionsprodukte erkennen, die das relevante Kundenbedürfnis in anderer Form erfüllen.

Grad der Rivalität unter bestehenden Wettbewerbern

Hohe Rivalität bedeutet niedrige Rentabilität

Eine hohe Rivalität unter bestehenden Wettbewerbern zeigt sich in Form von erhöhtem Preiswettbewerb, Werbeschlachten, vermehrten Produkteinführungen oder verbesserten Serviceleistungen. Der Hintergrund dafür ist, dass einzelne oder mehrere Konkurrenten die Möglichkeit bzw. den Zwang sehen, ihre Position zu verbessern. Die vier bereits dargestellten Wettbewerbskräfte haben Auswirkungen auf den Rivalitätsgrad der bestehenden Wettbewerber. Dieser wird weiter verstärkt, wenn[23]

- zahlreiche oder gleich ausgestattete Wettbewerber existieren, weil einzelne von der Annahme ausgehen, dass sie Maßnahmen ergreifen können, ohne mit Gegenmaßnahmen rechnen zu müssen.
- das Branchenwachstum gering ist.
- hohe Fix- und Lagerkosten vorhanden sind, weil der Druck steigt, große Produktmengen schnell (oft zu günstigeren Preisen) abzusetzen.
- keine Differenzierungen oder Umstellungskosten existieren.
- große Kapazitätserweiterungen und damit Überkapazitäten vorhanden sind.

- die Wettbewerber z.B. in Bezug auf Strategie und Herkunft heterogen sind und durch ein unterschiedliches Wettbewerbsverhalten in Konflikt zueinander geraten.
- Unternehmen durch hohe strategische Einsätze einen Erfolg um jeden Preis erreichen wollen.
- hohe Austrittsbarrieren (ökonomische, strategische oder emotionale Faktoren) existieren und Unternehmen daran hindern, unrentable Branchen zu verlassen.

Stärken/Schwächen im Verhältnis zur Branchenrentabilität bestimmen

Nach der Analyse der Wettbewerbskräfte und deren Ursachen können die Stärken und Schwächen des Unternehmens im Verhältnis zur Branche bestimmt und die Branchenrentabilität prognostiziert werden. Die stärksten Kräfte sind dabei laut Porter ausschlaggebend für die Strategieformulierung. Wichtig ist in diesem Zusammenhang auch, nach den Ursprüngen der Kräfte zu suchen, um zu erkennen, welche Branchentrends die größten Chancen und Risiken bieten. Die Stärke der fünf Wettbewerbskräfte ist von Branche zu Branche unterschiedlich und kann sich im Zeitablauf verändern. Diese Veränderungen einer Branche sind wichtige Indikatoren für zukünftige Branchenstrukturen und die künftige Wettbewerbsintensität.[24]

Basierend auf diesen Erkenntnissen sollen mittels einer effektiven Wettbewerbsstrategie offensive oder defensive Maßnahmen ergriffen werden, um eine verteidigungsfähigere Position zu erlangen. Ziel ist es, eine optimale Positionierung in der Branche zu finden bzw. zu entwickeln. Obwohl laut Porter ein Unternehmen viele Faktoren nicht verändern kann, kann es durch strategische Schritte seine Situation verbessern. Er unterscheidet dabei drei grundsätzliche Vorgehensweisen:[25]

- **Platzierung:** Bei dieser Strategie wird die Branchenstruktur als gegeben betrachtet (defensive Maßnahme). Ziel ist es eine Platzierung zu finden, bei der die Wettbewerbskräfte nur schwach wirken und ein Schutz aufgebaut wird.
- **Einflussnahme auf das Gleichgewicht:** Mittels offensiver Maßnahmen sollen die Ursachen der Wettbewerbskräfte bekämpft werden: Z.B. durch Marketingmaßnahmen eine bessere Produktdifferenzierung erreichen, gezielt weniger mächtige Abnehmergruppen auswählen oder durch kollektives Handeln den Druck von Substitutionsprodukten mindern.

Verteidigungsfähige Position aufbauen

- **Ausnutzen des Wandels:** Im Rahmen von Branchenentwicklungen ändern sich immer wieder auch die Branchenkräfte (z.B. steigt die Rivalität, wenn die Branche in die Reifephase eintritt und das Wachstum abnimmt). Durch frühzeitiges Erkennen und Reagieren auf derartige Änderungen kann der Wandel positiv für das Unternehmen genutzt werden.

Mit seiner Branchenstrukturanalyse hat Porter einen sehr umfassenden Bezugsrahmen zur Analyse der Wettbewerbskräfte einer Branche entwickelt. Die kritische Betrachtung des Modells zeigt jedoch unterschiedliche Problemfelder auf:[26] (1) Empirische Studien zum Einfluss der Branchenstruktur auf die Rentabilität können einen diesbezüglichen Zusammenhang nur eingeschränkt bestätigen.[27] (2) Mangelnde theoretische Fundierung des Modells. (3) Das Modell hat einen statischen Charakter, mit dem Ziel, unter den gegebenen Wettbewerbsbedingungen eine günstige Position zu finden. In dynamischen Branchen ist dies jedoch kaum möglich, weil sich die Grenzen und Wettbewerbskräfte laufend verändern. (4) Porter stellt die Konkurrenzbeziehung von Unternehmen in seinem Modell in den Mittelpunkt und vernachlässigt damit Kooperationsbeziehungen zwischen Wettbewerbern, Kunden oder Lieferanten, die in den vergangenen Jahren verstärkt an Bedeutung gewonnen haben.[28] (5) Der Einfluss des Staats auf den Wettbewerb (z.B. durch Marktregulierungen)[29] oder der Einfluss von komplementären Produkten[30] wird ignoriert. (6) Kognitive Prozesse werden vernachlässigt, d.h., Porter geht von der Annahme aus, dass die Branchenstruktur objektiv eindeutig dargelegt werden kann. Verschiedene Studien zeigen jedoch, dass die Umwelt subjektiv, abhängig von den individuellen Einschätzungen und Persönlichkeitsmerkmalen der analysierenden Manager, wahrgenommen wird.[31]

Kritische Anmerkungen zum Modell

Trotz der vielfachen Kritik kommt dem Modell von Porter nach wie vor eine hohe Bedeutung zu. In seinem 2008 veröffentlichten Artikel im Harvard Business Review bekräftigte Porter die praktische Bedeutung seines Ansatzes und nimmt zu einzelnen Kritikpunkten Stellung. Beispielsweise empfiehlt er, die Einflüsse von komplementären Produkten, des Staats und von möglichen zukünftigen Veränderungen jeweils bei der Analyse der bestehenden fünf Kräfte zu berücksichtigen.[32]

3.1.3.2 Analyse der Branchendynamik

Die bisherigen Darstellungen zur Branchenanalyse gehen von einer statischen Wettbewerbssituation aus. Ein nachhaltiger Wettbewerbsvorteil kann in diesem Fall nur dann generiert werden, wenn die Bedingungen ausreichend stabil bzw. vorhersehbar sind. In vielen Branchen führen beispielsweise verkürzte Produktlebenszeiten, überwindbare Eintrittsbarrieren, das Verschwimmen von Branchengrenzen und das Eintreten neuer bzw. anderer Marktteilnehmer zu erhöhter Dynamik.[33]

In diesem Fall reichen statische Konzepte nicht aus, um eine kontinuierliche Anpassung zwischen einem Unternehmen und seinem Umfeld sicherzustellen. Folgende Fragestellungen rücken in den Mittelpunkt:[34]

- Welche Entwicklungsmuster bzw. neue Spielregeln sind erkennbar?
- Was sind die Treiber der Branchenentwicklung bzw. der Rigidität einer Branche (globale versus brancheninterne Faktoren)?
- Ist die Entwicklung eher evolutionär oder eher revolutionär?
- Welche Faktoren führen dazu, dass sich die Regeln der Branche ändern?
- Wie kann eine Firma oder eine Gruppe kooperierender Firmen die Struktur und Wettbewerbsdynamik in ihrer Branche verändern, um eine vorteilhafte Position zu erlangen?

Wenn ein Unternehmen in der Lage ist, das Umfeld seiner Branche zu gestalten, anstatt ihm zu folgen, hat es das Potenzial, auch zukünftig eine starke Wettbewerbsposition zu erreichen.

Folgende Tools können bei der detaillierten Analyse der Branchendynamik unterstützen:

Tools zur Analyse dynamischer Branchen

- **Komparative Branchenstrukturanalyse:** Dies ist ein sehr einfaches Tool zur Ergänzung von dynamischen Aspekten in der Branchenstrukturanalyse von Porter. Dazu wird jede der fünf Wettbewerbskräfte nicht nur zum aktuellen Zeitpunkt analysiert, sondern auch eine zukünftige Entwicklung (z.B. in fünf Jahren) erarbeitet. Erwartete Veränderungen bilden die Basis für strategische Anpassungen.[35]
- **Analyse von dynamischen Prozessen nach Porter:**[36] Mit dieser Analyse sollen Faktoren identifiziert werden, die dem Prozess der Branchenentwicklung zugrunde liegen. Folgende Veränderungen sind aus Sicht von Porter u.a. von Relevanz: langfristige Änderungen des Branchenwachstums, Wechsel der bedienten Kundensegmente, steigende Erfahrungen (Know-how) bei den Abnehmern, Erfahrungskurveneffekte, Produkt-/Marketing- oder Verfahrensinnovationen, Strukturwandel in benachbarten Branchen, Änderungen der staatlichen Politik, Eintritt oder Austritt von Konkurrenten. Ziel ist es, derartige Evolutionsprozesse in der Strategieformulierung zu berücksichtigen.
- **Analyse des Branchenlebenszyklus:** Der Einfluss der fünf Wettbewerbskräfte ist in manchen Branchen auch davon abhängig, in welcher Phase ihres Lebenszyklus sie sich gerade befindet: In der Einführungsphase sind meist nur wenige Akteure am Markt, die Wettbewerberrivalität ist gering und das Produktangebot ist sehr differenziert. In der Wachstumsphase ist die Rivalität häufig noch wenig ausgeprägt, weil das enorme Wachstum genügend Chancen für alle bietet. In der Marktbereinigungsphase verlangsamt sich das Wachstum, der zunehmende Wettbewerb vertreibt Schwache aus dem Markt. Die Reifephase zeichnet sich u.a. durch hohe Eintrittsbarrieren, mächtigere Käufer und geringes Wachstum aus. In der Rückgangsphase kann es zu extremer Rivalität kommen, besonders wenn die Umsätze sinken und die Austrittsbarrieren hoch sind.[37]
- **Prognoseverfahren und Szenarien:** Wenn in der Unternehmensumwelt aufgrund hoher Dynamik und Komplexität hohe Unsicherheit vorherrscht, ist es oft nicht ausreichend, nur eine einzelne Sichtweise über mögliche Umwelteinflüsse zu entwickeln. Mit Szenarioanalysen können verschiedene Zukunftsbilder entwickelt und berücksichtigt werden (siehe ▸ Abschnitt 3.3.2).[38]
- **Weitere Modelle**, die bei der Analyse der Branchendynamik zur Verfügung stehen, sind u.a. das Modell der Hypercompetition, die Dekonstruktionsanalyse, die Revenue-Stream- und Profit-Pool-Analyse, die Technologie-S-Kurve, die Analyse der Industriekostenkurve, die Analyse disruptiver Veränderungen und das Modell der Ressourcenteilung.[39] Die angeführte Literatur soll im Bedarfsfall eine vertiefte Auseinandersetzung ermöglichen.

Mithilfe derartiger Analysen sollen Branchentrends rechtzeitig erkannt und adäquate strategische Maßnahmen eingeleitet werden.

3.1.4 Stakeholder-Analyse

Definition Stakeholder

Stakeholder sind Gruppen oder Einzelpersonen, die von den Aktivitäten des Unternehmens betroffen sind und ihrerseits selbst auf das unternehmerische Handeln einwirken, wie beispielsweise Kunden, Mitarbeiter, Aktionäre, Lieferanten, Konkurrenten, Vertriebspartner, Kooperationspartner, Komplementoren, Öffentlichkeit, Umweltschutz- und Verbraucherverbände, Bürgerinitiativen, Gewerkschaften, Vereine, Kirchen, Kapitalgeber, regionale und staatliche Stellen oder die Presse.[40]

Stakeholder priorisieren und Erwartungen ermitteln

Dabei ist zu berücksichtigen, dass nicht alle Stakeholder die gleiche Priorität für ein Unternehmen haben bzw. haben können. Im Rahmen der Stakeholder-Analyse werden deshalb zunächst alle Stakeholder identifiziert und ihre Beziehungen zueinander in einer Stakeholder-Map dargestellt. Dem folgt die Analyse der jeweiligen Interessen, Bedürfnisse und Ansprüche an das Unternehmen. Im dritten Schritt werden die Stakeholder im Hinblick auf die von ihnen ausgehenden Chancen und Risiken analysiert. Dazu ist es erforderlich, die einzelnen Stakeholder hinsichtlich ihrer Macht und Durchsetzungskraft sowie der Dringlichkeit ihrer Bedürfnisse und Ansprüche zu bewerten. Dabei sollte die Möglichkeit temporärer oder längerfristiger Allianzen von Stakeholdern mit ähnlichen Interessen berücksichtigt werden. Eine Relevanzmatrix kann bei der Bewertung einzelner Stakeholder sowie möglicher Stakeholder-Allianzen nützlich sein. Im vierten Schritt wird der Frage nachgegangen, welche Verantwortung das Unternehmen gegenüber seinen Stakeholdern hat. Hierbei geht es nicht nur um die Legitimität eines Anspruches (z.B. Vertrag, Anteile), sondern auch um ethische Überlegungen und moralische Rechte. Im letzten Schritt werden Strategien und Aktivitäten basierend auf den vorhergehenden Analysen erarbeitet.[41]

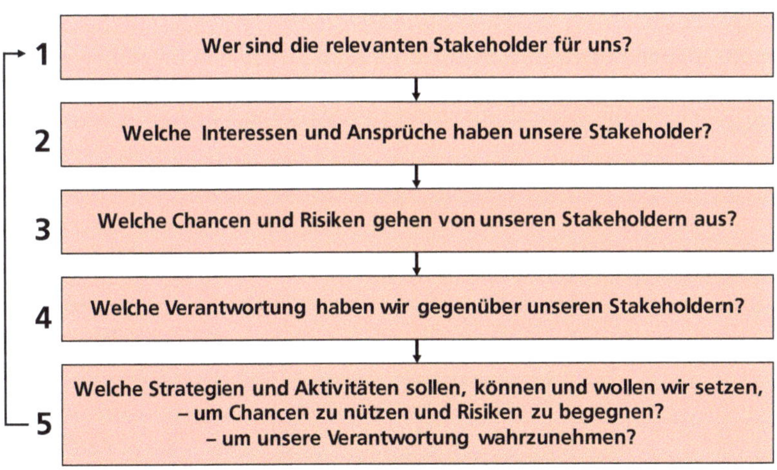

Abbildung 3.5: Stakeholder-Analyse

Konfliktäre Stakeholder-Interessen

Basierend auf den Ergebnissen der Stakeholder-Analyse lassen sich wichtige Ansätze für die Ziel- und Strategieformulierung ableiten. Dabei ist es jedoch meist nicht möglich, alle Stakeholder-Erwartungen zu erfüllen. Zudem sind manche Stakeholder-Interessen konfliktär (z.B. Kunden wünschen lange Öffnungszeiten, Mitarbeiter nicht). In diesem Fall ist es von besonderer Bedeutung, konfliktäre Anforderungen auszubalancieren bzw. durch individuelle Informationen Verständnis zu entwickeln, Erwartungen zu senken bzw. Widerstände abzubauen.[42] Für ein effektives Stakeholder-Management kann es erforderlich sein, das durch die Stakeholder-Analyse erlangte Wissen über einzelne Stakeholder-Gruppen mit weiteren Analysen zu vertiefen. In diesem Buch zeigen wir dazu ausgewählte Analysen zu Konkurrenten, Kunden und Vertriebspartnern. In Bezug auf die Mitarbeiter finden sich in der Literatur zum Personalmanagement eine Reihe nützlicher Instrumente.

3.1.5 Konkurrenzanalyse

Verschiedene Studien belegen den Zusammenhang zwischen einem Verständnis der Konkurrenzstrategien und der Unternehmensperformance.[43] Eine genaue Kenntnis der Ziele, Strategien, Stärken und Schwächen der Konkurrenten ist daher von zentraler Bedeutung.

Auswahl der Konkurrenten

Dabei stellt sich die Frage, welche Konkurrenten analysiert werden sollen: Grundsätzlich kann empfohlen werden, bedeutende existierende und mögliche potenzielle Konkurrenten zu berücksichtigen. Bei der Identifikation möglicher Konkurrenten kann der Fokus auf der Branche, der strategischen Gruppe, den Kundenpräferenzen bzw. auf der Sichtweise der Manager liegen.[44] Dabei ist zu beachten, dass Initiativen von Unternehmen außerhalb der eigenen Branche heute oft besondere Risiken darstellen.[45]

Methoden der Konkurrenzanalyse

Zur Durchführung einer Konkurrenzanalyse stehen eine Vielzahl von Arbeitsblättern und Checklisten zur Verfügung, die eine gegenwartsbezogene Analyse des Konkurrenten ermöglichen. Darüber hinaus sollten auch mögliche zukünftige Schritte der Konkurrenten in Betracht gezogen werden. Porter[46] entwickelte eine Systematik, die auch Ziele des Konkurrenten für die Zukunft integriert (▸ Abbildung 3.6):

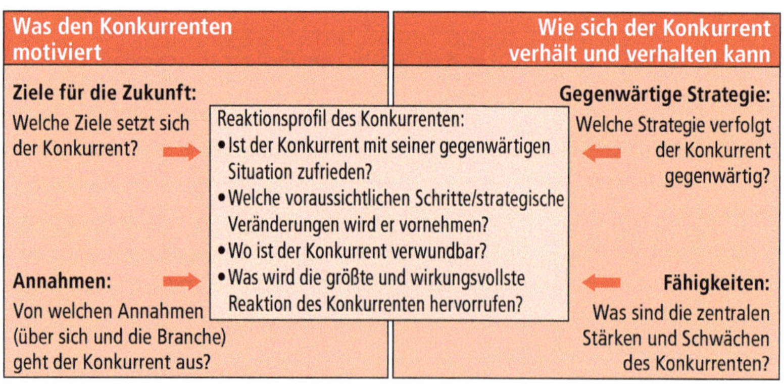

Abbildung 3.6: Konkurrenzanalyse in Anlehnung an Porter

Konkurrenzanalyse nach Porter

- **Ziele für die Zukunft:** Die quantitativen und qualitativen Ziele des Konkurrenten (z.B. Marktführerschaft, technologische Position, ...) können aufzeigen, ob der Konkurrent mit seiner Position zufrieden ist und welche strategischen Aktivitäten zu erwarten sind. Beispielsweise sind hohe Marktanteilsziele häufig mit einem aggressiveren Konkurrenzverhalten verbunden.
- **Annahmen:** Hier interessieren besonders die Annahmen des Wettbewerbers über sich selbst (z.B. über seine relative Position) und über die Branche (z.B. Bedeutung von Branchentrends, Glaube an „Branchenweisheiten"). Seine Annahmen lenken in einem hohen Maße seine Verhaltensweisen und Reaktionsmuster.
- **Gegenwärtige Strategie:** Ein weiteres wichtiges Element ist die gegenwärtige (explizite oder implizite) Strategie, die verfolgt wird. Hier ist u.a. das strategische Verhalten in Bezug auf Innovationen, Produkt-, Preis- und Markenpolitik, Kundenfokus, Finanzierung, Personalmanagement, Marktanteil oder die Kostenpolitik von Interesse.
- **Fähigkeiten:** Die Fähigkeiten haben Einfluss darauf, ob der Wettbewerber in der Lage ist, strategische Schritte zu ergreifen oder externe Einflüsse zu beantworten. Stärken und Schwächen können in verschiedensten Bereichen wie z.B. Produkte, Händler/Vertrieb, Marketing/Verkauf, Forschung/Technik, Gesamtkosten, finanzielle Stärke, Organisation oder Managementfähigkeit untersucht werden.

Wichtige Anhaltspunkte für die Einschätzung dieser vier Elemente und die Entwicklung des Reaktionsprofils des Konkurrenten können Geschichte, Visionen, Leitbild und Werte des Unternehmens, aktuelle Schlüsselentscheidungen (z.B. Investitionen, Personalakquise) oder die Persönlichkeit der Manager (z.B. funktionaler Hintergrund, Branchenerfahrungen, bisherige Strategiepräferenzen) liefern.[47]

Informationsbeschaffung

Die Informationsbeschaffung stellt eine besonders herausfordernde Aufgabe dar, da eine Vielzahl der benötigten Informationen nur schwierig zu identifizieren sind. Unter Berücksichtigung von Kosten- und Nutzenüberlegungen kann u.a. aus folgenden Quellen gewählt werden: Veröffentlichungen des Konkurrenten (z.B. Internet, Jahresberichte, Pressemitteilungen, Prospekte, Preislisten, Werbekampagnen, Mitarbeiter- und Kundenzeitschriften, Stellenanzeigen, Präsentationen von Managern), Untersuchung der Konkurrenzprodukte, neue Patente, Onlinedatenbanken, Zeitungs- bzw. Zeitschriftenartikel, Analystenberichte, Messen und Fachausstellungen, Business-Plattformen (z.B. Xing, LinkedIn), Social-Media-Monitoring, Informationen von eigenen Vertriebsmitarbeitern bzw. ehemaligen Mitarbeitern der Konkurrenz, gemeinsame Lieferanten, Kunden und Händler, Marktforschungsinstitute, Unternehmensberater, Branchenverbände, Banken.[48]

3.1.6 Kundenanalyse

Wissenschaftliche Studien zeigen, dass Kundenorientierung und das Kreieren eines besonderen Kundennutzens einen hohen Einfluss auf den langfristigen Erfolg eines Unternehmens hat.[49] Daher ist es für ein Unternehmen von zentraler Bedeutung, seine (potenziellen) Kunden und ihre

Verhaltensweisen, Einstellungen, Bedürfnisse und Werte zu kennen.[50] So können besonders attraktive Kundengruppen ausgewählt und diese effektiv bearbeitet werden.

Ziel der strategischen Kundenanalyse

Ziel der **strategischen Kundenanalyse** ist es, bestehende (und potenzielle) Kunden (Markt) bzw. Kundengruppen (Marktsegmente), deren (potenzielle) Bedürfnisse und das Kaufverhalten zu identifizieren. Dabei sollten sowohl die aktuelle Situation als auch mögliche zukünftige Entwicklungen, die sich aufgrund von Änderungen bei den bestehenden Kundengruppen bzw. durch neue Kundengruppen ergeben können, berücksichtigt werden. Gerade aktuelle Studien zeigen, dass sich das Kundenverhalten wesentlich verändert und der „Digitale Kunde" und Zielgruppen wie Millenials und die Generation Z Unternehmen unterschiedlichster Branchen vor ganz neue Herausforderungen stellt und stellen wird. Gleichzeitig haben sich durch die Digitalisierung in der Vorhersage des Kundenverhaltens ganz neue Möglichkeiten eröffnet (Predictive Marketing).[51]

Die strategische Kundenanalyse beleuchtet vor allem folgende Fragestellungen (▶ Abbildung 3.7):

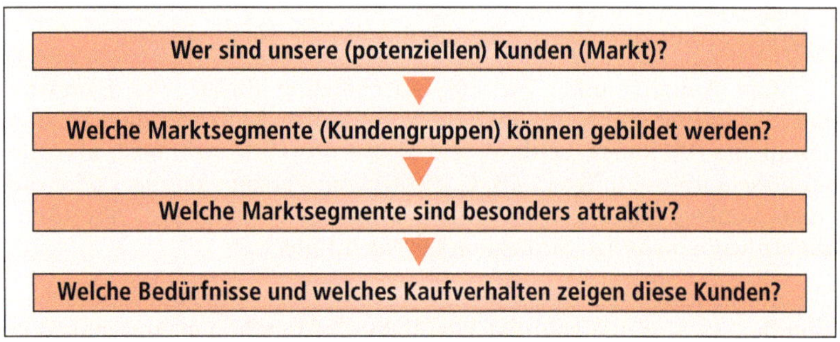

Abbildung 3.7: Strategische Kundenanalyse

Wer sind unsere (potenziellen) Kunden (Markt)?

Identifikation (potenzieller) Kunden

Der erste wichtige Schritt in der strategischen Kundenanalyse ist die Identifikation der (potenziellen) Kunden des Unternehmens. Dabei ist zunächst die Frage zu klären, ob die (potenziellen) Kunden private Endkunden, wie einzelne Personen oder Haushalte (Konsumgütermarkt), oder (und) Unternehmen, wie Produzenten oder Wiederverkäufer (Investitionsgütermarkt), sind. Ziel dieser Phase ist es, ein Bewusstsein dafür zu schaffen, welche Kunden heute und in Zukunft für das Unternehmen von Relevanz sind.

Welche Marktsegmente (Kundengruppen) können gebildet werden?

Bildung von Marktsegmenten

Die Bedürfnisse der (potenziellen) Kunden sind oft sehr unterschiedlich. In der Regel lassen sich jedoch die einzelnen Kunden in Gruppen mit ähnlichen Bedürfnissen zusammenfassen. Die Aufgabe der Marktsegmentierung ist es, die (potenziellen) Kunden so in Gruppen einzuteilen, dass die Ähnlichkeit innerhalb der Gruppe möglichst hoch und zwischen den Gruppen gering ist. In der Literatur stehen zur Segmentierung der Konsum- und Investitionsgütermärkte verschiedenste Kriterien zur Verfügung. Für Konsumgütermärkte sind dies demografische Kriterien (z.B. Alter, Geschlecht, Einkommen), allgemeine Persönlichkeitsmerkmale (z.B. Lebensstil, Einstellungen, Interessen), sozioökonomische Kriterien (z.B Einkommen, Beruf), Kaufverhalten (z.B. Kaufhäufigkeit) und Kundenpräferenzen in Bezug auf Preis, Qualität, Marke etc. Bei der Segmentierung von Industriegütermärkten kommen Kriterien wie der Standort, die Branche, das Einkaufsvolumen oder die Einkaufspräferenzen zum Einsatz.[52]

Die Marktsegmentierung bildet die Basis für eine kundenspezifische Ansprache und Angebotserstellung. Die ausgewählten Segmentierungskriterien sollten daher in einem möglichst engen Zusammenhang mit dem Kaufverhalten des Kunden stehen. Da in den letzten Jahren eine zunehmende Entwicklung zum „hybriden Kunden" (kauft sowohl teure als auch günstige Produkte) zu erkennen ist, verlieren sozioökonomische Kriterien vielfach an Bedeutung und allgemeine Persönlichkeitsmerkmale gewinnen, speziell bei Produkten mit hohem Involvement (z.B. Auto), an Relevanz.[53]

Welche Marktsegmente sind besonders attraktiv?

Attraktive Segmente auswählen

Im nächsten Schritt werden jene Marktsegmente identifiziert, die für das Unternehmen besonders attraktiv sind (Zielgruppen). Bei der Entscheidung sind sowohl quantitative Aspekte (z.B. Marktvolumen/-potenzial, Absatzvolumen/-potenzial, Customer-Lifetime-Value, ABC-Analysen) als auch qualitative Aspekte (z.B. strategische Bedeutung der Kunden, Konkurrenzintensität) von Relevanz.[54]

Welche Bedürfnisse und welches Kaufverhalten zeigen diese Kunden?

Kundenbedürfnisse entwickeln

Um die ausgewählten Kundengruppen (Zielgruppen) individuell ansprechen zu können, ist es zudem notwendig, die Kundenbedürfnisse und das Kaufverhalten dieser (potenziellen) Kunden zu analysieren: Welche konkreten Bedürfnisse und Motive hat der Kunde? Welchen Preis ist er bereit zu bezahlen? Wie läuft der Kaufprozess üblicherweise ab? Dabei ist zu berücksichtigen, dass sich die Bedürfnisse und das Kaufverhalten von Kunden im Zeitablauf verändern können und dass auch neue Kundenbedürfnisse geschaffen werden können bzw. manche Bedürfnisse dem Kunden noch gar nicht bewusst sind.

Informationsquellen

Als **Informationsquellen** für die strategische Kundenanalyse stehen u.a. Befragungen oder Beobachtungen von (potenziellen) Kunden, Marktforschungen, Sekundärdaten (z.B. Markt- und Unternehmensdaten), Befragungen von Vertriebsmitarbeitern oder Händlern, Internetseiten von Firmenkunden, firmeninterne Kundendaten, Nutzungsverhalten von Websites, zur Verfügung.[55] Darüber hinaus liefert die umfassende Digitalisierung unserer Lebens- und Arbeitswelt (z.B. Smart Products, Internet of Things, Web-, Social Media- und Blog-Monitoring, persönliche KI-Assistenten wie Google Assistant, Chatbots) eine enorme Menge an Daten, die eine wichtige Informationsbasis darstellen können.[56] Ziel ist die Entwicklung einer möglichst einheitlichen Sicht auf Interessenten und Kunden, unabhängig davon, auf welchem Kanal welche Informationen generiert wurden (360-Grad-Bild des Kunden).[57]

3.1.7 Vertriebspartneranalyse

Für Unternehmen, die ihre Produkte nicht direkt an den Endkunden verkaufen, stellen die Vertriebspartner (Wiederverkäufer) eine besonders wichtige (oft auch sehr mächtige) Stakeholder-Gruppe dar. Dies sind Unternehmen, die z.B. als Groß- oder Einzelhändler Produkte an den Endkunden vertreiben. Sie haben im Verkaufsprozess häufig wichtige Funktionen (z.B. Sortimentsbildung, Verkauf und Verkaufsförderung, Lagerhaltung, Transport) inne.[58]

Hohe Relevanz vertrieblicher Fragestellungen

In den vergangenen Jahren haben vertriebliche Fragestellungen verstärkt an Relevanz gewonnen. Die Gründe dafür liegen u.a. in der steigenden Bedeutung des Onlinevertriebs, im veränderten Kommunikations- und Informationsverhalten der Konsumenten, in der zunehmenden Bedeutung des Vertriebs als Differenzierungsfaktor bzw. im Wissen um Effizienzsteigerungspotenziale im Vertrieb.[59] Diese Entwicklungen führen dazu, dass die Hersteller gefordert sind, aus den verschiedenen Signalen in ihrem Umfeld Chancen und Risiken zu erkennen und die richtigen Weichenstellungen einzuleiten:

- Soll zukünftig direkt an den Endkunden geliefert werden oder weiterhin mit Vertriebspartnern zusammengearbeitet werden?
- Sollen mehrere Vertriebspartnerstufen (z.B. Groß- und Einzelhandel) eingesetzt werden oder die Kunden nur einstufig (z.B. über den Fachhandel) beliefert werden?
- Soll die Konzentration auf einen Vertriebsweg erfolgen oder sollen verschiedene Wege zum Kunden gewählt werden (Mehrkanalstrategie)?
- Wie können Online- und Offline-Angebote zum Nutzen des Kunden intelligent verbunden werden?
- Mit welchen Vertriebspartnern und mit wie vielen soll zusammengearbeitet werden?
- Wie soll die Zusammenarbeit mit den Vertriebspartnern gestaltet werden (Aufgabenverteilung, Effizienzsteigerung, …)?[60]

Identifikation und Analyse vertrieblicher Einflussfaktoren

Eine Literaturrecherche zeigt, dass verschiedene Faktoren existieren, die auf die Beantwortung dieser Fragen einen Einfluss haben.[61] Ziel ist es, die relevanten Faktoren zu identifizieren und ihren Einfluss auf vertriebliche Entscheidungen zu analysieren:

- **Unternehmensinterne Faktoren:** Unternehmensziele und -strategien, Image, Finanzkraft, Informations- und Steuerungsbedarf, Kosten, möglicher Umsatz, …
- **Produktbezogene Faktoren:** Erklärungs- und Installationsbedarf, Wartung, Image, Stückwert, Lager- und Transportfähigkeit, Produktgröße, …
- **Kundenbezogene Faktoren:** Kundenanzahl und -typen, Sortimentswünsche, Einkaufsmenge, Bedarfshäufigkeit, räumliche Verteilung, Kundenbedürfnisse, …
- **Vertriebspartnerbezogene Faktoren:** strategische Ziele, Preis-Leistungs-Verhältnis, Image, Kooperationsbereitschaft, Machtverhältnisse, potenzielles Umsatzvolumen, Qualifikation des Personals, Sortiment, Kundenbeziehungen, …

- **Konkurrenzbezogene Faktoren:** Vertriebskanalstrategien der Wettbewerber, Stellung der Wettbewerber im Vertriebskanal…
- **Sonstige Umweltfaktoren:** technische, ökologische, vertriebsstrategische, demografische, soziokulturelle oder rechtliche Entwicklungen, …

Schlüsselfaktoren aus der Umweltanalyse identifizieren

Die unterschiedlichen Methoden und Instrumente der Umweltanalyse, die in diesem Kapitel dargelegt wurden, liefern vielfältige Erkenntnisse über Chancen und Risiken, die sich aus der Umwelt ergeben. Um trotz dieser Vielfalt nicht den Blick für das Wesentliche zu verlieren, ist es wichtig, die relevanten Schlüsselfaktoren aus der Umwelt zu identifizieren. Das sind jene Faktoren, die für den nachhaltigen Erfolg des Unternehmens von zentraler Bedeutung sind.

3.2 Unternehmensanalyse

In der strategischen Analyse ist das Analysieren der internen Basis für nachhaltigen Erfolg von großer Bedeutung. Denn wie gut ein Unternehmen externe Chancen nutzen bzw. Risiken bewältigen kann, hängt in hohem Maße von den unternehmensspezifischen Ressourcen und Fähigkeiten ab. Gleichzeitig entstehen Marktchancen oft erst dadurch, dass besondere Ressourcen und Fähigkeiten im Unternehmen vorhanden sind.[62] Die große Bedeutung der Ressourcen und Fähigkeiten wird seit Anfang der 1990er-Jahre im sogenannten Resource Based View (ressourcenorientierte Perspektive) in den Mittelpunkt der strategischen Diskussion gerückt. Dementsprechend stellt sich die Frage, welche Ressourcen und Fähigkeiten im Unternehmen vorhanden sind und wie diese laufend weiterentwickelt bzw. auch ersetzt werden können, um einen nachhaltigen Wettbewerbserfolg zu erzielen. Ziel der Unternehmensanalyse ist es, ein möglichst gutes Bild über diese interne Erfolgsbasis des Unternehmens zu gewinnen.

3.2.1 Ressourcen, Fähigkeiten und Kernkompetenzen

Die Begriffe Ressourcen, Fähigkeiten und Kernkompetenzen werden in der Literatur sehr vielschichtig und teilweise synonym verwendet. Für die vertiefende Auseinandersetzung mit der Erfolgsbasis bedarf es daher einer klaren Definition.

Ressourcen

Ressourcen können als produktive Vermögensbestandteile, die ein Unternehmen besitzt, verstanden werden.[63] Dabei wird der Begriff Ressource meist relativ breit aufgefasst. Er inkludiert alle materiellen (sichtbaren) und immateriellen Vermögenswerte eines Unternehmens. Zu den materiellen Ressourcen zählen beispielsweise Rohstoffe, Maschinen, Gebäude, zu den immateriellen Patente, Know-how der Mitarbeiter, die Unternehmenskultur (▶ Abbildung 3.8[64]).

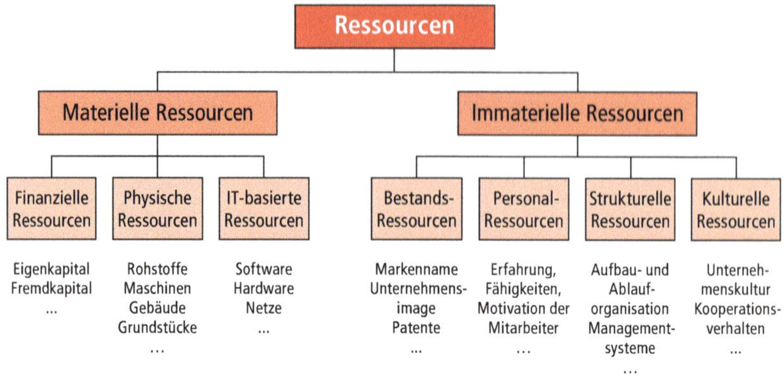

Abbildung 3.8: Ressourcenpyramide

Traditionell wurde bei der Analyse der Ressourcen der Schwerpunkt auf produktive Faktoren, wie menschliche Arbeitsleistung, Rohstoffe oder Maschinen gelegt. Da jedoch materielle Ressourcen meist sehr einfach von Wettbewerbern kopiert werden können, haben, gerade in den letzten Jahren, immaterielle Ressourcen stark an Bedeutung gewonnen.[65]

Fähigkeiten

Materielle und immaterielle Ressourcen spielen für den Aufbau von Wettbewerbsvorteilen eine wichtige Rolle. Sie verschaffen jedoch, jede für sich alleine, oft noch keinen Wettbewerbsvorteil. Die zentrale Frage ist daher, inwieweit ein Unternehmen in der Lage ist, seine Ressourcen durch eine zielorientierte Kombination zu nutzen. Dazu sind **Fähigkeiten** notwendig. Sie verbinden das Wissen der Mitarbeiter mit Anlagen, Maschinen, Technologien oder anderen Ressourcen. Sie zeigen sich beispielsweise in der Organisation des Unternehmens, den Prozessen oder den Führungssystemen (z.B. Planungs- und Kontrollsysteme, Kommunikationssysteme).[66] Im Mittelpunkt steht die Frage, wie Ressourcen effektiv, effizient und in einzigartiger Weise eingesetzt bzw. kombiniert werden.

Dynamic Capabilities

In schnelllebigen Umwelten ist der Besitz von herausragenden Ressourcen und Fähigkeiten jedoch oft nicht ausreichend. In einem derartigen Umfeld sind dynamische Fähigkeiten – sogenannte Dynamic Capabilities – erforderlich. Dynamic Capabilities sind: *„the capacity of an organization to purposefully create, extend or modify its resource base"*. Während operative Fähigkeiten darauf ausgerichtet sind, den Status quo zu erhalten und zu nutzen, dienen dynamische Fähigkeiten der strategischen Veränderung.[67] Mithilfe dynamischer Fähigkeiten sollen (1) Chancen und Bedrohungen erkannt und gestaltet (Sensing), (2) Chancen ergriffen (Seizing) und (3) die Wettbewerbsfähigkeit erhalten werden, indem die immateriellen und materiellen Vermögenswerte des Unternehmens verbessert, kombiniert, geschützt und, wenn nötig, rekonstruiert werden (Transforming).[68]

Kernkompetenzen

Jene Ressourcen und Fähigkeiten, die besonders erfolgskritisch sind, werden als **Kernkompetenzen** bezeichnet. Geprägt wurde der Begriff der Kernkompetenz in den 1990er-Jahren vor allem von Prahalad und Hamel.[69] Müller-Stewens und Lechner[70] definieren Kernkompetenzen wie folgt: *„Eine Kernkompetenz erwächst aus einem komplexen organisatorischen Lernprozess und kombiniert in einzigartiger Art und Weise Ressourcen und Fähigkeiten der Organisation zu einem höherwertigen Ganzen, das in verschiedenen Anwendungsfeldern zur Nutzung gelangt und dem Unternehmen zu einem nachhaltigen Wettbewerbsvorteil verhilft."* Kernkompetenzen sind damit eine komplexe einzigartige Kombination von Ressourcen und Fähigkeiten, die durch das Know-how der Mitarbeiter, technisches Wissen sowie Erfahrung entstehen und weiterentwickelt werden. Kernkompetenzen sind von hoher strategischer Relevanz und können zu nachhaltigen Wettbewerbsvorteilen beitragen. Sie sind einzigartig gegenüber der Konkurrenz und nicht imitierbar bzw. substituierbar. Sie führen zu einem aus Kundensicht höheren wahrgenommenen Nutzen.

+

Kernkompetenzen sind die Wurzeln

Wie Kernkompetenzen in einem Unternehmen optimal genutzt werden können, erklären Prahalad und Hamel mit dem Bild eines Baums.[71] Die Wurzeln des Baums sind die Kernkompetenzen. Sie sind die Quelle des Erfolgs. Der Stamm bildet die Kernprodukte, Prozesse bzw. Komponenten ab, die einen wichtigen Wertbeitrag zu verschiedenen Endprodukten liefern. Die Äste stellen die strategischen Geschäftsbereiche und die Blätter bzw. Früchte die Endprodukte dar. Aus Sicht von Prahalad und Hamel entscheiden im Wettbewerb nicht die Endprodukte, sondern die zugrunde liegenden Kernkompetenzen (die Wurzeln) über den Erfolg. Daher ist es, entsprechend der Autoren, wesentlich, dass das Management das Denken in Geschäftsbereichen überwindet und konzernweite Kompetenzen identifiziert und nutzt.

3.2.2 Organisationssystem (Organisationen und ihre Mitglieder)

Unternehmen sind komplexe Gebilde, die aus vielen verschiedenen Teilsystemen bestehen. Für die Identifikation einzigartiger Ressourcen und Fähigkeiten bzw. Kernkompetenzen ist es daher hilfreich, wenn systematisch die einzelnen Bestandteile analysiert werden. Das Organisationssystem bildet dafür eine ideale Grundlage. Es zeigt, wie die Mitglieder der Organisation zusammenarbeiten, und bildet dies in spezifischen Teilsystemen (z.B. Strukturen, Prozesse, Unternehmenskultur) ab (▶ Abbildung 3.9).[72]

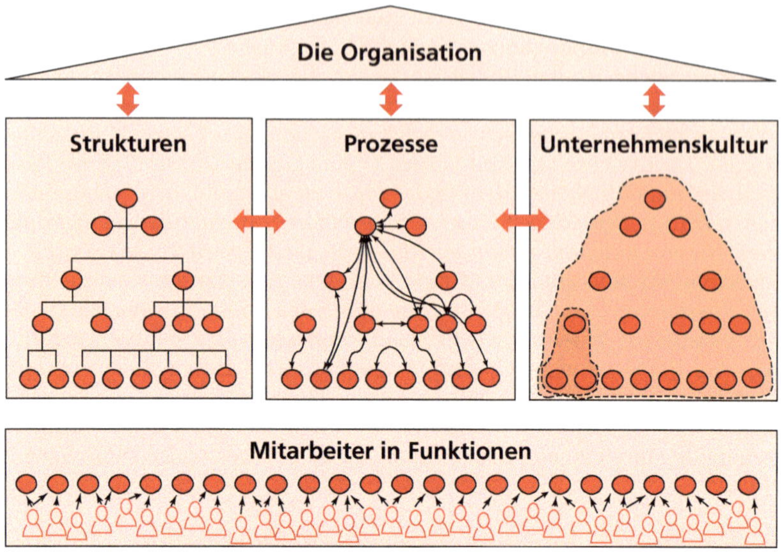

Abbildung 3.9: Das Organisationssystem

Die Organisationsstruktur definiert die Aufgaben, die Koordination und die Verantwortlichkeiten der Organisationsmitglieder. Sie stellt damit dar, wie die aus der Zielsetzung abgeleiteten Aufgaben gebündelt und den einzelnen Organisationseinheiten (z.B. Stellen, Abteilungen, Funktionen) zugeordnet werden. Gleichzeitig ist eine Koordination dieser verteilten Aufgaben erforderlich, die einerseits über formale Autorität (z.B. durch Manager mit unterschiedlichen Verantwortlichkeiten / auf unterschiedlichen Managementebenen) und andererseits über Prozesse bzw. die Unternehmenskultur erfolgen kann (siehe ▸ Abschnitt 3.2.6). Mittels verschiedener Prozesse (Verfahren oder Routinen) können die Aktivitäten der einzelnen Mitarbeiter verbunden und somit sichergestellt werden, dass aus den individuellen Aufgaben ein integriertes Ganzes entsteht. Manche Prozesse erstrecken sich dabei über die gesamte Organisation (z.B. Planungs- oder Budgetierungsprozesse), andere wiederum haben nur eine begrenzte Reichweite wie beispielsweise Produktentwicklungsprozesse (siehe ▸ Abschnitt 3.2.4). Darüber hinaus liefern die Unternehmenskultur und damit verbundene Überzeugungen, Wertvorstellungen und Verhaltensnormen einen Hinweis, wie miteinander interagiert wird. Begründet wird dies damit, dass die Mitarbeiter durch eine länger andauernde Zusammenarbeit ein gemeinsames Glaubenssystem entwickeln, das ihre Handlungen (mehr oder weniger) beeinflusst (siehe ▸ Abschnitt 3.2.5).[73]

Datensammlung und -bearbeitung

Eine Herausforderung stellt bei allen Analysetools das Sammeln, Selektieren und Auswerten der Daten dar. Grundsätzlich können sowohl quantitative als auch qualitative Informationen Verwendung finden. Bei den quantitativen Daten kann man mit dem betrieblichen Rechnungswesen meist auf gut strukturierte Zahlen und Fakten zurückgreifen. Sie sind jedoch aufgrund ihrer Vergangenheitsorientierung und ausschließlich internen Orientierung nur beschränkt aussagefähig. Daher sollten diese durch qualitative Daten ergänzt werden. Denn um erfolgsrelevante Fähigkeiten identifizieren zu können, sollten ein breiter Blickwinkel eingenommen und verschiedene Perspektiven beleuchtet werden. Dazu können interne Diskussionen, Workshops mit Mitarbeitern und Managern aus unterschiedlichen Bereichen des Unternehmens und Gespräche mit Externen (z.B. Kunden, Lieferanten, Branchenexperten) wertvolle Inputs liefern.

3.2.3 Funktionsanalyse

Analyse in den Funktionsbereichen

Die Funktionsanalyse identifiziert Ressourcen und Fähigkeiten in den einzelnen Funktionen (z.B. Beschaffung, Produktion, Marketing; siehe ▶ Abbildung 3.9). Für diese Form der Analyse stehen in der Literatur verschiedene Checklisten und Kriterienkataloge[74] – die sich vielfach an der in ▶ Abbildung 3.8 dargestellten Ressourcenpyramide orientieren – zur Verfügung. Ziel ist es, herausragende materielle und immaterielle Ressourcen und Fähigkeiten in den verschiedenen Funktionsbereichen zu identifizieren. Beispielsweise können dies in der Forschung und Entwicklung besonders kurze Entwicklungszyklen für neue Produkte, in der Produktion eine flexible Produktionstechnik oder im Vertrieb besonders professionelle Kundenberater sein.

Grundsätzlich sollte bei der Identifikation von Ressourcen und Fähigkeiten die Konzentration auf strategisch wichtigen Aspekten liegen: Welche Faktoren sind in der jeweiligen Branche besonders erfolgsrelevant? Auf welchen Ressourcen und Fähigkeiten bauen diese auf?[75] Dabei sagt die bloße Auflistung noch nichts darüber aus, ob die Ressourcen und Fähigkeiten einen Wettbewerbsvorteil darstellen. Erst ein Vergleich mit Wettbewerbern, ein branchenübergreifender Vergleich mit Best-Practice-Unternehmen (Benchmarking) oder ein Vergleich mit den Kundenanforderungen liefert diese wichtigen Erkenntnisse.[76]

Vorteile und Grenzen

Der Vorteil dieser Methode liegt in der relativ einfachen und naheliegenden Betrachtung der Funktionsbereiche begründet. Damit werden jedoch alle jene Ressourcen und Fähigkeiten ausgeklammert, die sich aus dem Gesamtprozess oder dem Zusammenspiel der einzelnen Funktionen ergeben bzw. die an den Grenzen des Unternehmens existieren. Die Prozess- und Wertkettenanalyse integriert diese Aspekte.

3.2.4 Prozess- und Wertkettenanalyse

Im Mittelpunkt der prozessorientierten Betrachtung steht die Durchführung der verschiedenen Aufgaben des Unternehmens sowie die zeitliche und räumliche Koordination dieser (Wer macht was wann und womit?). Zentrale Bestandteile einer Aufgabe sind Aktivitäten. Prozesse setzen sich aus verschiedenen Aktivitäten zusammen, die der Erfüllung einer bestimmten betrieblichen Aufgabe dienen. Im Unternehmen existiert eine Vielzahl von Prozessen – z.B. Bestellprozesse, Rechnungsprüfungsprozesse, Produktionsprozesse, ... Von besonderer Bedeutung sind dabei die Geschäftsprozesse, die der Erfüllung der obersten Unternehmensziele dienen. Sie zeichnen sich vor allem durch ihre Schnittstellen zu wesentlichen Stakeholdern (z.B. Kunden, Lieferanten) aus. Mithilfe der Wertkettenanalyse von Porter können diese zentralen Unternehmensprozesse auf einer abstrakten Ebene analysiert werden.[77]

Wertkettenanalyse von Porter

Die Wertkettenanalyse hat in der strategischen Unternehmensanalyse eine hohe Bedeutung erlangt. Der Grund liegt vor allem darin, dass es schwierig ist, unternehmensspezifische Wettbewerbsvorteile zu identifizieren, wenn das Unternehmen ausschließlich funktional betrachtet wird und interne und unternehmensübergreifende Prozesse (z.B. zu Kunden, Lieferanten) ignoriert werden. Darüber hinaus eröffnet gerade die Digitalisierung völlig neue Ansätze zur Gestaltung der Wertkette. Dadurch können innovative und attraktive neue Kundenangebote kreiert bzw. gänzlich neue Effizienzsteigerungspotenziale (z.B. Verkürzung der Wertkette) identifiziert werden.[78]

Die Grundlage der Wertkettenanalyse bilden die Überlegungen von Porter, der zwischen primären und sekundären Aktivitäten unterscheidet (▶ Abbildung 3.10 [79]).

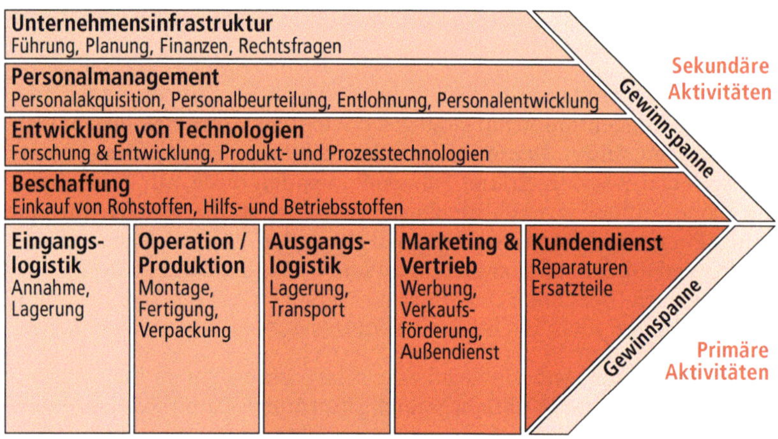

Abbildung 3.10: Modell der Wertkette nach Porter

Primäre und sekundäre Aktivitäten

Primäre Aktivitäten beziehen sich auf die physische Herstellung und Vermarktung von Produkten (Eingangslogistik, Operation/Produktion, Ausgangslogistik, Marketing und Vertrieb und Kundendienst) bzw. die Erstellung einer Dienstleistung. Sie lassen sich in einer logischen Reihenfolge (Flussdiagram) darstellen, die mit den Aktivitäten beginnt die am Beginn der Leistungserstellung steht und dort endet, wo die Leistung an den Kunden erbracht wird. Sekundäre Aktivitäten ermöglichen und unterstützen diese Leistungserstellung (Unternehmensinfrastruktur, Personalmanagement, Entwicklung von Technologien und Beschaffung).

Bei der Wertkettenanalyse werden die Aktivitäten und deren Abfolge erfasst und bewertet. Sollen Unternehmen einen Wettbewerbsvorteil erzielen, so müssen sie für ihre Kunden einen Wert schaffen. Gemäß Porter kann dieser in Kosten- oder Differenzierungsvorteilen begründet sein.

Um besondere Ressourcen und Fähigkeiten zu identifizieren, muss dementsprechend erforscht werden, welche Aktivitäten im Unternehmen zur Schaffung einzigartiger Werte beitragen.[80]

Quellen von Wettbewerbsvorteilen

Dazu wird die unternehmensspezifische Wertkette zunächst entwickelt und anschließend werden erfolgsrelevante Ressourcen und Fähigkeiten des Unternehmens in den einzelnen Stufen ermittelt. Entsprechend Krüger und Homp[81] können die Quellen der Wettbewerbsvorteile an verschiedensten Stellen der Wertkette existieren: Sie können im Input begründet sein (z.B. ausgezeichnete Rohstoffe), im Throughput (z.B. ermöglicht der Geschäftsprozess die Erfüllung sehr individueller Kundenanforderungen) bzw. an den Grenzen der Wertkette (z.B. eine besonders effiziente Zusammenarbeit mit Kunden oder Lieferanten). Wertvolle Fähigkeiten können jedoch auch in Planungs-, Steuerungs- und Kommunikationssystemen, in der Personalentwicklung oder in der Unternehmenskultur ihren Ausgang haben. Darüber hinaus können Wettbewerbsvorteile auch in einer ganz unterschiedlichen Gestaltung der Wertkette (neue Wertschöpfungsmodelle, neue Ansätze im Kontext der Digitalisierung) begründet sein.

Vergleich mit Wettbewerbern und Kunden

Um den Wert der Aktivitäten beurteilen zu können, ist der Vergleich mit den Wettbewerbern bzw. Kundenanforderungen von besonderer Bedeutung: Sind die Aktivitäten branchenüblich? Wie gut ist das Unternehmen in seinen einzelnen Wertaktivitäten relativ zur Konkurrenz positioniert? Welche Aktivitäten (bzw. Schnittstellen zwischen Aktivitäten) sind strategisch besonders relevant bzw. herausfordernd? Führen die Aktivitäten zu einem Wettbewerbsvorteil? Ist die Wertkette auf die Kundenanforderungen abgestimmt?[82]

Vorteile und Grenzen

Die Vorteile der Wertkette liegen in ihrem umfassenden und konsistenten Analyseansatz. Gleichzeitig sind jedoch der praktischen Anwendung aufgrund des hohen zeitlichen und methodischen Aufwands Grenzen gesetzt.

Im Laufe der letzten Jahre wurde das Konzept der Wertkette weiterentwickelt und spezifiziert – z.B. Virtual Value Chain, Global Value Chain, Added Value Chain, Reverse Value Chain, Sustainable Value Chain. Darüber hinaus gewann die Idee des Wertschöpfungsnetzwerkes verstärkt an Bedeutung. Bei diesem Ansatz werden die einzelnen Aktivitäten nicht mehr linear bzw. sequenziell organisiert, sondern flexibel in einem gemeinsamen Wertschöpfungsnetzwerk mit externen Partnern. Ziel ist es, durch die neue Wertschöpfungslogik und die effektive gemeinsame Nutzung und Rekombination von Kernkompetenzen einen überlegenen Kundenwert zu schaffen und wettbewerbsfähig zu bleiben.[83]

3.2.5 Unternehmenskulturanalyse

Die Unternehmenskultur spielt eine zentrale Rolle für den strategischen Erfolg eines Unternehmens. Sie ist eine Unternehmensressource von großer strategischer Bedeutung, nimmt Einfluss auf die Strategieentwicklung und die strategische Entscheidung und ist ein wichtiger Faktor bei der Strategieimplementierung.[84] Eine Analyse der Unternehmenskultur und damit ein Bewusstmachen der im Unternehmen vorherrschenden Grundannahmen, Wertvorstellungen oder Verhaltensnormen, hat demzufolge im Strategieprozess hohe Relevanz.

Entsprechend der großen Bedeutung der Unternehmenskultur für den Unternehmenserfolg finden sich in der Literatur eine Vielzahl von Instrumenten und Methoden zur Unternehmenskulturanalyse (z.B. das Competing Values Framework von Cameron und Quinn oder das Organizational Culture Model von Denison[85]). Im Folgenden soll ein bekanntes und vielfach eingesetztes Instrument von Johnson, das kulturelle Netz (Cultural Web)[86], dargelegt werden (▶ Abbildung 3.11).

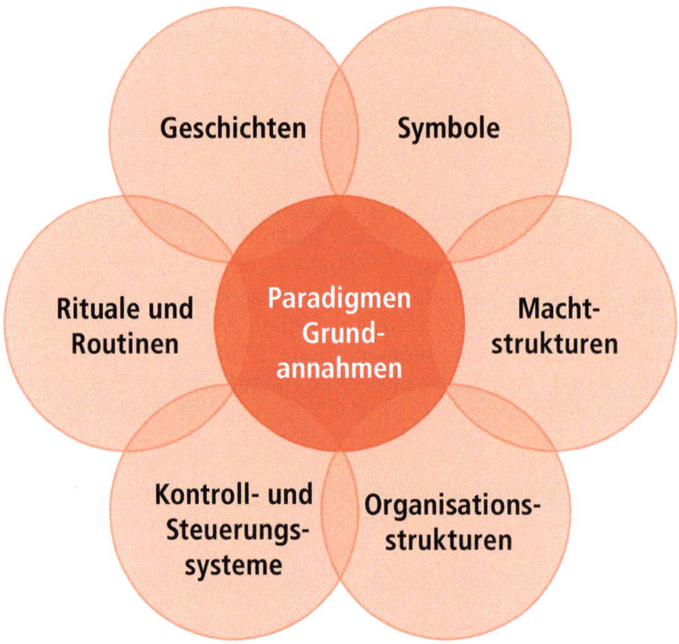

Abbildung 3.11: Das kulturelle Netz eines Unternehmens

Paradigma

Das kulturelle Netz identifiziert sechs wechselseitig zusammenhängende Elemente, die ein sogenanntes „Paradigma" ergeben. Dieses Paradigma wird als der Kern der Unternehmenskultur verstanden. Das **Paradigma** beschreibt die grundsätzlichen gemeinsamen und als selbstverständlich geltenden Annahmen über das Unternehmen (z.B. Gewinnstreben, Marktorientierung, soziale Verantwortung, Umweltschutz, Innovation, Wertschätzung der Mitarbeiter). Die Identifikation dieses Paradigmas ist in vielen Fällen eine Herausforderung. Dabei kann die vorherige Analyse der folgenden sechs Elemente als Hilfestellung dienen.

Routinen

Routinen sind „the way we do things around here" und beschreiben damit die eingespielten täglichen Arbeitsabläufe. Sie beeinflussen die Verhaltensweisen im Unternehmen und nach außen und damit die Prozesse und die Zusammenarbeit. Im besten Fall sorgen sie dafür, dass das

Unternehmen reibungslos funktioniert. Allerdings können sie auch als traditionelle Selbstverständlichkeiten gesehen werden, die das Verhalten steuern und nur schwer zu verändern sind.

Rituale

Rituale sind spezifische formelle oder informelle Aktivitäten oder Ereignisse, die wichtige Elemente der Kultur hervorheben oder verstärken. Beispiele sind Aus- und Weiterbildungsprogramme, Beförderungs- bzw. Bewerbungsprozesse oder Meetings. Informelle Aktivitäten sind z.B. das gemeinsame Ausgehen nach Dienstende, Gespräche in der Kaffeeküche oder am Kopiergerät.

Geschichten

Geschichten, die von Mitarbeitern erzählt werden, verknüpfen die Vergangenheit des Unternehmens mit der Gegenwart oder können auch Episoden aus dem Alltag wiedergeben. Sie beziehen sich beispielsweise auf wichtige Ereignisse und Persönlichkeiten (Erfolge, Misserfolge, Helden, Bösewichte). Geschichten sind eine Möglichkeit, das zu kommunizieren, was im Unternehmen wichtig ist.

Symbole

Symbole sind Objekte, Ereignisse, Aktionen oder Personen, die über die reine Funktion hinaus Bedeutung erhalten oder erzeugen. So dienen Büros und ihre Gestaltung, Titel oder Dienstwägen nicht nur einem funktionalen Zweck, sondern sie sind auch typische Signale für Status, Wichtigkeit und Hierarchie. Zudem haben Logos und Claims nicht nur in der realen, sondern auch in der digitalen Welt große Bedeutung.

Machtstrukturen

Machtstrukturen zeigen die Verteilung von Macht auf Einzelpersonen oder Gruppen. Da mächtige Gruppen in einem Unternehmen häufig eng mit dem Paradigma verbunden sind, sind Machtstrukturen in der Unternehmenskulturanalyse von hoher Relevanz. Die Grundlagen der Macht können höchst unterschiedlich sein. Sie können beispielsweise in der Hierarchie (formale Macht), in persönlichem Einfluss (informelle Macht einer charismatischen Persönlichkeit), in der Kontrolle strategischer Ressourcen oder in einem Informations- oder Wissensvorsprung (Expertenmacht) begründet sein.

Organisationsstrukturen

Organisationsstrukturen stellen die Rollen- und Funktionsverteilung, Kompetenzen und Verantwortung dar und spiegeln damit die Machtstrukturen wider: Ist die Struktur sehr hierarchisch und sind strategische Entscheidungen in hohem Maße vom Topmanagement beeinflusst, oder zeichnet sich das Unternehmen durch flache Strukturen und hohe Eigeninitiative und -verantwortung aus? Was sind die zentralen Prozesse und welche Aktivitäten sind relevant für die Zielerreichung?

Steuerungs- und Kontrollsysteme

Steuerungs- und Kontrollsysteme sind die formalen und informellen Instrumente und Methoden für z.B. Zielvereinbarungen, Leistungsbeurteilungen oder Anreiz- und Belohnungssysteme. Je nachdem, wie sie konzipiert sind, geben sie beispielsweise Hinweise auf die Relevanz der Einzelleistung versus der Teamleistung oder zeigen, welche Bedeutung der Effizienz bzw. der Effektivität zugemessen wird.

Zur Spezifizierung der einzelnen Elemente können im Rahmen des Analyseprozesses u.a. folgende Fragestellungen verwendet werden:[87]

Element	Potenzielle Fragen
Rituale und Routinen	Welche Routinen und Rituale sind wichtig? Welche Kernwerte und -überzeugungen reflektieren sie? Was wird in Aus- und Weiterbildungsprogrammen betont? Wie leicht können Rituale und Routinen geändert werden?
Geschichten	Welche Geschichten werden neuen Mitarbeitern erzählt? Welche Kernüberzeugungen reflektieren sie? Von welchen Normen weichen Außenseiter (Einzelgänger) ab?
Symbole	Gibt es besondere Symbole, die das Unternehmen kennzeichnen? Welche Objekte, Ereignisse oder Personen sind besonders wichtig? Welche Aspekte der Strategie werden besonders hervorgehoben?
Machtstrukturen	Wo ist die Macht angesiedelt? Wer entscheidet wirklich? Wer startet bzw. stoppt Aktivitäten?
Organisationsstrukturen	Wie flach/hierarchisch bzw. formal/informal sind die Strukturen? Unterstützen die Strukturen Kooperation oder Konkurrenz? Welche Machtstrukturen werden unterstützt?
Steuerungs- und Kontrollsysteme	Was wird überwacht und kontrolliert? Wie intensiv ist die Kontrolle? Steht Belohnung oder Bestrafung im Vordergrund? Beruhen Kontrolle und Steuerung auf Tradition oder auf der aktuellen Strategie?

Tabelle 3.1: Kontrollfragen zum kulturellen Netz

Die Unternehmenskulturanalyse liefert reichhaltige Informationen für das Bewusstmachen von Grundannahmen, Überzeugungen, Wertvorstellungen und Verhaltensnormen im Unternehmen. Damit werden Entscheidungen und Handlungen der einzelnen Akteure im Unternehmen verständlich und nachvollziehbar.

3.2.6 Strukturanalyse

Strukturelle Ressourcen können wichtige Grundlagen für Wettbewerbsvorteile darstellen. Gleichzeitig haben Strukturen einen wesentlichen Einfluss auf die Entstehung von Strategien. In diesem Kapitel werden daher Grundlagen zur Gestaltung der Organisationsstruktur und Methoden zur Strukturanalyse dargelegt.

Bei der Strukturanalyse wird häufig zwischen der Analyse der Aufbauorganisation und der Analyse der Ablauforganisation unterschieden. Nachstehend liegt der Fokus auf der Aufbauorganisation, bezüglich der Prozessorganisation sei hier auf ▸ Abschnitt 3.2.4 verwiesen.

Aufbauorganisation

Die Aufbauorganisation stellt dar, wie die aus der Zielsetzung abgeleiteten Aufgaben strukturiert werden. In den meisten Unternehmen werden die Unternehmensaufgaben durch verschiedene Mitarbeiter arbeitsteilig erfüllt. Dementsprechend werden die Gesamtaufgaben des Unternehmens in Teilaufgaben zerlegt und anschließend zu Aufgabenkomplexen zusammengefasst (Idee der Arbeitsteilung und Aufgabenspezialisierung). Mit der Aufbauorganisation wird geregelt, wie die verschiedenen Tätigkeiten den einzelnen Organisationseinheiten (z.B. Stellen und Abteilungen) zugeordnet werden.

Mit der Aufgabenspezialisierung entsteht gleichzeitig die Herausforderung der Zusammenführung verschiedener Aufgabenteile, die von verschiedenen Personen, an verschiedenen Orten und zu unterschiedlichen Zeitpunkten durchgeführt werden (Aufgabe der Koordination). Damit trotz der Arbeitsteilung alle Personen zielorientiert agieren, müssen ihre Aktivitäten bzw. die Organisationseinheiten koordiniert werden. Dies kann durch gegenseitige Abstimmung, direkte Anweisung oder Standardisierung von Prozessen, Output, Fähigkeiten oder Normen erfolgen.[88]

Gestaltungsparameter der Organisation

Die verschiedenen Organisationsstrukturen ergeben sich aufgrund der unterschiedlichen Antworten auf diese Herausforderungen. Entsprechend Krüger[89] sind dabei vor allem folgende Dimensionen von Interesse:

- **Form der Aufgabenspezialisierung:** Wie werden die Teilaufgaben den einzelnen Organisationseinheiten zugeordnet – nach Funktionen (z.B. Beschaffung, Produktion, Marketing) oder nach Objekten (z.B. Produkten, Kunden)?
- **Gestaltung der Weisungsbefugnis (Koordination):** Wie gestalten sich die Weisungsbefugnisse zwischen den Organisationseinheiten? In der Einlinienorganisation hat jeder Mitarbeiter nur einen einzigen Vorgesetzten, von dem er Weisungen erhält und dem er berichtet und verantwortlich ist. In der Mehrlinienorganisation hat jeder Mitarbeiter (mindestens) zwei Vorgesetzte. Die Stablinienorganisation ist eine Erweiterung der Einlinienorganisation. Sogenannte Stabsstellen, ohne Entscheidungs- und Anweisungskompetenzen, haben Unterstützungs- und Entlastungsfunktionen für die vorgesetzten Stellen. Diese können allgemeiner Art sein (z.B. Assistent der Geschäftsleitung) oder spezialisiert sein (z.B. Recht, Marktforschung, Planung).
- **Verteilung der Entscheidungsaufgaben:** Wo werden Entscheidungen getroffen? Zentral: Entscheidungen konzentrieren sich auf die oberste Hierarchieebene (Unternehmensleitung). Dezentral: Entscheidungen werden tendenziell auf nachgeordneten Stellen auf unteren Hierarchieebenen getroffen, wodurch beispielsweise rasches Reagieren auf veränderte Marktanforderungen ermöglicht werden soll.

Im Folgenden werden fünf grundsätzliche Strukturtypen, die sich aus der unterschiedlichen Ausprägung der dargelegten Dimensionen ergeben, charakterisiert.

Funktionale Organisation

Bei einer **funktionalen Organisation** erfolgt die Aufgabenspezialisierung nach betrieblichen Funktionen (z.B. Einkauf, Forschung & Entwicklung (F&E), Produktion, Marketing, Vertrieb, Finanzen). Sie ist eine Einlinienorganisation mit tendenziell hohem Zentralisationsgrad.

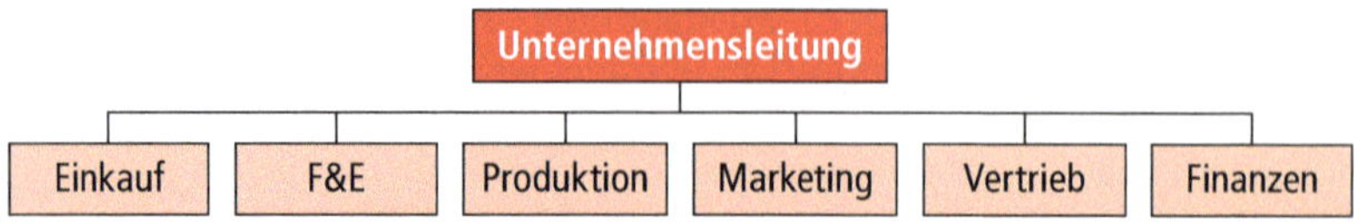

Abbildung 3.12: Funktionale Organisation

Divisionale Organisation

In der **divisionalen Organisation** erfolgen die Aufgabenspezialisierung und die Rollenverteilung nach Objekten. Objekte können Produkte bzw. Produktgruppen, Kundengruppen, Technologien oder Regionen sein. Innerhalb dieser Gliederung werden die betrieblichen Funktionen objektbezogen wahrgenommen. Der divisionalen Organisation liegt ebenfalls das Einlinienprinzip zugrunde, Entscheidungen werden jedoch, im Vergleich zur funktionalen Organisation, vor allem dezentral getroffen. Die Division agiert ähnlich einem „Unternehmen im Unternehmen“.

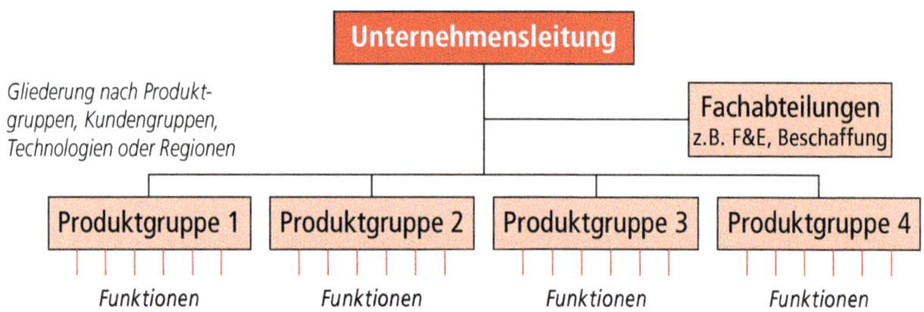

Abbildung 3.13: Divisionale Organisation

Matrixorganisation

Die **Matrixorganisation** ist eine zwei- (oder seltener auch) mehrdimensionale Organisationsstruktur, in der zwei (oder mehr) Dimensionen der organisatorischen Gestaltung kombiniert werden. Die wesentlichen Formen der Aufgabenspezialisierung sind Funktionen, Produkte (Produktgruppen), Kundengruppen, Regionen oder Projekte. Grundidee der Matrixorganisation ist die flexible Integration unterschiedlicher fachlicher und methodischer Kompetenzen und Erfahrungen („knowledge sharing“) über Abteilungsgrenzen hinweg.[90] So werden z.B. spezifische Kenntnisse von Produktmanagern mit jenen von Regionalverantwortlichen kombiniert oder Projektmanager rufen in den funktionalen Abteilungen das Know-how für ihre Projekte ab. Aufgrund der Mehrlinienorganisation erhalten Mitarbeiter mitunter gleichberechtigte Anweisungen von verschiedenen Vorgesetzten (Konfliktpotenzial).

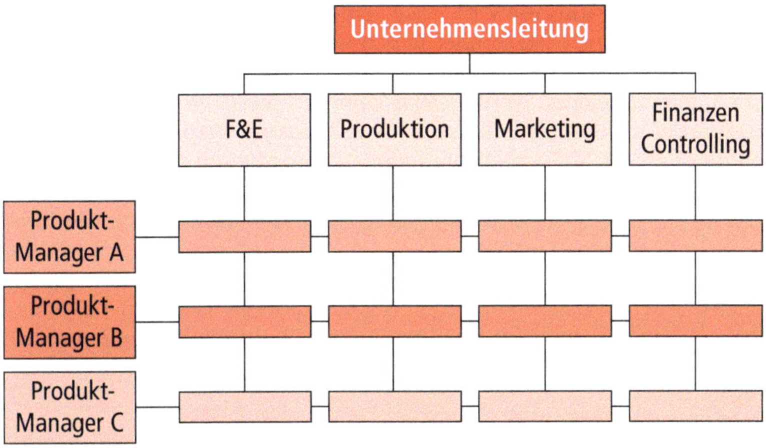

Abbildung 3.14: Matrixorganisation

Projektorganisationen sind besonders dann von Relevanz, wenn Projekte mit zeitlich befristeter Dauer abzuwickeln sind (z.B. Bauprojekt, Investitionsprojekt, Forschungs- und Entwicklungsprojekt, Marketingprojekt). Aufgrund der Vielfalt möglicher Projekte können auch die Ausgestaltung dieser Organisationsform und damit die Kompetenz und Verantwortung des Projektmanagers sehr unterschiedlich ausgeprägt sein. Der Projektmanager kann direkter Vorgesetzter des Projektteams mit umfangreichen Kompetenzen und Verantwortungen sein (Linien-Projektmanagement) oder er kann als Projektkoordinator in einer Stabstelle (die nur koordinierende Funktionen hat) agieren. Die Funktions- und Kompetenzverteilung zwischen der Projektleitung und den am Projekt beteiligten Organisationseinheiten kann auch gemäß den Prinzipien der Matrixorganisation erfolgen.

Projektorganisation

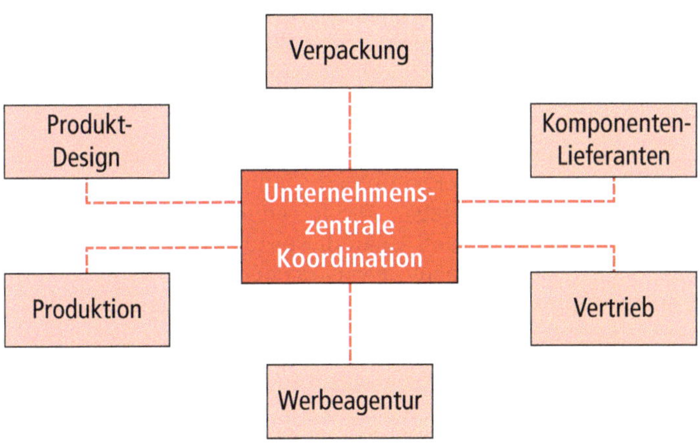

Abbildung 3.15: Netzwerkorganisation

Netzwerkorganisation Die **Netzwerkorganisation** ist ein Beispiel für eine Struktur, die auch als „Nicht-Struktur" bezeichnet werden kann, da Funktionen, die vom Unternehmen selbst wahrgenommen werden (könnten), an andere Unternehmen ausgelagert werden. Dies kann beispielsweise bedeuten, dass das Unternehmen die Funktionen Produktdesign, Verpackung, Produktion und Vertrieb an Partnerunternehmen übergibt und nicht mehr selbst wahrnimmt. Die Kooperation erfolgt auf der Grundlage von Vereinbarungen bzw. Verträgen in einer flexiblen nichthierarchischen Form. In ihrer höchsten Ausprägung integriert eine Netzwerkorganisation eine Reihe voneinander unabhängiger Unternehmen, die entlang der Wertschöpfungskette ihre spezifischen Funktionen wahrnehmen und Beiträge zur Gesamtleistung liefern. Insbesondere in der Plattformökonomie und der Sharing Economy kommt der Netzwerkorganisation eine hohe Bedeutung zu.[91]

Internationale Organisationsstrukturen Internationale Aktivitäten von Unternehmen stellen eine spezifische Herausforderung dar. Mit verschiedenen Strukturformen wird versucht, die diesbezüglichen Anforderungen zu meistern:[92]

- **Internationale Division:** eine Organisationseinheit im Unternehmen, die, strikt getrennt vom Inlandsgeschäft, für alle internationalen Tätigkeiten zuständig ist. Sie untersteht direkt der zentralen Unternehmensleitung.
- **Lokale Tochtergesellschaft:** Sie agiert im jeweiligen Land und ist im hohen Maße selbstständig. Sie ist lokal markt- bzw. kundenorientiert und verfügt beispielsweise über viel Autonomie im Entwurf, in der Fertigung und im Marketing der Produkte.
- **Globale Produktdivision:** Die globale Produktdivision übernimmt die weltweite Verantwortung für ein bestimmtes Produkt. Alle produktspezifischen Fragen können mit dieser Strukturform sehr gut koordiniert werden. Es besteht jedoch die Gefahr, dass lokale Besonderheiten vernachlässigt werden.
- **Transnationale Struktur:** Dieser Strukturtyp versucht, die Vorteile der lokalen Tochtergesellschaft mit jenen der globalen Produktdivision zu integrieren. Er kombiniert lokale Orientierung und Ausrichtung mit globaler Koordination.

Strukturvergleich Die verschiedenen dargelegten Organisationsstrukturen haben jeweils bestimmte Stärken und Schwächen in Bezug auf die Bewältigung interner und externer Herausforderungen. Der folgende Strukturvergleich in Anlehnung an Johnson et al.[93] soll einen diesbezüglichen Überblick liefern (▶ Tabelle 3.2). Dabei werden die verschiedenen Strukturtypen mit folgenden ausgewählten Herausforderungen in Verbindung gebracht:

- **Steuerung und Kontrolle:** Fördern oder behindern die Strukturen eine systematische Steuerung und Kontrolle des Unternehmens?
- **Wandel:** Unterstützen die Strukturen die Flexibilität und Wandlungsfähigkeit in Bezug auf Umwelt- und Marktänderungen? Beispielsweise kann in divisionalen Organisationen meist rascher auf Umweltveränderungen reagiert werden als in funktionalen Organisationen. Darüber hinaus gewinnt die Projektorganisation in vielen Unternehmen an Bedeutung. Sie ermöglicht es, flexibel auf die Anforderungen

eines VUKA-Umfelds zu reagieren. Zudem fördert die digitale Transformation das Entstehen von Netzwerkorganisationen.

- **Wissen:** Begünstigen die Strukturen die Zusammenführung von Expertise und Wissen? Wie gut ist der Blick für das „Ganze" gegeben? Werden die Mitarbeiter motiviert, Know-how mit anderen zu teilen? Beispielsweise unterstützt die funktionale Organisation in hohem Maße eine Zusammenführung von funktionalem Wissen durch die Spezialisierung in den Funktionen. Gleichzeitig besteht zwischen den Funktionen die Gefahr von Informationsdefiziten. Der Koordinationsaufwand – zur Erreichung übergeordneter Ziele – ist dementsprechend hoch (Belastung der obersten Führung).
- **Internationalisierung:** Unterstützen die Strukturen eine internationale Orientierung des Unternehmens?

Die folgende ▶ Tabelle 3.2 zeigt, wie gut diese Herausforderungen mit den einzelnen Strukturtypen grundsätzlich bewältigt werden können: gering (X), mittel (XX), sehr gut (XXX).

Herausforderung	Funktional	Divisional	Matrix	Projekt	Netzwerk
Steuerung und Kontrolle	XXX	XX	X	XX	X
Wandel	X	XX	XXX	XXX	XXX
Wissen	XX	X	XXX	XX	X
Internationalisierung	X	XX	XXX	XX	XXX

Tabelle 3.2: Strukturvergleich in Bezug auf Leistungsfähigkeit

Strukturanalyse

Die Strukturanalyse bezieht sich auf die oben genannten Dimensionen und Strukturvarianten. Dabei geht es insbesondere um das Identifizieren einzigartiger Fähigkeiten bzw. das Feststellen der Leistungsfähigkeit der Organisationsstruktur für die Bewältigung der internen und externen Anforderungen. Die Strukturanalyse soll damit einerseits organisationale Ressourcen identifizieren und andererseits mögliche Defizite zwischen der Struktur und der (neuen) Strategie aufzeigen.

Modell von Van den Ven und Ferry

In der Literatur stehen eine Vielzahl von Ansätzen zur Organisationsdiagnose zur Verfügung. Eines dieser Konzepte, das Modell von Van den Ven und Ferry,[94] das bereits seit mehr als 30 Jahren Verwendung findet, soll im Folgenden kurz erläutert werden. Dabei handelt es sich um ein umfassendes Rahmenmodell, das auch komplexe Analysen ermöglicht (▶ Abbildung 3.16). Im Mittelpunkt stehen fünf Analysebereiche:

- **Analyse des Unternehmens:** Dient zur Erhebung von Merkmalen des gesamten Unternehmens, z.B. Zielerreichung, Geschäftsbereiche, Ressourcen, Marktanteile, Gewinn, Return on Investment.
- **Analyse der Unternehmenseinheiten:** Ermittelt die Aufgaben, Strukturen und Prozesse auf Abteilungsebene. Dieser Bereich untersucht den funktionalen Beitrag dieser Einheiten zum Gesamtunternehmen (z.B.

Positionierung in der Organisationsstruktur, Spezialisierung, Art der durchgeführten Aufgaben, Größe, Flexibilität, Leistungsstandards).

- **Analyse einzelner Stellen:** Misst die Merkmale der einzelnen Stellen wie Aufgabenstruktur, technische und funktionale Anforderungen, Entscheidungs- und Handlungsspielraum und Anreize. Auch die Bedürfnisse und die Motivation der Mitarbeiter und ihre Zufriedenheit mit ihrer Tätigkeit werden erhoben.
- **Analyse von Beziehungen:** Untersucht wird die Abhängigkeit bzw. die Koordination zwischen den unterschiedlichen Abteilungen (z.B. Ressourcenabhängigkeit, Konfliktpotenzial, Informationsfluss, Machtverteilung, Formalisierung und Standardisierung der Beziehungen) und die Beziehung zu anderen Unternehmen.
- **Analyse der Gesamtleistung:** Dient der Zusammenfassung von Effizienz- und Effektivitätsmessungen auf den verschiedenen Ebenen.

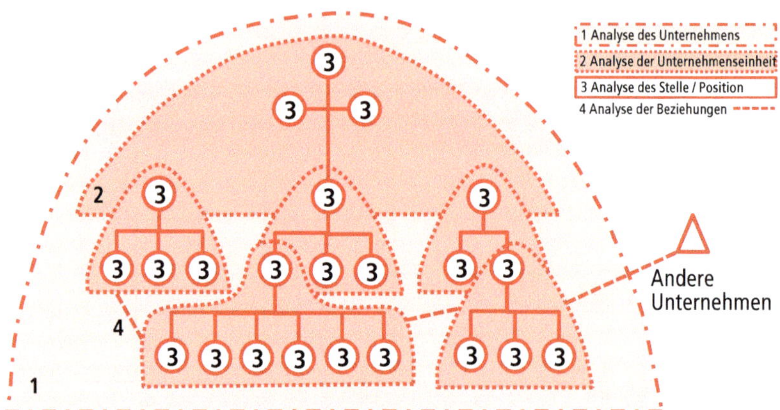

Abbildung 3.16: Analyserahmen der Organisationsstruktur

Datengenerierung Zur Datengenerierung finden unterschiedlichste Methoden Verwendung. Ein Ansatz ist die Erhebung der Variablen mittels Befragung (Erhebungsfragebögen stehen für alle fünf Module zur Verfügung). Die Befragung kann mittels mündlicher Einzel- bzw. Gruppeninterviews oder mittels Fragebögen in elektronischer oder Papierform durchgeführt werden. Die Befragung richtet sich sowohl an Führungskräfte als auch an Mitarbeiter. In den Fragen werden die Themen operationalisiert und auf Antwortskalen quantitativ definiert und erhoben. Dabei spielt eine vorherige detaillierte Information über die Fragen, die verwendeten Begriffe und deren Bedeutung eine wichtige Rolle. Des Weiteren können Berichte, Organigramme oder auch Stellenbeschreibungen zur Datensammlung eingesetzt werden.

3.2.7 Kernkompetenzanalyse

Mittels der dargelegten Analysen bestehen vielfältige Möglichkeiten, Ressourcen und Fähigkeiten im Unternehmen zu identifizieren. Diese Analysen bilden jedoch in vielen Fällen noch keine Basis dafür, jene Ressourcen und Fähigkeiten zu erkennen, die besonders erfolgskritisch sind und als Kernkompetenzen bezeichnet werden können. Die zentrale Frage ist, ob durch die Kombination bestimmter Ressourcen und Fähigkeiten Kernkompetenzen und damit Wettbewerbsvorteile erlangt werden können.[95]

VRIN-Konzept

Zur Identifikation von Kernkompetenzen stehen verschiedenste Methoden zur Verfügung. Ein klassisches Analysetool stammt von Barney,[96] der eine Reihe von Schlüsselfragen entwickelte, mit denen Kernkompetenzen erkannt werden können. In der Originalversion von 1991 formuliert Barney das sogenannte VRIN-Konzept. VRIN steht für die vier Anfangsbuchstaben der Schlüsseldimensionen V: Valuable Resources (wertvolle Ressourcen), R: Rare Resources (seltene Ressourcen), I: Imperfectly Imitable Resources (nicht perfekt imitierbare Ressourcen) und N: Non-Substitutable Resources (nicht substituierbare Ressourcen). Die Analyse erfolgt dabei mittels folgender Fragestellungen:

Value

Die Value-Frage: Ermöglichen es die Ressourcen und Fähigkeiten dem Unternehmen, die externen Chancen zu nutzen und die Risiken zu bewältigen und die Effektivität und Effizienz zu erhöhen? Ein „Ja" zu dieser Frage bedeutet, dass die Ressourcen wertvoll sind und damit als Stärke eingestuft werden können. Wichtig ist, dass auch aus Kundensicht ein Wert vorliegen muss, der im Vergleich zur Konkurrenz zu einem überlegenen Preis-Leistungs-Verhältnis führt.

Rarity

Die Rarity-Frage: Verfügen nur wenige (oder keine) Konkurrenzunternehmen über diese Ressourcen und Fähigkeiten? Wettbewerbsvorteile können nur generiert werden, wenn diese Ressourcen und Fähigkeiten nicht von zahlreichen Wettbewerbern am Markt angeboten werden.

Imitability

Die Imitability-Frage: Können Ressourcen und Fähigkeiten eines Unternehmens von der Konkurrenz überhaupt nicht oder nur schwer bzw. mit hohen Kosten imitiert werden? Ist dies der Fall, dann stellt diese Dimension einen weiteren Faktor für die Realisierung von Wettbewerbsvorteilen dar. Die schwierige Imitierbarkeit kann u.a. in folgenden Aspekten begründet sein: (1) in der historischen Entwicklung (z.B. langjährig erworbene Fähigkeiten von Mitarbeitern in einem Beratungsunternehmen), (2) in der sozialen Komplexität (Wettbewerbsvorteile, die erst in einer bestimmten sozialen Struktur entstehen, z.B. in einer innovativen Unternehmenskultur) oder (3) in der kausalen Ambiguität (z.B. wenn unklar ist, wie verschiedene Ressourcen zusammenwirken, um einen Wettbewerbsvorteil zu erzeugen).

Non-Substitutability

Die Non-Substitutability-Frage: In welchem Ausmaß können Produkte oder Dienstleistungen bzw. Ressourcen und Fähigkeiten substituiert werden, d.h. durch eine andere Form der Bedürfnisbefriedigung ersetzt werden? Je eher dies möglich ist, desto höher ist das Risiko, dass andere Unternehmen einen gleichen oder ähnlichen Nutzen stiften.

In einer weiteren Version dieses Konzepts ersetzen Barney und Hesterly[97] die Dimension „Non-Substitutability" durch die Dimension „Organization" und bezeichnen das Framework mit „VRIO". Die Frage der Organisation setzt sich dabei mit folgenden Aspekten auseinander:

Organization

Die Organization-Frage: Ist die Organisation eines Unternehmens so gestaltet, dass das Wettbewerbspotenzial der Ressourcen und Fähigkeiten voll ausgeschöpft werden kann? Das heißt, ein Unternehmen muss auch in der Lage sein, die Kernkompetenzen erfolgreich in der Organisation und am Markt einzusetzen. Dazu sind beispielsweise geeignete Organisationsstrukturen, Wertschöpfungsprozesse bzw. Steuerung- und Kontrollsysteme von Relevanz.

Für die Darlegungen in diesem Abschnitt wird eine Kombination aus beiden Modellen verwendet, da so eine umfassende Betrachtung aller relevanten Aspekte ermöglicht wird (▶ Abbildung 3.17).

Abbildung 3.17: VRINO Framework

Die ▶ Abbildung 3.18 stellt die Annahmen dieses VRINO Frameworks nochmals im Überblick dar:

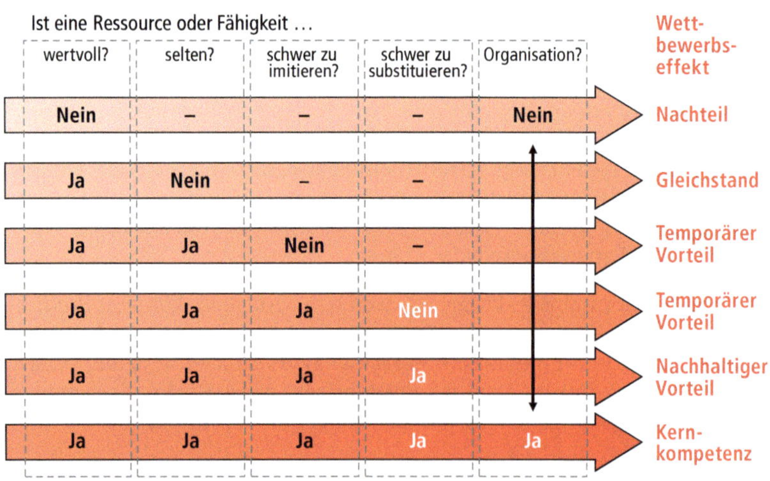

Abbildung 3.18: VRINO-Analyse

Wenn eine Ressource oder Fähigkeit nicht wertvoll ist, spielen Seltenheit, Imitierbarkeit, Substituierbarkeit und organisatorische Unterstützung keine Rolle: Es handelt sich um einen Wettbewerbsnachteil. Ist die Ressource zwar wertvoll, jedoch nicht selten, dann liegt Wettbewerbsgleichstand vor. Ist die Ressource zwar selten, aber nicht schwer oder teuer zu imitieren, kann von einem temporären Vorteil gesprochen werden. Gleiches gilt, wenn sie leicht zu substituieren ist, da in beiden Fällen ein nachhaltiger Wettbewerbsvorteil aufgrund der Imitation durch andere Unternehmen nicht möglich ist.

Wenn entsprechend diesem Konzept alle fünf Fragen mit „Ja" beantwortet werden können, liegt eine Kernkompetenz vor, die die Grundlage für einen nachhaltigen Wettbewerbsvorteil darstellt.

3.3 Strategische Frühaufklärung

Nachdem der Fokus der Umwelt- und Unternehmensanalyse vorrangig in der Vergangenheit und Gegenwart bzw. nahen Zukunft liegt, stellt sich die Frage, wie Unsicherheiten bezüglich längerfristiger Veränderungen berücksichtigt werden. Wie wird sich die Umwelt in den nächsten fünf bis zehn Jahren entwickeln? Welche neuen Innovationen werden benötigt? Welche Fähigkeiten und Fertigkeiten sind dazu erforderlich?[98]

Umgang mit Trendbrüchen und Diskontinuitäten

Vor dem Hintergrund der zunehmenden Dynamik in den Weltmärkten und der schnellen Veränderung der Rahmenbedingungen in der globalen Umwelt (z.B. gesellschaftliche, ökologische und technologische Trends) und im Wettbewerb, ist das Management immer häufiger mit Trendbrüchen und Diskontinuitäten konfrontiert. Unternehmen sind daher heute mehr denn je dazu aufgefordert, neue Entwicklungen in Bezug auf Technologien, Geschäftsmodelle, Kundenbedürfnisse, Branchentrends (z.B. Auflösen von Branchengrenzen) oder Gesetzgebung früher als die Wettbewerber wahrzunehmen und zu nutzen. Das Ziel ist, Chancen und Risiken möglichst bald zu erkennen, um auch in Zukunft wettbewerbsfähig zu bleiben.[99]

Damit gewinnen der flexible Umgang mit zukünftigen Herausforderungen, das Hinterfragen bisheriger Denkmodelle und „Out-of-the-Box-Thinking" (Fergnani bezeichnet Foresight daher auch als eine „Dynamic Capability") vermehrt an Bedeutung. Die systematische Auseinandersetzung mit der Zukunft – z.B. mittels strategischer Frühaufklärung – wird ein immer wichtigerer Erfolgsfaktor.[100]

3.3.1 Aufgaben und Ablauf der strategischen Frühaufklärung

Frühwarnsysteme

Aufgrund der veränderten Rahmenbedingungen gewannen Anfang der 1970er-Jahre betriebswirtschaftliche Konzepte, die sowohl externe als auch interne kritische Entwicklungen gezielt und frühzeitig erkennen, an Bedeutung. Erste Ansätze waren unter dem Begriff „Frühwarnsystem" auf das Aufzeigen von Gefahren konzentriert. Ziel war die Entwicklung spezifischer Kennzahlen, die bei Über- oder Unterschreitung eines festgelegten Schwellenwerts eine Frühwarnmeldung auslösen.[101]

Strategische Frühaufklärung In der Weiterentwicklung dieser ersten Ideen bildete sich das Konzept der strategischen Frühaufklärung heraus (siehe auch strategische Vorausschau bzw. Strategic Foresight). Neben dem frühzeitigen Erkennen von Risiken steht in diesem Ansatz auch das Aufzeigen von Chancen im Mittelpunkt. Weitere Besonderheiten liegen in der verstärkten strategischen Orientierung und in einer ungerichteten Suchstrategie. Mittels einem „strategischen Radar" sollen möglichst früh Anzeichen relevanter Entwicklungen identifiziert werden.[102]

Definition Unter strategischer Frühaufklärung wird dementsprechend eine spezielle Art von Informationssystem verstanden, das Informationen über mögliche zukünftige Chancen und Risiken mit ausreichendem zeitlichen Vorlauf übermittelt.[103]

Schwache Signale Der Fokus liegt auf der systematischen Erfassung, Beobachtung und Beurteilung von strategisch relevanten Bereichen. Gefahren sollen erkannt und bearbeitet werden, bevor sie zu unlösbaren Risiken werden, und Gelegenheiten sollen genutzt werden, bevor die Konkurrenz das tut. Dazu ist vorrangig das Erkennen von schwachen Signalen, die relevante Veränderungen möglichst frühzeitig aufzeigen sollen, von Relevanz.[104] Das Konzept der „Schwachen Signale" beruht auf den Überlegungen von Ansoff, dass das plötzliche Auftreten von Chancen und Bedrohungen, sogenannte Diskontinuitäten, bereits frühzeitig durch schwache Signale angekündigt wird.[105] Schwache Signale sind Informationen aus der Umwelt, deren Inhalt noch relativ unstrukturiert ist. Quellen schwacher Signale sind u.a. die plötzliche Häufung gleichartiger Ereignisse, die für das Unternehmen von strategischer Relevanz sind, die Verbreitung von neuen Meinungen (z.B. in Medien bzw. von Schlüsselpersonen) oder Tendenzen in der Rechtsprechung bzw. Gesetzgebung.[106]

Prozess der strategischen Frühaufklärung Für die Durchführung der strategischen Frühaufklärung steht in der Literatur eine Vielzahl von Prozessmodellen zur Verfügung. In Anlehnung an Fink, Siebe und Sepp[107] wird folgendes Vorgehen empfohlen:

1. **Ungerichtetes Abtasten der Unternehmensumwelt (strategisches Radar):** Zu Beginn steht das Identifizieren von Faktoren und Trends (schwache Signale), die einen Einfluss auf die Unternehmensentwicklung haben können.
2. **Interpretation und Priorisierung:** Anschließend werden die Faktoren und Trends analysiert, interpretiert und hinsichtlich ihrer Relevanz für die Unternehmensentwicklung überprüft. Besonders der Priorisierung kommt dabei hohe Bedeutung zu, um zu vermeiden, dass zu große Informationsmengen dem Planungsprozess zugeführt werden.
3. **Systematische Beobachtung:** Besonders kritische Faktoren werden in weiterer Folge intensiv beobachtet und analysiert.

4. **Vorausschau:** Wahrscheinliche zukünftige Entwicklungen oder Szenarien werden in der Phase der Vorausschau entwickelt.
5. **Integration der Erkenntnisse:** Die gewonnenen Erkenntnisse werden hinsichtlich ihrer Auswirkungen auf die Unternehmensziele und -strategien betrachtet und in die Strategieformulierung integriert.

Für die Analyse relevanter Umweltentwicklungen und zur Bildung von möglichen Zukunftsbildern stehen eine Reihe von quantitativen (z.B. bibliometrische Analysen, Modellierungen) und qualitative Methoden (z.B. Brainstorming, Zukunftsworkshops, morphologische Analysen, Literaturreview) zur Verfügung.[108] Qualitative Methoden sind vor allem dann von Bedeutung, wenn geeignete Vergangenheitsdaten nicht in ausreichendem Maße zur Verfügung stehen.[109] Diesbezüglich haben besonders Szenarien in der strategischen Frühaufklärung hohe Relevanz und werden daher im nächsten Kapitel ausführlich dargestellt. Darüber hinaus gewinnen kollaborative Foresight-Aktivitäten (Open Foresight, Prospective collaborative sensemaking), bei denen sich verschiedene Unternehmen gemeinsam mit zukünftigen Entwicklungen auseinandersetzen, verstärkt an Relevanz.[110]

3.3.2 Szenariomanagement

Viele Unternehmen sind heute mit einer komplexen, sich ständig wandelnden Umwelt konfrontiert. Veränderungen sind mit hoher Unsicherheit behaftet und können nur schwer vorherbestimmt werden. Das Denken in Alternativen bzw. in Szenarien gewinnt in einem derartigen Umfeld an Bedeutung.[111]

Definition

„Ein Szenario ist ein mögliches Zukunftsbild, dessen Eintreten wir nicht mit Sicherheit vorhersagen können. Es basiert daher weniger auf Prognosen, sondern vor allem auf Projektionen und Vorhersagen.“[112]

Im Rahmen des Szenariomanagements werden alternative Zukunftsbilder entwickelt, bewertet und systematisch in das strategische Management integriert. Besonders in turbulenten Umwelten besteht die Herausforderung darin, sich von einer prognostizierbaren Zukunft zu verabschieden und dafür in alternativen Entwicklungsmöglichkeiten zu denken und zu handeln.[113] Der Betrachtungshorizont liegt dabei meist zwischen mindestens fünf und maximal 20 bis 30 Jahren.

Szenariotrichter

Der Szenariotrichter stellt die diesbezüglichen Überlegungen grafisch dar (▶ Abbildung 3.19[114]): Entwicklungen der nahen Zukunft (2–5 Jahre) sind durch die Strukturen der Gegenwart in hohem Maße geprägt. Je weiter der Blick jedoch in die Zukunft reicht, desto mehr nimmt der Einfluss der Gegenwart ab und das Ausmaß der Unsicherheit zu. Die Anzahl möglicher Alternativen (Szenarien) und die Spannweite möglicher Zukunftsbilder steigen. Das Möglichkeitsspektrum öffnet sich ähnlich einem Trichter. Den Rand des Szenariotrichters bilden zwei möglichst gegensätzliche Extremszenarien. Zwischen den beiden Extremszenarien findet sich das Trendszenario, bei dem von einer Fortführung der aktuellen Entwicklung ausgegangen wird. Störereignisse (z.B. Wirtschaftskrisen) können diesen Trend jedoch beeinflussen und in eine andere Richtung lenken. Das Ziel von Gegenmaßnahmen ist, diese negativen Auswirkungen abzuschwächen und die Entwicklungslinie wieder in eine vorteilhaftere Bahn zu lenken.[115]

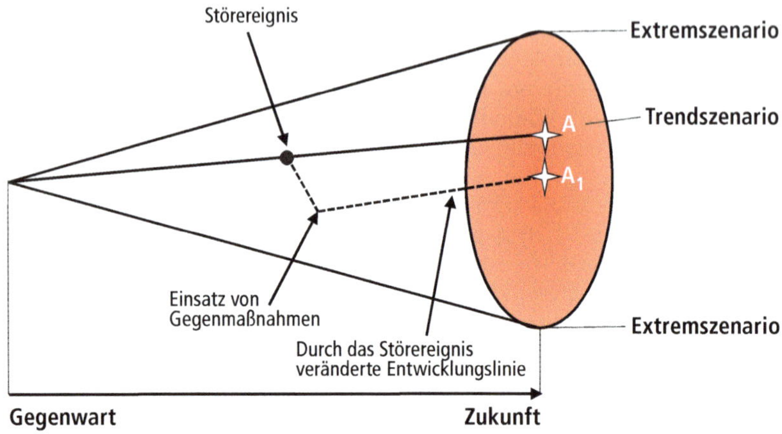

Abbildung 3.19: Szenariotrichter

Für die Szenarioentwicklung wird hier folgender Szenarioprozess, basierend auf den Überlegungen von Geschka u.a,[116] empfohlen (▶ Abbildung 3.20):

Abbildung 3.20: Szenarioprozess

1. Szenariovorbereitung Zu Beginn des Szenarioprozesses steht die Formulierung des Untersuchungsfelds und der Aufgabenstellung. Der präzisen, nicht zu allgemeinen, aber auch nicht zu engen Abgrenzung des Untersuchungsfelds kommt dabei eine hohe Bedeutung zu.

2. Einflussbereiche und -faktoren und ihre Wirkungsbeziehungen Zielsetzung der Phase 2 ist es, die relevanten Einflussfaktoren (z.B. wirtschaftliche Entwicklung, Benzinpreis) im Untersuchungsfeld zu identifizieren und zu strukturieren. Wichtig ist dabei, dass alle relevanten

Einflussbereiche berücksichtigt werden. Häufig besteht die Gefahr der „schleichenden Schwerpunktbildung". Marketingleiter konzentrieren sich beispielsweise auf Marktaspekte und Produktionsleiter auf den Produktionsprozess. Daher ist es sinnvoll, das Szenario zunächst durch Einflussbereiche zu beschreiben. Die unterschiedlichen Analysefelder in ▶ Abbildung 3.1 können dabei zur Strukturierung dienen. Für jeden dieser Einflussbereiche werden geeignete Einflussfaktoren identifiziert (z.B. durch Sekundärrecherche in Datenbanken oder ein Literatur-review oder durch kreative Methoden wie Brainstorming, Brainwriting oder Mindmapping). Aus der Vielzahl der Faktoren (manchmal über 100) werden jene 15 bis 25 Einflussfaktoren identifiziert, die den größten und charakteristischsten Einfluss auf den Kern des Untersuchungsfelds haben. Zudem werden die Wirkungszusammenhänge zwischen den Einflussfaktoren (z.B. grafisch oder mittels Softwareunterstützung) analysiert. So können mögliche versteckte Systemtreiber erkannt werden. Durch eine prägnante Beschreibung der Einflussfaktoren wird eine wichtige Basis für die folgenden Schritte geschaffen.

3. Zukunftsprojektionen

Nachdem die Einflussfaktoren ausgewählt wurden, erfolgt der „Blick in die Zukunft" – d.h., für jeden Faktor werden mögliche zukünftige Zustände identifiziert. Neben Fach- und Expertenwissen sind hier vor allem Kreativität und Querdenken von Bedeutung. Mittels vorhandener Plandaten, schwacher Signale und Trends werden systematisch Zukunftsprojektionen entwickelt und beschrieben (z.B. Welche möglichen wirtschaftlichen Entwicklungen sind denkbar?). Bei manchen Einflussfaktoren lassen sich eindeutige Zukunftsprojektionen ableiten, bei anderen Faktoren sind jedoch alternative Annahmen erforderlich.

4. Konsistente Annahmenbündel

In der Phase 4 steht das Bilden alternativer, konsistenter Annahmebündel im Mittelpunkt. Da nicht alle alternativen Annahmen, die sich in Phase 3 herausgebildet haben, beliebig zusammenpassen, werden sie hinsichtlich ihrer Widerspruchsfreiheit überprüft und jene identifiziert, die sich stimmig ergänzen.

5. Zukunftsbilder

Die entwickelten Annahmebündel bilden gemeinsam mit den eindeutigen Zukunftsprojektionen die Basis für die Entwicklung der Zukunftsbilder. Vielfach wird eine Entwicklung von drei Szenarien empfohlen, da bei einer höheren Szenarienanzahl die Informationsvielfalt und -komplexität kaum noch bewältigbar ist. Ziel ist die Bildung von plausiblen, konsistenten, aber unterschiedlichen Zukunftsbildern – mit einer nachvollziehbaren „Entstehungsgeschichte" (Hintergrundinformationen für die jeweilige Zukunftsentwicklung). Abschließend sollten die Szenarien kurz und prägnant und leicht verständlich ausformuliert werden. Ihre Darstellung beginnt in der Gegenwart, integriert verschiedene Entwicklungspfade und endet in der Zukunft.

Störereignisse

Störereignisse sind Ereignisse (z.B. Strukturbrüche wie Wirtschaftskrisen), die einen entscheidenden positiven oder negativen Einfluss auf das Untersuchungsfeld haben. Da sie meist nicht aus der Vergangenheit abgeleitet werden können, sind kreative Techniken beim Identifizieren eine wichtige Hilfestellung. Ziel ist es, jene Störereignisse zu erkennen, welche die Szenarien am meisten beeinflussen und die diesbezüglichen Auswirkungen in die Zukunftsbilder zu integrieren.

6. Auswirkungsanalyse In Schritt 6 erfolgt die Analyse der einzelnen Szenarien in Bezug auf ihre Auswirkungen auf das Unternehmen.

7. Integration der Erkenntnisse Im engeren Sinne ist Phase 7 nicht mehr Teil der Szenariotechnik. Sie soll jedoch auf die Bedeutung der Integration der Erkenntnisse in den gesamten Strategieprozess verweisen.

Die frühzeitige und systematische Auseinandersetzung mit der Zukunft ist besonders in dynamischen und komplexen Umwelten ein wichtiger Erfolgsfaktor und eine Basis für die langfristige Existenzsicherung. Der Szenarioprozess liefert wichtige Erkenntnisse über mögliche Entwicklungen. Damit werden Management und Mitarbeiter für Umwelttrends und schwache Signale sensibilisiert, die künftig von Bedeutung sein könnten. Kritisch ist jedoch anzumerken, dass die Szenarioarbeit mit einem hohen Personal- und Zeitaufwand verbunden ist und der Output letztendlich nur so gut ist wie der Input der Beteiligten.

3.4 Zusammenführung der Analysen

Die Erkenntnisse der Unternehmens- und Umweltanalyse sowie der strategischen Frühaufklärung stellen eine wichtige Grundlage für den weiteren Strategieprozess dar. Von besonderer Bedeutung ist in weiterer Folge, welche Schlussfolgerungen aus den Analyseergebnissen gezogen werden und wie sie in strategische Entscheidungen einfließen.

Zur Systematisierung der meist sehr vielschichtigen Analyseergebnisse stehen im strategischen Management verschiedene Instrumente zur Verfügung. Besonders die SWOT-Analyse hat in diesem Zusammenhang sowohl in der Theorie als auch in der Praxis einen hohen Bekanntheitsgrad erlangt. Des Weiteren gilt die Portfolio-Analyse als ein interessanter Ansatz zur Steuerung von Geschäftsbereichen in Großunternehmen bzw. für den Aufbau und die Entwicklung von Kernkompetenzen und Stakeholder-Beziehungen.

3.4.1 SWOT-Analyse

Die SWOT-Analyse (Strengths – Weaknesses – Opportunities – Threats) verbindet Chancen und Risiken aus der Umwelt mit den Stärken und Schwächen des Unternehmens.[117] Das SWOT-Modell hat im strategischen Management lange Tradition und wird bereits seit den 1960er-Jahren eingesetzt. Die Ursprünge dieses Konzepts werden einerseits in den Forschungsarbeiten des Stanford Research Institute und andererseits in der Harvard Business School gesehen.[118] Sie entstammt der planungsorientierten Perspektive.

Die zentralen Aussagen der SWOT-Analyse basieren auf der Annahme, dass die Chancen und Risiken aus der Umwelt in Zusammenhang mit den eigenen Stärken und Schwächen gesehen werden müssen, damit beurteilt werden kann, ob eine Umweltgegebenheit eine Chance oder ein Risiko darstellt.[119]

Umfassender und einfacher Analyseprozess

Zur Entwicklung der SWOT-Matrix müssen zunächst die wichtigsten Stärken/Schwächen bzw. Chancen/Risiken identifiziert werden. Dies kann idealerweise mittels der Verwendung geeigneter Tools aus der Umweltanalyse (▶ Abschnitt 3.1), der Unternehmensanalyse (▶ Abschnitt 3.2) sowie der strategischen Frühaufklärung (▶ Abschnitt 3.3) erfolgen. Ist ein umfassender Analyseprozess nicht möglich, können die Stärken/Schwächen und Chancen/Risiken auch mittels eines einfachen Suchprozesses identifiziert werden. Dazu werden in einem ersten Schritt erfolgskritische Faktoren aus der Umwelt und aus dem Unternehmen gesammelt. Dabei sind besonders jene Schlüsselfaktoren zu identifizieren, die für die Wettbewerbsfähigkeit des Unternehmens von vorrangiger Bedeutung sind. Die ausgewählten Faktoren werden auf Basis einer Skala (z.B. –5/sehr schlecht/sehr risikoreich bis +5/sehr gut/sehr chancenreich) bewertet. Für die Bewertung werden das Wissen und die Erfahrungen von Management und Mitarbeitern verschiedener Funktions- bzw. Wissensbereiche, die Einschätzung von Kunden und Experten sowie weitere externen Informationen herangezogen. Wenn möglich, werden die Stärken und Schwächen auch im Verhältnis zu den stärksten Konkurrenten eingeschätzt und in Vergleichsprofilen dokumentiert.

Anschließend werden die zentralen Stärken/Schwächen und Chancen/Risiken in eine SWOT-Matrix[120] eingetragen (▶ Abbildung 3.21).

OT / SW	Opportunities 1. 2. 3. ...	Threats 1. 2. 3. ...
Strengths 1. 2. 3. ...	SO-Strategien	ST-Strategien
Weaknesses 1. 2. 3. ...	WO-Strategien	WT-Strategien

Abbildung 3.21: SWOT-Matrix

SWOT-Kombinationen und Normstrategien

Im nächsten Schritt wird versucht, aus der Matrix systematisch logische SWOT-Kombinationen zu identifizieren.

Aus diesen Überlegungen lassen sich vier Normstrategien ableiten, die auf dem Prinzip Nutzung von Stärken und Vermeiden von Schwächen basieren:[121]

- **SO-Strategien:** Ziel dieser Strategien ist es, Chancen zu identifizieren, die zu den Stärken des Unternehmens passen. Diese Kombination stellt den Idealfall dar.
- **WO-Strategien:** Mit den WO-Strategien sollen interne Schwächen beseitigt werden, um Chancen wahrnehmen zu können. Mittelfristige Zielsetzung ist es, die Schwächen in Stärken umzuwandeln, um eine SO-Position zu ermöglichen. Mögliche Aktivitäten in diesem Feld sind Kooperationen mit anderen Unternehmen bzw. Personalentwicklungsmaßnahmen.
- **ST-Strategien:** ST-Strategien nutzen Stärken des Unternehmens, um den Risiken aus der Umwelt zu begegnen. Ziel ist es, bisherige Erfolge zu verteidigen.
- **WT-Strategien:** Ein Unternehmen, das mit sehr vielen dieser Kombinationen agieren muss, befindet sich in einer kritischen Situation und ist häufig zu defensiven Maßnahmen (Verkauf, Liquidation) gezwungen. Das Ziel ist es, die internen Schwächen zu reduzieren und Auswirkungen von Umweltrisiken zu minimieren.

Vorbereitung und Durchführung

Da das Instrument sehr offen und relativ unstrukturiert ist und keine konkreten Vorgaben zur Anwendung liefert, ist der Nutzen von der professionellen Vorbereitung und Durchführung abhängig. Empfehlenswert ist daher eine Kombination der SWOT-Matrix mit geeigneten Tools aus der strategischen Analyse und Frühaufklärung, um spezifische Stärken und Schwächen bzw. Chancen und Risiken aufzeigen zu können. So wird vermieden, dass die Matrix mit vagen Aussagen gefüllt wird, die für viele Unternehmen in der Branche Gültigkeit haben könnten. Des Weiteren ist darauf zu achten, dass klar zwischen externen und internen Dimensionen differenziert wird und dass Chancen, Risiken bzw. Stärken und Schwächen voneinander unabhängig sind.[122]

Vorteile und Grenzen

Die Vorteile der SWOT-Matrix liegen vor allem in der einfachen, komprimierten und übersichtlichen Darstellung der Analyseerkenntnisse und in der Konzentration auf das Wesentliche.[123] Genau diese Einfachheit ist jedoch auch der Grund dafür, dass dieses Instrument sehr häufig der Kritik unterliegt. Besonders dann, wenn es isoliert, d.h. nicht in Verbindung mit geeigneten Analyseinstrumenten, angewendet wird, besteht die Gefahr, dass die Ergebnisse zu oberflächlich und damit wenig nützlich sind. Zudem besteht das Risiko einer scheinbaren Objektivierung subjektiver Sichtweisen und Einschätzungen.

3.4.2 Portfolio-Analyse

Die Portfolio-Analyse ist traditionell ein Instrument zur Steuerung von Geschäftsbereichen. Sie entstand in den 1960er-bzw. 1970er-Jahren aufgrund der komplexen Herausforderungen, denen Großunternehmen bei der Planung und Steuerung von verschiedenen Sparten, Profit Centern bzw. Geschäftsbereichen gegenüberstanden. Bis dahin fehlte es an einer integrativen Technik der ganzheitlichen Betrachtung eines Unternehmens.

Ziel und Darstellung

Ziel dieser klassischen Portfolio-Analyse ist es, eine ausgewogene Kombination von Geschäftsbereichen zu generieren (z.B. in Bezug auf Wachstum, Risiko, Cashflow). Die Steuerung erfolgt über die Allokation von Ressourcen. Ausgangspunkt ist dabei die bereits skizzierte strategische Analyse und Frühaufklärung. Die diesbezüglichen Daten werden zu zwei möglichst repräsentativen Schlüsselfaktoren reduziert, die den internen und externen Kontext widerspiegeln sollen. Die zusammenfassende Darstellung erfolgt mittels einer Matrix, die je nach Art der Typologie 4, 6, 9 oder auch mehr Felder enthält.

Vielfalt von Portfolio-Konzepten

Bis heute wurde eine große Vielfalt von Portfolio-Konzepten entwickelt. Deren Gemeinsamkeiten liegen in der Kombination einer internen und externen Dimension und in der Visualisierung mittels einer Matrix. Die Unterschiede liegen vor allem in der Wahl der Kriterien, die zur Messung der beiden Dimensionen herangezogen werden. Geprägt wurde die Entwicklung der Portfolio-Technik vor allem von großen Beratungsunternehmen, wie der Boston Consulting Group (BCG), McKinsey & Company oder Arthur D. Little. Bei ihrer Betrachtung standen absatzmarktorientierte Konzepte im Mittelpunkt. Neben diesen wurden in den letzten Jahren auch kompetenzorientierte, wertorientierte und umweltorientierte Modelle kreiert.[124]

Heute hat das Portfolio-Konzept zwar als Mittel zur Strategiefindung an Bedeutung verloren, stellt aber nach wie vor ein wichtiges Instrument zur Analyse und zur Schaffung eines Problembewusstseins dar. Im Folgenden werden zwei besonders bedeutende marktorientierte Portfolio-Ansätze (das Boston Consulting (BCG)-Portfolio und das McKinsey-Portfolio) sowie zwei kernkompetenzorientierte Portfolios vorgestellt.

3.4.2.1 BCG-Portfolio

Schlüsselfaktoren

Die Matrix der Boston Consulting Group (BCG) ist die bekannteste Portfolio-Analyse.[125] Sie basiert auf den Schlüsselfaktoren Marktwachstum (Umweltdimension) und relativer Marktanteil (Unternehmensdimension). Die Bedeutung des relativen Marktanteils wird mit dem Konzept der Erfahrungskurve begründet. Es wird davon ausgegangen, dass die Stückkosten sinken, wenn die Absatzmenge steigt. Der Dimension des Marktwachstums liegen die Erkenntnisse des Lebenszyklus zugrunde, d.h., es wird unterstellt, dass ein Geschäftsbereich einem idealtypischen Lebenszyklus (Einführung, Wachstum, Reife, Sättigung, Degeneration) folgt.[126]

Der relative Marktanteil berechnet sich aus dem eigenen Marktanteil dividiert durch den Marktanteil des größten Wettbewerbers. Ein Ergebnis von über 1 bedeutet dementsprechend Marktführerschaft. Das Marktwachstum drückt sich in der prozentuellen Wachstumsrate des relevanten Markts aus (siehe ▸ Abschnitt 6.3 *„Kennzahlen"*).

Erweitertes BCG-Portfolio Das ursprüngliche BCG-Portfolio geht von der Annahme aus, dass Geschäftsbereiche nur in Märkten mit positivem Wachstum agieren. In Phasen wirtschaftlicher Rezession und schrumpfender Märkte können mit derartigen Annahmen jedoch keine zufriedenstellenden Strategievorschläge entwickelt werden. Im Folgenden wird daher eine Weiterentwicklung des BCG-Portfolios beschrieben (▸ Abbildung 3.22 [127]).

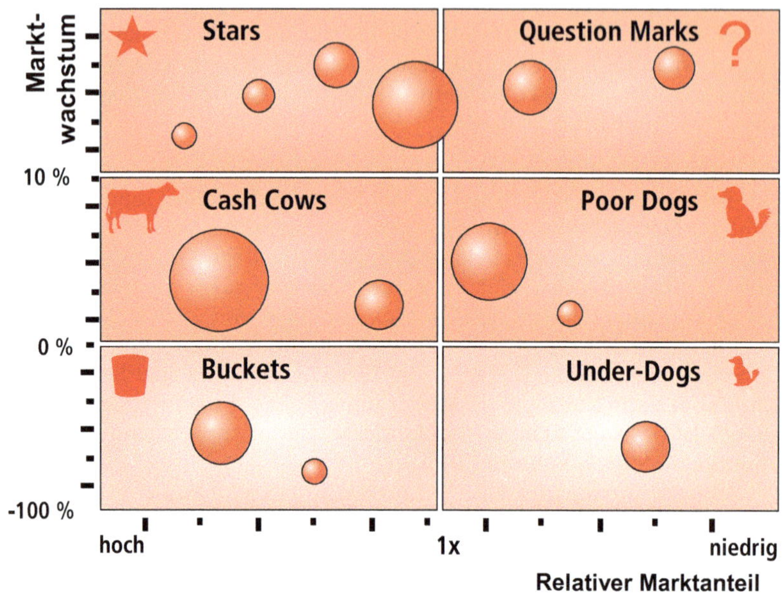

Abbildung 3.22: Erweitertes BCG-Portfolio

Die dargestellten Achsen werden in der Matrix kardinal skaliert. Zusätzlich werden sie aus Gründen der Anschaulichkeit in Segmente geteilt. Die Trennlinien können unterschiedlich festgelegt werden. Beim relativen Marktanteil liegt sie meist beim Wert 1. Ein dort positionierter Geschäftsbereich ist damit genauso groß wie der stärkste Wettbewerber. Die Skalierung des Marktwachstums ist nur teilweise individuell. Ein Faktor liegt bei dieser erweiterten Darstellung beim Nullwachstum. Die Größe der Kreise zeigt die jeweilige Bedeutung der Geschäftsbereiche (Umsatzanteil) für das Unternehmen.

Normstrategien Je nachdem, in welchem dieser Felder der jeweilige Geschäftsbereich positioniert ist, lassen sich spezifische Normstrategien ableiten:[128]

- **Stars:** Sie zeichnen sich durch hohes Marktwachstum und einen hohen relativen Marktanteil aus. Diesem Geschäftsbereich ist es gelungen, eine führende Marktposition zu erreichen. Stars können sich ihr Wachstum selbst finanzieren und müssen keinen Mittelüberschuss leisten, da sie als die Cash-Lieferanten von morgen positioniert sind. Diese Position ist besonders attraktiv. Ziel ist es daher, die Position zu halten bzw. auszubauen.

- **Question Marks:** Sie sind von einem niedrigen relativen Marktanteil und einem hohen Marktwachstum geprägt. Häufig befinden sich diese Geschäftsbereiche in der Einführungs- oder frühen Wachstumsphase. Die Fragezeichenposition ergibt sich daraus, dass noch unklar ist, ob sich die Geschäftsbereiche im Markt durchsetzen können. Sie benötigen viele Finanzmittel, werfen jedoch nur wenige ab. Strategische Zielsetzung ist, die Marktstellung möglichst rasch zu verbessern.
- **Cash Cows:** Sie agieren mit einem hohen relativen Marktanteil in einem Markt mit geringem Wachstum. Meistens handelt es sich um Geschäftsbereiche, die in der Sättigungsphase ihres Lebenszyklus sind. Da der Markt kaum noch wächst, sind Innovationen für Kapazitätserweiterungen nicht nötig. Aufgrund ihrer guten Marktposition können sie oft hohe Gewinne generieren. Der positive Cashflow wird abgeschöpft und für andere Geschäftsbereiche genutzt. Die Zielsetzung in diesem Feld ist, die Position zu halten.
- **Poor Dogs:** Geschäftsbereiche in diesem Feld sind Problembereiche. Sie agieren mit geringem Wachstum und schwacher Marktstellung. Der Geschäftsbereich befindet sich in der späten Reife bzw. in der Sättigungs- oder Degenerationsphase. Da weder Wachstum möglich ist noch Cashflow generiert wird, ist eine selektive Rückzugsstrategie empfehlenswert.
- **Buckets:** Für strategische Geschäftsbereiche, die in schrumpfenden Märkten einen relativ hohen Marktanteil erzielen können, empfiehlt sich die Anwendung einer Verteidigungsstrategie. Ziel ist es, möglichst wenige Ressourcen einzusetzen und Gewinne abzuschöpfen (ähnlich den Cash Cows).
- **Under-Dogs:** agieren in schrumpfenden Geschäftsbereichen mit einem relativ geringen Marktanteil. Hier kann eine Rückzugsstrategie, aber auch eine Durchhaltestrategie sinnvoll sein. Die Durchhaltestrategie ist dann von Relevanz, wenn erkennbar ist, dass Wettbewerber diesen unattraktiven Markt verlassen und Marktanteilssteigerungen damit denkbar werden. Diese Strategie muss jedoch als sehr risikoreich und ressourcenbindend bezeichnet werden. Eine genaue Analyse und Beobachtung ist daher unumgänglich.

3.4.2.2 McKinsey-Portfolio

Multifaktorenansatz

Das McKinsey-Portfolio wurde vom Beratungsunternehmen McKinsey basierend auf einer Zusammenarbeit mit der General Electric Company entwickelt.[129] Die Grundidee des Portfolios gestaltet sich ähnlich der BCG-Matrix. Der wesentliche Unterschied liegt in seinem Multifaktorenansatz, d.h., sowohl die Umwelt- als auch die Unternehmensdimension berücksichtigen eine Vielzahl von Teildimensionen. Damit wird der Kritikpunkt der BCG-Matrix aufgelöst, dass Umwelt und Unternehmen viel zu komplex sind, als dass sie nur mittels einer Dimension betrachtet werden könnten. In der Praxis ist das McKinsey-Portfolio weit verbreitet.[130]

Dimensionen und Teildimensionen Im McKinsey-Portfolio (▶ Abbildung 3.23) wird zwischen den Dimensionen Marktattraktivität und relative Wettbewerbsstärke unterschieden. Eine Vielzahl von Teildimensionen kann Einfluss darauf nehmen, wie die jeweilige Ausprägung eingeschätzt wird:[131]

- Teildimensionen der Marktattraktivität: Marktwachstum, Marktvolumen, Marktrisiko, Markteintrittskosten, Marktpreisniveau, Marktpotenzial, Phase im Marktlebenszyklus, Konkurrenzsituation, Rendite, Preiselastizität, Bestellhäufigkeit, Investitionsattraktivität, ...
- Teildimensionen der relativen Wettbewerbsstärke: relativer Marktanteil, Produktqualität, Distributionspolitik, Vertriebsvorteil, Standortvorteil, Preisvorteil, Vertriebsstärke, Forschungs- und Entwicklungsstärke, ...

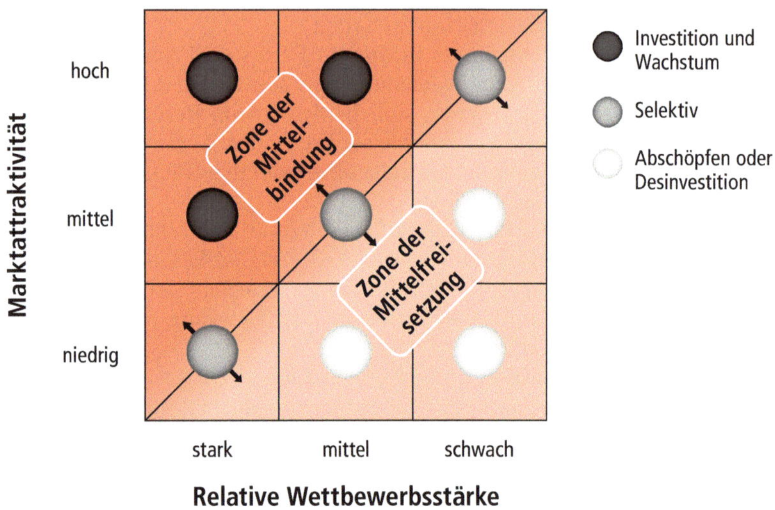

Abbildung 3.23: Marktattraktivitäts-Wettbewerbsstärken-Portfolio

Ermittlung der Dimensionen Die Beurteilung der Dimensionen kann u.a. durch Experten, Führungskräfte oder gemischte Strategieteams erfolgen. Da die Teildimensionen quantitativer und qualitativer Art sind, müssen sie vor der Einordnung auf die Achsen der Matrix in Punktwerte transformiert und nach einer entsprechenden Gewichtung in einen Gesamtwert zusammengefasst werden. Dabei stellen die Auswahl der Teildimensionen, deren additive Zusammenfassung und die teilweise subjektive Form der Bewertung eine besondere Herausforderung sowie einen Kritikpunkt dieser Matrix dar.

Basierend auf den dargelegten Dimensionen und einer Dreiteilung der möglichen Ausprägungen (niedrig | mittel | hoch und stark | mittel | schwach) entsteht eine Matrix mit neun Feldern.

Aus dieser Grundsystematik lassen sich drei Normstrategien ableiten:[132]

Normstrategien

- **Investitions- und Wachstumsstrategien:** Aufgrund einer hohen Marktattraktivität und eines hohen relativen Wettbewerbsvorteils haben diese Geschäftsbereiche ein großes Erfolgspotenzial. Sie tragen zum Wachstum und zu den zukünftigen Gewinnen bei. Erhebliche Investitionen sind notwendig, um die Wettbewerbsposition zu halten oder weiter auszubauen. In diesem Bereich existiert hohe Wertschöpfung, die mit einem hohen Ressourcenverbrauch verbunden ist. Die notwendigen Mittel sind höher als die erwirtschafteten Mittel (Zone der Mittelbindung: negativer Cashflow).
- **Abschöpfungs- und Desinvestitionsstrategien:** In diesem Bereich agieren Geschäftsbereiche ohne Zukunftspotenzial. Ziel ist eine möglichst hohe Abschöpfung der Gewinne. Der Investitionsaufwand (bzw. Ressourcenverbrauch) sollte gering sein. Die frei werdenden Mittel sollen für erfolgversprechende Geschäftsbereiche eingesetzt werden. Wenn trotz Rationalisierungen und Synergieeffekten kein positiver Cashflow erwirtschaftet werden kann, sollte eine Desinvestitionsstrategie in Betracht gezogen werden.
- **Selektive Strategien:** Diese Geschäftsbereiche verlangen ein spezifisches Vorgehen. Je nach Situation sollte investiert oder desinvestiert werden. Für Geschäftsbereiche mit hoher Marktattraktivität ist beispielsweise eine offensive Investitionsstrategie sinnvoll, um eine bessere Positionierung in den Wachstumsfeldern zu erreichen. Geschäftsbereichen im unteren Teil der Matrix kann tendenziell eine Abschöpfungs- und Desinvestitionsstrategie empfohlen werden.

3.4.2.3 Kernkompetenz-Portfolios

Entsprechend Prahalad und Hamel[133] sollte ein Unternehmen nicht nur als Portfolio von verschiedenen Produkten und Dienstleistungen bzw. Geschäftsbereichen betrachtet werden. Es bedarf einer Ergänzung durch die ressourcenorientierte Perspektive, konkret um die Frage, wie Kernkompetenzen gezielt erhalten, transferiert oder neu aufgebaut werden.

Dimensionen des Kernkompetenz-Portfolios

Das Kernkompetenz-Portfolio von Hamel und Prahalad (▶ Abbildung 3.24[134]) kann dabei eine wichtige Hilfestellung bieten. Mit diesem Kernkompetenz-Portfolio werden die Ansätze der ressourcenorientierten Perspektive mit den Ansätzen der positionierungsorientierten Perspektive zusammengeführt.

Eine Achse des Portfolios zeigt die Kernkompetenzen (ressourcenorientierte Perspektive), wobei zwischen gegenwärtigen und neuen Kernkompetenzen differenziert wird. Die zweite Achse vertritt die positionierungsorientierte Perspektive und unterscheidet zwischen gegenwärtigen und neuen Produkt-Markt-Kombinationen.

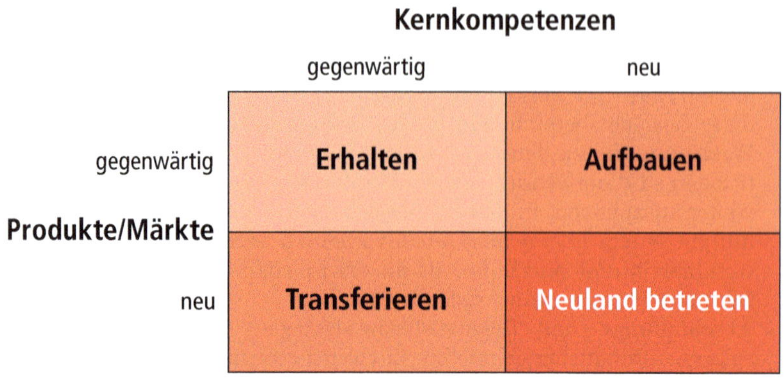

Abbildung 3.24: Kernkompetenz-Portfolio

Strategische Fragestellungen

In den einzelnen Feldern des Kernkompetenz-Portfolios von Hamel und Prahalad zeigen sich folgende strategische Fragestellungen: [135]

- **Erhalten:** Welche Chance haben wir, unsere Position auf den gegenwärtigen Märkten zu optimieren? Wie können wir dazu unsere gegenwärtigen Kernkompetenzen besser nutzen und ausschöpfen? Können wir durch die Nutzung von Kernkompetenzen aus anderen Geschäftsbereichen unsere Situation verbessern?
- **Transferieren:** Welche neuen Produkte oder Dienstleistungen könnten wir entwickeln, indem wir unsere bestehenden Kernkompetenzen auf kreative Weise anders kombinieren bzw. neu einsetzen? Wie können wir die bestehenden Kompetenzen auf neue Märkte transferieren? Wie können wir neuen Kundennutzen generieren?
- **Aufbauen:** Welche neuen Kernkompetenzen müssen wir entwickeln, um unsere Position in unseren gegenwärtigen Märkten zu schützen und auszubauen? Wie können wir diese aufbauen?
- **Neuland betreten:** Welche neuen Kernkompetenzen müssten wir aufbauen, um uns auf vielversprechenden neuen Märkten erfolgreich zu positionieren? Wie können wir diese aufbauen bzw. akquirieren (z.B. kleine gezielte Akquisitionen oder Partnerschaften, um Zugang zu Kompetenzen zu schaffen)? Welches sind die vielversprechendsten Märkte?

Kernkompetenz-Stakeholder-Portfolio

Das Kernkompetenz-Portfolio von Hamel und Prahalad berücksichtigt die Kernkompetenzen eines Unternehmens mit Bezug zum Markt. Damit werden Kunden und Mitbewerber ins Zentrum strategischer Überlegungen gerückt. Sie zählen neben den Shareholdern zu den zentralen Stakeholdern. Allerdings gibt es zahlreiche weitere Stakeholder mit strategischer Relevanz (z.B. Mitarbeiter, Kooperationspartner). Blendet man diese aus, können wichtige strategische Herausforderungen und Handlungsoptionen unbeleuchtet bleiben. Aus diesem Grund empfiehlt sich die Zusammenführung der Analyseergebnisse mittels eines Kernkompetenz-Stakeholder-Portfolios (▶ Abbildung 3.25). Derart werden – wie aktuell von vielen Forschern postuliert[136] – die Ansätze der ressourcenorientierten Perspektive mit den Ansätzen der stakeholderorientierten Perspektive zusammengeführt.

Kernkompetenzen

Stakeholder	gegenwärtig	zukünftig
gegenwärtig	**Erhalt- und Ausbaustrategien** ▪ … ▪ … ▪ …	**Entwicklungsstrategien** ▪ … ▪ … ▪ …
zukünftig	**Aufbau- und Vertiefungsstrategien** ▪ … ▪ … ▪ …	**Neuland-Strategien** ▪ … ▪ … ▪ …

Abbildung 3.25: Kernkompetenz-Stakeholder-Portfolio

Ähnlich wie bei einer SWOT-Analyse werden zunächst die zentralen Stakeholder und Kernkompetenzen basierend auf den vorangegangenen Analysen bestimmt und eingetragen. Dem folgt die systematische Auseinandersetzung mit den daraus abzuleitenden strategischen Optionen.

- **Erhalt- und Ausbaustrategien**: Wie können wir unsere Kernkompetenzen bestmöglich einsetzen, um die Ansprüche unserer gegenwärtigen Stakeholder zu befriedigen? Wie können wir unsere gegenwärtige Tätigkeit weiter ausbauen?
- **Aufbau- und Vertiefungsstrategien**: Inwieweit können wir mit unseren Kernkompetenzen neue bzw. weitere Stakeholder bzw. Stakeholder-Ansprüche befriedigen? Wie können wir dazu unsere Kernkompetenzen bestmöglich nutzen bzw. vorhandene Ressourcen und Fähigkeiten neu kombinieren?
- **Entwicklungsstrategien**: Welche Kernkompetenzen benötigen wir in Zukunft, um die Ansprüche unserer Stakeholder befriedigen zu können? Welche neuen Kompetenzen müssen wir dazu entwickeln, auf- oder ausbauen?
- **Neulandstrategien**: In welchen Bereichen könnten wir vollkommen neue Kompetenzen erwerben, mit denen wir zukünftig neue Stakeholder bzw. neue Stakeholderbedürfnisse befriedigen können? Was könnten zukünftige Stakeholder fordern bzw. zur gemeinsamen Wertschöpfung beitragen und wie könnten wir dies nützen?

Grundlage für Strategieformulierung

Die Leitfragen der beiden kompetenzorientierten Portfolios bilden eine wichtige Grundlage für die Strategieformulierung, im Speziellen für die Auseinandersetzung mit Ressourcenstrategien (siehe ▶ Abschnitt 4.1.2). Da der Aufbau von Kernkompetenzen oft mehrere Jahre in Anspruch nimmt, sollte eine derartige Kernkompetenz- bzw. Ressourcenstrategie mit Beharrlichkeit verfolgt werden. Dabei ist jedoch zu beachten, dass in einer dynamischen Umwelt die Wettbewerbsvorteile von Kernkompetenzen im Zeitverlauf erodieren können. In einer disruptiven Umwelt kann dieser Prozess mitunter sehr schnell vor sich gehen. Die Auswahl jener Kernkompetenzen, die weiterentwickelt werden, ist damit von zentraler Bedeutung für die zukünftige Wettbewerbsfähigkeit des Unternehmens. Bei dieser Entscheidung können Erkenntnisse aus der strategischen Frühaufklärung nützlich sein. Gleichzeitig sollte die vielfältige Anwendung bestehender Kernkompetenzen in anderen Geschäftsbereichen oder sogar in neuen Märkten (Transferieren) gezielt gefördert werden. Wird dem Kernkompetenzmanagement zu wenig Beachtung geschenkt, so laufen Unternehmen laut Prahalad und Hamel Gefahr, dass sie Wachstumschancen zu wenig nutzen. Außerdem können durch das Vernachlässigen der Weiterentwicklung von Kernkompetenzen Abhängigkeiten zu Lieferanten entstehen oder zukünftiges Wachstum gefährdet werden.[137] In disruptiven Umwelten kann es zudem besonders risikoreich sein, zu spät in den Aufbau neuer Kernkompetenzen zu investieren.

Vorteile und Grenzen marktorientierter Portfolio-Analysen

Der Nutzen von Portfolio-Analysen liegt vor allem in der systematischen Darstellung und in der Konzentration auf das Wesentliche. Sie liefern erste Ansatzpunkte für Wachstums- und Investitionsstrategien bzw. die Finanzplanung und -steuerung für die einzelnen Geschäftsbereiche und sind eine sehr gute Basis für diesbezügliche Strategiediskussionen. Die Kritikpunkte sind für die einzelnen Portfolios getrennt zu betrachten. Beim BCG-Portfolio wird vor allem die Beschränkung auf nur zwei Aspekte (Marktwachstum und relativer Marktanteil) kritisiert und dass die dahinter liegenden Annahmen (Bedeutung des Marktanteils und Lebenszyklus) in Frage zu stellen sind. Beim Portfolio von McKinsey werden dagegen die Problematik der Auswahl der Teildimensionen, deren additive Zusammenfassung und die diesbezügliche Subjektivität bzw. Manipulierbarkeit der Bewertung hervorgehoben. Bei den Kernkompetenz-Portfolios kann die Breite der möglichen Diskussion den Nutzen des Tools einschränken. Generell muss außerdem die Gefahr der zu schematischen Anwendung der Normstrategien genannt werden.[138]

3.5 Diskussion

Lohnt sich der Aufwand wirklich? Ist eine Analyse in einer hoch komplexen und disruptiven Umwelt überhaupt möglich? Trägt die Analyse zur Steigerung der Unternehmensperformance bei? Und ist eine rationale Erfassung erfolgskritischer Faktoren in Unternehmen und Umwelt grundsätzlich denkbar?

Die Antworten darauf sind vielfältig und vielschichtig und gestalten sich, je nachdem, aus welcher Perspektive sie generiert werden, sehr differenziert. Für die Vertreter der planungsorientierten Perspektive, die Strategie als Plan verstehen, der auf einer umfassenden strategischen Analyse basiert, ist die Analyse (und der damit verbundene Aufwand) notwendig und unverzichtbar. Auch in komplexen und dynamischen Umwelten hat sie, entsprechend dieser Sichtweise, hohe Bedeutung, da sie zur Reduktion von Unsicherheit beiträgt. Werden obige Fragen dagegen aus dem Blickwinkel der emergenten Strategien[139] diskutiert, so rückt die Bedeutung der Analyse in den Hintergrund. Strategien entstehen entsprechend diesem Ansatz aus Lernen und Erfahrung und folgen einem „trial-and-error-Prinzip". Besonders in Phasen hoher Veränderungsdynamik wird dies als sinnvolles Vorgehen bezeichnet.

Auch die Frage der Rationalität ist Thema vielfältiger Diskussionen. Grundsätzlich wird in der planungsorientierten Perspektive unterstellt, dass das Erheben relevanter Daten möglich ist und dass durch die Analyse ein objektives Bild der Realität erzeugt werden kann (objektivistisches Rationalitätsverständnis). Dabei ist offensichtlich, dass diese Annahmen der Rationalität und vollkommenen Objektivität ihre Grenzen haben. Auch eine umfassende Analyse kann nur eine beschränkte Aussage über die gegenwärtige Situation und zukünftige Entwicklungen machen. Die Ressourcen und Fähigkeiten des Unternehmens bzw. Umweltentwicklungen werden nicht umfassend und objektiv wahrgenommen, sondern die Analyse erfolgt verzerrt oder voreingenommen. Sie wird von den bisherigen Erfahrungen oder Einschätzungen bzw. Interessen und Perspektiven der Manager beeinflusst. Informationen werden subjektiv selektiert und interpretiert. Kontroverse oder neue Sachverhalte werden übersehen oder als weniger wichtig wahrgenommen.[140] Empirische Studien zeigen beispielsweise, dass die Wahrnehmung u.a. von der hierarchischen Stellung, der Kultur und von subjektiven Faktoren beeinflusst wird.[141]

Zudem zeigt sich die Problematik, dass die Möglichkeiten der menschlichen Informationsverarbeitung begrenzt sind. Dementsprechend treffen Menschen stets eine Auswahl aus allen möglichen verfügbaren Informationen. Außerdem sind Informationen niemals im vollen Umfang verfügbar. Dem Management ist es daher nicht möglich, alle relevanten Informationen zu gewinnen bzw. die generierten Informationen vollständig zu verarbeiten.[142]

Macht man sich diese Grenzen bewusst, so wird klar, dass eine umfassende und objektive Analyse der Umwelt und des Unternehmens nicht erreicht werden kann. Gleichzeitig eröffnet dieses Bewusstsein die Möglichkeit, dem entgegenzuwirken. Beispielsweise kann durch den Einsatz der aufgezeigten Methoden und Instrumente, durch das Einbeziehen heterogener Analyseteams oder externer Berater und durch eine grundsätzliche Sensibilität in Bezug auf die Möglichkeit der rationalen, umfassenden und objektiven Informationsgewinnung, gegengesteuert werden. Insbesondere die voranschreitende Digitalisierung und die zunehmende Vernetzung erweitern die Möglichkeiten faktenbasierter Entscheidungen. Allerdings gilt diesbezüglich immer zu bedenken, dass die Zukunft nicht vorhersehbar ist und Daten – egal welcher Art – immer einen Vergangenheitsbezug aufweisen.

ZUSAMMENFASSUNG

Ein möglichst umfassendes Verständnis über die Ressourcen, Fähigkeiten und Kernkompetenzen des Unternehmens und die Chancen und Risiken, die sich aus der Umwelt ergeben, ist eine wichtige Voraussetzung für die Entwicklung strategischer Optionen. Die strategische Analyse stellt dafür eine Vielzahl von Methoden und Tools zur Verfügung, die entsprechend der jeweiligen strategischen Problem- und Fragestellung auszuwählen sind.

Bei der **Markt- und Umweltanalyse** ist die Analyse der globalen Umwelt dann von großer Bedeutung, wenn das Unternehmen von branchenunabhängigen Entwicklungen (z.B. politisch, wirtschaftlich, soziokulturell) in hohem Maße beeinflusst wird. Bei der Branchenanalyse stehen dagegen Faktoren, die in der Branche wirken, im Mittelpunkt. Mit der Branchenstrukturanalyse von Porter bzw. verschiedenen Ansätzen zur Analyse der Branchendynamik können die Besonderheiten der Branche identifiziert werden. Des Weiteren sind vielfach konkrete Analyseerkenntnisse über die Situation relevanter Stakeholder (z.B. Kunden, Konkurrenten, Aktionäre, Lieferanten) von Interesse. Spezifische Analysetools wie die Konkurrenz-, die Kunden- und Vertriebspartneranalyse bzw. eine allgemeine Stakeholder-Analyse liefern dazu wichtige Orientierungspunkte.

In der **Unternehmensanalyse** hat die Suche nach erfolgskritischen Ressourcen und Fähigkeiten hohe Bedeutung. Zur Identifikation stehen unterschiedliche Methoden wie beispielsweise die Funktions-, die Prozess- und Wertketten-, die Unternehmenskultur- oder die Unternehmensstrukturanalyse zur Verfügung. Mit der Kernkompetenzanalyse (z.B. VRINO Framework) sollen jene Ressourcen und Fähigkeiten identifiziert werden, die besonders erfolgskritisch sind und zum nachhaltigen Wettbewerbserfolg beitragen.

Vor dem Hintergrund der zunehmenden Dynamik und Komplexität im Unternehmen und der Unternehmensumwelt gewinnt darüber hinaus die systematische Auseinandersetzung mit der Zukunft verstärkt an Relevanz. Die Methoden der **strategischen Frühaufklärung** liefern wichtige Ansätze für die diesbezügliche Gestaltung eines zukunftsorientierten strategischen Managements.

Aus der Vielzahl der Analyseergebnisse sind letztendlich die zentralen Schlüsselfaktoren zu identifizieren, die für die weitere Entwicklung des Unternehmens von hoher Relevanz sind. Zur diesbezüglichen **Systematisierung und Zusammenführung** kann u.a. die SWOT-Analyse eingesetzt werden. Des Weiteren stehen Portfolio-Analysen zur Steuerung von Geschäftsbereichen in Großunternehmen bzw. zum Kernkompetenz- und Stakeholder-Management zur Verfügung.

Literaturhinweise und Anmerkungen

1 Robinson et al. (2021), 101997; Qiu (2008), S. 814ff.

2 Abdelkafi et al. (2019), S. 18ff.; Mustak et al. (2021), S. 389ff.

3 Maitlis und Christianson (2014), S. 57ff.

4 In der Literatur stehen eine Reihe weiterer Modelle zur Verfügung, z.B. Hungenberg (2014), S. 87f.; Meffert, Burmann und Kirchgeorg (2018), S. 48; Schreyögg und Geiger (2016), S. 199.

5 Freeman (1984).

6 Mintzberg (1979), S. 87.

7 Johnson et al. (2018), S. 549f.

8 Farmer und Richman (1965), S. 25ff.

9 Johnson et al. (2018), S. 64; Kerth, Asum und Stich (2015), S. 124f.; Paul und Wollny (2020), S. 104f.; Ungericht (2012), S. 109ff.

10 Verschiedene Faktoren finden sich u.a. bei Hungenberg (2014), S. 90ff.; Johnson et al. (2018), S. 64ff.; Kotler, Keller und Opresnik (2017), S. 83ff.; Lombriser und Abplanalp (2018), S. 103ff.; Paul und Wollny (2020), S. 94; Ungericht (2012), S. 104; Welge, Al-Laham und Eulerich (2017), S. 302ff.

11 Ungericht (2012), S. 154.

12 De Wit (2020), S. 518ff.

13 Hungenberg (2014), S. 95f.

14 Grant und Nippa (2006), S. 127.

15 Hungenberg (2014), S. 96f.

16 Porter (1980), S. 3ff.

17 Mason (1939); Bain (1956).

18 Porter (1980), S. 4; Porter (2014), S. 24ff.; Porter (2013), S. 37.

19 Porter (2013), S. 41ff.

20 Porter (2013), S. 61ff.

21 Porter (2013), S. 64ff.

22 Porter (2013), S. 60ff.

23 Porter (2013), S. 53ff.

24 Ergänzende Informationen zur praktischen Anwendung von Porters Branchenstrukturanalyse finden sich u.a. bei Dobbs (2014).

25 Porter (2013), S. 67ff.

26 Siehe u.a. Bresser (2010), S. 46ff.; Grant und Nippa (2006), S. 141f.; Hungenberg (2014), S. 106f.; Welge, Al-Laham und Eulerich (2017), S. 318f.

27 Siehe Übersicht in Grant und Nippa (2006), S. 142.

28 siehe auch Co-opetition-Modell von Nalebuff und Brandenburger (1996), S. 23ff. und die umfassenden Erörterungen in Chen und Miller (2011 und 2015).

29 Schreyögg und Koch (2014), S. 92.

30 Nalebuff und Brandenburger (1996), S. 23ff.: Komplementäre Produkte sind Produkte, die das eigene Produkt ergänzen und deshalb gemeinsam nachgefragt werden (z.B. Fernsehgeräte und Videorecorder).

31 Fahey und Narayanan (1989); Jackson und Dutton (1988).

32 Porter (2008), S. 86ff.

33 Hungenberg (2014), S. 111; Welge, Al-Laham und Eulerich (2017), S. 319f.

34 De Wit (2020), S. 517ff.

35 Johnson et al. (2018), S. 119ff.

36 Porter (2013), S. 222ff.

37 Johnson et al. (2018), S. 118f.; Lombriser und Abplanalp (2018), S. 127f.

38 Hungenberg (2014), S. 182ff.; Johnson et al. (2018), S. 83ff.

39 D'Aveni (1994), S. 39ff.; Heuskel (1999); Hungenberg (2014), S. 114ff.; Welge, Al-Laham und Eulerich (2017), S. 340ff.

40 Freeman (1984); Lombriser und Abplanalp (2018), S. 100f.; Müller-Stewens und Lechner (2016), S. 150ff.

41 Müller-Stewens und Lechner (2016), S. 156ff.; Welge, Al-Laham und Eulerich (2017), S. 266ff.; Carroll, Brown und Buchholtz (2018), S. 80ff.

42 Hungenberg (2014), S. 396ff.; Müller-Stewens und Lechner (2016), S. 165ff.; Paul und Wollny (2020), S. 105ff.

43 Kapelianis et al. (2005).

44 Gur und Greckhamer (2019), S. 2072ff.

45 Chen und Miller (2015), S. 758.

46 Porter (1980), S. 49; Porter (2013), S. 90.

47 Hungenberg (2014), S. 133f.; Kerth, Asum und Stich (2015), S. 122; Porter (2013), S. 88ff.

48 Matzler, Müller und Mooradian (2021), S. 66ff.; Ungericht (2012), S. 166; Lombriser und Abplanalp (2018), S. 141f.

49 Lindgreen und Wynstra (2005).

50 Stadelmann et al. (2020), S. 13ff.

51 Kotler (2019), S. 153ff.; Stadelmann et al. (2020), S. 15f.; KPMG (2015), S. 5ff.

52 Kotler et al. (2019), S. 336ff.; Hungenberg (2014), S. 128; Kotler, Keller und Opresnik (2017), S. 266ff. und 339ff.

53 Homburg (2020), S. 138ff.

54 Hungenberg (2014), S. 129; Kotler, Keller und Opresnik (2017), S. 359ff.; Lynch (2021), S. 106ff.

55 Kotler et al. (2019), S. 191ff.; Kerth, Asum und Stich (2015), S. 130f. Beispiele für diesbezügliche Quellen finden sich beispielsweise bei Kotler et al. (2019), S. 200ff.

56 Loureiro et al. (2021), S. 911ff.; Kreutzer (2021), S. 85ff.; Kotler et al. (2019), S. 213f.

57 Kreutzer (2021), S. 90; Terstiege (2021), S. 3ff.; Kotler et al. (2019), S. 190f.

58 Gattringer (2009), S. 165ff.

59 Homburg, Schäfer und Schneider (2016), S. 27ff.; Chen und Lai (2010), S. 698; Dannenberg und Zupancic (2007), S. 1; Jindal et al. (2007), S. 17f.; van Bruggen et al. (2010), S. 331; Wilson und Daniel (2007), S. 10.; KPMG (2015), S. 37.

60 Gattringer (2009), S. 99ff.

61 Ahlert (1991), S. 178; Gattringer (2009), S. 238ff.; Specht und Fritz 2005, S. 219ff.

62 Aktuelle Studien zu diesem Thema finden sich u.a. bei Bamiatzi et al. (2016); Klier et al. (2017); Lin und Su (2014); López-Gamero und Molina-Azorín (2016); Pezeshkan et al. (2016).

63 Grant und Nippa (2006), S. 183.

64 in Anlehnung an Müller-Stewens und Lechner (2016), S. 196.

65 Barney (1991); Grant und Nippa (2006), S. 186; Müller-Stewens und Lechner (2016), 195f.; Scheuss (2016), S. 88.

66 Grant und Nippa (2006), S. 183ff.; Hungenberg (2014), S. 150f.; Lombriser und Abplanalp (2018), S. 163f.

67 Helfat und Peteraf (2009), S. 92ff.; Schilke et al. (2018), S. 392f.

68 Teece (2007), S. 1319ff.

69 Prahalad und Hamel (1990), S. 82; bereits 1959 wies Penrose das erste Mal auf die Relevanz von Ressourcen für den Erfolg von Unternehmen hin.

70 Müller-Stewens und Lechner (2016), S. 207.

71 Prahalad und Hamel (2001), S. 314f.

72 De Wit (2020), S. 402.

73 Schreyögg und Koch (2020), S. 325ff.; de Wit (2020), S. 401ff.; Johnson et al. (2015), S. 238.

74 Sie orientieren sich vielfach an dem Ansatz von Hofer und Schendel (1978), S. 145ff.; Kreikebaum, Gilbert und Behnam (2018), S. 91ff.; Welge, Al-Laham und Eulerich (2017), S. 362ff.; Schreyögg und Koch (2020), S. 185f.

75 Grant und Nippa (2006), S. 203.

76 Kreikebaum, Gilbert und Behnam (2018), S. 100f.; Lombriser und Abplanalp (2018), S. 196ff.; Welge, Al-Laham und Eulerich (2017), S. 361ff.

77 Rosenkranz (2006), S. 3ff. sowie Becker und Kahn (2012), S. 6ff. und S. 293.

78 Denning (2014), S. 14.

79 Porter (1985), S. 33ff. und S. 46f.

80 Porter (1985), S. 33ff.

81 Krüger und Homp (1997), S. 29ff.

82 Lombriser und Abplanalp (2018), S. 174ff.

83 Ricciotti (2020), S. 191ff.

84 Aktuelle Studien zu diesen Themen beschäftigen sich unter anderem mit der Rolle von unterschiedlichen Kulturen im Kontext von „Mergers and Acquisitions“ (van Marrewijk (2016)) und vor allem mit dem Einfluss der Kultur auf die Performance von neuen Produkten bzw. generell auf das Innovationsverhalten; Eisend et al. (2016); Hogan und Coote (2014); Matzler et al. (2021); Stock und Schnarr (2016); Wang et al. (2016)).

85 Cameron und Quinn (2011); Denison (1990).

86 Johnson (1992).

87 Johnson et al. (2018), S. 239.

88 Kieser und Ebers (2019); Schewe (1998); Schreyögg und Geiger (2016), 66ff.

89 Krüger (1993), S. 95.

90 Johnson et al. (2020), S. 440.

91 Müller-Stewens und Lechner (2016), S. 545f.

92 Johnson et al. (2020), S. 441f.; siehe auch Holtbrügge und Welge (2015), S. 231ff.

93 Johnson et al. (2018), S. 575ff.

94 van de Ven und Ferry (1980), S. 8.

95 Kreikebaum, Gilbert und Behnam (2018), S. 94ff.

96 Barney (1991).

97 Barney und Hesterly (2019), S. 89ff.

98 Neef und Burmeister (2005), S. 17f.

99 Rohrbeck und Gemünden (2011), S. 232ff. und Vecchiato (2015), S. 25f.

100 Fink und Siebe (2016), S. 7ff.; Rohrbeck, Battistella und Huizingh (2015), S. 1ff.; Vecchiato (2015), S. 25f. und Müller-Stewens und Lechner (2016), S. 187ff.; Rohrbeck und Kum (2018); Fergnani (2020).

101 Welge, Al-Laham und Eulerich (2017), S. 436; Müller-Stewens und Lechner (2016), S. 189; Sepp (1996), S. 117f.

102 Bea und Haas (2019), S. 331; Gordon et al. (2020), S. 2ff.

103 Welge, Al-Laham und Eulerich (2017), S. 436; in Anlehnung an Krystek (1987), S. 140.

104 Bea und Haas (2019), S. 331; Sepp (1996), S. 118.

105 Ansoff (1976), S. 129ff.

106 Welge, Al-Laham und Eulerich (2017), S. 440.

107 Fink und Siebe (2016), S. 28 und S. 180ff.; Sepp (1996), S. 215ff.

108 Popper (2008), S. 66.

109 Welge, Al-Laham und Eulerich (2017), S. 424f.

110 Gattringer, Wiener und Strehl (2017); Gattringer, Damm, Kranewitter und Wiener (2021).

111 Ringland 2010, S. 1493ff.

112 Gausemeier, Fink und Schlake (1996), S. 90.

113 Fink und Siebe (2016), S. 23ff.

114 In Anlehnung an Geschka (1999), S. 522.

115 Geschka (1999), S. 524ff.; Kiesel (2001), S. 13; Müller-Stewens und Lechner (2016), S. 193f.

116 Geschka (1999), S. 524ff. Ergänzt durch Überlegungen von Fink und Siebe (2016), S. 72ff; Kiesel (2001), S. 37ff.; Müller-Stewens und Lechner (2016), S. 194; Welge, Al-Laham und Eulerich (2017), S. 431ff.

117 Johnson et al. (2018), S. 162.

118 Paul und Wollny (2020), S. 69f.

119 Bea und Haas (2019), S. 126; Lombriser und Abplanalp (2018), S. 220ff.

120 Kerth, Asum und Stich (2015), S. 174.

121 Lombriser und Abplanalp (2018), S. 219ff.; Paul und Wollny (2020), S. 85; Ungericht (2012), S. 117; Welge, Al-Laham und Eulerich (2017), S. 461

122 Lombriser und Abplanalp (2018), S. 221ff.; Scheuss (2016), S. 31.

123 Paul und Wollny (2020), S. 76f.; Scheuss (2016), S. 32; Ungericht (2012), S. 118.

124 Hungenberg (2014), S. 430ff.; Müller-Stewens und Lechner (2016), 281; Paul und Wollny (2020), S. 228; Welge, Al-Laham und Eulerich (2017), S. 471ff.

125 Hedley (1977).

126 Hungenberg (2014), S. 432; Paul und Wollny (2020), S. 215f; Welge, Al-Laham und Eulerich (2017), S. 486ff.; eine ausführliche Diskussion der Marktwachstums/Marktanteils-Matrix findet sich auch in Faulkner (1998), S. 205ff.

127 Gelb (1982), S. 8ff.; Woo und Cooper (1981), S. 301ff.

128 Gelb (1982), S. 8ff.; Woo und Cooper (1981), S. 301ff.; Hungenberg (2014), S. 433f.; Scheuss (2016), S. 59f.; Macharzina und Wolf (2017), S. 361ff.; Welge, Al-Laham und Eulerich (2017), S. 486ff.

129 Clifford, Bridgewater und Hardy (1975).

130 Scheuss (2016), S. 61; Welge, Al-Laham und Eulerich (2017), S. 492

131 Hungenberg (2014), S. 437; Johnson et al. (2018), S. 346; Scheuss (2016), S. 61; Welge, Al-Laham und Eulerich (2017), S. 492.

132 Grant und Nippa (2006), S. 601; Hungenberg (2014), S. 434ff.; Müller-Stewens und Lechner (2016), S. 286; Paul und Wollny (2014), S. 227ff.; Welge, Al-Laham und Eulerich (2017), S. 490f.; Untiedt, Nippa und Pidun (2012), S. 265ff.

133 Prahalad und Hamel (1990).

134 Hamel und Prahalad (1997), S. 333ff.

135 In Anlehnung an Hamel und Prahalad (1997), S. 341ff.

136 Barney (2018), S. 3320f.; Freeman, Dmytriyev und Phillips (2021); Alvarez, Zander, Barney und Afuah (2020), S. 712.

137 In Anlehnung an Hamel und Prahalad (1997), S. 341ff.

138 Hamel und Prahalad (1997), S. 334ff.

139 Mintzberg, Ahlstrand und Lampel (2008).

140 Ansoff und McDonnell (1992), S. 65; Hungenberg (2014), S. 87ff.; Kreikebaum, Gilbert und Behnam (2018), S. 90f.; Sepp (1996), S. 221; Ungericht (2012), S. 144ff.

141 Hutzschenreuter und Horstkotte (2013), S. 704ff.; Ndofor, Sirmon und He (2015), S. 1656ff.; Nielsen und Nielsen (2013), S. 373ff.; Roundy et al. (2016), S. 803ff.

142 Hungenberg (2014), S. 164f.

Strategieformulierung

4

Im MyLab | Strategisches Management finden Sie:

- eText des Kapitels mit praktischen Werkzeugen
- Kapitelübersicht mit Schwerpunkten
- Digitale Lernkarten und ein umfangreiches Glossar
- Übungsaufgaben und Fragen
- Tipps zum Selbststudium

KAPITELEINSTIEG

In diesem Kapitel steht die Frage „Mit welchen Strategien können wir nachhaltig erfolgreich sein?" zur Diskussion. Dabei zeigt sich, dass einem Unternehmen eine große Vielfalt von strategischen Optionen zur Verfügung steht und dass unterschiedlichste Faktoren auf die strategische Entscheidung Einfluss haben.

Konkret werden folgende Fragestellungen erörtert:

Welche strategischen Optionen stehen einem Unternehmen zur Verfügung? Welche Vorteile und Risiken sind mit den einzelnen Optionen verbunden? Wie werden strategische Entscheidungen getroffen? Welche Faktoren beeinflussen die strategische Entscheidung?

4.1 Strategische Optionen

Systematisierung von strategischen Optionen

Strategien sind Maßnahmen zur langfristigen Sicherung des Unternehmenserfolgs. Dabei spielt die Erreichung eines nachhaltigen Wettbewerbsvorteils eine wichtige Rolle. Unternehmen sind gefordert, sich laufend weiterzuentwickeln und immer wieder innovative Ideen zu generieren. Die diesbezüglichen Möglichkeiten sind überaus vielfältig. Dementsprechend umfangreich sind die strategischen Optionen, die sich einem Unternehmen bieten. Hier einen Überblick zu schaffen und eine Systematisierung dieser Optionen zu entwickeln, ist daher besonders herausfordernd. Die erste Typologisierung in der Geschichte des strategischen Managements stammt von Ansoff[1]. Er entwickelte bereits 1965 eine Systematik von Wachstumsstrategien, die verschiedene Produkt-Markt-Kombinationen beinhaltet. In den folgenden Jahren folgten weitere Klassifikationsversuche[2]. Eine Reihe von Autoren unterteilen die Strategien nach den verschiedenen organisatorischen Ebenen und unterscheiden zwischen Unternehmensstrategien, Geschäftsbereichsstrategien und Funktionalstrategien. In den folgenden Darlegungen wird dieser Herangehensweise gefolgt.

4.1.1 Unternehmensstrategien

Die Unternehmensstrategie umfasst grundsätzliche Entscheidungen bezüglich der Entwicklung der einzelnen Geschäftsbereiche (Entwicklungsstrategien): Soll ein weiteres Wachstum verfolgt werden (Wachstumsstrategie) oder ist eine Stabilisierungs- oder Desinvestitionsstrategie notwendig? Außerdem sollte überlegt werden, durch welche Strategie die Unternehmenszentrale zur Wertsteigerung des Unternehmens beitragen kann (Parenting-Strategie). Dazu kommen weitere inhaltliche Strategien, die für den nachhaltigen Erfolg des Unternehmens von zentraler Bedeutung sind. Zu den sogenannten Issue-Strategien zählen beispielsweise Digitalisierungsstrategien oder Nachhaltigkeitsstrategien (▸ Abbildung 4.1).

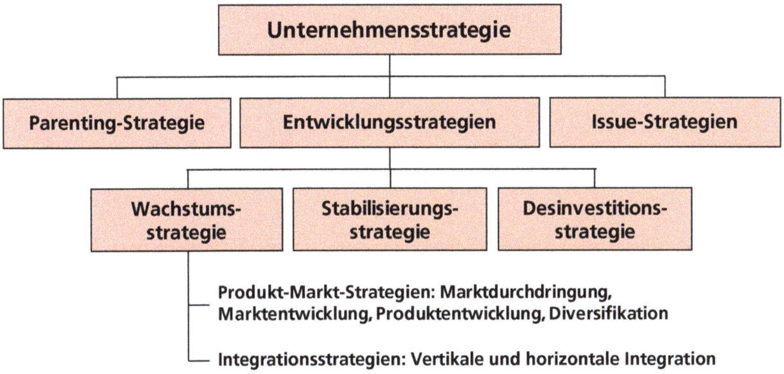

Abbildung 4.1: Unternehmensstrategien

Im Folgenden werden zunächst mögliche Entwicklungsstrategien dargestellt, dem folgen die Parenting-Strategie und ausgewählte Issue-Strategien.

4.1.1.1 Wachstumsstrategien

Systematisierung von Wachstumsstrategien

In den boomenden 1970er-Jahren hatten im strategischen Management Themen wie Unternehmensgröße, Marktmacht und Wachstum hohe Präferenz. Hohe Marktanteile ermöglichten große Absatzvolumen und potenziell sinkende Stückkosten, was sich wiederum positiv auf die Preisgestaltung und auf den Absatz auswirkte. In gesättigten Märkten – die heute in vielen Branchen Realität sind – haben diese Denkmodelle jedoch an Bedeutung verloren. Die Folgen sind hohe Angebotsüberschüsse, Wettbewerbs-, Kosten- und Preisdruck. Themen wie Kostensenkung, Effizienzsteigerung und Restrukturierung rücken damit in das Zentrum des strategischen Managements. Der Fokus der Wachstumsstrategien verlagerte sich in Richtung „gesundes Wachstum“. Damit gewannen neben der Umsatzerweiterung die Profitabilitätsorientierung und später die Nachhaltigkeitsorientierung – als Basis für einen langfristigen Unternehmenserfolg – enorm an Bedeutung. Neben dem quantitativen Aspekt von Wachstum (Steigerung von Absatz, Umsatz, Marktanteilen) steht daher heute häufig das qualitative Wachstum (z.B. Lernen, Know-how-Gewinn, Fortschritt, Nachhaltigkeit) im Mittelpunkt. Bei der Entwicklung der Wachstumsstrategie ist dementsprechend die Frage kritisch zu prüfen, „Ist größer besser?“ und welche Wachstumsoptionen denkbar sind?

Grundsätzlich stehen einem Unternehmen in Bezug auf Wachstum die Produkt-Markt-Strategien von Ansoff und die Integrationsstrategien zur Verfügung. In der klassischen Produkt-Markt-Matrix typologisiert Ansoff[3] mögliche Wachstumsoptionen einerseits nach Produkten (Wachstum mit neuen oder gegenwärtigen Produkten) und andererseits nach Märkten (Wachstum auf neuen oder gegenwärtigen Märkten) und generiert so vier mögliche strategische Stoßrichtungen (▶ Abbildung 4.2): Es können die bisherigen Tätigkeiten intensiviert (Marktdurchdringung), neue Produkte entwickelt (Produktentwicklung), neue Märkte erobert

(Marktentwicklung und Internationalisierung) oder mit neuen Produkten auf neuen Märkten agiert werden (Diversifikation).

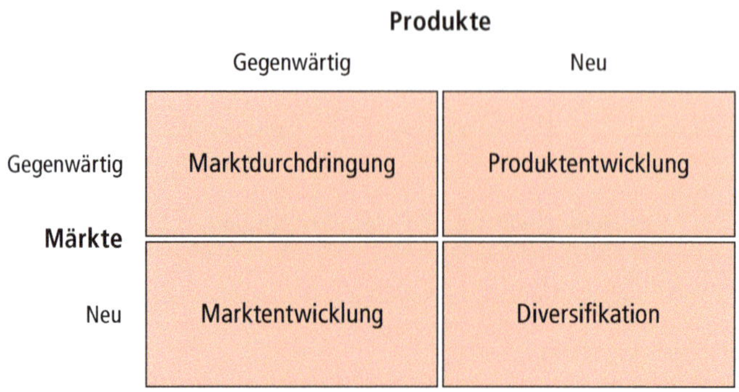

Abbildung 4.2: Produkt-Markt-Matrix von Ansoff

Ziel der **Marktdurchdringung** ist, den Marktanteil auf den gegenwärtigen Märkten mit den gegenwärtigen Produkten zu vergrößern. Die Vorteile dieser Wachstumsstrategie sind vor allem in folgenden Aspekten begründet: Sie baut auf bisherigen Fähigkeiten auf, Marktwissen, etablierte Produkte und Vertriebskanäle sind vorhanden. Die Marktdurchdringung wird daher häufig als eine einfache und risikolose Wachstumsstrategie beschrieben.

Ansatzpunkte zur Marktdurchdringung

Mögliche Ansatzpunkte sind:[4]

- Zusätzliche oder intensivere Produktnutzung durch die bisherigen Kunden: z.B. Schaffen neuer Anwendungsbereiche, Variation der Verpackungsgrößen, „Kauf 3 und zahl 2"-Aktionen
- Gewinnen von Kunden, die bisher bei der Konkurrenz gekauft haben, bzw. Zurückgewinnen von verlorenen Kunden
- Überzeugen bisheriger Nichtverwender in bestehenden Marktsegmenten: z.B. durch das Verteilen von Warenproben oder durch die Nutzung neuer Vertriebskanäle

Dazu sind vor allem verstärkte Vertriebsaktivitäten (Verstärkung des Verkaufsteams, Schulung der Mitarbeiter), eine Intensivierung der Marktbearbeitung durch eine adaptierte Marketingstrategie (verstärkte Werbung, aggressive Preis- und Konditionenpolitik, Verkaufsförderungsaktionen) bzw. Änderungen der Vertriebskanäle notwendig. Wenig geeignet ist diese Strategie in gesättigten Märkten, da ein hoher Aufwand für die Kundengewinnung erforderlich sein kann bzw. Vergeltungsschläge von Wettbewerbern und Preiskriege zu befürchten sind.

Ansatzpunkte zur Marktentwicklung und Internationalisierung

Das Ziel der **Marktentwicklung** ist die Erschließung neuer Märkte mit den gegenwärtigen Produkten. Mögliche Ansatzpunkte für die Strategie der Marktentwicklung sind:[5]

- Neue geografische Märkte (regional, national, international)
- Neue Marktsegmente (beispielsweise werden mit neuen Vertriebskanälen neue Zielgruppen angesprochen)

Von besonderem Interesse ist diese Strategie, wenn die bestehenden Märkte kaum Potenzial bieten, unerschlossene oder nicht gesättigte Märkte existieren, neue attraktive Vertriebskanäle verfügbar sind oder die Branche immer globaler agiert.

Die besondere Herausforderung der Marktentwicklung liegt darin, die kritischen Erfolgsfaktoren in den neuen Märkten zu erkennen und zu erfüllen (z.B. unterschiedliche kulturelle, politische, rechtliche und volkswirtschaftliche Rahmenbedingungen, Handels- und Zollbeschränkungen, neue Kundenbedürfnisse und neue Kosten- und Konkurrenzsituationen). Im Vergleich zur Marktdurchdringungsstrategie ist sie mit einem höheren Risiko und einem höheren Ressourcenaufwand verbunden.[6]

+

Internationalisierungsstrategien

Den Internationalisierungsstrategien kann, mit dem Ziel der Ausdehnung oder Erweiterung der internationalen bzw. globalen Geschäftstätigkeit, heute hohe Bedeutung zugesprochen werden. Die diesbezüglichen Darlegungen zeigen, dass den Unternehmen dabei eine Vielzahl von strategischen Optionen zur Verfügung stehen, verschiedenste Archetypen der Internationalisierung existieren und unterschiedlichste Faktoren Einfluss darauf haben, wie die unternehmensspezifische Internationalisierungsstrategie ausgestaltet wird.[7] In diesem Zusammenhang werden vor allem folgende Entscheidungsfelder in der Literatur erörtert:[8]

- **Welche Märkte werden ausgewählt (Zielmarktstrategien)?** Ausgangspunkt ist die Suche nach potenziellen neuen Märkten. Eine umfangreiche Analyse der Länderattraktivität (Marktvolumen, Marktwachstum, Preis-/Kostensituation, Wettbewerb, Anbindung an globale Kunden, Beschaffungssituation, Infrastruktur, ...), der Ländermarktrisiken (Währungsrisiko, Zahlungsrisiko, Inflationsrisiko, Sicherheitsrisiko, ...) und der möglichen Eintrittsbarrieren in den Markt sind dabei wesentliche Faktoren.
- **Wie erfolgt der Markteintritt (Markteintrittsstrategie)?** Entsprechend Meissner und Gerber kann je nachdem, wie viel Kapital- und Managementleistung im Heimatland oder im Gastland erfolgt, zwischen folgenden Markteintrittsformen differenziert werden: Export (höchste Kapital-/Managementleistung im Heimatland), Lizenzvergabe, Franchising, Joint Venture, Verkaufsniederlassung, Produktionsniederlassung und Tochtergesellschaft (höchste Kapital-/Managementleistung im Gastland).
- **Zu welchem Zeitpunkt erfolgt der Markteintritt (Timing-Strategie)?** Hier werden in der Literatur Pionierstrategien (First-to-market-Strategie: Unternehmen erschließt als Erster den jeweiligen Markt) und Folgerstrategien (Follow-the-leader-Strategie: Unternehmen tritt erst später in den Markt ein) unterschieden.
- **Wo werden die Unternehmensaktivitäten durchgeführt (Konfigurationsstrategie)?** Werden die wertschöpfenden Aktivitäten (z.B. Forschung und Entwicklung, Produktion, Vertrieb) zentralisiert oder in den einzelnen Ländern (vor Ort) durchgeführt?

- **Wie standardisiert bzw. differenziert werden die Produkte angeboten (Leistungsstrategien)?** Dieser Aspekt rückt die Frage in den Mittelpunkt, ob Produkte und Dienstleistungen international standardisiert werden können oder an landesspezifische Anforderungen angepasst werden müssen. Gustavsson et al. kommen diesbezüglich zu dem Schluss, dass Unternehmen weder rein global integriert noch rein lokal dezentralisiert sind, sondern beide Strategien kombinieren („Glokalisierung").

Ansatzpunkte zur Produktentwicklung

Ziel der **Produktentwicklung** ist es, durch neue, verbesserte oder modifizierte Produkte auf den gegenwärtigen Märkten (mit den bestehenden Kunden) zu wachsen. Mögliche Ansatzpunkte für die Strategie der Produktentwicklung sind:[9]

- Produktinnovationen (neue Produkte oder Dienstleistungen)
- Produktlinienerweiterungen (Variationen eines bestehenden Produkts)
- Produktverbesserungen (Anpassen bzw. Hinzufügen von Produkteigenschaften, Verbessern von Produktqualität und Nachhaltigkeit)

Besonders in Situationen, in denen erfolgreiche Produkte die Reifephase erreicht haben bzw. das Unternehmen in einer Branche agiert, für die schnelle technologische Entwicklungen typisch sind, ist diese Strategieoption von Interesse. Von Relevanz ist sie außerdem in Wachstumsbranchen und wenn wichtige Wettbewerber bessere Produkte zu vergleichbaren Preisen anbieten. Dabei ist jedoch zu berücksichtigen, dass die Erfolgsrisiken und der Ressourceneinsatz deutlich höher sind als bei der Marktdurchdringung.[10]

+

Innovationsstrategie

Innovationen haben heute in vielen Branchen als Wachstumsoption hohe Bedeutung. Die Hintergründe dafür sind vielfältig und u.a. in verkürzten Produktlebenszyklen, technologischen Entwicklungen, verstärktem Wettbewerb, dem Wandel des Umfelds oder in den Veränderungen von Kundenstrukturen und -anforderungen zu suchen. Darüber hinaus zeigen verschiedene Studien, dass die betriebliche Innovationstätigkeit positive Auswirkungen auf den Unternehmenserfolg hat.[11] Für die Entwicklung der Innovationsstrategie sind vor allem folgende Entscheidungsfelder von Interesse:[12]

- **First Mover oder Folger:** Die Wahl des Zeitpunkts für den Markteintritt ist ein zentraler Faktor für den Innovationserfolg. Wollen Unternehmen vom First-Mover-Vorteil profitieren, weil sie die Ersten mit dem neuen Produkt am Markt sind, oder wollen sie die Strategie des Folgers wählen und damit die Vorteile dieser Strategie (geringere Kosten und Risiken, Lerneffekte) nutzen.
- **Technology push oder Market pull:** Wird der Fokus auf neue technologische Erkenntnisse (Technology push) gelegt (ohne dabei die Kundenbedürfnisse zu berücksichtigen) oder geht die Innovation von den Kunden und ihren (aktuellen und zukünftigen) Bedürfnissen aus (Market pull)?

- **Closed oder Open Innovation:** Liegt der Schwerpunkt auf der eigenen Forschungs- und Entwicklungsabteilung (Closed Innovation) oder im Sinne des Open-Innovation-Ansatzes auf einem bewussten Importieren und Exportieren von Wissen? Während bei der Closed Innovation das eigene Know-how gefördert und geschützt wird, bietet die Open-Innovation-Strategie die Chance, den Innovationsprozess zu verbessern und zu beschleunigen (z.B. durch kooperative Forschung, Auftragsforschung).
- **Eigennutzung oder Vermarktungsstrategie:** Wird die Innovation selbst genutzt oder an andere Unternehmen vermarktet bzw. eine Kombination aus beiden angestrebt?

Innovationen können sich auf ein Produkt, eine Dienstleistung oder auch auf ein Geschäftsmodell (Business model innovation)[13] beziehen. Ganz generell sollen Innovationen zum Erzielen eines Wettbewerbsvorteils und zum nachhaltigen Erfolg des Unternehmens beitragen. Große Bedeutung kommt diesbezüglich in einer digitalen und zunehmend vernetzten Welt Prozessinnovationen zu. Derartige Prozessinnovationen zielen beispielsweise auf das Kreieren innovativer Wertschöpfungsprozesse oder die Steigerung der Effektivität und Effizienz von internen Geschäftsprozessen oder der Optimierung der Supply-Chain ab.

Bei der **Diversifikation** ist das Ziel des Unternehmens, mit neuen Produkten auf neuen Märkten zu wachsen. Die Motive für diese besonders risikoreiche Strategie sind vor allem in der Flucht aus stagnierenden oder schrumpfenden Branchen, im Ausbau der Machtposition oder in der Ausnutzung von Synergien bzw. Verbundeffekten (Economies of scope) begründet.[14] In der Literatur werden zwei grundsätzliche Arten der Diversifikation unterschieden:[15]

Verwandte versus nichtverwandte Diversifikation

- **Verwandte Diversifikation:** Komplementäre Produkte oder Dienstleistungen (z.B. mit ähnlicher Technologie, ähnlichem Konsumentenverhalten, ähnlichem Vertrieb, ähnlichem Know-how) werden in das Leistungsspektrum des Unternehmens aufgenommen. Ziel ist, Synergien mit den bisherigen Geschäftsbereichen (z.B. gemeinsame Ressourcen und Fähigkeiten, gemeinsame Durchführung zentraler Wertschöpfungsaktivitäten, Know-how-Transfer) zu nutzen.
- **Nichtverwandte Diversifikation:** Die neuen Geschäftsfelder befinden sich in einem gänzlich neuen Wirtschaftszweig und weisen kaum Verknüpfungen zum bisherigen Geschäft auf. Dementsprechend können keine Synergien genutzt werden. Das Risiko ist besonders hoch, weil vielfach kaum Wissen über den Markt und die neuen Produkte existiert. Diese Strategie ist dann von Interesse, wenn das neue Geschäftsfeld besonders attraktiv ist, die Eintrittsbarrieren gering sind bzw. wenn es keine Möglichkeit gibt, in verwandten Geschäften zu wachsen. Empirische Studien zeigen, dass im Durchschnitt verwandte Diversifikationen nichtverwandte Diversifikationen leistungsmäßig übertreffen. Gleichzeitig zeigt sich jedoch, dass die optimale Strategiewahl (keine Diversifikation, verwandte oder nichtverwandte Diversifikation) sehr individuell ist und von den jeweiligen Ressourcen des Unternehmens und den Kontextfaktoren beeinflusst wird.

Besonders im Zeitraum zwischen 1950 und 1980 war die Diversifikation in US-amerikanischen, europäischen und japanischen Unternehmen eine wichtige Wachstumsstrategie. Ihren Höhepunkt erreichte diese Entwicklung in den 1960er- und 1970er-Jahren. Das primäre Streben der Unternehmen war vorrangig auf Wachstum, weniger auf Rentabilität ausgerichtet. In den frühen 1980er-Jahren war in vielen Unternehmen eine diesbezügliche Trendumkehr zu verzeichnen. Unrentable, nicht zu den Kernkompetenzen zählende Geschäftsbereiche, wurden zunehmend aufgegeben. Hintergrund waren vor allem die stärkere Fokussierung auf den Shareholder Value, eine zunehmend turbulente Unternehmensumwelt und eine stärkere Konzentration auf unternehmensinterne Ressourcen und Fähigkeiten.[16]

Empirische Ergebnisse

Inzwischen hat sich eine Vielzahl von empirischen Studien mit dem Zusammenhang von Diversifikationsstrategien und Erfolg auseinandergesetzt. Dabei werden unter anderem das Diversifikationsausmaß und die Arten der Diversifikationen betrachtet. Hinsichtlich des Diversifikationsausmaßes sprechen die Ergebnisse tendenziell dafür, dass stark diversifizierte Unternehmen weniger erfolgreich sind. Dies wird unter anderem auf den steigenden Komplexitätsgrad zurückgeführt.[17] Beim Zusammenhang der Diversifikationsart (verwandte oder nichtverwandte Diversifikation) sind die Ergebnisse sehr vielschichtig. Während Rumelt[18] zur Erkenntnis kommt, dass verwandte Diversifikationen erfolgreicher sind, zeigen weitere Studien unterschiedliche Ergebnisse. Basierend auf einer aktuellen Meta-Analyse argumentieren beispielsweise Schommer et al., dass sich die Beziehung zwischen nichtverwandter Diversifikation und Unternehmensleistung im Laufe der Zeit deutlich verbessert hat.[19] Neueste Studien gehen davon aus, dass nicht die Art der Diversifikation den Erfolg begründet, sondern dass die Homogenität der notwendigen Ressourcen ein Erfolgsfaktor ist. Empfohlen wird dementsprechend eine Diversifikation basierend auf den Kernfähigkeiten eines Unternehmens.[20]

Integrationsstrategien

Mittels **Integrationsstrategien** werden Wachstumsoptionen unter Berücksichtigung vorgelagerter, nachgelagerter oder gleichgestellter Unternehmen aufgezeigt. ▶ Abbildung 4.3 gibt einen Überblick über mögliche Integrationsstrategien.

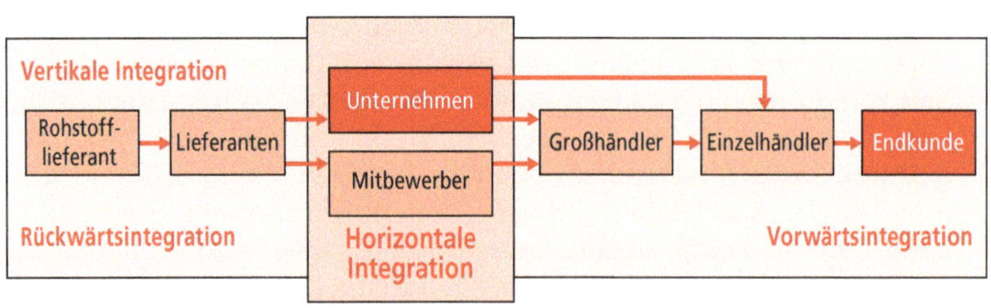

Abbildung 4.3: Integrationsstrategien

Im Fall einer Erweiterung der Aktivitäten auf vorgelagerte und nachgelagerte Unternehmen spricht man von vertikaler Integration. Erfolgt diese Integration rückwärts (in Richtung der Lieferanten), wird sie als Rückwärtsintegration bezeichnet, erfolgt sie vorwärts (in Richtung Händler bzw. Endkunden), als Vorwärtsintegration. Wird die Integration mit gleichgestellten Unternehmen im Wirtschaftssektor (Wettbewerbern) durchgeführt, handelt es sich um eine horizontale Integration.

Vertikale Integration

Die **vertikale Integration** geht von der Überlegung aus, dass die Wertkette eines Unternehmens als Teil des gesamten Wertschöpfungssystems einer Branche betrachtet werden kann. Je mehr Aktivitäten dieses Branchenwertschöpfungssystems im Unternehmen selbst durchgeführt werden, desto größer ist die Wertschöpfungstiefe und desto stärker ist das Unternehmen vertikal integriert.[21] Folgende Wachstumsstrategien stehen in diesem Zusammenhang zur Verfügung:

Rückwärts- und Vorwärtsintegration

- **Rückwärtsintegration:** Das Unternehmen übernimmt Aufgaben der Lieferanten und damit eine stärkere Kontrolle über die Beschaffung oder Produktion. Diese Strategie ist besonders dann von Interesse, wenn die Preise der Lieferanten hoch sind, die Erwartungen nicht erfüllt werden oder nur wenige Lieferanten zur Verfügung stehen. Auch wenn spezifische Leistungen mit hoher strategischer Bedeutung benötigt werden, die Abhängigkeit reduziert werden soll oder ein besserer Zugang zu technischem Wissen oder zu Rohstoffen aufgebaut werden soll, ist dieser Ansatz von Interesse.
- **Vorwärtsintegration:** Das Unternehmen übernimmt die Aufgaben von Groß- bzw. Einzelhändlern und rückt somit näher an den Endverbraucher heran (z.B. eigenes Vertriebsnetz, Internetshop). Diese Option ist dann von Relevanz, wenn die Kontrolle der Leistungserbringung beim Endkunden wichtig ist, wenige geeignete Händler existieren oder ganz spezielle Anforderungen vom Handel erfüllt werden müssen. Weitere Gründe können sein, dass die Händler hohe Spannen erwarten oder dass ein besserer Zugang zum Endkunden bzw. die Reduzierung der Abhängigkeit von den Händlern das Ziel ist.

Neben den angeführten Vorteilen ist mit der vertikalen Integration jedoch auch eine Reihe von Nachteilen verbunden, beispielsweise ein hoher Investitionsaufwand, die Einschränkung der strategischen Flexibilität (da häufig spezifische langlebige Aktiva aufgebaut werden müssen), das Steigen der Kontroll- und Bürokratiekosten, die steigende Anfälligkeit gegenüber Nachfrageschwankungen und das fehlende Know-how von Lieferanten und Vertriebspartnern.[22]

Vertikale Integration versus Spezialisierung

In den 1980er-Jahren sind Unternehmen vermehrt dazu übergegangen, durch Outsourcing ihre vertikale Integration zu vermindern, um dadurch ihre Effizienz zu steigern. Hintergrund war die Überzeugung, dass der Nutzen einer Integration durch den Verlust von Spezialisierungsvorteilen reduziert wird. Der Vorteil der Outsourcing-Strategie wurde in der Förderung der Flexibilität und der Entwicklung von Kernkompetenzen gesehen. In den 1990er-Jahren verstärkten die Globalisierung (und globale Beschaffungsmöglichkeiten), Deregulierung und das Internet diese Strategie. Aktuelle Entwicklungen zeigen jedoch, dass die vertikale Integration in manchen Bereichen wieder an Bedeutung gewinnt (z.B. Vorwärtsintegration durch Onlineshops). Heute wird das Ausmaß der vertikalen Integration nicht mehr als ein „entweder oder“ betrachtet, sondern es existiert ein vielfältiges Spektrum zwischen „hoch integriert und vertikal spezialisiert". Gleichzeitig zeigt sich eine Zunahme von vertikalen Geschäftsbeziehungen (z.B. enge vertikale Zusammenarbeit mit wenigen Lieferanten oder Händlern), mit denen versucht wird, den Nutzen beider Ansätze zu verbinden. Durch Kooperationen werden die Vorteile der vertikalen Integration genutzt, ohne die gesamten Nachteile in Kauf nehmen zu müssen.[23]

Horizontale Integration

Unter **horizontaler Integration** wird eine Integration von konkurrierenden Unternehmen im Wirtschaftssektor (Wettbewerbern) verstanden. In der Praxis ist die Strategie, Wettbewerber zu übernehmen, eine häufig genutzte Wachstumsstrategie. Auf diese Weise kann sehr schnell der Marktanteil vergrößert und die Wettbewerbsposition verbessert werden. Eine horizontale Integration wird besonders dann als sinnvoll bezeichnet, wenn dadurch eine monopolistische Stellung erlangt werden kann, wenn Economies of Scale wesentliche Wettbewerbsvorteile liefern und wenn das notwendige Kapital und die entsprechenden Human-Ressourcen verfügbar sind.[24] Andererseits dürfen jedoch mögliche Engpässe dieser Strategie, wie Probleme bei der Integration des akquirierten Unternehmens, das Ausbleiben von erwarteten Synergien und kartellrechtliche Beschränkungen, nicht außer Acht gelassen werden.

4.1.1.2 Stabilisierungsstrategien

Ziel der Stabilisierungsstrategie ist, die bisherige Position zu sichern. Die Motive dafür sind unterschiedlich. Externe Ursachen können beispielsweise geringe Wachstumsmöglichkeiten oder extreme Branchenunsicherheiten sein, die in gesättigten Märkten, veränderten Kundenbedürfnissen, technologischen Entwicklungen oder in veränderten staatlichen Rahmenbedingungen begründet sein können. Ziel der Stabilisierungsstrategie ist dann Zeitgewinn, um eine neue Strategie (z.B. neue Wachstumsoffensive oder Desinvestition) entwickeln zu können. Dies gilt insbesondere bei unvorhersehbaren Ereignissen und disruptiven Veränderungen. Die Motive können jedoch auch interne Auslöser haben. Beispielsweise wenn nach einer Innovations- oder Wachstumsstrategie Zeit für die interne Anpassung (z.B. der Strukturen und Systeme) erforderlich ist.

Die Stabilisierungsstrategie stellt in vielen Fällen eine Übergangsstrategie dar. Unter manchen Rahmenbedingungen kann sie jedoch auch langfristig ausgerichtet sein. Dies gilt beispielsweise für kleinere Unternehmen, die mit ihrer derzeitigen Firmengröße zufrieden sind und diese erhalten möchten.[25]

4.1.1.3 Desinvestitionsstrategien

Mit einer Desinvestitionsstrategie wird der Rückzug aus einem Geschäftsbereich aktiv geplant. Motive für einen Rückzug können strategischer Art sein (Konzentration auf Kernkompetenzen, fehlende kritische Größe, unzureichende Rendite), finanzieller Art (Verbesserung der Liquidität, Kaufangebot), personeller Art (Nachfolgeprobleme) oder externer Art (schrumpfende Märkte, technologische oder demographische Entwicklungen, Wertewandel, Änderung der staatlichen Rahmenbedingungen).[26]

Arten von Desinvestitionsstrategien

Grundsätzlich stehen folgende Desinvestitionsstrategien zur Verfügung[27]

- **Langfristige stufenweise Desinvestition:** Diese erfolgt mittels einer Abschöpfungsstrategie („Melken" des Geschäftsbereichs) bzw. einer Senkung der Marktaustrittsbarrieren (z.B. Minimierung der Stilllegungskosten). So sollen Risiken wie Imageschäden bzw. Verunsicherungen von Mitarbeitern, Kunden und Lieferanten möglichst vermindert werden.
- **Liquidation:** Der Geschäftsbereich wird stillgelegt.
- **Veräußerung:** Der Geschäftsbereich wird verkauft. Der Verkauf kann entweder an externe Käufer (Sell-off), an das Management (Management Buy out) oder an Gesellschafter (Spin-off) erfolgen.

Aufgrund des vorherrschenden Wachstumsdenkens wurde den Desinvestitionsstrategien häufig nur geringe Beachtung geschenkt. Erst in jüngster Zeit hat, basierend auf der steigenden Relevanz des Shareholder Value, die strategische Bedeutung dieser Strategieoption zugenommen. Desinvestition ist nicht mehr nur ein Ausdruck des Versagens, sondern kann eine sinnvolle Konsequenz aus der Bewertung der einzelnen Geschäftsbereiche sein.[28]

4.1.1.4 Wertsteigerung und die Parenting-Strategie

Shareholder-Ansatz

Mit der Unternehmensstrategie wird vor allem das Ziel, die langfristige Existenz und Ertragskraft des Gesamtunternehmens zu sichern, angestrebt. Wachstumsstrategien haben in diesem Zusammenhang traditionell eine hohe Bedeutung. Gleichzeitig hat, besonders vor dem Hintergrund der Shareholder-Value-Diskussion, die Steigerung des Unternehmenswerts an Stellenwert (Shareholder-Ansatz) gewonnen.

Um den Unternehmenswert zu steigern, ist auf Gesamtunternehmensebene eine wertschaffende Strategie zu entwickeln. In einem Unternehmen, das in mehreren Geschäftsbereichen tätig ist, setzt sich dieser Unternehmenswert aus den Werten der einzelnen Geschäftsbereiche und dem Wertbeitrag der Unternehmenszentrale zusammen. Zur Steigerung des Werts der Geschäftsbereiche werden diese hinsichtlich ihres Beitrags zur Wertsteigerung analysiert (siehe Abschnitt 3.4.2 *„Portfolio-Analyse"*) und darauf aufbauend ein ideales Portfolio entwickelt. Dementsprechend werden die Ressourcen an die einzelnen Geschäftsbereiche verteilt und ihre Entwicklung (Entwicklungsstrategie) festgelegt: Wachstumsträchtige Geschäftsbereiche werden aufgebaut (Wachstumsstrategien) und weniger rentable Geschäftsbereiche werden stabilisiert oder abgestoßen (Stabilisierungs- oder Desinvestitionsstrategien).[29]

Parenting-Strategie der Unternehmenszentrale

Gleichzeitig kann in Großunternehmen die Unternehmenszentrale durch eine kohärente Gesamtstrategie zur Schaffung eines gruppenweiten Mehrwerts beitragen. Die britischen Professoren Goold, Campbell und Alexander kamen in ihren langjährigen Studien zum Ergebnis, dass die Unternehmenszentrale einen „elterlichen Vorteil" (parenting advantage) bieten und somit einen Mehrwert liefern kann: Sie koordiniert, kontrolliert und steuert die Entwicklung der Geschäftsbereiche, achtet auf eine effektive und effiziente Zusammenarbeit (Synergien) und liefert selbst einen Beitrag zur Synergie- bzw. Wertschaffung (**Parenting-Strategie**).[30] Dabei ist darauf zu achten, dass die Nutzung von Synergien zwischen den Geschäftsbereichen nicht nur mit Vorteilen (z.B. Kostensenkung oder Förderung der Differenzierung durch Zusammenarbeit in Marketing, Vertrieb und Beschaffung oder durch Übertragung von Know-how), sondern auch mit Kosten verbunden ist (z.B. erhöhter Koordinationsaufwand, Inflexibilität, keine individuelle Abstimmung auf die Bedürfnisse der einzelnen Zielgruppen, mögliche Akzeptanzprobleme). Dementsprechend sind bei der Entwicklung der Parenting-Strategie dem jeweiligen Nutzen die Kosten gegenüberzustellen.[31]

Stakeholder-Ansatz Diese Überlegungen zur Frage der Wertsteigerung sind sehr stark vom Shareholder-Gedanken geprägt und ignorieren in vielen Fällen die Ansprüche von Stakeholdern, die nicht direkt auf den Unternehmenswert Einfluss haben. Im Sinne des Stakeholder-Ansatzes und der Corporate-Social-Responsibility-Diskussion muss jedoch auch auf die Bedeutung einer pluralistischen, gesellschaftsorientierten Ausrichtung hingewiesen werden. Die Entwicklungen der letzten Jahre zeigen, dass der Anspruch, die Interessen sowohl der Stakeholder als auch der Shareholder zu berücksichtigen, bei den Unternehmen, aber auch bei den Shareholdern selbst, immer mehr an Bedeutung gewinnt. Gleichzeitig weisen aktuelle Studien darauf hin, dass es Unternehmen gelingen kann, sowohl eine gute Corporate Social Performance als auch eine gute finanzielle Performance zu erreichen.[32]

4.1.1.5 Issue-Strategien

Zentrale Themen für den nachhaltigen Erfolg eines Unternehmens stehen nicht nur in Zusammenhang mit Entwicklung, Wertzuwachs und Synergienutzung. Mitunter sind Aspekte wie Digitalisierung, Nachhaltigkeit (Corporate Social Responsibility, Zero Emission), Innovation oder Agilität für den Erfolg eines Unternehmens spielentscheidend. Dementsprechend werden auf Unternehmensebene auch themenspezifische Strategien formuliert und verfolgt. In diesem Kapitel werden einige aktuelle Beispiele kurz aufgezeigt. Für eine vertiefende Auseinandersetzung mit den einzelnen Themenstrategien sei auf die diesbezügliche Spezialliteratur verwiesen.

Digitalisierungsstrategien Geeignete Digitalisierungsstrategien, digitale Transformationsstrategien sowie umfassende Innovationsstrategien sind, bedingt durch die rapide Entwicklung digitaler Technologien und die damit einhergehende transformative Wirkung neuer Geschäftsmodelle (z.B. Plattformen), für viele Unternehmen heute überlebensnotwendig. Bei der Formulierung einer Digitalisierungsstrategie legt ein Unternehmen fest, wie es durch die Aneignung und Nutzung digitaler Technologien seine Ziele langfristig erreichen will. Dies betrifft zunächst einmal die Nutzung der Technologien, um bestehende Produkte, Aktivitäten und Prozesse zu optimieren. Zudem ist es wichtig, das bestehende Geschäftsmodell in Bezug auf Digitalisierungschancen bzw. -erfordernisse zu durchleuchten (siehe ▶ Abschnitt 4.1.2), denn digitale Technologien haben Disruptionspotenzial und können die Markt- und Wettbewerbssituation umfassend verändern.

Damit kommt der Digitalisierungsstrategie eine zentrale Aufgabe für die Überlebensfähigkeit des Unternehmens zu.[33]

Agilitätsstrategien

Agilitätsstrategien sollen Unternehmen und ihren Akteuren ermöglichen, die zunehmende Umweltdynamik für sich nutzbar zu machen. Sie dienen dazu, in einer VUKA-Umwelt im Wettbewerb zu bestehen, unerwartete Chancen aktiv aufzugreifen und unvorhersehbare Gefahren rasch abzuwehren. Das Ziel ist die Weiterentwicklung von historisch gewachsenen Unternehmen mit ihren hierarchischen Strukturen und detaillierten Planungen zu agilen Organisationen (siehe auch ▶ Abschnitt 5.2.1). Dabei spielt unter anderem der Aufbau, Erhalt und Einsatz von Dynamic Capabilities eine zentrale Rolle (siehe auch ▶ Abschnitt 3.3.1). Sie ermöglichen es dem Unternehmen, seine Ressourcen immer wieder neu zu bündeln und derart innovative Lösungen zu kreieren und anzubieten. Agile Unternehmen können sich dadurch nicht nur rasch an neue Markt- und Wettbewerbsgegebenheiten anpassen, sie können diese auch aktiv mitgestalten.[34]

Nachhaltigkeitsstrategien

Nachhaltigkeitsstrategien betreffen primär den verantwortungsvollen Umgang des Unternehmens mit seiner Umwelt und die Auswirkungen seiner Aktivitäten auf die Gesellschaft und die Natur. Sie werden oft unter dem Begriff Corporate Social Responsibility (CSR) erörtert (siehe auch ▶ Abschnitt 6.1). Es zeigt sich *„... in many parts of the world, society increasingly expects businesses to help solve problems of environmental degradation, inequality, and poverty. And the business community is beginning to respond to these expectations“*, betonen Alvarez, Zander, Barney und Afuah (2020, S. 712). Die Autoren verweisen u.a. auf Kaplan und McMillan, die aufzeigen, dass bereits viele Unternehmen neben finanziellen auch ökologische und gesellschaftliche Kennzahlen zur Bewertung ihrer Performance (Triple Bottom Line) einsetzen. Derart wird es Stakeholdern möglich, die unternehmerischen Aktivitäten und deren Auswirkungen zu beurteilen. Dementsprechend gewinnen Stakeholder-Orientierung und Nachhaltigkeitsstrategien (z.B. Zero Emission, Life Cycle Engineering) zunehmend an Bedeutung.[35]

Neben den hier kurz erörterten Issue-Strategien finden sich in Unternehmen immer jene Themenstrategien, welche für das spezifische Unternehmen für Wettbewerbsfähigkeit und langfristige Erfolgssicherung zweckmäßig bzw. notwendig sind.

4.1.2 Geschäftsbereichsstrategien und Geschäftsmodelle

Mit den Geschäftsbereichsstrategien (▶ Abbildung 4.4) wird die strategische Ausrichtung der einzelnen Geschäftsbereiche festgelegt.

Abbildung 4.4: Geschäftsbereichsstrategien

?

Strategischer Geschäftsbereich

In vielen Unternehmen ist es meist nicht möglich, das Geschäft als Ganzes der Strategieentwicklung zugrunde zu legen. Die verschiedenen Bereiche sind zu unterschiedlich. Dementsprechend ist es notwendig, sich mit den spezifischen strategischen Optionen für diese Geschäftsbereiche auseinanderzusetzen.

Ein **strategischer Geschäftsbereich**, oft auch als strategische Geschäftseinheit oder Strategic Business Unit (SBU) bezeichnet, ist eine organisatorische Einheit, die eines oder mehrere **strategische Geschäftsfelder** bearbeitet. Strategische Geschäftsfelder stellen eine – zumindest gedankliche – Aufteilung der Aktivitäten des Gesamtunternehmens dar. Auf die Frage, nach welchen Kriterien diese Aufspaltung erfolgen kann, finden sich in der Literatur eine Vielzahl von Antworten. Folgt man Abell[36] sind folgende Dimensionen relevant: (1) Kundengruppen, an die sich das Unternehmen wendet, (2) Kundenbedürfnisse, die befriedigt werden, oder (3) Technologien, die zur Leistungserstellung notwendig sind. In vielen Fällen erfolgt auch eine Gliederung nach Produkten (z.B. Henkel: Wasch- und Reinigungsmittel, Körperpflege, Klebstoffe).

Ein Geschäftsbereich bearbeitet nun eines oder mehrere derartiger Geschäftsfelder. Bei der Bildung der Geschäftsbereiche (Kombination von Geschäftsfeldern) ist darauf zu achten, dass diese in Bezug auf ihre Kunden und Wettbewerber möglichst homogen sind, damit spezifische Geschäftsbereichsstrategien genau für diesen Markt entwickelt und umgesetzt werden können.

Markt- und Wettbewerbsstrategien

Für die Ausgestaltung der Geschäftsbereichsstrategie steht einem Unternehmen eine Vielzahl von strategischen Optionen zur Verfügung. Dabei haben besonders die Wettbewerbsstrategien, im Speziellen die generischen Strategien von Porter[37], hohe Bedeutung erlangt. Neben den Wettbewerbern spielen auf Ebene des Geschäftsbereichs aber auch die Kunden (Marktstrategien) eine zentrale Rolle. Die Kunden sind die Basis für die Generierung von Umsatz und Gewinn und begründen damit die Existenz des Unternehmens. Dementsprechend soll den Kunden, obwohl sie im strategischen Management zugunsten der Wettbewerbsstrategie häufig vernachlässigt werden, in diesem Kapitel besondere Aufmerksamkeit geschenkt werden. Gleichzeitig muss sichergestellt werden, dass das Unternehmen angesichts seiner Ressourcen und Fähigkeiten in der Lage ist, die dafür notwendigen Leistungen zu erbringen. Chancen im Wettbewerb und Unternehmenserfolg können erst entstehen, wenn die einzigartigen Ressourcen und Fähigkeiten des Unternehmens erkannt und genutzt werden **(Ressourcenstrategien)**. Mittels der **Wertschöpfungsstrategien** wird schließlich festgelegt, wie ein Unternehmen die Aktivitäten zur Erstellung eines Produkts oder einer Dienstleistung erbringt. Vielfach sind Unternehmen heute bei der Entwicklung und Erbringung dieser Leistungen auf externes Wissen angewiesen **(Kooperations- und Netzwerkstrategien)**. Die **Strategie der Ertragsmechanik** definiert letztendlich, wie ein Unternehmen durch das Erfüllen des Nutzenversprechens finanzielle Erträge erzielen kann.

Neben diesem klassischen strategischen Blickwinkel hat der Ansatz der Geschäftsmodelle sowohl in der Wissenschaft als auch in der Praxis in den letzten Jahren an Bedeutung gewonnen. Die zunehmende Relevanz der Digitalisierung und der Internet-Boom haben dazu wesentlich beigetragen. Dabei kann das Konstrukt des Geschäftsmodells zwar nicht als völlig neuer Ansatz bezeichnet werden, es bietet jedoch eine neue, integrative Sichtweise.

Definition eines Geschäftsmodells

In der Literatur findet sich eine Vielzahl von Geschäftsmodelldefinitionen. Trotz dieser Vielfalt lässt sich dabei eine Konvergenz erkennen, sodass viele Beiträge Aktivitäten wie Value Creation, Value Delivery und Value Capture beinhalten.[38] Kurz und einfach beschreibt Magretta (2002, S. 4) *„business models as stories that explain how enterprises work"*. Ein Geschäftsmodell kann damit als eine vereinfachte und aggregierte Darstellung der relevanten Aktivitäten eines Unternehmens bezeichnet werden. Etwas konkreter wird hier Schallmo (2013, S. 22f.): *„Ein Geschäftsmodell ist die Grundlogik eines Unternehmens, die beschreibt welcher Nutzen auf welche Weise für Kunden und Partner gestiftet wird."*

Modellhafte Darstellung eines Geschäftsmodells

Die in den Definitionen dargelegten Aktivitäten spiegeln sich auch in den modellhaften Darstellungen eines Geschäftsmodells wider. Auch hier findet sich eine Vielzahl von Varianten, die manchmal nur wenige Dimensionen. Dabei zeigt sich, dass ein Geschäftsmodell im Sinne eines integrativen Ansatzes immer sowohl interne als auch externe Aktivitäten berücksichtigt. Externe Dimensionen sind vor allem Aspekte, die Kunden und Markt betreffen, während interne Dimensionen auf die Wertschöpfung und die Ressourcen fokussieren. Nachfolgende Abbildung zeigt die zentralen Dimensionen eines Geschäftsmodells:[39]

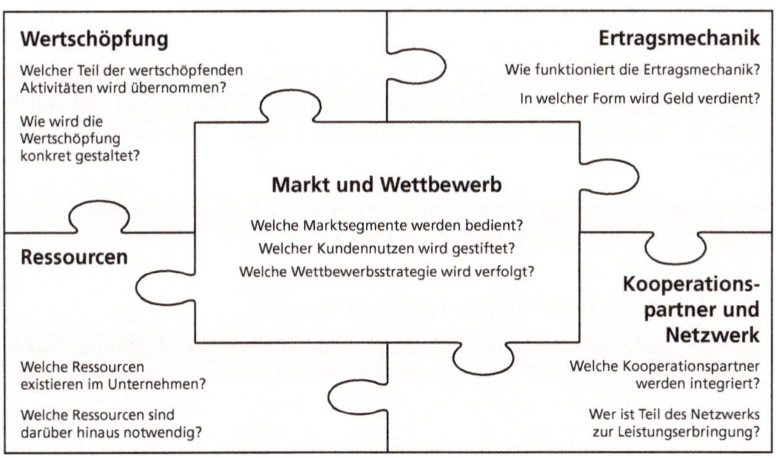

Abbildung 4.5: Dimensionen eines Geschäftsmodells

Bei Geschäftsmodellen spielt das komplexe Zusammenspiel der einzelnen Dimensionen eine zentrale Rolle. Genau dadurch kann Einzigartigkeit entstehen und ein schwer zu imitierender Wettbewerbsvorteil generiert werden.[40]Unternehmen konkurrieren damit häufig nicht mehr auf der Ebene der Produkte, Dienstleistungen oder Ressourcen, sondern auf der Ebene von Geschäftsmodellen. Die Praxis zeigt, dass es immer wieder Unternehmen gelingt, durch innovative Antworten auf die dargelegten Fragestellungen die bisherige Branchenlogik zu durchbrechen und die Wettbewerbsregeln neu zu definieren. Viele sind dementsprechend auf der Suche nach neuen Geschäftsmodellen, die völlig neue Wettbewerbsvorteile bieten.[41] Derartige Geschäftsmodelle basieren oft – aber nicht immer – auf technologischen Entwicklungen und ermöglichen es, Kundennutzen in einer wesentlich besseren Art zu erbringen. Es ist jedoch zu berücksichtigen, dass der Erfolg von Geschäftsmodellen auch in hohem Maße von Umweltveränderungen (z.B. veränderten Kundenerwartungen) abhängig ist und daher Geschäftsmodelle laufend innoviert werden müssen (Geschäftsmodellinnovationen).[42]

Zusammenhang zwischen Geschäftsmodell und Strategie

In der Erklärung des Zusammenhangs zwischen Geschäftsmodell und Strategie zeigt sich bislang ein sehr uneinheitliches Bild.[43] In diesem Buch wird diesbezüglich grundsätzlich den Darlegungen von Casadesus-Masanell und Ricart (2019, S. 195) gefolgt, die das Geschäftsmodell als eine *„reflection of the firm's realized strategy"* verstehen. Da die Aktivitäten eines Unternehmens mehrere Geschäftsmodelle umfassen können, werden in diesem Buch die Dimensionen eines Geschäftsmodells im Rahmen der Geschäftsbereichsstrategien erörtert.

Der Geschäftsmodellansatz bereichert die strategische Arbeit mit praktischen Werkzeugen und theoretischen Erkenntnissen. Selbst wenn wir akzeptieren, dass das Geschäftsmodell viele strategische Fragestellungen wiederholt, bringt es doch eine andere Sichtweise ein, die im Kern auf dem Konstrukt der Interdependenzen zwischen internen und externen Aktivitäten beruht.[44] Der Blick richtet sich dabei primär auf das komplexe Zusammenspiel von Value Creation, Value Delivery und Value Capture.

Im Folgenden werden die einzelnen Felder der Geschäftsbereichs- bzw. Geschäftsmodellstrategie im Detail erörtert:

4.1.2.1 Markt- und Wettbewerbsstrategien

Zentrale Basis bei der Entwicklung von Markt- und Wettbewerbsstrategien ist das Denken in Wettbewerbsvorteilen. Das externe strategische Dreieck[45] ist ein hilfreicher Bezugsrahmen dafür (▶ Abbildung 4.6).

Wettbewerbsvorteil aus Kundensicht

Das Unternehmen bietet einem ausgewählten Kundensegment (Kunde) eine gewisse Leistung zu einem bestimmten Preis an. Der Kunde betrachtet dieses Angebot in Relation zum Preis-/Leistungsangebot des Wettbewerbers. Für das Unternehmen ergibt sich dementsprechend ein Wettbewerbsvorteil, wenn es im Vergleich zur Konkurrenz ein besseres Angebot bietet, das vom Kunden wahrgenommen wird, für ihn wichtig ist und vom Wettbewerber nicht ohne Weiteres imitiert werden kann.

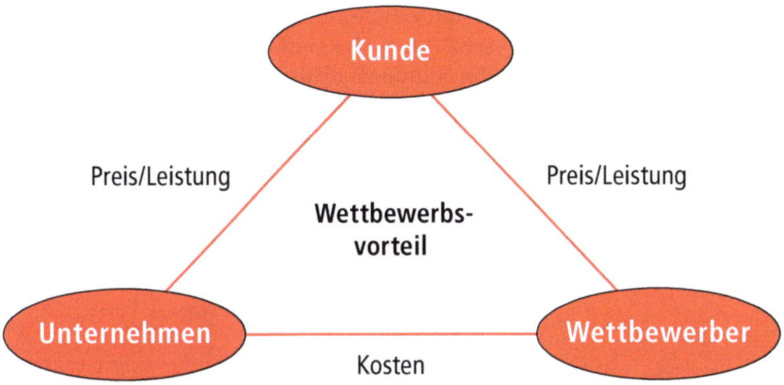

Abbildung 4.6: Strategisches Dreieck

Dabei ist nicht der objektive Unterschied, sondern ausschließlich der subjektive von Bedeutung. Im Mittelpunkt steht die Frage, wie ein Unternehmen die Bedürfnisse des Kunden befriedigt und ihm einen Nutzen bietet. Letztendlich entscheidet der Kunde darüber, ob ein tatsächlicher Wettbewerbsvorteil vorliegt oder nicht. Dementsprechend ist die Diskussion um Wettbewerbsvorteile stets aus der Kundenperspektive zu führen. Voraussetzung ist das Verstehen der Bedürfnisse und Erwartungen der aktuellen und potenziellen Kunden (siehe ▶ Abschnitt 3.1.6 *„Kundenanalyse“*).[46]

Preis- oder Leistungsunterschiede

Doch was sind mögliche Wettbewerbsvorteile, die beim Kunden Nutzen stiften? Der Strategieexperte Hungenberg stellt dar, dass Kunden Wettbewerbsvorteile entweder in Form von Preisunterschieden (geringerer Preis bei gleicher Leistung) oder durch Leistungsunterschiede (höhere Leistung bei gleichem Preis) wahrnehmen.[47] Sehr ähnlich argumentiert diesbezüglich Porter. Aus seiner Sicht gibt es zwei Arten von Wettbewerbsvorteilen, über die ein Unternehmen verfügen kann – geringe Kosten[48] oder Differenzierung. Daraus ergeben sich zwei Grundtypen von Wettbewerbsstrategien, die Kostenführerschaft und die Differenzierung.[49]

Preis- und Kostenstrategie versus Differenzierungsstrategie

▶ Abbildung 4.7 stellt diese Überlegungen grafisch dar: Die beiden Ellipsen bilden eine beliebige Branche ab, mit den Kunden (Markt) in der äußeren Ellipse und den konkurrierenden Unternehmen in der inneren Ellipse. Diese Unternehmen versuchen die Kunden entweder mit einem geringen Preis (Preis- und Kostenstrategie) oder mit einer differenzierten Leistung (Differenzierungsstrategie z.B. in Bezug auf Produkt, Service, Marke, Vertrieb, Zeit) zu überzeugen.

Zwischen den Stühlen

Porter argumentiert, dass ein Unternehmen, das sich auf keinen Strategietyp konzentriert „zwischen den Stühlen“ agiert und keinen Wettbewerbsvorteil besitzt, was ein unterdurchschnittliches Ergebnis zur Folge hat. Begründet wird dies damit, dass sich Kostenführerschaft und Differenzierung in vielen Fällen widersprechen. Differenzierung ist meist mit höheren Kosten für die Verwirklichung der Einmaligkeit verbunden. Bei der Strategie der Kostenführerschaft dagegen ist es notwendig, alle Wertschöpfungsaktivitäten auf Kostenreduzierung auszurichten. Gleichzeitig ist mit einer fehlenden Konzentration die Gefahr eines unklaren Image, einer verschwommenen Unternehmenskultur und eines inkonsistenten Organisations- und Motivationssystems verbunden.[50]

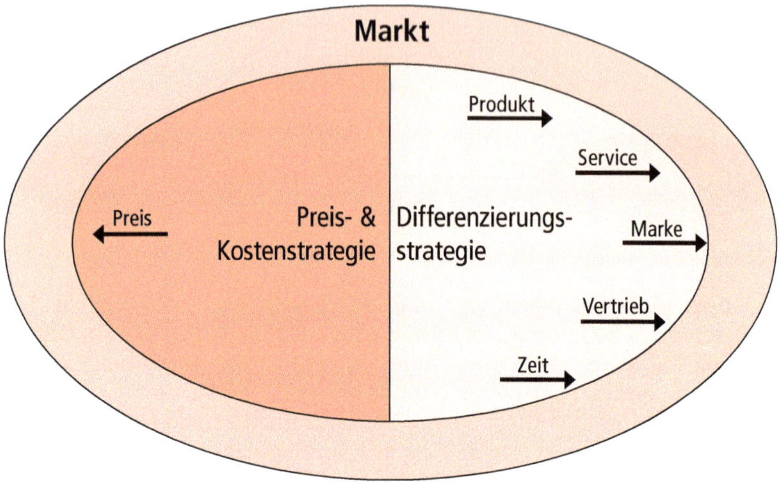

Abbildung 4.7: Markt- und Wettbewerbsstrategien

!

Porters Wettbewerbsstrategien – Nutzen und Grenzen

Die Wettbewerbsstrategien von Porter haben im strategischen Management hohe Bedeutung erlangt. Porter unterscheidet zwischen zwei Grundtypen von Wettbewerbsstrategien: der Kostenführerschaft und der Differenzierung. Dieser Wettbewerbsvorteil kann entweder branchenweit oder in einem speziellen Marktsegment (Konzentration auf Schwerpunkte bzw. Nischenstrategie) angestrebt werden[51] (▶ Abbildung 4.8).

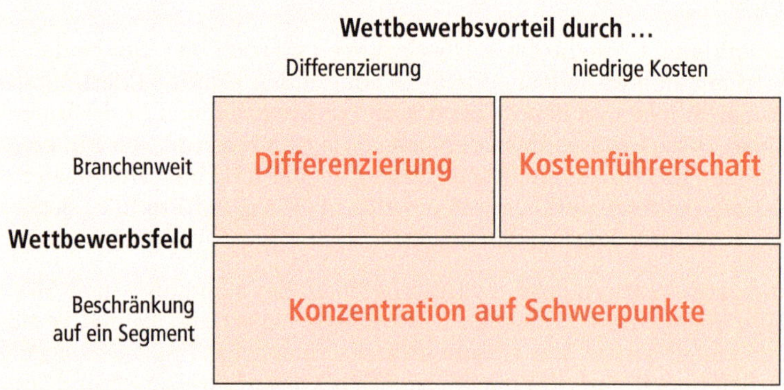

Abbildung 4.8: Generische Wettbewerbsstrategien nach Porter

Der Nutzen von Porters Wettbewerbsstrategien ist vor allem in der starken Reduktion der Komplexität zu sehen und damit in der Möglichkeit, sich mit grundsätzlichen strategischen Optionen auseinanderzusetzen. Gleichzeitig bieten sie den Vorteil, dass sie branchenübergreifend anwendbar sind.[52] Vielfach kritisiert wurden sie vor allem aufgrund der fehlenden empirischen Begründung, des statischen Charakters und des Negierens erfolgreicher Hybridstrategien. Darüber hinaus ist zu bedenken, dass die Strategien von Porter in den 1970er- und 1980er-Jahren entwickelt wurden und sich die Umwelt seitdem wesentlich verändert hat bzw. Branchengrenzen neu definiert wurden. Im dynamischen Umfeld liegt der Erfolg häufig in der rechtzeitigen Antizipation von Veränderungen und der schnellen Anpassung der Strategien an neue Chancen und Risiken.[53]

Preis- und Kostenstrategie

Bei der Preis- und Kostenstrategie ist der Preisvorteil der überlegene Nutzen, der den Kunden angeboten wird. Das Produkt bzw. die Leistung unterscheidet sich kaum von der Konkurrenz, wird jedoch zu einem günstigeren Preis verkauft.[54] Die erfolgreiche Umsetzung dieser Strategie setzt voraus, dass das Unternehmen auch über sehr geringe Kosten verfügt, um trotz geringer Preise einen Gewinn zu erwirtschaften. Gleichzeitig dürfen Qualität und Service nicht außer Acht gelassen werden. Das Produkt muss trotz des geringen Preises für den Kunden akzeptabel sein.

Vorteile

Der Vorteil der Strategie liegt im möglichen Schutz vor allen fünf Wettbewerbskräften: Geringe Kosten schützen vor Rivalität, da sie auch dann noch Erträge ermöglichen, wenn der Preisdruck hoch ist. Auch gegenüber mächtigen Abnehmern und mächtigen Lieferanten existieren Vorteile, weil mehr Flexibilität bei Kostensteigerungen vorhanden ist. Kostenvorteile stellen zudem erhebliche Eintrittsbarrieren dar.[55]

Voraussetzung für die erfolgreiche Umsetzung

Um diese Strategie erfolgreich umsetzen zu können, muss das gesamte Unternehmen auf Kostenoptimierung ausgerichtet sein (Organisationsstruktur, Prozesse, Unternehmenskultur, Anreiz- und Kontrollsysteme). Ein zentrales Instrument zur Analyse der Kosten ist die Wertkette (siehe ▶ Abschnitt 3.2.3), die die Wertaktivitäten in Bezug auf ihren Kostenanteil untersucht.

Für die Kostenoptimierung werden in der Literatur[56] eine Vielzahl von Möglichkeiten aufgezeigt, z.B.:

- Aktives Kostenmanagement, um generell die Kosten zu reduzieren bzw. die Kostenstruktur (fixe/variable Kosten) zu verändern
- Kapazitätsauslastung und Betriebsgröße (Skaleneffekte) optimieren
- Erfahrungskurveneffekte nutzen (Verbesserungen durch Lernen fördern)
- Verknüpfungen innerhalb der Wertkette oder mit Lieferanten bzw. Vertriebspartnern prüfen
- Verflechtungen mit anderen Unternehmenseinheiten nutzen
- Umstrukturierung der Wertkette

Grundsätzlich sollte bei einer Preis- und Kostenstrategie die Konzentration auf jenen Kostentreibern liegen, bei denen der Unterschied zum Wettbewerb und die Möglichkeit der Kostenbeeinflussung hoch sind. Dabei ist zu beachten, dass wesentliche Kosten nicht nur in der Fertigung, sondern auch im Marketing, Verkauf, Kundendienst, in der Technologieentwicklung, Beschaffung oder in den Gemeinkosten entstehen.[57]

Risiken Die Risiken der Preis- und Kostenstrategie liegen in der Imitation durch die Konkurrenz oder in technologischen Veränderungen (die bisherige Investitionen und Lernprozesse zunichtemachen). Auch Kostensteigerungen oder das Übersehen von Veränderungen der Kundenbedürfnisse, aufgrund einer zu starken Kostenfokussierung, können eine Gefahr darstellen. Zudem können durch neue Geschäftsmodelle und Nutzenangebote bisherige Kostenvorteile obsolet werden.[58]

+

Strategien und Geschäftsmodelle im Kontext der Digitalisierung

In der betriebswirtschaftlichen Forschung wird zurzeit kaum ein Thema so intensiv diskutiert wie die Digitalisierung. Die Digitalisierung von Produkten, Dienstleistungen und Prozessen fordert in vielen Branchen eine mehr oder weniger umfangreiche Neuausrichtung von Strategien und Geschäftsmodellen. Diese Herausforderung wird vielfach auch mit dem Begriff der „Digitalen Transformation" beschrieben.[59]

Im digitalen Zeitalter ist das Anbieten von traditionellen Nutzenversprechen oft nicht mehr ausreichend. Produkte sind heute intelligenter und vernetzter als je zuvor. Aber auch die Digitalisierung von Dienstleistungen, Prozessen und Wertschöpfungsketten eröffnet ungeahnte Möglichkeiten. Das Ziel muss es daher sein, technologische Potenziale zu nutzen und Strategien und Geschäftsmodelle zu kreieren, die den veränderten Kundenanforderungen gerecht werden und innovative Wertversprechen liefern. Dies betrifft nicht nur die zentralen Leistungsfelder der Unternehmen, sondern erfordert oft auch einen tiefen Eingriff in die bestehenden Aufbau- und Ablauforganisationen und in unternehmensübergreifende Wertschöpfungsnetzwerke.[60]

Eine besonders revolutionäre Entwicklung wird in diesem Zusammenhang mit der zunehmenden Etablierung des „Internets der Dinge" erwartet. Dabei werden wesentliche Auswirkungen im Bereich der Wertschöpfungsstrategien prognostiziert. Begründet wird dies damit, dass das „Internet der Dinge" jede Wertschöpfungsstufe beeinflussen kann und wesentliche Effizienzsteigerungen ermöglicht (z.B. automatisierte Überwachung und Steuerung, Automatisierung von Prozessen, bessere Entscheidungsgrundlagen durch umfassende Datengenerierung).[61]

Differenzierungsstrategie

Ziel der Differenzierung Bei der Differenzierung setzt sich das Unternehmen zum Ziel, in einem oder mehreren Merkmalen einmalig zu sein und für diese Einmaligkeit einen höheren Preis zu verlangen. Voraussetzung dafür ist, dass die Kunden den ausgewählten Differenzierungsvorteil als wichtig beurteilen und bereit sind, dafür einen höheren Preis in Kauf zu nehmen. Dadurch entsteht ein Schutz gegenüber den Wettbewerbskräften, da Kundenloyalität erzeugt und die Preisempfindlichkeit verringert wird. Die Kosten dürfen dabei nicht außer Acht gelassen werden, da die Vorteile von hohen Preisen durch hohe Kosten zunichtegemacht werden können.[62]

Konzept der Marktsegmentierung

Der Differenzierungsstrategie liegt das Konzept der Marktsegmentierung zu Grunde, das davon ausgeht, dass unterschiedliche Kundengruppen mit unterschiedlichen Bedürfnissen existieren. Einzelne Kundengruppen sind demnach bereit, einen höheren Preis für ein Produkt bzw. eine Dienstleistung zu bezahlen, wenn ihre Bedürfnisse besonders gut befriedigt bzw. ganz neue Formen der Bedürfnisbefriedigung geboten werden.[63]

Differenzierungsquellen

Die möglichen Ansatzpunkte zur Differenzierung sind vielfältig und können in jeder Aktivität der Wertkette (siehe ▶ Abschnitt 3.2.3) bzw. auch in nachgelagerten Aktivitäten (z.B. Aktivitäten der Vertriebspartner) begründet sein. Grundvoraussetzung ist, dass der gewählte Differenzierungsvorteil Kundennutzen erzeugt und gleichzeitig einzigartig ist, d.h. nicht vom Wettbewerb in gleicher Form am ausgewählten Markt angeboten wird. Eine genaue Analyse der Kunden (inklusive ihrer Bedürfnisse und Zahlungsbereitschaft) und der Wettbewerber ist daher Voraussetzung (siehe ▶ Abschnitt 3.1).[64] Die Vielzahl möglicher Differenzierungsquellen[65] kann wie folgt strukturiert werden:

- Differenzierung durch das Produkt, z.B. durch Qualität, Funktion, Nachhaltigkeit, Haltbarkeit, Zuverlässigkeit, Design
- Differenzierung durch Service, z.B. durch Zuverlässigkeit in der Abwicklung, Zustellungs- und Installationsservice, kundenorientiertes Agieren der Mitarbeiter, Kundenschulungen
- Differenzierung durch Marke, z.B. durch Reduktion der Qualitätsunsicherheit oder durch emotionale Erlebnisse vor, während oder nach dem Kauf
- Differenzierung durch Vertrieb, z.B. durch zielgenauere Lösung mittels professioneller Beratung, Zeit- und Kostenersparnis durch Effizienz im Vertrieb und im Kundendienst, professionelles Händlernetz
- Differenzierung durch Zeit, z.B. durch einen Innovationsvorteil (First-Mover-Konzept) oder Geschwindigkeitsvorteil (z.B. in der Auftragsabwicklung)

Um die Differenzierungsstrategie erfolgreich umzusetzen, ist das gesamte Unternehmen auf die jeweilige Differenzierungsquelle auszurichten. Dabei spielen neben der Ausrichtung der Prozesse professionelle Marketingfähigkeiten und eine stimmige Unternehmenskultur eine wichtige Rolle.

Risiken

Die Risiken der Differenzierung sind einerseits der Verlust der Einzigartigkeit (Imitation durch Wettbewerber) bzw. das Fehlen von Einmaligkeit aus Kundensicht. Die Einmaligkeit ist dann nicht gegeben, wenn der angebotene Differenzierungsvorteil für den Kunden nicht (oder nicht mehr) von Interesse ist, der Preisaufschlag zu hoch ist oder der Differenzierungsvorteil nicht vom Kunden verstanden wird, weil er ungenügend vermarktet wurde.

Hybridstrategie

Ziel der Hybridstrategie ist, den Preis- und Kostenfokus erfolgreich mit einem differenzierten Leistungsangebot zu kombinieren (▶ Abbildung 4.9).

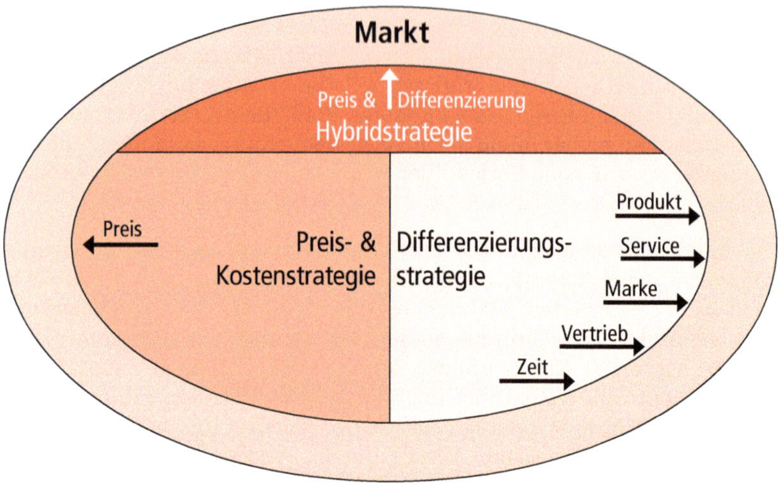

Abbildung 4.9: Hybridstrategie

Damit wird mit dieser Strategie das verwirklicht, was Porter[66] als „zwischen den Stühlen" bezeichnet und, aus seiner Sicht, nur in Ausnahmefällen (z.B. schwacher Wettbewerb, bahnbrechende Innovationen) erfolgreich sein kann. Diesbezügliche empirische Studien zeigen unterschiedliche Ergebnisse: Es existieren sowohl Forschungsergebnisse, bei denen Hybridstrategien eine schlechte Performance aufweisen, als auch Forschungen, die der Kombination der Differenzierungs- und Preis- und Kostenstrategie eine überaus positive Performance zuschreiben.[67] In diesem Fall erbringen Unternehmen eine Leistung, die aus Kundensicht differenziert ist, zu einem Preis, der unter dem Wettbewerb liegt.

Vorteile Der Vorteil dieser Strategie liegt darin, dass aufgrund des geringen Preises die Nachfrage und der Marktanteil tendenziell höher sind als bei einer Differenzierungsstrategie, was sich wiederum positiv auf die Kosten auswirkt. Im Vergleich zur Kostenführerschaft hat das Unternehmen gleichzeitig den Vorteil der Differenzierung und schafft sich damit einen gewissen Schutz gegenüber Wettbewerbern und Substitutionsprodukten.[68]

Mögliche Hybridstrategien In der Literatur werden vor allem zwei Ansätze der Hybridstrategie diskutiert:[69]

- Sequenzielle Strategie: Die Hybridstrategie wird zeitlich entkoppelt – d.h., es wird zuerst eine Differenzierungsstrategie und später eine Preis- und Kostenstrategie verwirklicht (oder umgekehrt).
- Simultane Strategie: Es wird gleichzeitig die Differenzierungs- und Preis- und Kostenstrategie realisiert. Diese Strategie gilt als besonders herausfordernd und kann meist nur mit besonderen Innovationen verwirklicht werden.

Voraussetzung und Grenzen

Verschiedene Entwicklungen in den letzten Jahren haben die Voraussetzungen für Hybridstrategien verbessert: Beispielsweise können durch flexible Produktionstechnologien auch kleinere Produktionsmengen kostengünstig hergestellt werden. Außerdem erlaubt es die Standardisierung von Komponenten, in manchen Branchen, Mengenvorteile auch mit verschiedenen Produkten zu erreichen (z.B. Plattformstrategie in der Automobilbranche). Des Weiteren können durch Prozess-, System- und Produktinnovationen die Qualität gesteigert und gleichzeitig die Kosten gesenkt werden.[70]

Risiken

Nichtsdestotrotz ist die Kombination von Kostenführerschaft und Differenzierung eine besonders herausfordernde und schwierige Aufgabe. Dementsprechend ist die Gefahr groß, in beiden Dimensionen nur Mittelmaß zu erreichen.

+

Blue Ocean Strategy

Ergänzend zu den klassischen Wettbewerbsstrategien haben die Autoren Kim und Mauborgne (2005) mit ihrer Blue Ocean Strategy[71] einen Ansatz entwickelt, mit dem sie Wettbewerb umgehen, indem sie neue (noch konkurrenzlose) Branchen und Märkte (Blue Oceans) schaffen. Wachstum erfolgt demnach in noch ungenützten Markträumen, in denen Nachfrage kreiert wird. Im Mittelpunkt steht nicht der Wettbewerb, sondern der Wertzuwachs für den Kunden und für das eigene Unternehmen. Dies kann außerhalb der bestehenden Branchengrenzen, aber auch durch Ausdehnung der Grenzen erfolgen. Dabei werden neue Branchenspielregeln geschaffen und damit zusätzlich zur klassischen Differenzierungs- und Preisstrategie eine weitere strategische Option eröffnet.

Die Red Oceans repräsentieren die heute existierenden, meist sehr wettbewerbsintensiven Branchen. Dort sind Branchengrenzen und Spielregeln bekannt und Wachstum erfolgt häufig über Verdrängungswettbewerb („blutiger" Ozean). Kim und Mauborgne (2005) empfehlen daher, die Red Oceans durch Blue Oceans zu ergänzen, um das Differenzierungsproblem in wettbewerbsintensiven Märkten zu umgehen. Mit ihrem „Four Actions Framework" liefern sie zentrale Leitfragen für die Entwicklung einer Blue Ocean Strategy:[72]

1. Create: Welche Faktoren (neue Wertquellen) sollten geschaffen werden, die die Industrie noch nie angeboten hat?
2. Reduce: Welche Faktoren sollten deutlich unter den Industriestandard gesenkt werden?
3. Raise: Welche Faktoren sollten deutlich über den Industriestandard angehoben werden?
4. Eliminate: Welche der Faktoren, die die Industrie als selbstverständlich ansieht, sollten beseitigt werden?

Marktwahl (Zielmarktstrategien)

Neben der Entscheidung, welche Wettbewerbsstrategie (Differenzierungs- und/oder Preis- und Kostenstrategie) gewählt wird, ist die Entscheidung darüber zu treffen, welcher Markt bzw. welche Kunden angesprochen werden sollen.

Vielzahl von Kunden mit unterschiedlichen Bedürfnissen

Auf einem Markt existieren eine Vielzahl von Kunden, die sich hinsichtlich ihrer Bedürfnisse unterscheiden. In der Regel lassen sich jedoch die einzelnen Kunden, nach verschiedensten Kriterien, in Gruppen mit ähnlichen Kundenbedürfnissen zusammenfassen (Marktsegment) (▶ Abbildung 4.10).

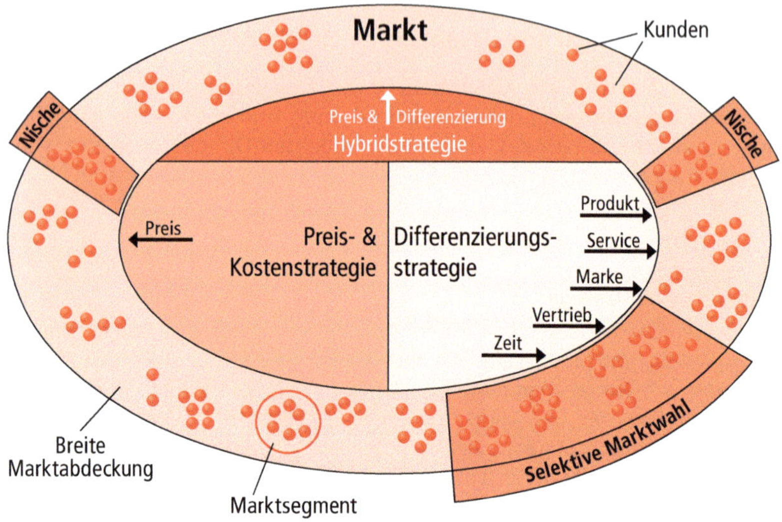

Abbildung 4.10: Zielmarktstrategien

Die Kundenanalyse (siehe ▶ Abschnitt 3.1.6) liefert dazu wichtige Erkenntnisse. Bei der Marktwahl ist die strategische Entscheidung zu treffen, wie viele und welche dieser Marktsegmente bearbeitet werden sollen. Grundsätzlich stehen drei Optionen zur Verfügung: Konzentration auf eine Nische (ein Marktsegment), selektive Marktwahl (mehrere Marktsegmente) oder eine breite Marktabdeckung (alle Marktsegmente).

Nischenstrategie

Bei der **Nischenstrategie** erfolgt die Konzentration auf ein spezifisches Marktsegment (siehe auch Wettbewerbsstrategien von Porter, ▶ Abbildung 4.8). Ziel der Nischenstrategie ist es, ein attraktives Marktsegment auszuwählen, die Kundenbedürfnisse genau zu analysieren und für diese Kunden ein maßgeschneidertes Angebot zu kreieren. Durch die optimale Ausrichtung auf die individuellen Bedürfnisse dieser Kunden und die Bündelung der internen Kräfte soll ein Wettbewerbsvorteil geschaffen werden. Dabei geht man davon aus, dass eine Nische wirkungsvoller und effizienter bedient werden kann als von einem Wettbewerber, der den Gesamtmarkt anspricht. Das Risiko dieser Strategie liegt vor allem in der großen Abhängigkeit von einem einzelnen Segment.

Selektive Marktwahl

Bei der **selektiven Marktwahl** werden mehrere Marktsegmente ausgewählt. Die Herausforderung bei der Bearbeitung dieser Segmente liegt darin, die unterschiedlichen Bedürfnisse der Kunden in den unterschiedlichen Marktsegmenten mit der ausgewählten Strategie auch zufriedenstellend zu bedienen. Dabei kann sich das Unternehmen bei der Auswahl der Marktsegmente entweder an übergeordneten Gemeinsamkeiten von einzelnen Marktsegmenten orientieren (z.B. Unternehmen ist Spezialist für Schüler) und diesen verschiedene Produkte (z.B. „alles für die Schule") anbieten. Oder die Auswahl der Marktsegmente geht von einem bestimmten Produkt aus (z.B. Spezialist für Bio-Kleidung), das verschiedenen Marktsegmenten (Kinder, Frauen, Männer) angeboten wird. Mit der selektiven Marktwahl wird dem Risiko der Abhängigkeit von einem einzelnen Segment begegnet. Andererseits ist diese Strategie mit höheren Koordinationskosten verbunden.[73]

Breite Marktabdeckung

Bei der **breiten Marktabdeckung** erfolgt keine spezifische Selektion der Kunden, sondern es wird versucht, möglichst alle Kunden anzusprechen. Das Risiko der Abhängigkeit von einzelnen Marktsegmenten wird damit eliminiert. Folgende Optionen können bei der breiten Marktabdeckung unterschieden werden:

- **Undifferenzierte Marktbearbeitung**: Unterschiede zwischen Marktsegmenten werden ignoriert. Diese Strategie ist besonders für Unternehmen mit einer Preis- und Kostenstrategie geeignet, da sie den Anforderungen an die Umsetzung dieser Strategie besonders gut gerecht wird. Das Risiko liegt vor allem darin, dass sich die Kunden von einer undifferenzierten Marktbearbeitung nicht angesprochen fühlen.
- **Differenzierte Marktbearbeitung**: Für die unterschiedlichen Marktsegmente werden unterschiedliche Angebote erstellt. Dies kann mit einer Differenzierungs- oder auch mit der Hybridstrategie erfolgen. Die Grenzen dieser Strategie liegen vor allem in der hohen Komplexität und im großen Koordinationsaufwand.

Strategien gegenüber weiteren Stakeholdern

Neben Kunden, Wettbewerbern und Kooperationspartnern können in den einzelnen Geschäftsbereichen noch weitere Anspruchsgruppen von Relevanz sein. Die Basis für das Identifizieren der relevanten Stakeholder und das Erkennen ihrer Erwartungen stellt die Stakeholder-Analyse dar (siehe ▶ Abschnitt 3.1.4). An dieser Stelle sollen besonders zwei Stakeholder-Gruppen hervorgehoben werden – die Lieferanten und die Vertriebspartner.

Lieferanten

Die Lieferanten sind von hoher Relevanz, wenn sie wesentliche Komponenten des Endprodukts liefern bzw. einen wichtigen Teil zur Differenzierung beitragen. Mit der Lieferantenstrategie wird die strategische Vorgehensweise gegenüber den Lieferanten entwickelt. Im Mittelpunkt steht dabei die Verwirklichung der Anforderungen aus der Markt- und Wettbewerbsstrategie (z.B. Differenzierung mittels schneller Auftragsabwicklung, Kostenoptimierung durch effiziente Zusammenarbeit).[74]

Vertriebspartner

Aufgrund der Problematik der verstärkten Austauschbarkeit von Produkten bzw. Dienstleistungen und des hohen Einflusses der Vertriebspartner durch ihren direkten Zugang zum Kunden, können die Vertriebspartner, für Unternehmen mit indirektem Vertrieb, als eine weitere wichtige Stakeholder-Gruppe bezeichnet werden. Auch die Vertriebspartnerstrategie muss den Anforderungen der Markt- und Wettbewerbsstrategie gerecht werden. Sie ist besonders dann von Bedeutung, wenn sie einen Beitrag zum Differenzierungsfokus (z.B. Differenzierung durch den Vertrieb) zu leisten hat.[75]

4.1.2.2 Ressourcenstrategien

Auf Geschäftsbereichsebene liegt der strategische Fokus traditionell auf der Erreichung einer idealen Position im Markt und im Wettbewerb, um derart geschützt von den Wettbewerbskräften höhere Gewinne zu erzielen (positionierungsorientierte Perspektive[76]). Die zum Erreichen bzw. Erhalten dieser Positionierung erforderlichen Ressourcen, Fähigkeiten und Kompetenzen sind entweder bereits im Unternehmen vorhanden oder sind zu beschaffen. Dabei geht man aus positionierungsorientierter Perspektive davon aus, dass Ressourcen grundsätzlich frei verfügbar sind. Mag diese Annahme in vielerlei Hinsicht zutreffen (beispielsweise können viele Materialien und Anlagen beschafft, Mitarbeiter angeworben oder Firmen gekauft werden), so gibt es auch jene Ressourcen, über die nur wenige Unternehmen verfügen und die nicht einfach verfügbar sind. Eben diese Kernkompetenzen begründen aus ressourcenorientierter Perspektive[77] Wettbewerbsvorteile, indem sie zu Effizienzvorteilen führen, welche wiederum höhere Gewinne ermöglichen.

Ob die Ausgangsbasis für die Formulierung einer Ressourcenstrategie die angestrebte Positionierung oder die vorhandene Ressourcenbasis ist, hängt aus Sicht von Barney und Mackey davon ab, ob das Unternehmen bzw. der Geschäftsbereich eher in der Lage sein wird, Tätigkeiten auszuüben, die Monopolgewinne oder Effizienzgewinne generieren. Scheinen Monopolgewinne greifbar (wenn beispielsweise nur wenige Unternehmen in einer Branche konkurrieren, Eintrittsbarrieren bestehen usw.) und Ressourcen beschaffbar, dann bildet die gewünschte Positionierung die Ausgangsbasis für die Ressourcenstrategie. Hier wird zunächst geprüft, welche Ressourcen, Fähigkeiten und Kompetenzen zum Erreichen bzw. Erhalten der gewünschten Positionierung erforderlich sind, welche davon bereits vorhanden sind und welche noch zu beschaffen sind. Scheinen Effizienzgewinne erreichbar (wenn beispielsweise ein Unternehmen über Kernkompetenzen verfügt, die es für Kostensenkungs- oder Ertragssteigerungsstrategien nutzen kann) oder scheinen Differenzierungsmöglichkeiten gegeben, die einzigartige Positionen ermöglichen, dann bilden diese Kernkompetenzen die Ausgangsbasis der Ressourcenstrategie. Hier wird zunächst festgestellt, welche spezifischen Ressourcen, Fähigkeiten und Kompetenzen vorhanden sind und wie diese eingesetzt werden bzw. anders kombiniert werden können, um Marktchancen zu ergreifen und Positionen zu sichern.[78]

Resümierend kann festgehalten werden, dass bei Formulierung einer Ressourcenstrategie im Rahmen der Geschäftsbereichsstrategie sowohl die Wettbewerbs- und Kundensituation als auch die eigenen Kernkompetenzen von Relevanz sind. Der tatsächliche Ausgangspunkt der strategischen Überlegungen in diesem Zusammenhang hängt jedoch von der Art der erwarteten Gewinne ab.[79] Zudem zeigen wissenschaftliche Studien, dass in wirtschaftlich schwierigen Zeiten die eigenen Fähigkeiten und Ressourcen als Einflussfaktoren auf die Unternehmensperformance an Bedeutung gewinnen.[80] Darüber hinaus argumentieren die Vertreter des ressourcenorientierten Ansatzes, dass Chancen im Wettbewerb und Unternehmenserfolg erst entstehen, wenn die einzigartigen Ressourcen und Fähigkeiten des Unternehmens erkannt und genutzt werden.[81]

Dementsprechend ist es für die Geschäftsbereichsstrategie von zentraler Bedeutung, die Kompetenzbasis zu erkennen, gezielt zu erhalten, zu transferieren oder neu aufzubauen (siehe ▶ Abschnitt 3.4.2 *„Kernkompetenz-Portfolio“*).

4.1.2.3 Wertschöpfungsstrategien

Im Rahmen der Wertschöpfungsstrategie legt ein Unternehmen fest, welche Aktivitäten es zur Erstellung eines Produkts oder einer Dienstleistung erbringt. Wertschöpfung entsteht, wenn dabei die Inputfaktoren so miteinander verknüpft werden, dass der Saldo aus Output und Input positiv ist. Ist dies nicht der Fall, spricht man von Wertvernichtung.[82]

Wertschöpfung und Positionierung

Wertschöpfung und Positionierung sind eng miteinander verbunden. Beispielsweise verlangt die Preis- und Kostenstrategie, dass bei allen Wertschöpfungsaktivitäten auf Rationalisierungseffekte und Produktivitätsgewinne geachtet wird. Effizienzsteigerung und die strikte Kostenkontrolle bestimmen das Handeln.

Zur Analyse und Definition der Wertschöpfungsstrategie eines Unternehmens ist die Wertkette von Porter ein hilfreiches Instrument (siehe ▶ Abschnitt 3.2.3). Folgende Analysefragen sind von besonderem Interesse:[83]

Analysefragen

- Wie sind die Wertschöpfungsaktivitäten des Unternehmens aufgebaut und welche Stärken/Schwächen bzw. Chancen und Risiken lassen sich diesbezüglich erkennen?
- Welche Wertschöpfungsaktivitäten erzielen einen besonderen Mehrwert?
- Welche Schlüsselfaktoren in der Wertkette bestimmen heute und zukünftig den Erfolg in diesem Geschäft?
- Wie unterscheiden sich die Wettbewerber hinsichtlich ihrer Wertschöpfungstiefe (Anzahl der Wertschöpfungsaktivitäten, die sie selbst durchführen)?
- Wie kann die Wertschöpfungskette optimal mit den Lieferanten oder Kunden verbunden werden?
- Wie kann die Wertschöpfung verändert werden, welche Trends sind erkennbar?
- Kann durch das Aufbauen von Wertschöpfungsnetzwerken ein neuer Kundennutzen kreiert werden?

Grundsätzlich stehen einem Unternehmen, entsprechend Heuskel,[84] folgende Wertschöpfungsarchitekturen zur Verfügung (▶ Abbildung 4.11):

- Schichtenspezialist: konzentriert sich auf wenige Aktivitäten in der Wertkette und will diese Aktivitäten und Kompetenzen möglichst branchenübergreifend nutzen.
- Pionier: integriert zusätzliche Wertschöpfungsaktivitäten in die Wertkette und verschafft sich durch diese Innovation eine bessere Wettbewerbsposition.
- Orchestrator: Auch der Orchestrator konzentriert sich auf einzelne Aktivitäten in der Wertschöpfungskette. Im Unterschied zum Schich-

tenspezialisten legt er jedoch besonderes Augenmerk auf die Koordination der Aktivitäten (ähnlich einem Dirigenten) und will dadurch einen Mehrwert erzielen.

Wertschöpfungsstrategien

- Integrator: hat eine sehr hohe Wertschöpfungstiefe, d.h. er führt den Großteil der Wertschöpfungsaktivitäten selbst aus.

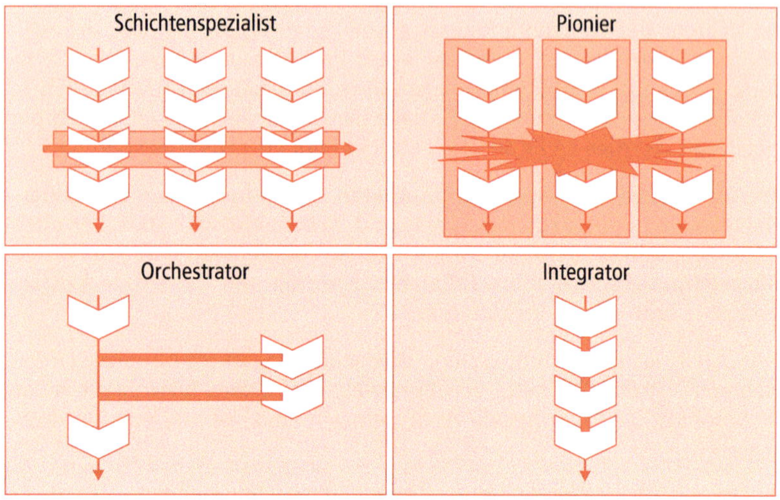

Abbildung 4.11: Wertschöpfungsarchitekturen (Wertschöpfungsstrategien)

In den letzten Jahren ist es vor allem durch die Digitalisierung möglich, dass innovative Unternehmen, Branchenstrukturen und Wertschöpfungsstrategien revolutionieren. Darüber hinaus bietet die Digitalisierung (z.B. Nutzung des Internets) die Möglichkeit, klassische Zwischenhändler (z.B. Fachhändler) auszuschalten und direkt an den Endkunden zu vertreiben. Andererseits können jedoch auch Käufer einfacher ihre Marktmacht steigern, indem sie ihre Nachfrage über das Internet bündeln (Käufergemeinschaften), als Großabnehmer agieren und dadurch bessere Konditionen generieren (Reintermediation).

Wertschöpfungsnetzwerke

Die Konvergenz von Industrien führt dazu, dass traditionelle Branchengrenzen ihre Gültigkeit verlieren und Unternehmen ihre Angebote branchenübergreifend gestalten (z.B. Multimediaindustrie inkludiert heute u.a. die Medien-, Unterhaltungs-, Telekommunikations-, Soft- und Hardwarebranche). Darüber hinaus hat die Entwicklung von Wertketten hin zu „Wertschöpfungsnetzwerken“ an Bedeutung gewonnen. Während in der Wertschöpfungskette eine sequenzielle und lineare Prozesslogik zur Erreichung der Wertschöpfung besteht, hat der Prozess im flexibleren Wertschöpfungsnetzwerk keine starre Reihenfolge, sondern funktioniert netzwerkartig unter Einbeziehung externer Partner. Basierend auf einer systematischen Literaturrecherche zeigt Ricciotti, dass unter anderem die zunehmenden Anforderungen in Bezug auf Flexibilität, Agilität, Nachhaltigkeit und Globalisierung dazu beitragen, dass Unternehmen sich in Wertschöpfungsnetzwerken organisieren, um diese Herausforderungen gemeinsam zu meistern.[85]

4.1.2.4 Kooperations- und Netzwerkstrategien

Kooperationen und Netzwerke ermöglichen es Unternehmen, sich auf ihre originäre Wissens- und Kompetenzbasis zu konzentrieren und ergänzend auf komplementäres Wissen von Partnern zurückzugreifen. Dieser Aspekt ist umso wichtiger, je höher die Unsicherheit über zukünftige Entwicklungen ist und je weniger Zeit für den Aufbau eigener Kompetenzen zur Verfügung steht.[86]

Gleichzeitig gewinnen Kooperationen oft auch dann an Bedeutung, wenn sich der Wettbewerb verschärft. Dies führt einerseits dazu, dass Unternehmen versuchen, sich gegenseitig von attraktiven Marktpositionen zu verdrängen. Es kann aber andererseits auch zur Folge haben, dass Konkurrenten und andere Teilnehmer näher zusammenrücken, um gemeinsam die Herausforderungen besser zu meistern. Dieses Spannungsverhältnis zwischen Wettbewerb und Zusammenarbeit gehört zu den faszinierendsten Herausforderungen des strategischen Managements. Durch die zunehmende Auflösung traditioneller Branchengrenzen (Dekonstruktion von Branchen) gewinnt dieses zusätzlich an Bedeutung, da nicht nur Akteure innerhalb der Branche, sondern auch außerhalb mögliche neue Wettbewerber oder Kooperationspartner darstellen können.[87]

Kooperationen zur Gestaltung innovativer Geschäftsmodelle

Auch bei der Gestaltung von innovativen und nachhaltigen Geschäftsmodellen hat die Öffnung der Unternehmen (Open Business Models) und damit die Bedeutung von Kooperationen enorm zugenommen. Dabei wird häufig die unternehmensspezifische Wertkette mit den Wertketten anderer Marktpartner verknüpft. Auf diese Weise werden neuartige Wertschöpfungsnetzwerke entwickelt (siehe auch ▶ Abschnitt 4.1.2). Durch Abnehmer-Zulieferer-Kooperationen, Allianzen mit Wettbewerbern oder Netzwerken aus verbündeten Unternehmen werden klassische Unternehmungsgrenzen überwunden. Durch diese Dekonstruktion von Branchen (Neudefinition von Branchengrenzen) können völlig neue Wertschöpfungsnetzwerke entstehen, in die einzelne Unternehmen mit ihrem spezifischen Wertschöpfungsbeitrag in vielfältigere und komplexere Systeme eingebunden sind. Als eine ganz besondere Entwicklung kann darüber hinaus die Entstehung von Plattform-Ökosystemen bezeichnet werden, die modulare und voneinander abhängige Kern- und Ergänzungskomponenten zu einem neuen Wertangebot verbinden. Dadurch werden nicht nur neue Produkte und Dienstleistungen entwickelt, sondern auch die wirtschaftliche Effizienz verschiedener Industrien wird verbessert. Zentrale strategische Fragestellungen sind u.a., welche Teilnehmer für die Plattform von Bedeutung sind und wie diese zur Teilnahme motiviert werden können, damit Netzwerkeffekte entstehen können, welche Führungs- und Koordinationsstruktur geschaffen werden soll und wie die Autorität und Macht in derartigen Ökosystemen verteilt wird. Die besondere Herausforderung ist dabei die Notwendigkeit der Koordination verschiedener Akteure mit möglicherweise widersprüchlichen Interessen, und zwar mithilfe einer Organisationsform, die weder über die hierarchischen Instrumente eines Unternehmens noch über die Entscheidungsfindung von Märkten verfügt.[88] Ziel dieser verschiedenen Kooperationsformen ist die Kombination von einzigartigen Kompetenzen verschiedener Unternehmen, um dadurch einen einzigartigen Wett-

Plattform-Ökosysteme

Kombination einzigartiger Kompetenzen

bewerbsvorteil und außergewöhnlichen Kundennutzen zu erzielen. Der Wettbewerb verlagert sich damit von der Ebene „Unternehmen gegen Unternehmen" hin zum „Netzwerk gegen Netzwerk".[89]

4.1.2.5 Strategien der Ertragsmechanik

Der fünfte relevante Aspekt bei der Entwicklung der Geschäftsmodellstrategie ist die Frage der Ertragsmechanik. Sie legt fest, wie ein Unternehmen durch das Erfüllen des Nutzenversprechens finanzielle Erträge erzielen kann.[90] Viele Unternehmen konzentrieren sich dabei auf klassische Ertragsmodelle und übersehen dabei das hohe Innovationspotenzial das in diesem Bereich liegen kann. Besonders durch die zunehmende Digitalisierung werden eine Vielzahl neuer Möglichkeiten eröffnet.[91] Neben dem traditionellen Modell (Verkauf von Produkten und Dienstleistungen) stehen eine Reihe weiterer strategischer Optionen zur Verfügung:[92]

- **Verkauf von Produkten und Dienstleistungen**: Der Ertrag erwirtschaftet sich aus der Differenz von Umsatz und Kosten. Der Großteil der Unternehmen wendet diese einfachste Form der Ertragsmechanik an.
- **Produkte als Eintrittskarte**: Bei dieser Option wird der Großteil des Ertrags durch zahlreiche Extras (z.B. Ryanair), durch Komplementärprodukte (z.B. Rasierklingen) oder über die begleitende Dienstleistung, die während der gesamten Nutzungsdauer des Produkts angeboten wird (z.B. Beratung und Wartung in der Softwarebranche), erzielt. In manchen Geschäftsmodellen wird die Basisversion sogar gratis angeboten (z.B. Skype) und ergänzend versucht, eine Premiumversion an möglichst viele Nutzer zu verkaufen.
- **Verkauf einer längerfristigen Nutzung** (von längerfristigen Verträgen): Der Kunde kauft das Recht, eine Leistung für einen längerfristigen Zeitraum zu nutzen. Die Leistungen und Nutzungsdauer werden dabei vertraglich vereinbart (z.B. Fitnessstudio, Privatfernsehsender).
- **Verkauf von Nutzen**: Unternehmen verkaufen nicht mehr das Produkt, sondern nur noch den Nutzen, mit dem das Kundenbedürfnis befriedigt wird (z.B. Skiverleih statt Verkauf von Ski). Auch im B2B-Bereich gewinnen Modelle wie „Pay per Use" (es wird nur noch die effektive Nutzung einer Leistung – z.B. einer Maschine – abgerechnet) oder „Performance Based Contracting" (erfolgsabhängige Vergütung, z.B. in der Unternehmensberatung) zunehmend an Bedeutung.

Strategische Optionen

- **Weitere innovative Ansätze** sind u.a. Verkauf von Werbeflächen, die an das Produkt geknüpft sind (z.B. YouTube), Auswertung und Verkauf von Nutzerdaten (z.B. Google), Verkauf an den Höchstbieter (z.B. eBay), Plattform-Lösungen (z.B. Plattformen für Video Games, auf denen durch die Kombination sowohl von Spielern als auch Spielentwicklern ein Mehrnutzen für alle generiert wird).

Durch eine kreative Kombination aus Nutzenversprechen und Ertragsmechanik können Unternehmen neue Märkte und Wettbewerbsvorteile schaffen. Die Forschung zeigt jedoch, dass die Wahl des optimalen Ertragsmodells eine herausfordernde Aufgabe darstellt, für die bisher noch wenige wissenschaftliche Erkenntnisse vorliegen.[93]

4.1.3 Funktionalstrategien

Mittels Funktionalstrategien erfolgt die Konkretisierung der Unternehmens- und Geschäftsbereichsstrategien (▶ Abbildung 4.12). Die übergeordneten Strategien legen die grundlegende strategische Richtung fest. Für die Umsetzung in den Funktionsbereichen sind diese Strategien jedoch noch zu allgemein. Daher werden sie im Hinblick auf die Konsequenzen für die Funktionsbereiche analysiert (z.B. welche Anforderungen ergeben sich aus einer Preis- und Kostenstrategie bzw. einer spezifischen Differenzierungsstrategie für die Beschaffung, Produktion) und daraus Funktionalstrategien entwickelt.

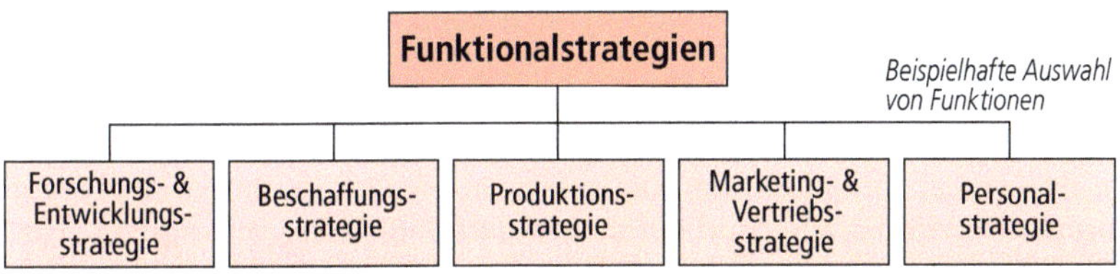

Abbildung 4.12: Funktionalstrategien

Gleichzeitig sind die einzelnen Funktionalstrategien aufeinander abzustimmen. Einerseits, um einen reibungslosen Ablauf der Wertschöpfungsprozesse zu garantieren, andererseits, um potenzielle Synergien nutzen zu können (z.B. Know-how). Letzteres ist vor allem interessant in Bezug auf die bereichsübergreifende Nutzung vorhandener Kernkompetenzen.

Welche Funktionalstrategien im Einzelfall von Bedeutung sind, hängt von der Strukturierung der Leistungsprozesse im Unternehmen sowie der zu konkretisierenden Strategie ab. Im Folgenden werden ausgewählte Funktionalstrategien kurz dargelegt.

Forschungs- und Entwicklungsstrategie

Aufgrund der zunehmenden Geschwindigkeit des technologischen Fortschritts und der Bedeutung von Innovationen für die Generierung von Wettbewerbsvorteilen hat die Ausgestaltung der Forschungs- und Entwicklungsstrategie hohe strategische Relevanz. Folgende Fragestellungen sind u.a. zu betrachten:[94]

- Auf welche Gebiete, Funktionen oder Bereiche sollen sich Forschung und Entwicklung konzentrieren?
- Soll eine eigene Grundlagenforschung betrieben werden oder der Fokus auf der angewandten Forschung liegen?
- Welche Forschungs- und Entwicklungskapazitäten sind erforderlich?
- Soll eine Forschungskooperation mit anderen Unternehmen oder Institutionen (z.B. Universitäten) betrieben werden?

Beschaffungsstrategie

Die Aufgabe der Beschaffungsstrategie ist es, die für den Wertschöpfungsprozess erforderlichen Güter und Dienstleistungen bereitzustellen. Diesbezüglich zeigt sich, dass die Effizienz der Beschaffung in manchen Branchen hohe Relevanz für die relative Kostenposition im Wettbewerb hat bzw. dass sie in der Differenzierung eine wichtige Rolle spielen kann (z.B. Qualität der Rohstoffe). Entsprechend bedeutsam wurden in den letzten Jahren globale Beschaffungsstrategien. Global Sourcing wird jedoch mittlerweile aufgrund von Abhängigkeiten und der Forderung nach Klimaneutralität durchaus kritisch betrachtet. Bei der Entwicklung der Beschaffungsstrategie sind u.a. folgende Themenfelder von Interesse:[95]

- Wie kann eine termingerechte und flexible Beschaffung gewährleistet werden?
- Wie kann die Beschaffungsqualität gesichert werden?
- Wie können Beschaffungs- und Lagerkosten reduziert und die Beschaffungseffizienz gesteigert werden?
- Wie hoch muss die Versorgungssicherheit sein und welche Kosten werden dafür investiert?

Produktionsstrategie

In den vergangen Jahren hat die Relevanz der Produktionsstrategie, vor allem vor dem Hintergrund der steigenden Bedeutung von Agilität, Flexibilität und Anpassungsfähigkeit in der Produktion, stark zugenommen.[96] Folgende Themenfelder sind bei der Gestaltung der Produktionsstrategie u.a. von Relevanz:[97]

- Welche Produktionskapazitäten sind wo und wann erforderlich?
- Welche Verfahrenstechnologie soll eingesetzt werden?
- Welcher Automatisierungsgrad wird angestrebt?
- Wie kann eine höhere Flexibilisierung der Produktion erreicht werden?
- Welche Fertigungstiefe ist passend (Eigen- versus Fremdfertigung)?

Marketing- und Vertriebsstrategie

Marketingstrategie

Mit der Markt- und Wettbewerbsstrategie werden bereits die wesentlichen strategischen Linien festgelegt, die mittels der Marketing- und Vertriebsstrategie weiter präzisiert werden. Zentrale Frage ist „Wie erreichen wir den Markt effektiv und effizient? Was genau in diesem Zusammenhang der Inhalt der Marketing- bzw. der Geschäftsbereichsstrategie ist, wird in der Literatur sehr unterschiedlich dargelegt. Hier soll die inhaltliche Präzisierung der Marketingstrategie mittels dem Marketingmix von Kotler (vier Ps: Produkt, Preis, Platzierung, Promotion)[98] erfolgen.

Konkret sind in den einzelnen Feldern folgende Details festzulegen:[99]

- **Produkt- und Programmpolitik:** Wie wird die Leistung, die am Markt angeboten wird, gestaltet (z.B. Produktsortiment, Produktqualität, Produktvarianten, Design, Marke, Verpackung, Garantie)?
- **Preis:** Welche Preise, Rabatte, Zahlungs- und Kreditierungsbedingungen werden angeboten?
- **Platzierung (bzw. Distribution):** Wie sollen die Leistungen am Markt platziert (bzw. vertrieben) werden (Vertriebskanäle, Vertriebspartner, Marktabdeckung, Lagerhaltung, Transport)?
- **Promotion (bzw. Kommunikation):** Welche Kommunikationsmaßnahmen sollen zum Erreichen der relevanten Zielgruppen eingesetzt werden (z.B. Werbung, online und soziale Medien, Verkaufsförderung, Public Relations, Sponsoring, Event-Marketing, Messen und Ausstellungen)?

Vertriebsstrategie

Besonders die Frage der Platzierung, im Speziellen die Vertriebsstrategie, hat in den letzten Jahren an Bedeutung gewonnen. Die Gründe dafür sind vielfältig, wie beispielsweise die steigende Kanalvielfalt, der Machtgewinn des Handels, die revolutionäre Entwicklung der Informations- und Kommunikationstechnologien oder die veränderten Konsumentenbedürfnisse. Zudem trägt die Problematik der verstärkten Austauschbarkeit von Produkten bzw. Dienstleistungen dazu bei, dass der Vertrieb als ein wichtiger Differenzierungsfaktor erkannt wurde.[100]

Vertriebsstrategisch sind folgende Fragestellungen von Interesse:[101]

- **Direkter oder indirekter Vertrieb:** Beim direkten Vertrieb (z.B. Außendienst, eigene Filialen oder Online-Shops) vertreibt das Unternehmen direkt an den Endkunden und kann damit den Auftritt beim Kunden (z.B. Beratung, Preis, optischer Auftritt) nach seinen Wünschen gestalten. In den letzten Jahren hat dabei besonders der Online-Vertrieb an Bedeutung gewonnen, da er den Unternehmen die einmalige Möglichkeit bietet, einen Direktkontakt mit dem Kunden aufzubauen und damit mehr Know-how über den Kunden und sein Kaufverhalten zu generieren. Beim indirekten Vertrieb (z.B. Zusammenarbeit mit Einzelhändlern) konzentriert sich das Unternehmen auf seine Kernkompetenzen (z.B. als Hersteller) und nutzt die Ressourcen und Fähigkeiten des Händlers.
- **Einstufiger oder mehrstufiger Vertrieb:** Beim einstufigen Vertrieb wird nur eine Handelsstufe genutzt (z.B. Zusammenarbeit mit Einzelhändlern), was vor allem die Möglichkeit der engeren Zusammenarbeit mit diesen Händlern und die Vorteile kürzerer Wege und geringerer Handelsspannen bietet. Im mehrstufigen Vertrieb wird mit mehreren Handelsstufen gearbeitet (z.B. mit Groß- und Einzelhändlern) und so unter anderem von Spezialisierungsvorteilen und Multiplikatoreffekten profitiert.
- **Einkanal- oder Mehrkanalvertrieb:** Im Mehrkanalvertrieb werden verschiedene Vertriebskanäle (z.B. direkt/indirekt und einstufig/mehrstufig) kombiniert, mit dem Ziel, die unterschiedlichen Kunden besser zu erreichen. Bei der Einkanalstrategie erfolgt dagegen die Konzentration auf einen Vertriebskanal, um Konflikte, Irritationen bei den Kunden und Komplexität zu vermeiden.
- **Arten der Vertriebspartner:** Sowohl auf der Großhandelsstufe als auch auf der Einzelhandelsstufe stehen verschiedene Typen von Vertriebspartnern zur Verfügung (z.B. Sortiments-/Streckengroßhändler, Supermarkt, Fachmarkt, Diskonter, Fachgeschäft), die je nach gewählter Markt- und Wettbewerbsstrategie und externem Kontext zu selektieren sind.
- **Anzahl der Vertriebspartner:** Grundsätzlich stehen die Optionen exklusiver Vertrieb (z.B. enge Zusammenarbeit mit wenigen Händlern bei einer Nischenstrategie), selektiver Vertrieb (Auswahl einer größeren Anzahl von Händlern nach qualitativen Gesichtspunkten) oder intensiver Vertrieb (Zusammenarbeit mit möglichst vielen Händlern) zur Verfügung.

- **Zusammenarbeit mit den Vertriebspartnern:** Hier sind die Details zur Zusammenarbeit mit den Vertriebspartnern festzulegen, z.B. wie sehr und in welcher Form soll kooperiert werden, wie werden die Funktionen verteilt oder wie werden die Verträge gestaltet. Zudem ist festzulegen, mit welchen und mit wie vielen Vertriebspartnern in welcher Form zusammengearbeitet wird.

Personalstrategie

Die Personalstrategie beschäftigt sich mit der Frage, wie sichergestellt werden kann, dass das Personal heute und in Zukunft die Anforderungen erfüllen kann, um die gewählten Strategien umzusetzen. Aufgrund struktureller Veränderungen des Arbeitsmarkts, des Anstiegs der absoluten und relativen Personalaufwendungen in vielen Ländern und neuen Werten in Bezug auf Einstellung und Bedürfnisse der Mitarbeiter hat die Bedeutung von personalstrategischen Aspekten in den letzten Jahren stark zugenommen.[102] Damit kommen den strategischen Fragen der Personalplanung, der Personalbeschaffung, der Positionierung am Arbeitsmarkt (Employer Branding), der Mitarbeiterentwicklung, der Personalführung sowie der Vergütung (Gehaltssystem) und der Anreiz- und Belohnungssysteme hohe Relevanz zu.[103]

4.2 Strategische Entscheidung

Einem Unternehmen steht, wie in ▸ Abschnitt 4.1 dargelegt, eine Vielzahl von strategischen Optionen zur Verfügung. Doch wie wird nun darüber entschieden, welche der strategischen Optionen Wirklichkeit werden? Ist dies eine Frage der Rationalität und bewusster Entscheidungsprozesse oder spielen auch andere Faktoren eine Rolle? Im strategischen Management existieren auf diese Fragen keine einfachen Antworten. Die Prozesse, in denen Strategien entstehen, sind ebenso individuell und vielfältig wie die strategischen Optionen selbst. Trotzdem können zwei grundsätzliche Denkansätze unterschieden werden:

Geplante Strategien

Der erste Ansatz geht von der Idee geplanter Strategien (planungsorientierte Perspektive) und von rational handelnden Entscheidern aus. Strategieentwicklungen und Entscheidungen basieren auf logischen Überlegungen und Schlussfolgerungen. Die Erkenntnisse der strategischen Analyse, die Unternehmenspolitik und strategischen Ziele und die Anwendung von Tools und Methoden spielen dabei eine wichtige Rolle. Strategische Optionen werden demnach rational, basierend auf den definierten Zielen, bewertet und ausgewählt.[104]

Emergente Strategien

Kritiker dieses Ansatzes, wie beispielsweise Mintzberg,[105] zeigen, dass Strategien nicht ausschließlich in einem bewussten Prozess entstehen. Vielmehr gibt es auch Strategien, die sich im Laufe der Zeit aus einzelnen Handlungen herausbilden, bzw. emergente Entscheidungsprozesse, die nicht geplant und nicht rational erklärbar sind (siehe ▸ Abschnitt 2.4).

In der Praxis vermischen sich beide Prozesse. Dementsprechend sind bei der Auseinandersetzung mit strategischen Entscheidungen auch beide

Prozesse zu beachten, um zu verstehen, warum welche Strategien im Unternehmen Wirklichkeit werden. Daher werden in diesem Kapitel sowohl Erklärungsansätze für geplante als auch emergente Strategien erörtert. Die Herausforderung liegt darin, die Besonderheiten beider Prozesse zu erkennen und zu berücksichtigen. In ▶ Abbildung 4.13 werden die verschiedenen Einflussfaktoren dargestellt.

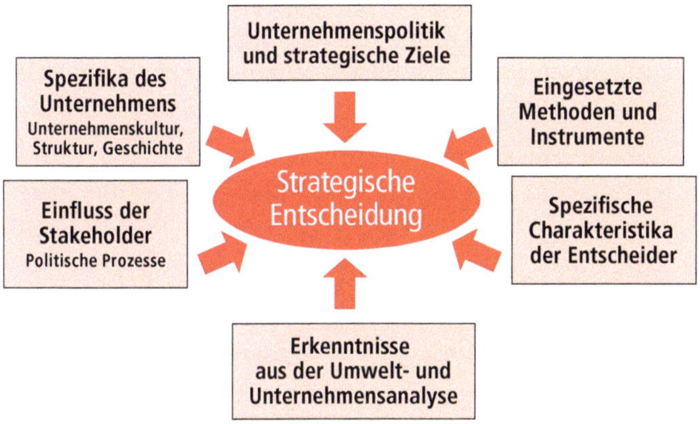

Abbildung 4.13: Die strategische Entscheidung

Planungsorientierte Faktoren

Im Mittelpunkt steht die strategische Entscheidung. Entsprechend dem planungsorientierten Ansatz stehen strategische Optionen, die basierend auf der Umwelt- und Unternehmensanalyse sowie der strategischen Frühaufklärung systematisch entwickelt wurden, zur Auswahl. Zentrale Grundlage für diese Entscheidung sind die Unternehmenspolitik und die strategischen Ziele, die einen wichtigen Orientierungspunkt im Entscheidungsprozess darstellen. Zusätzlich können, entsprechend dieser rationalen Sichtweise, verschiedene Methoden und Instrumente dabei helfen, systematisch eine Entscheidung herbeizuführen.

Emergente Prozesse

Entscheidungsprozesse laufen nicht immer rational und objektiv ab, wie die Vertreter des emergenten Strategieprozesses argumentieren. Verschiedene Faktoren haben Einfluss darauf, welche Strategie Wirklichkeit wird. Das können Entscheider sein, die mit ihren Charakteristika und ihrer Subjektivität beeinflussen, aber auch mächtige interne und externe Stakeholder, die versuchen, in Verhandlungsprozessen ihre Ansprüche durchzusetzen. Darüber hinaus wirkt das Unternehmen, mit seiner spezifischen Geschichte und Kultur, auf die Entscheidung ein.

Im Folgenden werden diese Einflussfaktoren näher erörtert (Details zur Umwelt- und Unternehmensanalyse finden sich in ▶ Kapitel 3).

4.2.1 Unternehmenspolitik und strategische Ziele

Die Unternehmenspolitik, die Vision, das Leitbild und die strategischen Ziele stellen zentrale Orientierungspunkte für das planungsorientierte Entscheidungsmodell dar. Strategische Optionen werden basierend auf diesen Maßstäben bewertet.

Je nach Grad und Präzisierung der verschiedenen strategischen Zielvorstellungen können diese in eine Zielhierarchie (▸ Abbildung 4.14) eingeordnet werden. An der Spitze der Zielhierarchie steht die Unternehmenspolitik, die grundlegende Aussagen über den Unternehmenszweck (Mission) und die Werte des Unternehmens vermittelt. Die Vision beschreibt auf der nächsten Ebene eine Vorstellung davon, was das Unternehmen zu werden wünscht oder wohin es strebt. Das Unternehmensleitbild konkretisiert schließlich Mission, Vision und Unternehmenswerte und legt diese in schriftlicher Form dar. Daraus abgeleitet können konkrete strategische Ziele für das Gesamtunternehmen, die Geschäfts- und Funktionsbereiche entwickelt werden.

Abbildung 4.14: Zielhierarchie

4.2.1.1 Unternehmenspolitik

Definition Der Begriff der Unternehmenspolitik wird in der Literatur sehr unterschiedlich dargelegt. Vielfach werden Begriffe wie Unternehmensgrundsätze, Unternehmensphilosophie, Unternehmenspolitik oder Unternehmensvision synonym verwendet. Entsprechend der Definition von Ulrich[106] ist die Unternehmenspolitik *„die Gesamtheit der grundlegenden Entscheide, welche das Unternehmensgeschehen in die Zukunft hinein auf längere Frist in den wesentlichen Grundlinien bestimmen sollen"*. Dazu sollte die Unternehmenspolitik folgende Kernelemente beinhalten:

- den Unternehmenszweck (die Mission) und
- die Werte des Unternehmens.

Mission Die Mission gibt Antwort auf die Frage: „What is our business?" Eine Mission beschreibt den Unternehmenszweck und erklärt, worin die Daseinsberechtigung des Unternehmens liegt. Sie verdeutlicht damit, welchen Auftrag das Unternehmen und die Mitarbeiter verfolgen und was dabei der Beitrag bzw. das Nutzenversprechen an die Anspruchsgruppen sein soll.[107]

Walt Disney: *„To make people happy"*

Tesla: *„To accelerate the world's transition to sustainable energy"*

McDonald's: *„To be our customers' favorite place and way to eat and drink"*

Missionen können, wenn sie sich an wenig verändernden Grundbedürfnissen orientieren, über Jahre weitgehend unverändert bleiben.

Werte

Die Werte geben Antwort auf die Frage: „Wie will sich das Unternehmen gegenüber seinen Stakeholdern verhalten?" Unternehmenswerte sind damit tragende und dauerhafte Grundsätze und stellen allgemeine Handlungsrichtlinien für die Mitarbeiter dar. Diese beziehen sich sowohl auf das interne Miteinander (gegenüber Mitarbeitern, Führungskräften) als auch auf die Handlungen zu externen Gruppen (z.B. Kunden, Lieferanten, Aktionäre, Staat, Öffentlichkeit). Sie vermitteln grundlegende Prinzipien, die die Ziele und Strategien eines Unternehmens leiten. Dabei können Unternehmenswerte das grundsätzliche Streben nach Gewinnmaximierung einschränken, spezifizieren oder erweitern, indem sie beispielsweise Themen wie die Verbesserung der Arbeitsbedingungen, der natürlichen Lebensbedingungen, das Schaffen einer außerordentlichen Produktqualität oder den Schutz der Natur in den Vordergrund rücken.[108]

Verschiedene Studien zeigen, dass die Berücksichtigung von sozialen und moralischen Zielen die langfristigen Gewinnaussichten der Unternehmen unterstützen. Sie können helfen, das Engagement und die Loyalität der Mitarbeiter zu fördern und die Beziehungen zu verschiedenen Geschäftspartnern zu optimieren.[109]

4.2.1.2 Vision

What do we want to become?

Die Vision gibt Antwort auf die Frage: „What do we want to become?" Die Vision beschreibt damit eine Vorstellung davon, wie das Unternehmen in Zukunft aussehen soll. Sie drückt aus, was das Unternehmen zu werden wünscht oder wohin es strebt.[110] Die besondere Bedeutung einer klar formulierten strategischen Vision liegt darin, die Energien der Mitarbeiter in eine gemeinsame Richtung zu lenken. Zudem regt eine Vision die Fantasie der Stakeholder und der breiten Öffentlichkeit an, wie Thompson und seine Kollegen am Beispiel der Vision der beiden Google-Mitbegründer Larry Page und Sergey Brin *„to organize the world's information and make it universally accessible and useful"* zeigen. Als Leitmotiv des Unternehmens diente sie als Grundlage für die Ausarbeitung der strategischen Maßnahmen des Unternehmens und unterstützte die internen Bemühungen, die Ressourcen des Unternehmens zu mobilisieren und zu lenken.[111]

Inhaltlich sollte die Vision so gestaltet sein, dass sie ein konkretes Zukunftsbild entwirft, das so nahe ist, dass die Realisierbarkeit noch sichtbar ist. Gleichzeitig sollte die Vision so fern sein, dass die Begeisterung für eine neue Wirklichkeit geweckt werden kann. Die Vision muss in die Zukunft weisen und gleichzeitig in der Realität verwurzelt sein.[112] Im Unterschied zur Strategie liefert die Vision ein visionäreres Bild der Zukunft, macht aber keine Aussagen über die strategischen Optionen, die den Weg dorthin ebnen.

4.2.1.3 Leitbild

Das Unternehmensleitbild konkretisiert die Mission, die Vision und die Unternehmenswerte. Es kann außerdem grundlegende Aussagen zur strategischen Ausrichtung und Positionierung darlegen. Das Leitbild soll die Vision und Mission mit Leben füllen und den Mitarbeitern und Managern Grundsätze an die Hand geben, die die Basis für ihre Entscheidungen und Aktivitäten darstellen. Ein Leitbild gibt u.a. Antworten auf folgende Fragestellungen:[113]

Inhalte

- Wer sind wir?
- Was machen wir? Was ist unsere Mission?
- Wozu machen wir es? Was ist unsere Vision?
- Wo wollen wir arbeiten? Welche Kunden wollen wir ansprechen? Welche Kundenbedürfnisse wollen wir erfüllen? In welchen Geschäftsfeldern und Märkten wollen wir tätig sein?
- Was können wir? Was sind unsere Kernkompetenzen?
- Wie wollen wir arbeiten? Wie wollen wir die Kundenbedürfnisse erfüllen (Marktstrategie) und den Wettbewerb bestreiten (Wettbewerbsstrategie)?
- Was ist uns wichtig? Was sind unsere Werte, Verhaltensgrundsätze und Handlungsleitlinien? Wie wollen wir die Bedürfnisse der Mitarbeiter und der Öffentlichkeit berücksichtigen?

Oft konzentrieren sich Leitbilder sehr auf sachliche Aspekte. Emotionale Werte und Begriffe, die positive Gefühle auslösen, wie Gerechtigkeit, Fairness, Nachhaltigkeit, Vertrauen, Respekt, Freude, Spaß oder Gemeinschaftsgeist, haben in Leitbildern jedoch eine wichtige Funktion, da sie auch das „Herz“ der Mitarbeiter ansprechen.[114]

4.2.1.4 Strategische Ziele

Der nächste Schritt besteht nun darin, die globalen Aussagen der Unternehmenspolitik, Vision und des Leitbilds in strategische Ziele für das Unternehmen und seine Geschäfts- und Funktionsbereiche zu übersetzen. Die Ziele sollten dementsprechend aus Vision und Mission abgeleitet werden und das Unternehmen der Erfüllung der Mission und Vision näher bringen. Ziele treffen Aussagen über zukünftige erstrebenswerte oder zu vermeidende Zustände. Damit sind Ziele Ausgangspunkt für die Entscheidung über die Unternehmens- und Geschäftsbereichsstrategien und gleichzeitig Orientierungsgröße für die spätere Performance-Messung.

Vielfalt von Zielen

Hinsichtlich der Frage, welche Zielinhalte in den Unternehmen Priorität haben, existieren widersprüchliche Aussagen in der Literatur (z.B. Existenzsicherung, Gewinnmaximierung, Marktanteilssteigerung, Erhöhung des Shareholder Value, Steigerung der Kunden- bzw. Mitarbeiterzufriedenheit).[115] In der klassischen Mikroökonomie wird in Verbindung mit dem Menschenbild des „homo oeconomicus“ die Annahme vertreten, dass Unternehmen grundsätzlich das Ziel der Gewinnmaximierung verfolgen.[116] Diese Vorstellung der ausschließlichen Gewinnmaximierung wurde jedoch schon bald kritisiert und als realitätsfern bezeichnet.[117] In einer Reihe von empirischen Studien zeigte sich, dass die Gewinnmaximierung weder das einzige Ziel von Unternehmen ist noch eine so dominante Stellung einnimmt, wie man vermutete. Vielmehr existiert meistens ein Zielsystem von mehreren miteinander in Beziehung stehenden Zielen.[118] Dominante Treiber sind häufig der Wunsch, etwas Besonderes zu leisten oder die Erfüllung einer Vision. Die Erreichung dieser Ziele ist jedoch in vielen Fällen nur auf der Basis eines kommerziellen Erfolgs möglich.[119]

Shareholder-Ansatz

Anfang der 1980er-Jahre gewann der von Rappaport entwickelte Shareholder-Ansatz vermehrt an Bedeutung. Dieser basiert auf der Shareholder-Value-Analyse – einer Methode zur Berechnung des Unternehmenswerts. Wertorientierte Ziele, die sich primär an den Interessen der Shareholder orientieren, stehen dabei im Mittelpunkt. Zentrales Erfolgskriterium ist die Steigerung des Unternehmenswerts und damit des Aktionärsvermögens.[120] Zahlreiche Studien[121] zeigten die steigende Bedeutung der Shareholder-Value-Orientierung in großen Unternehmen. Dabei stellt sich jedoch die grundsätzliche Frage, ob die Steigerung des Unternehmenswerts mit diesem Ansatz langfristig erreicht werden kann oder nur die temporäre Steigerung des Aktienkurses erzielt wird.[122] Dementsprechend liegen auch die Hauptkritikpunkte des Ansatzes darin, dass das kurzfristige Denken der Manager gefördert wird und langfristige Strategien, wie beispielsweise Investitionen in Forschung und Entwicklung oder Humankapital, vernachlässigt werden, weil sie die messbaren Erfolgskriterien zunächst negativ beeinflussen.[123]

Stakeholder-Ansatz

Bereits zu Beginn der 1970er-Jahre wurden im strategischen Management vermehrt Stimmen für die Verantwortung der Unternehmen gegenüber Angestellten, Kunden, Gesellschaft und der Umwelt laut (Stakeholder-Ansatz).[124] Der Stakeholder-Ansatz verfolgt im Gegensatz zum Shareholder-Ansatz eine pluralistische, gesellschaftsorientierte Zielausrichtung.

In diesem Ansatz finden weitere Stakeholder Berücksichtigung.[125] Dabei ist zu überlegen, an welchen Stakeholdern man bereit ist, sein Handeln auszurichten (siehe Stakeholder-Analyse und Konzept der Corporate Social Responsibility). Grundsätzlich ist eine Offenheit gegenüber allen Stakeholder-Gruppen und nicht nur eine Fokussierung auf mächtige Stakeholder wünschenswert. Auch potenziell Betroffene (beispielsweise die nächsten Generationen) können von Bedeutung sein.[126]

Kombination des Stakeholder- und Shareholder-Ansatzes

Die Frage, ob Unternehmen ausschließlich die Interessen der Eigentümer oder auch anderer Stakeholder berücksichtigen sollen, ist Gegenstand vielfältiger Diskussionen. Manche Autoren streben auch eine Integration der Ansätze an.[127] Welge, Al-Laham und Eulerich beispielsweise argumentieren, dass eine Erhöhung des Unternehmenswerts im Interesse aller Stakeholder ist, da damit ein Unternehmenswert geschaffen wird, der für eine Verteilung an die Stakeholder zur Verfügung steht. Gleichzeitig kann, nach Ansicht der Autoren, ein Unternehmen nur dann langfristig Bestand haben und Wert schaffen, wenn es neben den Interessen der Shareholder auch die der Stakeholder berücksichtigt. Beispielsweise stellen nur motivierte und zufriedene Mitarbeiter eine wertvolle strategische Ressource dar. Beziehungsweise ist die Kundenzufriedenheit und die Akzeptanz des Unternehmens in der Öffentlichkeit eine zentrale Voraussetzung für eine langfristige Wertsteigerung des Unternehmens.[128] Aktuelle Studien zeigen, dass es Unternehmen sehr wohl gelingen kann, sowohl eine gute Corporate Social Performance als auch eine gute finanzielle Performance zu erreichen.[129]

4.2.2 Methoden zur Auswahl strategischer Optionen

Strategische Entscheidungen unterliegen oft geringer langfristiger Prognosesicherheit und dementsprechend einem hohen Entscheidungsrisiko. Um das damit verbundene Risiko zumindest subjektiv zu reduzieren bzw. um die Wahrscheinlichkeit von Fehlentscheidungen zu vermindern, können formalisierte Entscheidungsmethoden bzw. -kriterien eine wichtige Hilfestellung sein.

Eine Vielzahl von quantitativen Instrumenten (z.B. Trendextrapolation oder finanzwirtschaftliche Verfahren), aber auch qualitative Verfahren (z.B. Cognitive Mapping oder Szenariotechnik) stehen dafür zur Verfügung. Wie wissenschaftliche Untersuchungen zeigen, haben in den Unternehmen, im Sinne des Shareholder-Value-Gedankens, besonders quantitative Aspekte (z.B. ROI, Jahresüberschuss, Steigerung des Unternehmenswerts) bei der Strategiebewertung hohe Bedeutung.[130]

In der Literatur stehen für die Bewertung von Strategien verschiedenste Kriterienkataloge zur Verfügung. Im Folgenden werden zentrale Fragestellungen daraus erörtert: [131]

Quantitative und qualitative Kriterien

- **Ist die Strategie situationsadäquat?** Entspricht sie den Anforderungen der Umwelt und bietet sie einen Markt- und Wettbewerbsvorteil?
- **Mit welcher Strategie können die Ziele am besten erreicht werden?** Bei der Beurteilung dieser Fragestellung haben quantitative Methoden eine hohe Bedeutung. Die etabliertesten Verfahren sind Wertanalysen (z.B. Discounted-Cashflow-Methode, Sensitivitätsanalyse, Economic Value Added), mit denen der Wert, der mit der Strategie geschaffen wird, analysiert wird. Zusätzlich sollten jedoch auch qualitative Kriterien für die Beurteilung von qualitativen Zielen (z.B. Steigerung der Kundenzufriedenheit) berücksichtigt werden.
- **Auf was wird verzichtet?** Entsprechend Porter[132] muss bei der strategischen Wahl immer eine Entscheidung für und gegen bestimmte Alternativen getroffen werden. Dabei ist oft die bewusste Entscheidung gegen eine Option schwierig, da sie einen Verzicht bzw. ein Beenden einer bisherigen Handlung notwendig macht.
- **Wird die Strategie den Anforderungen der Stakeholder gerecht?** Diesbezüglich ist zu beurteilen, wie gut die Strategie jene Stakeholder-Bedürfnisse befriedigt, die erfüllt werden sollen. Gleichzeitig ist zu analysieren, welche Risiken aufgrund nicht erfüllter Anforderungen bzw. einer fehlenden Akzeptanz von Seiten der Stakeholder zu erwarten sind (z.B. Gefahr von Machtkämpfen, Implementierungsproblem).
- **Ist die Strategie durchführbar?** Verfügt das Unternehmen über die notwendigen Ressourcen und Fähigkeiten bzw. können diese beschafft werden, um die Strategie umzusetzen? Viele Optionen müssen an dieser Stelle eliminiert werden, weil sie die Möglichkeiten des Un-

ternehmens übersteigen. Dabei spielen nicht nur sachliche, sondern auch verhaltensorientierte Aspekte (z.B. ist die notwendige Veränderungsbereitschaft vorhanden) eine wichtige Rolle.

- **Welche Risiken sind mit der Strategie verbunden?** Eine Entscheidung ist immer in einer mehr oder weniger großen Situation der Unsicherheit zu treffen. Das Ausmaß der Unsicherheit soll an dieser Stelle bewusst gemacht werden, mögliche Risiken und der Aspekt, ob diese Risiken tragbar sind, müssen bewertet werden.
- **Ist die Strategie konsistent?** Passen die Teilstrategien zusammen und passen sie zum übergeordneten System (z.B. Unternehmenszweck, strategische Ziele). Sind die Markt- und Wettbewerbsstrategien mit der internen Erfolgsbasis im Einklang (Konfiguration) und sind Umwelt und Unternehmen aufeinander abgestimmt (Strategic FIT).
- **Wird bzw. soll die Kontinuität gefördert werden oder sollen neue Wege beschritten werden?** Für Porter[133] ist eine zu häufige Neuorientierung ein Zeichen für eine fehlende übergeordnete Strategie. Ohne Kontinuität ist es schwierig, Fähigkeiten und Kernkompetenzen aufzubauen bzw. ein überzeugendes und klares Bild beim Kunden zu erzeugen. Andererseits kann es in einer dynamischen Umwelt gefährlich sein, zu lange an ehemaligen Erfolgspositionen festzuhalten.
- **Ist die Strategie ethisch und ökologisch vertretbar?** Welches Wertesystem geht mit der Realisierung der Strategie einher und entspricht das den Anforderungen des Unternehmens?

4.2.3 Charakteristika der Entscheider

In Entscheidungsprozessen spielt das Verhalten der Individuen eine wichtige Rolle. Dabei wird der **Charakteristika der Entscheider** besondere Aufmerksamkeit geschenkt. Bereits 1972 hat sich Child[134] mit dem Einfluss der Entscheider (dominierende Koalition) auf die strategische Entscheidung auseinandergesetzt. Besonders hervorzuheben ist in diesem Zusammenhang das Konzept der begrenzten Rationalität und die Rolle des Topmanagementteams (Upper-Echelon-Theorie).

Begrenzte Rationalität

Entsprechend dem Konzept der begrenzten Rationalität werden Entscheidungen dadurch beeinflusst, dass Entscheidungsträger mit unvollständigen Informationen agieren müssen. Die Theorie der begrenzten Rationalität von Simon (1972)[135] geht davon aus, dass kognitive Grenzen der Informationsaufnahme und -verarbeitung verhindern, dass Menschen objektiv rationale Entscheidungen treffen. Es können nie alle Entscheidungsalternativen berücksichtigt und auch deren Konsequenzen (heute und in der Zukunft) nur begrenzt beurteilt werden. Trotz begrenzter Rationalität müssen Individuen jedoch Entscheidungen treffen. Individuen lösen dies dahingehend, dass sie nicht nach einer optimalen Lösung, sondern nach einer befriedigenden Lösung suchen. Der Entscheidungsprozess wird dann beendet, wenn eine zufriedenstellende Lösung identifiziert wurde. Welche Option als befriedigend gilt, hängt vom jeweiligen Anspruchsniveau ab. Ziel ist eine zufriedenstellende Balance zwischen Aufwand und Entscheidungsgüte.[136]

Simons Realitätsverständnis stellt damit ein Korrektiv zum objektiv rationalen Vorgehen der planungsorientierten Perspektive dar. Die Annahme, dass ein Entscheidungsträger vollkommen objektiv und rational agieren kann, wird somit verworfen. Gleichzeitig wird damit ein Bewusstsein dafür geschaffen, dass komplexe Entscheidungen immer unter unvollkommenen Informationen und Unsicherheit getroffen werden müssen. Dies sollte jedoch keine Begründung dafür sein, die Ansätze der planungsorientierten Perspektive zu ignorieren. Im Gegenteil, ihre Instrumente und Methoden können helfen, Wissen zu erweitern und Unsicherheit zu vermindern. Damit kann die Qualität des Entscheidungsprozesses optimiert werden, auch wenn die kognitiven Grenzen nur zum Teil überwunden werden können.

Die Entscheider Upper Echelon

Neben dem Konzept der beschränkten Rationalität hat besonders der **Upper-Echelon-Ansatz** (u.a. Hambrick und Mason), der sich mit dem Einfluss des Topmanagementteams (dem Upper Echelon) auf die Strategiewahl, den Strategieprozess und die Unternehmensperformance beschäftigt, Bedeutung erlangt.[137] Da wichtige strategische Entscheidungen häufig im Team getroffen werden, steht in diesem Ansatz das gesamte Team und nicht nur der einzelne Manager im Mittelpunkt.

Die Upper-Echelon-Theorie[138] zeigt, dass Topmanager das Unternehmen und ihre Umwelt differenziert und subjektiv verzerrt wahrnehmen. Beispielsweise unterscheiden sich Manager darin, welche Ausschnitte der komplexen Umwelt für sie besondere Relevanz haben. Hintergrund dafür sind persönliche Charakteristika des Topmanagementteams, insbesondere demografische und psychologische Merkmale, wie z.B. Kognitionen (Form der Informationsverarbeitung) oder Stimmungen. Michl et al. heben besonders die Bedeutung der psychologischen Faktoren (Effekte, Emotionen und Stimmungen) hervor. Verschiedene Untersuchungen zeigten, dass demografische Merkmale und Kognitionen zwar wichtige (und leichter messbare) Einflussfaktoren darstellen, den strategischen Entscheidungsprozess jedoch nicht vollständig abbilden können.[139] Dementsprechend stellen Michl et al. basierend auf Hambrick und Mason die relevanten Topmanagementcharakteristika wie folgt dar:[140]

Charakteristika des Topmanagements

- Beobachtbare Faktoren: Alter, Funktionsbereich, Erfahrung, Ausbildung, sozio-demografische Faktoren, finanzielle Stellung, Gruppencharakteristika
- Psychologische Faktoren: Kognitionen, Affekte, Emotionen, Stimmungen

In der strategischen Entscheidungsphase können derartige Erkenntnisse berücksichtigt werden, indem die persönlichen Charakteristika des Topmanagementteams in die Überlegungen mit einbezogen werden. Eine angemessene Diversität bzw. Heterogenität im Topmanagementteam kann beispielsweise helfen, Subjektivität auszugleichen. Außerdem kann ein Advocatus Diaboli bewusst Gegenpositionen einnehmen.[141] Dies ist besonders dann von hohem Nutzen, wenn das Topmanagement bereits mit sehr ähnlichen Persönlichkeiten besetzt ist.

4.2.4 Einfluss der Stakeholder

Politische Prozesse

Strategien werden nicht nur verfolgt, weil sie externen oder internen Herausforderungen für das Unternehmen gerecht werden, sondern auch, weil verschiedene Stakeholder versuchen, im Entscheidungsprozess ihre unterschiedlichen Interessen durchzusetzen. Bereits 1963 argumentierten Cyert und March[142], dass Entscheidungen in Form von politischen Prozessen ausverhandelt werden.

Verschiedenartige Interessen

Verschiedenartige Interessen interner (z.B. Topmanagement, mittleres Management, Mitarbeiter) und externer Stakeholder (z.B. Aktionäre, Banken, Kunden, Lieferanten, staatliche Stellen) begründen sich u.a. in verschiedenartigen Zielen, unterschiedlichem Informationsstand oder divergierenden Motiven (z.B. Macht- und Prestigebestrebungen, Angst vor Gesichtsverlust). Diese andersartigen Interessen verbunden mit knappen Ressourcen, die es nicht möglich machen, alle Interessen zu befriedigen, können als die treibende Kraft für politische Prozesse bezeichnet werden. Dementsprechend entwickeln sich Strategien aufgrund von Verhandlungen zwischen mächtigen internen und externen Stakeholder-Gruppen.[143]

Analyse

Um derartige Prozesse bewusst zu machen und in der Phase der strategischen Entscheidung zu berücksichtigen, spielt das Erkennen der Interessen verschiedener Stakeholder bzw. der Machtstrukturen eine wichtige Rolle. Folgende Analysefragen können dazu dienen:[144]

- Wer sind die relevanten Stakeholder (intern und extern)?
- Welche Interessen und Motive haben sie? Was prägt ihre Meinungen und Haltungen? Welche strategischen Handlungsmöglichkeiten haben sie?
- Welche Akteure bzw. Gruppen bestimmen das Ergebnis? Wer ist besonders mächtig?
- Wie ausgeprägt ist die Kooperationsbereitschaft der einzelnen Stakeholder?
- Welche formellen „Regeln“ (Unternehmensstruktur) und informellen „Regeln“ (Konventionen, Unternehmenskultur) existieren?

Politische Prozesse werden häufig als negative, unvermeidliche Faktoren angesehen. Doch Konflikte und Spannungen können auch zu neuen Ideen führen – und alte Herangehensweisen in Frage stellen. Das heißt, politische Prozesse sind nicht nur „zu vermeiden“, sondern können die Strategiefindung auch bereichern und optimieren.

4.2.5 Spezifika des Unternehmens

Welchen Einfluss hat das Unternehmen selbst auf die strategische Entscheidung? In der wissenschaftlichen Literatur werden diesbezüglich vor allem die Unternehmenskultur und die Unternehmensgeschichte hervorgehoben.

Unternehmenskultur Unternehmen können als Sinnsysteme mit spezifischen Werten, Symbolen und Überzeugungen betrachtet werden. Entscheidungen und Handlungen werden in hohem Maße von diesem Sinn- und Orientierungsmuster bestimmt. Die diesbezüglichen Wirkungen der Unternehmenskultur können positiv (z.B. Koordination, Integration, rasche Entscheidungsfindung), aber auch negativ sein. Beispielsweise kann ein Konformitätsdruck die strategische Neuausrichtung behindern, weil nach traditionellen Erfolgsmustern gehandelt wird. Darüber hinaus sollte die Problematik des Wahrnehmungsfilters berücksichtigt werden. Das heißt, die Unternehmenskultur hat Einfluss darauf, welche Informationen von Individuen als relevant erachtet werden und welche nicht. Individuen in unterschiedlichen Unternehmenskulturen nehmen demnach die Umwelt auf verschiedene Art wahr und entscheiden dementsprechend unterschiedlich. Das rechtzeitige Erkennen relevanter Umweltveränderungen kann aufgrund dieses Wahrnehmungsfilters verhindert werden.[145] Für die strategische Entscheidung ist es daher wichtig, die Kernannahmen und Werte zu hinterfragen und zu berücksichtigen (lernende Organisation).

Unternehmensgeschichte Neben der Unternehmenskultur ist die Unternehmensgeschichte ein weiterer Einflussfaktor auf die strategische Entscheidung. Die Tendenz, dass Unternehmen ihre Strategie aufgrund historischer Einflüsse inkrementell weiterentwickeln, wurde in verschiedensten Studien bestätigt. Das Konzept der Pfadabhängigkeit zeigt, dass durch frühere Entscheidungen und Ereignisse bestimmte Entwicklungspfade entstehen, welche einen großen Einfluss auf nachfolgende Entscheidungen haben.[146]

Besonders dann, wenn die Vergangenheit erfolgreich war, ist ein diesbezügliches Vorgehen wahrscheinlich. Jeder strategische Schritt wird im Laufe der Zeit durch das entstandene Strategiemuster geprägt und verstärkt dieses Muster wiederum. Dieses Vorgehen kann als grundsätzlich sinnvoll bezeichnet werden, denn hat ein Unternehmen eine erfolgreiche strategische Richtung eingeschlagen, sollen weitere Aktivitäten mit dieser in Einklang stehen.

In Zeiten dynamischer Veränderungen sind jedoch ein agiles Vorgehen und ein schnelles Anpassen an die Veränderungen erforderlich. Wenn Entscheidungen aufgrund der Unternehmensentwicklung und nicht aufgrund von wohlüberlegten Analysen getroffen werden, kann eine **„Strategic Drift“** (Unternehmen entfernen sich zu weit von der notwendigen Anpassung) entstehen. Setzt sich diese „Strategic Drift“ fort, sind häufig negative Konsequenzen (z.B. finanzielle Einbußen, Marktanteilsverluste, ...) bis hin zum Konkurs die Folge.[147]

Auch hier ist das Erkennen ein wichtiger Lösungsansatz. Werden historische Strategiemuster bewusst gemacht, können Nutzen und Grenzen analysiert und unerwünschten Entwicklungen gegengesteuert werden.

4.3 Diskussion

Geplante Strategien

Warum und wie sich einzelne Strategien im Unternehmen formieren, ist Gegenstand vielfältiger Diskussionen.

Vertreter der planungsorientierten Perspektive sind der Überzeugung, dass Strategien auf einem wohl überlegten, rationalen Denkvorgang und einem bewussten Entscheidungsprozess basieren. Diese planungsorientierte Sichtweise stammt aus der frühen Entwicklungsphase des strategischen Managements. Erste diesbezügliche Ansätze wurden bereits 1965 von Mitgliedern der General Management Group der Harvard Business School entwickelt.

Emergente Strategien

Dieser rational-analytische Ansatz wurde vielfach kritisiert und in empirischen Studien widerlegt. Besonders die Vertreter der emergenten Sichtweise bzw. des logischen Inkrementalismus wie Mintzberg, Quinn, Pettigrew oder Johnson[148] argumentieren, dass kein geplanter phasendeterminierter Strategieprozess existiert und, dass aufgrund begrenzter Informationsverarbeitungskapazität keine rationalen Entscheidungen getroffen werden. Strategien können durch die Eigenschaften der Entscheider beeinflusst werden, aufgrund von Verhandlungen mit mächtigen Stakeholdern bestimmt werden oder von der Unternehmenskultur oder -geschichte in hohem Maße geprägt werden. Daraus können auch Strategien entstehen, die nicht explizit formuliert wurden.

Kontroverse

Die Kontroverse zwischen den beiden Ansätzen begann in den 1970er-Jahren und dauert bis heute an.[149] Dabei zeigen aktuelle Studien,[150] dass die Diskussion geplant oder emergent obsolet ist. Geplante wie emergente Strategien kommen in einem Unternehmen vor und ihr Zusammenspiel verändert sich im Zeitverlauf. Die Herausforderung der Manager liegt darin, potenzielle Vorteile der Prozesse zu erkennen und zu nutzen, um in der sich verändernden Umwelt anpassungsfähig und erfolgreich zu sein. Einen „vorgefertigten“ Plan in einem dynamischen Umfeld zu verfolgen, kann als riskantes Vorgehen bezeichnet werden. Die Gefahr ist, dass Strategien zu spät angepasst, alte Strategien zu spät verworfen, Entscheidungswege zu wenig agil und Strukturen zu zögerlich adaptiert werden. Unternehmen müssen sich nicht nur ständig an die neuen Anforderungen anpassen und „Neues“ erlernen, sondern auch engagiert „entlernen“. In vielen Märkten müssen Strategien und Geschäftsmodelle einen – manchmal sogar revolutionären – Wandel erleben.[151] Geplante Prozesse sollen nicht eliminiert, sondern hinterfragt und optimiert werden und Erfahrungslernen miteinschließen.[152] Gleichzeitig entziehen sich auch emergente Prozesse nicht der Steuerung. Um möglichen Engpässen und Risiken entgegenzuwirken, ist es wichtig, die verschiedenen Einflussfaktoren (z.B. die Rolle der Entscheider bzw. Stakeholder und die Spezifika des Unternehmens) bewusst zu machen und infrage zu stellen. Dabei ist jedoch eine Unternehmenskultur bzw. ein Managementstil erforderlich, die ein kritisches Hinterfragen und Experimentieren fördern. Wenn dagegen in der bestehenden Kultur derartige Aktivitäten wenig opportun sind, wird ein Unternehmen Gefahr laufen, dem Diktat der Vergangenheit, der Unternehmenskultur oder einzelner Individuen zu folgen.[153]

ZUSAMMENFASSUNG

In diesem Kapitel stand die Frage „Mit welchen Strategien können wir nachhaltig erfolgreich sein?“ zur Diskussion. Einem Unternehmen steht dafür eine Vielzahl von strategischen Optionen zur Verfügung, die differenziert nach verschiedenen organisatorischen Ebenen, wie folgt systematisiert werden können:

Auf der obersten Ebene werden grundsätzliche Entscheidungen bezüglich der Entwicklung der einzelnen Geschäftsbereiche getroffen **(Unternehmensstrategie).** Soll ein weiteres Wachstum verfolgt werden (Wachstumsstrategie) oder ist eine Stabilisierungs- oder Desinvestitionsstrategie notwendig? Folgende Wachstumsstrategien stehen einem Unternehmen grundsätzlich zur Verfügung: Es können die bisherigen Tätigkeiten intensiviert (Marktdurchdringung), neue Produkte entwickelt (Produktentwicklung bzw. Innovationsstrategie), neue Märkte erobert (Marktentwicklung bzw. Internationalisierung) oder mit neuen Produkten auf neuen Märkten agiert werden (Diversifikation). Des Weiteren kann eine Strategie des integrativen Wachstums (horizontale und vertikale Integration) gewählt werden.

Außerdem ist auf Ebene des Gesamtunternehmens zu prüfen, wie ein optimales Portfolio der einzelnen Geschäftsbereiche geschaffen wird und wie die Unternehmenszentrale zur Wertsteigerung des Unternehmens beitragen kann (Parenting-Strategie). Zudem werden strategisch relevante Themen im Rahmen von Issue-Strategien bearbeitet (z.B. Nachhaltigkeit, Digitalisierung).

Mit den **Geschäftsbereichsstrategien** werden der strategische Fokus und das Geschäftsmodell der einzelnen Geschäftsbereiche festgelegt: Welche Wettbewerbsvorteile werden den Kunden geboten (Markt- und Wettbewerbsstrategie), welche Ressourcen können dazu genutzt werden (Ressourcenstrategie), welche Aktivitäten für die Erstellung der Leistung werden erbracht (Wertschöpfungsstrategie), welche Kooperationspartner werden integriert (Kooperations- und Netzwerkstrategien) und wie werden finanzielle Erträge erzielt (Strategie der Ertragsmechanik)?

Die übergeordneten Unternehmens- und Geschäftsbereichsstrategien legen die grundlegende strategische Richtung fest. Für die Umsetzung in den Funktionsbereichen sind diese Strategien jedoch noch zu allgemein. Daher werden sie im Hinblick auf die Konsequenzen für die Funktionsbereiche analysiert und daraus werden **Funktionalstrategien** (z.B. Marketing- und Vertriebsstrategie) entwickelt.

Im Mittelpunkt der Phase der **strategischen Entscheidung** steht die Frage, welche strategischen Optionen Wirklichkeit werden sollten. Zur Auswahl stehen u.a. strategische Alternativen, die basierend auf den Erkenntnissen der Umwelt- und Unternehmensanalyse sowie der strategischen Frühaufklärung, systematisch entwickelt wurden. Eine zentrale Grundlage für den Entscheidungsprozess stellen die Unternehmenspolitik und die strategischen Ziele dar. Darüber hinaus beeinflussen jedoch auch Entscheider mit ihren Charakteristika und ihrer Subjektivität, aber auch mächtige interne und externe Stakeholder den Entscheidungsprozess. Auch das Unternehmen, mit seiner spezifischen Geschichte und Kultur, wirkt auf die Entscheidung ein. Zudem können sich auch Strategien herausbilden, die nicht explizit geplant und formuliert wurden, sondern sich aus dem täglichen Handeln herauskristallisieren (emergente Strategien).

Literaturhinweise und Anmerkungen

1 Ansoff (1965), S. 109f.

2 Siehe beispielsweise Bea und Haas (2019), S. 189ff.; Camphausen (2013), S. 21ff.; Kreikebaum, Behnam und Gilbert (2018), S. 136; Welge, Al-Laham und Eulerich (2017), S. 469

3 Ansoff (1965), S. 109f.

4 Kotler, Keller und Opresnik (2017), S. 50ff.; Meffert, Burmann und Kirchgeorg (2018), S. 308f.

5 Paul und Wollny (2020), S. 283.

6 David und David (2017), S. 128; Kotler, Keller und Opresnik (2017), S. 275; Scheuss (2016), S. 105f.

7 Chen, Hsu und Chang (2014), S. 771ff.; Hutzschenreuter, Pedersen und Volberda (2007), S. 1055ff.; Maitland und Sammartino (2015), S. 733ff.

8 Holtbrügge und Welge (2015), 97ff.; Gustavsson (1994), S. 282ff; Johnson et al. (2018), S. 373ff.; Meissner und Gerber (1989), 217ff.; Welge, Al-Laham und Eulerich (2017), S. 649ff.

9 Meffert, Burmann und Kirchgeorg (2018), S. 309f.; Matzler, Müller und Mooradian (2021), S. 125ff.

10 David und David (2017), S. 129; Scheuss (2016), S. 105ff.; Hutzschenreuter und Horstkotte (2013), S. 704ff.

11 Ferreira et al. (2015), S. 1395ff.; Salomo, Talke und Strecker (2008).

12 Gelbmann und Vorbach (2007), S. 166; Johnson et al. (2018), S. 412ff.; Schuh (2012), S. 20ff. Aktuelle Studien zu diesen Themen finden sich unter anderem in folgenden wissenschaftlichen Artikeln: First Mover oder Folger: Klingebiel und Joseph (2016); Markides und Sosa (2013); Suarez, Grodal und Gotsopoulos (2015); Wang (2017); außerdem zu Technology Push & Market Pull: Liu und Su (2014); Timsit et al. (2015); sowie zu Closed oder Open Innovation: Antonelli und Fassio (2016); Chatterji und Fabrizio (2014); Cheng und Huizingh, Eelko K. R. E. (2014).

13 Spieth, Schneckenberg und Ricart (2014).

14 Hungenberg (2014), S. 507; Johnson et al. (2018), S. 325ff.; Welge, Al-Laham und Eulerich (2017), S. 606f.

15 Mackey, Barney und Dotson (2017), S. 322ff.; Bresser (2010), S. 100; Lombriser und Abplanalp (2018), S. 333ff.; Rumelt (1974).

16 Johnson et al. (2018), S. 325ff.

17 Johnson et al. (2018), S. 329f.; Welge, Al-Laham und Eulerich (2017), S. 625 sowie aktuelle Studien von Choi, Menon und Tabakovic (2021) sowie Parker-Lue und Lieberman (2020).

18 Rumelt (1982).

19 Schommer, Richter und Karna (2020).

20 D'Aveni, Ravenscraft und Anderson (2004); Hamel und Prahalad (1997); Müller-Stewens und Lechner (2016), S. 290f.; Wulf (2005).

21 Lombriser und Abplanalp (2018), S. 329ff.; Müller-Stewens und Lechner (2016), S. 351ff.

22 Bresser (2010), S. 94f.; Lombriser und Abplanalp (2018), S. 329f.

23 Duong und Chong (2020); Lahiri und Narayanan (2013), S. 1042ff.; Bresser (2010), S. 95; Grant und Nippa (2006), S. 491ff.

24 David und David (2017), S. 127.

25 Bea und Haas (2019), S. 201; Coulter (2013), S. 170f.

26 Bea und Haas (2019), S. 203; Müller-Stewens und Lechner (2016), S. 306; Welge, Al-Laham und Eulerich (2017), S. 632ff.

27 David und David (2017), S. 131ff.; Thissen (2000); Welge, Al-Laham und Eulerich (2017), S. 645.

28 Bea und Haas (2019), S. 201ff.; Müller-Stewens und Lechner (2016), S. 306f.; Welge, Al-Laham und Eulerich (2017), S. 632.

29 Hungenberg (2014), S. 378ff.; Welge, Al-Laham und Eulerich (2017), S. 470ff.

30 Feldman (2021), S. 114ff.; Lynch (2021), S. 330ff.; Scheuss (2016), S. 224ff.

31 Welge, Al-Laham und Eulerich (2017), S. 517ff.

32 Freeman (1984); Europäische Kommission (2011), S. 7.

33 Correani et al. (2020); Gassmann und Sutter (2019); Hess (2019).

34 Zu Agilitätsstrategien siehe z.B. Hamel und Zanini (2020); Häusling (2020). Hinsichtlich Dynamic Capabilities sei hier auf die grundlegenden Werke von Teece, Pisano und Shuen (1997); Eisenhardt und Martin (2000); Helfat et al. (2007) und Teece (2012) verwiesen.

35 Alvarez et al. (2020); Freeman, Dmytriyev und Phillips (2021); Kim, Kim und Qian, C. (2018); Kaplan und McMillan (2020).

36 Abell (1980), S. 17.

37 Porter (1980).

38 Schallmo (2013), S. 22f.; Massa, Tucci und Afuah (2017), S. 73ff.; Saebi und Foss (2015), S. 201ff.; Spieth, Schneckenberg und Matzler (2016), S. 404ff. Häufig zitierte Definitionen finden sich u.a. bei Amit und Zott (2001); Casadesus-Masanell und Ricart (2010); Osterwalder und Pigneur (2011) und Teece (2010).

39 Gassmann, Frankenberger und Csik (2020), S. 8ff.; Osterwalder und Pigneur (2011), S. 20ff.; Saebi und Foss (2015), S. 204; Amit und Zott (2012), S. 42; Amit und Zott (2021), S. 13ff. und Bigelow und Barney (2021), S. 529.

40 Amit und Zott (2012), S. 42 und Bigelow und Barney (2021), S. 529.

41 Bigelow und Barney (2021), S. 528; Foss und Saebi (2017), S. 200; Lanzolla und Markides (2021), S. 540; Massa, Tucci und Afuah (2017), S. 74; Prescott und Filatotchev (2021), S. 519.

42 Durch die innovative Kombination der einzelnen Dimensionen können schließlich einzigartige Geschäftsmodellmuster entstehen, mit denen ein nachhaltiger Wettbewerbsvorteil am Markt erreicht werden kann. Diesbezüglich wird auf die entsprechende Spezialliteratur verwiesen (z.B. Geschäftsmodellmuster von Gassmann, Frankenberger und Csik (2017), Business Model Innovation Strategy von Amit und Zott (2020) oder der Literaturüberblick von Andreini et al. (2021).

43 Cortimiglia, Ghezzi und Frank (2016), S 414ff.; Massa, Tucci und Afuah (2017), S. 73ff.; Wirtz et al. (2016), S. 36ff.

44 Lanzolla und Markides (2021), S. 541ff.

45 Hungenberg (2014), S. 196.

46 Hungenberg (2014), S. 196ff.; Lynch (2021), S. 106.

47 Hungenberg (2014), S. 196ff.

48 Im Gegensatz zu Porter (1985) werden hier nicht nur die Kosten, sondern im Sinne der Marktfokussierung auch die Preise in den Mittelpunkt gerückt.

49 Ein weiteres bekanntes Modell zur Systematisierung von Wettbewerbsstrategien stellt die Strategy Clock dar: siehe D'Aveni (1995), S. 9ff.; Faulkner und Bowman (1995); Johnson et al. (2018), 278ff.

50 Porter (2014), S. 40ff.; Porter (2013), S. 81ff.

51 Porter (2014), S. 34; Porter (2013), S. 79.

52 Paul und Wollny (2020), S. 292.

53 Bresser (2010), S. 116ff.; Hungenberg (2014), S. 204; Scheuss (2016), S. 77; Ungericht (2012), S. 195ff.

54 Hungenberg (2014), S. 200.

55 Porter (2013), S. 74f.; Porter (2014), S. 35f.

56 Grant und Nippa (2006), S. 322ff.; Hungenberg (2014), S. 210ff.; Porter (2014), S. 95ff.

57 Bresser (2010), S. 113f.

58 Porter (2014), S. 46; Porter (2013), S. 48f.; Ungericht (2012), S. 188.

59 Becker et al. (2021), S. 265ff.; Kreutzer (2017), S. 33f.; Schallmo et al. (2021), V.

60 Becker et al. (2021), S. 265ff.; Müller-Stewens und Lechner (2016), S. 398ff.; Rogers (2016), S. 168; Westerman, Bonnet und McAfee (2014), S. 73ff.

61 Matyssek (2021), S. 144ff.

62 Porter (2014), S. 37; Porter (2013), S. 76f.

63 Lynch (2021), S. 289.

64 Hungenberg (2014), S. 226; Porter (2014), S. 166ff.

65 Hungenberg (2014), S. 226ff.; Kotler, Keller und Opresnik (2017), S. 464ff.; Porter (2013), S. 76; Grant und Nippa (2006), S. 352ff.

66 Porter (2014), S. 40ff.; Porter (2013), S. 81ff.

67 Bresser (2010), S. 117ff.; Hungenberg (2014), S. 204ff.; Lombriser und Abplanalp (2018), S. 282ff.; Ungericht (2012), S. 192; Gabrielsson, Seppälä und Gabrielsson (2016), S. 141f.; Welge, Al-Laham und Eulerich (2017), S. 543.

68 Hungenberg (2014), S. 205.

69 Hungenberg (2014), S. 206; Scheuss (2016), S. 80f.; Welge, Al-Laham und Eulerich (2017), S. 543ff.

70 Lombriser und Abplanalp (2018), S. 282f.

71 Kim und Mauborgne (2004) sowie Kim und Mauborgne (2005).

72 Kim und Mauborgne (2004), S. 76ff. sowie Kim und Mauborgne (2005), S. 105ff.

73 Kotler, Keller und Opresnik (2017), 333ff.; Müller-Stewens und Lechner (2016), S. 251.

74 Müller-Stewens und Lechner (2016), S. 181f.; Hofbauer, Mashhour und Fischer (2014), S. 1ff.

75 Gattringer (2009), S. 9; Specht und Fritz (2005), S. 49.

76 Porter (1980).

77 Prahalad und Hamel (1990); Prahalad und Hamel (2001); Wernerfelt (1984).

78 Barney und Mackey (2018), S. 369f.

79 Barney und Mackey (2018), S. 369f.

80 Bamiatzi et al. (2016), S. 1448ff. und Wenzel et al. (2020).

81 Barney (1991); Prahalad und Hamel (2001).

82 Bresser (2010), S. 93ff.; Müller-Stewens und Lechner (2016), S. 350; Scheuss (2016), S. 241ff.

83 Müller-Stewens und Lechner (2016), S. 395ff.

84 Heuskel (1999), S. 56ff.

85 Müller-Stewens und Lechner (2016), S. 398ff.; Scheuss (2016), S. 219ff.; Welge, Al-Laham und Eulerich (2017), S. 564ff; Ricciotti (2020), S. 191f.

86 Welge, Al-Laham und Eulerich (2017), S. 693

87 Freeman, Dmytriyev und Phillips (2021), S. 9f.

88 Kretschmer et al. (2020); McIntyre und Srinivasan (2017), S. 141ff.; Vermunt et al. (2019), S 891ff.; Rietveld und Schilling (2021).

89 Welge, Al-Laham und Eulerich (2017), S. 399; Frankenberger, Weiblen und Gassmann (2014), S. 173ff.; Müller-Stewens und Lechner (2016), S. 301; Scheuss (2016), S. 219ff.; Zott, Amit und Massa (2011), S. 1019ff.

90 Müller-Stewens und Lechner (2016), S. 395ff.

91 Stähler (2014), S. 122.

92 Gassmann, Frankenberger und Csik (2020), S. 107ff.; Whittington et al. (2020), S. 221ff.; Müller-Stewens und Lechner (2016), 398ff.

93 Tidhar und Eisenhardt (2020), S. 1245ff.

94 Müller-Stewens und Lechner (2016), S. 411f.; Welge, Al-Laham und Eulerich (2017), S. 586.

95 Müller-Stewens und Lechner (2016), S. 412; Welge, Al-Laham und Eulerich (2017), S. 575

96 Schäppi et al. (2005), S. 629.

97 Müller-Stewens und Lechner (2016), S. 413; Welge, Al-Laham und Eulerich (2017), S. 579ff.; Zäpfel (2000), S. 94.

98 Kotler et al. (2019), S. 11ff.; McCathy (1960).

99 Kotler et al. (2019), S. 11ff.; Meffert, Burmann und Kirchgeorg (2018), S. 395ff.

100 Dannenberg und Zupancic (2007), S. 1; van Bruggen et al. (2010), S. 331; Wilson und Daniel (2007), S. 10.

101 Gattringer (2009).

102 Holtbrügge (2018), S. 4ff.

103 Bea und Haas (2019), S. 560ff., Lindner-Lohmann, Lohmann und Schirmer (2016), S. 5ff.

104 Johnson et al. (2018), S. 554ff.; Laux, Gillenkirch und Schenk-Mathes (2019), S. 6ff.

105 Mintzberg (1979), S. 945; umfassendere Ausführungen finden sich in der Strategy Safari: Mintzberg, Ahlstrand und Lampel (2008).

106 Ulrich (1990), S. 11.

107 Grant und Nippa (2006), S. 91; Kerth, Asum und Stich (2015), S. 204ff.; Müller-Stewens und Lechner (2016), S. 224.

108 Kerth, Asum und Stich (2015), S. 204; Lombriser und Abplanalp (2019), S. 244ff; Welge, Al-Laham und Eulerich (2017), S. 205.

109 Grant und Nippa (2006), S. 89.

110 Grant und Nippa (2006), S. 91; Hungenberg (2014), S. 418.

111 Thompson et al. (2021), S. 24.

112 Lombriser und Abplanalp (2018), S. 245f.

113 David und David (2017), S. 160ff.; Hungenberg (2014), S. 418ff.; Lombriser und Abplanalp (2018), S. 246ff.; Lynch (2021), S. 233.

114 Lombriser und Abplanalp (2018), S. 264.

115 Coenenberg und Salfeld (2015); Grant und Nippa (2006), S. 84f.; Welge, Al-Laham und Eulerich (2017), S. 208ff.

116 Gutenberg (1983), S. 464ff.

117 Welge, Al-Laham und Eulerich (2017), S. 211.

118 Müller-Stewens und Lechner (2016), S. 236; Welge, Al-Laham und Eulerich (2017), S. 211

119 Grant und Nippa (2006), S. 66.

120 Müller-Stewens und Lechner (2016), S. 237f.; Rappaport (1981); Welge, Al-Laham und Eulerich (2017), S. 243

121 Macharzina und Wolf (2017), S. 228ff.

122 Haspeslagh, Noda und Boulos (2002), S. 46ff.

123 Bea und Haas (2019), S. 95f.

124 SRI International, kurz SRI, gegründet als Stanford Research Institute der Stanford University (1970), S. 23; Freeman und McVea (2001), S. 189.

125 Mitchell et al. (2016), S. 252ff.; Freeman (1984).

126 Johnson et al. (2018), S. 205f.; Müller-Stewens und Lechner (2016), S. 238ff.

127 Adams, Licht und Sagiv (2011), S. 1331ff.; Lieberman, Garcia-Castro und Balasubramanian (2017), S. 1193ff.; Grant und Nippa (2006), S. 65; Welge, Al-Laham und Eulerich (2017), S. 271ff.

128 Welge, Al-Laham und Eulerich (2017), S. 275.

129 Becchetti et al. (2012), S. 1628ff.; Queen (2015), S. 683ff.; Wang et al. (2016), S. 534ff.; Kim, Kim und Qian (2018).

130 Corsten und Corsten (2012), S. 208; Welge, Al-Laham und Eulerich (2017), S. 787ff.

131 Corsten und Corsten (2012), S. 205; Hungenberg (2014), S. 278; Lynch (2021), S. 354ff.; Müller-Stewens und Lechner (2016), S. 318ff.; Porter (2013), S. 79f.; Welge, Al-Laham und Eulerich (2017), S. 787ff.

132 Porter (2013), S. 79f.

133 Porter (2013), S. 79f.

134 Child (1972).

135 Simon (1972).

136 Kieser und Ebers (2019), S. 130ff.; Welge, Al-Laham und Eulerich (2017), S. 177f.

137 Hambrick und Mason (1984); die diesbezüglichen Forschungen haben behavioristische Wurzeln und sind die Fortsetzung u.a. der Arbeiten von Mintzberg (1973) und Kotter (1982). Aktuellere Studien zu dieser Thematik finden sich u.a. bei Hutzschenreuter und Horstkotte (2013); Ndofor, Sirmon und He (2015); Nielsen und Nielsen (2013); Roundy et al. (2016).

138 Hambrick und Mason (1984); Hambrick (2007).

139 Michl et al. (2010), 79ff., bzw. Studien von Hodgkinson et al. (1999); Markoczy (1997).

140 Hambrick und Mason (1984); Michl et al. (2010), S. 86.

141 Roundy et al. (2016); S. 803ff.; Nelson und Quick (2011), S. 313ff.
142 Cyert und March (1963), S. 26ff.
143 Schreyögg und Geiger (2016), S. 289ff.
144 Schreyögg und Geiger (2016), S. 301ff.
145 Bea und Haas (2019), S. 524; Ungericht (2012), S. 242; Schreyögg und Geiger (2016), S. 317ff.
146 Suddaby und Foster (2017), S. 23ff.
147 Johnson (1992); Romanelli und Tushman (1994).
148 Johnson et al. (2018), S. 539ff.; Mintzberg (1978); Pettigrew (1973); Quinn (1980).
149 Bresser (2010), S. 18.
150 Mirabeau und Maguire (2014), S. 1202ff.; Thietart (2016), S. 774ff.; Bresser (2010), S. 21; Welge, Al-Laham und Eulerich (2017), S. 181
151 Denning (2014), S. 14ff.
152 Grant und Nippa (2006), S. 50; Johnson et al. (2018), S. 551f.
153 Johnson et al. (2018), S. 245ff.; Keese (2016), S. 158.

Strategieimplementierung

5

Im MyLab | Strategisches Management finden Sie:

- eText des Kapitels mit praktischen Werkzeugen
- Kapitelübersicht mit Schwerpunkten
- Digitale Lernkarten und ein umfangreiches Glossar
- Übungsaufgaben und Fragen
- Tipps zum Selbststudium

KAPITELEINSTIEG

Die Implementierung einer Strategie zählt zu den herausforderndsten Aufgaben der Unternehmensleitung. Sie geht mit dem Management von Veränderungen einher und dafür gibt es kein allgemeingültiges Patentrezept. Dies wird nicht zuletzt durch Studien belegt, denen zufolge nicht einmal ein Drittel aller Strategien erfolgreich umgesetzt wird[1]. Damit scheitert die Mehrheit der Strategen nicht daran, erfolgversprechende Strategien zu formulieren, sondern daran, diese im Unternehmen zu implementieren. Eine Gegebenheit, die vielen Menschen nicht fremd sein dürfte: Pläne zu machen, ist die eine Sache, diese tatsächlich umzusetzen, die andere.

Die Strategieimplementierung wurde lange Zeit in Theorie und Praxis vernachlässigt. Heute gilt sie als wesentliche Erfolgsvoraussetzung für strategisches Management. Denn erst wenn eine Strategie umgesetzt und operativ wirksam wird, hat sich die Zeit und Mühe für die strategische Analyse und die Strategieformulierung gelohnt. Aus diesem Grund ist es notwendig, mehr über Veränderungen zu wissen. Folgenden Fragen wird in diesem Kapitel nachgegangen:

- Wie und wodurch verändern sich Unternehmen?
- Wie können diese Veränderungen gezielt beeinflusst werden?
- Was ist bei der Gestaltung von Veränderungsprozessen zu beachten?
- Was unterstützt eine erfolgreiche Strategieimplementierung?
- Wer hat welche Aufgaben im Rahmen einer Strategieimplementierung?

In diesem Kapitel erfahren Sie, wie in Unternehmen aus Ideen, Plänen und Absichten konkrete Taten und Ergebnisse werden. Dabei berücksichtigen wir geplante als auch emergente Strategien.

5.1 Grundlagen

Jede Strategieimplementierung geht einher mit Veränderungen. Selbst wenn ein Unternehmen eine Stabilisierungsstrategie verfolgt und die bestehende Wettbewerbsposition erhalten will, ist es gezwungen sich zu verändern. Warum? Unternehmen existieren in einer sich permanent weiterentwickelnden Umwelt, ohne adäquate Anpassung können sie weder ihren aktuellen Status aufrechterhalten noch diesen verbessern. Niemand kann beispielsweise der (digitalen) Entwicklung entfliehen, nicht einmal ausweichen, betonen Klimmer und Selonke.[2]

Unternehmen sind heute oftmals gezwungen, sich rasch zu verändern, denn viele Märkte und Technologien ändern sich rasant.[3] Ganze Branchen und ihre Geschäftsmodelle kommen durch disruptive Innovationen in Bedrängnis. In einer VUKA-Umwelt dominieren die „Schnellen" die „Langsamen"; es gewinnen die „Kreativen" und nicht die „Perfekten". Eine Erkenntnis aus dem Silicon Valley, die für viele deutsche und österreichische Topmanager eine große Herausforderung darstellt.[4] Vor allem dann, wenn die Transformation etablierter Unternehmen mit ihren hierarchischen Strukturen und traditionellen Kulturen erforderlich ist, damit sich diese auch in Zukunft mit ihren Geschäftsmodellen im Wettbewerb behaupten können.[5] Wie unterschiedlich derart umfassende und rasche Veränderungen bewältigt werden können, zeigte sich u.a. im Rahmen der weltweiten COVID-19 bedingten Pandemie 2020/21.

Veränderung ist erforderlich

Veränderung ist in einer dynamischen Umwelt eine Voraussetzung für das langfristige Überleben von Unternehmen. Das zeigen bereits Peters und Waterman im Jahr 1982 in ihrem Buch „In Search of Excellence" auf: Den Autoren zufolge sind insbesondere sieben Faktoren in angemessener Weise immer wieder an die Erfordernisse einer sich wandelnden Umwelt anzupassen. Konkret nennen sie drei harte und vier weiche Faktoren: Strategie, Struktur und Systeme zählen zu den harten Faktoren; Spezialkenntnisse, Personal, Stil und Selbstverständnis zu den weichen Faktoren. Da im englischen Originaltext alle sieben Faktoren mit dem Buchstaben „S" beginnen, wird das Modell häufig als „7-S-Modell" bezeichnet (▶ Abbildung 5.1 [6]):

7-S-Modell

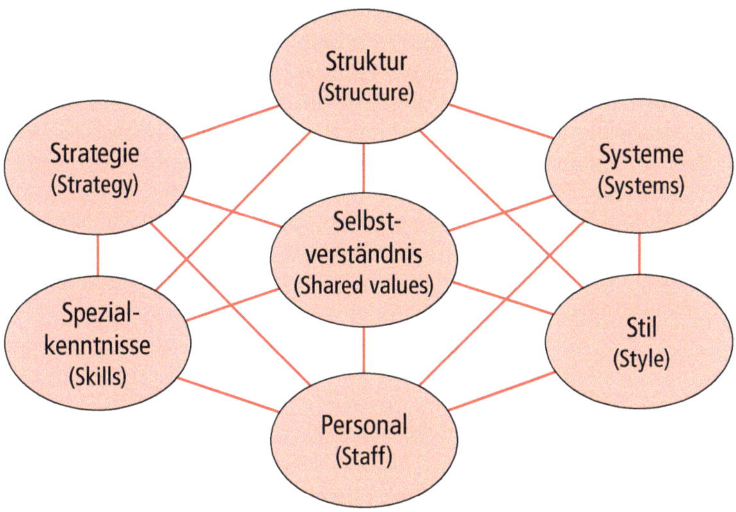

Abbildung 5.1: 7-S-Modell

Eine Besonderheit des auch als McKinsey-Modell[7] bekannt gewordenen Modells ist die dargestellte Vernetzung der einzelnen Faktoren. Sie verdeutlicht, dass bei der Anpassung einzelner Faktoren darauf zu achten ist, dass sich diese wechselseitig beeinflussen. Die Veränderung nur eines einzelnen Faktors ist damit ausgeschlossen. Eine neue Strategie kann dementsprechend nur dann realisiert werden, wenn sich auch alle anderen Faktoren verändern und sich daraus ein neuer FIT bzw. eine neue Konfiguration (siehe ▶ Kapitel 2) ergibt.

5.1.1 Ausmaß der Veränderung bestimmen

Erfolgsrelevante Gestaltungserfordernisse

Folgt man den oben skizzierten Erkenntnissen von Peters und Waterman, ist zunächst zu überprüfen, wie groß das Ausmaß der Veränderungen ist und welche Anpassungen notwendig sind. Welche Faktoren dies konkret sind, dazu finden sich neben den Erkenntnissen von Peters und Waterman eine Reihe anderer Beiträge in der Literatur.[8] In einer umfassenden Literaturrecherche orteten beispielsweise Welge, Al-Laham und Eulerich[9] vier wiederkehrende Bereiche, die bei der Implementierung einer Strategie erfolgsrelevant sind. Organisationsstruktur und Prozesse, Managementsysteme, Unternehmenskultur sowie Personal und Führungskräfte. Wie Peters und Waterman in ihrem 7-S-Modell, betonen auch Welge, Al-Laham und Eulerich, dass eine erfolgreiche Implementierung die Stimmigkeit der Strategie mit allen anderen Faktoren voraussetzt. Die Auseinandersetzung mit diesen Faktoren steht damit am Anfang jeder Strategieimplementierung.[10]

Strukturen (siehe ▶ Abschnitt 5.2.1) und Unternehmenskultur (siehe ▶ Abschnitt 5.2.2) stellen im gesamten Strategieprozess besonders beachtenswerte Faktoren dar. In der Phase der Implementierung sind zwei weitere Faktoren von großer Bedeutung: Managementsysteme (siehe ▶ Abschnitt 5.2.3), folgend kurz als Systeme bezeichnet und Führungskräfte, die Veränderungsprozesse gestalten und steuern (siehe ▶ Abschnitt 5.2.4). Diese vier Faktoren können als die organisatorischen Rahmenbedingungen einer gelungenen Implementierung bezeichnet werden. Mit Bezug zu einer spezifischen Strategie determinieren sie den konkreten Implementierungsprozess. Bedarf es nur weniger Adaptierungen mit einem geringen Ausmaß an Veränderungen, kann sehr rasch mit der Operationalisierung der Strategie begonnen werden (inkrementaler Wandel). Zeigt sich jedoch, dass tiefgreifende Veränderungen in einem oder mehreren der Bereiche notwendig sind, ist ein umfassender strategischer Wandel erforderlich (fundamentaler Wandel).

!

Inkrementaler und fundamentaler Wandel

Die Entwicklung von Unternehmen umfasst stabilere und turbulentere Phasen. Daher finden wir unterschiedliche Formen des Wandels. Innerhalb der stabileren Phasen kommt es zur Optimierung des bestehenden Geschäftsmodells (inkrementaler Wandel). Diese langsame, schrittweise Form des Wandels verläuft im Rahmen der vorherrschenden Grundauffassungen (Paradigma) und ist weitgehend rational planbar.

Fundamentaler Wandel bedeutet hingegen umfassende Veränderungen, dies inkludiert das scheinbar Selbstverständliche, die Grundannahmen darüber, wie das Geschäft funktioniert, wie Führungskräfte und Mitarbeiter agieren und interagieren. Diese Art von Wandel geht einher mit einer substanziellen Veränderung von Strategien, Strukturen, Systemen, Prozessen und Routinen. Ausgelöst wird ein derart radikaler Wandel in aller Regel durch unvorhergesehene Ereignisse innerhalb oder außerhalb des Unternehmens. Sie zwingen das Unternehmen, neue Erfolgsmodelle zu etablieren. Fundamentaler Wandel kann daher – wie in ▶ Abbildung 5.2 dargestellt – als eine Übergangsphase von einem Erfolgsmodell zu einem anderen bezeichnet werden.[11]

Inkrementaler und fundamentaler Wandel

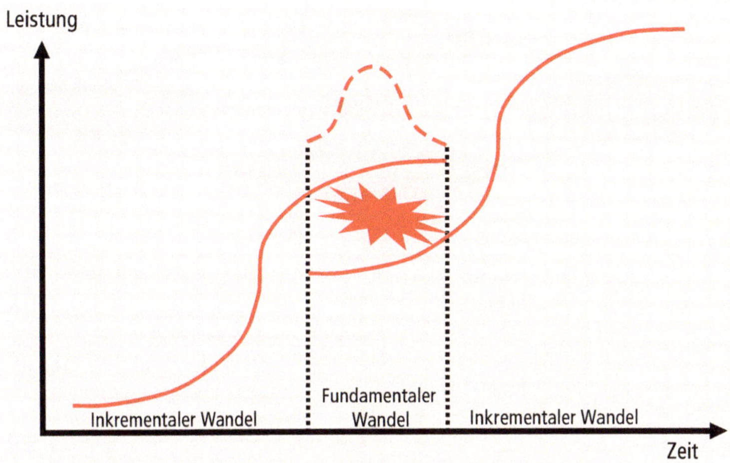

Abbildung 5.2: Fundamentaler und inkrementaler Wandel

In ▶ Abbildung 5.2 werden vier zentrale Erkenntnisse aus der Wandelforschung aufgezeigt: Erstens, die Möglichkeiten, durch inkrementalen Wandel das Leistungsniveau innerhalb eines Erfolgsmodells anzuheben, verringern sich im Zeitverlauf. Zweitens, eine neue Kurve (ein neues Erfolgsmodell) beginnt auf einem deutlich niedrigeren Leistungsniveau (es fehlt an Erfahrung, an etablierten und effizienten Prozessen). Drittens, fundamentaler Wandel stellt eine Phase dar, in der das bisherige und das neue Erfolgsmodell miteinander konkurrieren. Viertens, es kommt in dieser Phase des Übergangs zu erhöhter Unsicherheit und Instabilität. Dadurch verringert sich die Handlungsfähigkeit des Unternehmens. Der Preis der Transformation liegt in dieser Zeit in verringerter Produktivität und damit geringerer Performance der regulären Geschäftstätigkeit. Ein Grund, diese Phase durch systemgerechte Interventionen so kurz wie möglich zu halten. Wie dies gelingen kann, lesen Sie in ▶ Abschnitt 5.4 *„Strategischer Wandel"*.

5.1.2 Aufgaben im Rahmen der Strategieimplementierung

In ▶ Abbildung 5.3 werden die grundlegenden Aufgaben im Rahmen der Strategieimplementierung skizziert. Sie umfassen die Bestimmung der Anpassungs- und Abstimmungserfordernisse im Bereich der organisatorischen Rahmenbedingungen (siehe ▶ Abschnitt 5.2), die Operationalisierung der Strategie (siehe ▶ Abschnitt 5.3) und die Steuerung des strategischen Wandels bei tiefgreifenden Veränderungen (siehe ▶ Abschnitt 5.4). Dabei umfassen die Aufgaben im Rahmen der Operationalisierung primär jene Aktivitäten, welche mit der strukturierten Umsetzung einer geplanten Strategie mit geringen Anpassungserfordernissen einhergehen. Die Aufgaben von Strategen im strategischen Wandel gehen darüber hinaus. Sie sind gefordert, tiefgreifende Anpassungen vorzunehmen und die damit einhergehenden Change-Prozesse zu steuern.

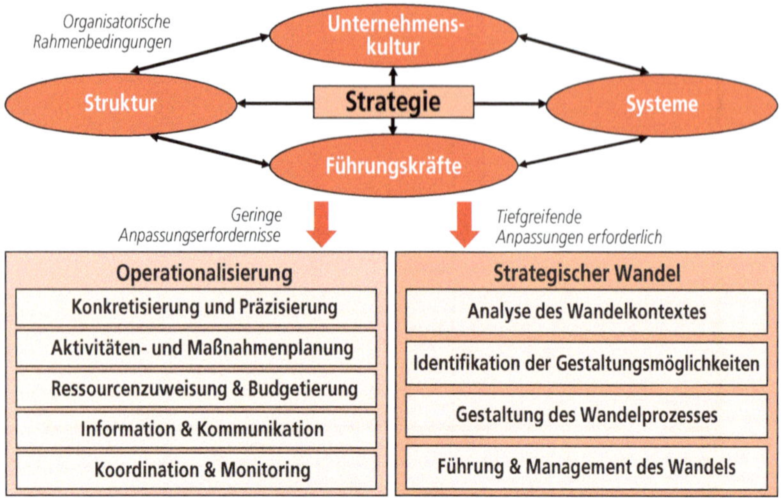

Abbildung 5.3: Aufgaben im Rahmen der Strategieimplementierung

Organisatorische Rahmenbedingungen

In vielen Fällen finden sich die Gründe für das Scheitern bereits am Beginn der Implementierung. Oft wird unter dem Motto „nur keine Zeit verlieren" sofort mit der Umsetzung der Strategie begonnen, werden Maßnahmen gesetzt und Projekte initiiert. Im Übereifer wird nicht darauf geachtet, was eigentlich im konkreten Fall erforderlich ist, damit die Strategie erfolgreich implementiert werden kann. Das ist vergleichbar mit einem Untrainierten, der einen Marathon laufen will. Das Scheitern ist vorprogrammiert, denn sein Körper ist auf die plötzliche andersartige Belastung nicht vorbereitet.

Ein Unternehmen, mit seinen spezifischen Strukturen, Systemen und Führungskräften sowie seiner einzigartigen Kultur, ist zunächst einmal jenes, das man vorfindet. Es ist mehr oder weniger gut in der Lage (ähnlich dem Marathonläufer) die geplante Veränderung umzusetzen. Eine gute Strategie ist daher realistisch in Bezug auf das Wandelvermögen des Unternehmens und seiner Beteiligten, sie wird diese im Rahmen der Implementierung zwar fordern, aber nicht überfordern. Damit wirken Strategien auf ein Unternehmen wie ein Fitnessprogramm auf einen Menschen.[12] Sie ermöglichen Weiterentwicklung; dabei ist der Ausgangspunkt der Veränderung (des Trainings) immer die aktuelle Ausgangssituation (Gesundheitszustand). Die erforderlichen Aktivitäten und Maßnahmen ergeben sich aus der Differenz zwischen dem, was derzeit IST, und dem, was zukünftig sein SOLL (siehe ▶ Abschnitt 5.2 *„Rahmenbedingungen"*). Ist die Kluft zwischen IST und SOLL groß, bedarf es eines umfassenden strategischen Wandels, ist sie klein, kann direkt mit der Operationalisierung der Strategie begonnen werden.

Operationalisierung

Die Operationalisierung einer Strategie umfasst Aktivitäten und Maßnahmen der primär sachorientierten Strategieumsetzung. Da die Strategie nur einen grundlegenden Handlungsrahmen festlegt, ist es erforderlich, diesen Rahmen mit konkreten Inhalten zu füllen. In der Praxis wird dies oft als „Herunterbrechen der Strategie" bezeichnet (siehe ▶ Abschnitt 5.3 „*Strategieoperationalisierung*"). Die notwendige Verzahnung der Strategie mit der operativen Planung erfolgt im Rahmen der mittel- bis kurzfristigen Aktivitäten- und Maßnahmenplanung sowie der Ressourcenzuweisung und Budgetierung.

!

Gestaltbarkeit von Unternehmen

Um die von Experten propagierten Erklärungs- und Gestaltungsmodelle strategischen Wandels verstehen und situationsadäquat anwenden zu können, ist es erforderlich, deren Grundannahmen zu beleuchten. Die erste relevante Frage lautet: Können Unternehmen willentlich gestaltet und damit auch verändert werden?[13]

Voluntarismus vs. Determinismus

Vertreter des Voluntarismus bejahen diese Frage. Ihnen zufolge hat die Unternehmensleitung die Möglichkeit, das Unternehmen zu lenken. Dies wird u.a. durch die Funktion (Macht) bzw. die Persönlichkeit (Charisma) der Unternehmensleitung erklärt. Vertreter des Determinismus beantworten diese Frage hingegen mit nein. Sie sind der Meinung, dass die Unternehmensentwicklung vollständig durch die Gesetze des Markts bzw. der Organisation gelenkt wird, quasi vorherbestimmt ist.

Gemäßigter Voluntarismus

Zwischen beiden Extrempositionen liegt der „gemäßigte Voluntarismus". Seine Vertreter gehen davon aus, dass Unternehmen in einem gewissen Ausmaß willentlich gestaltet werden können. Machbarkeitsbeschränkungen ergeben sich jedoch aus der Eigendynamik des Unternehmens (Geschichte, Unternehmenskultur, ...) und den Erwartungen und Einflussmöglichkeiten von Stakeholdern. Ferner unterliegt das Topmanagement eigenen Begrenzungen (z.B. begrenzte Informationsverarbeitungskapazität, subjektive Wahrnehmung, ...).[14] Die Position des gemäßigten Voluntarismus liegt vielen aktuellen Wandelkonzepten zugrunde, so auch diesem Buch.

Strategischer Wandel

Ist ein fundamentaler Wandel erforderlich, damit Strategien operativ wirksam werden können, bedarf es dessen Gestaltung und Steuerung. Dies ist für die Unternehmensleitung umso herausfordernder, je tiefgreifender die erforderlichen Veränderungen sind. Fundamentaler Wandel ist dann gegeben, wenn neue Denk-, Sicht- und Verhaltensweisen in weiten Teilen des Unternehmens bisher etablierte ablösen müssen. In diesem Fall reichen geringfügige Adaptierungen von Strukturen oder Systemen nicht aus, damit die Strategie operationalisiert werden kann. Es bedarf eines strategie- und kontextspezifischen Wandelmanagements,[15] damit die Interventionen im Rahmen der Operationalisierung nicht ins Leere laufen. Wie dieses konkret aussieht, ist davon abhängig, wie groß die Herausforderungen sind, die mit der Gestaltung, Steuerung und Durchsetzung eines derartigen Wandels einhergehen. Daher gibt es keine allgemeingültige Konzeption strategischen Wandels. Es bedarf eines eigenen Wandeldesigns, das die spezifischen Gegebenheiten des Unternehmens und die mit der Strategie einhergehenden Anforderungen berücksichtigt. Zudem lässt ein Erfolg versprechendes Wandeldesign genügend Raum für strategische Initiativen, die im Verlauf der Implementierung geplanter Strategien emergent entstehen. Um die dafür relevanten Gestaltungsfaktoren besser zu verstehen, ist es erforderlich, Grundsätzliches über strategischen Wandel zu wissen (siehe ▶ Abschnitt 5.4).

5.2 Rahmenbedingungen

Strategien werden nicht dadurch Realität, dass sie vom Führungsteam verabschiedet und zu Papier gebracht werden oder von der Unternehmensleitung als wünschenswert angesehen werden. Sie setzen sich nicht von alleine um. Strategien werden nur dann operativ wirksam, wenn Führungskräfte und Mitarbeiter im Sinne dieser handeln. Es ist jedoch sehr unwahrscheinlich, dass Menschen ihr Verhalten einfach verändern, nur weil eine neue Strategie verlautbart wurde. Wir wissen seit geraumer Zeit, dass sich die meisten Menschen nur sehr ungern verändern, viele zumeist nur unter enormen Leidensdruck bereit sind, ihre „Wohlfühlzone" zu verlassen.[16] Eben darum kommt der Strategieimplementierung eine ganz besondere Rolle im Strategieprozess zu. Hier gilt es u.a., organisatorische Rahmenbedingungen zu schaffen, die es den Betroffenen ermöglichen, ihr Verhalten zu verändern. Darunter fallen strategiekonforme Strukturen und Systeme, eine Unternehmenskultur, die mit der Strategie im Einklang steht, und Führungskräfte, die Mitarbeiter bei den erforderlichen Veränderungen unterstützen.

Maßgeschneiderter Implementierungsprozess

Im Hinblick auf die Gestaltung eines maßgeschneiderten Implementierungsprozesses gilt es, zunächst folgende Fragen zu beantworten:

- Erstens, wie sind die organisatorischen Rahmenbedingungen (Strukturen, Unternehmenskultur, Systeme, Führungskräfte) im Hier und Jetzt (IST)?
- Zweitens, wie müssen sie sein, damit sich mit der neuen Strategie ein FIT ergibt und die Strategie umgesetzt werden kann (SOLL)?
- Drittens, wie groß ist die Kluft zwischen IST und SOLL und wie kann diese Kluft möglichst reibungslos geschlossen werden? Was ist konkret zu tun, damit die erforderlichen Adaptierungen bzw. Transformationen ehestmöglich erfolgen?

In diesem Kapitel werden diese Fragen in Bezug auf jeden einzelnen Faktor erörtert. Diese Vorgehensweise dient einer besseren Verständlichkeit und soll keinesfalls über die zahlreichen Wechselwirkungen (▶ Abbildung 5.3) zwischen den einzelnen Faktoren hinwegtäuschen.

5.2.1 Strukturen

Gewachsene Strukturen und Strukturgestaltung

Eine neue Strategie bedingt die Anpassung der Strukturen (Aufbau- und Ablauforganisation). Chandler hat bereits 1962 in seinen Werken auf diesen Zusammenhang verwiesen. Eine Erkenntnis, die nicht ohne Widerspruch blieb, wirken doch bestehende Strukturen auch auf die Formulierung einer Strategie mit ein.[17] Darüber hinaus beeinflussen bzw. begrenzen gewachsene Strukturen auch die Möglichkeiten der zukünftigen

Strukturgestaltung, indem sie die Rahmenbedingungen für die Prozesse der Neustrukturierung bilden.[18]

Gestaltung von Strukturen: Zukunft hat Herkunft

▶ Abbildung 5.4 verdeutlicht, dass die Gestaltung von Strukturen (Neustrukturierung) immer im Kontext etablierter (gewachsener) Strukturen stattfindet. Innerhalb dieser erscheint manches als sinnvoll und möglich, anderes jedoch als unangemessen und sinnlos. Es sind demnach nicht nur Menschen, die Einfluss auf die Prozesse der Neustrukturierung nehmen, meint Rüegg-Stürm, sondern auch die vorhandenen Strukturen wirken auf die Ausformung zukünftiger Strukturen ein.[19] Dies kann insbesondere für Unternehmen mit langfristig gewachsenen, etablierten Strukturen in einer disruptiven Umwelt zum Problem werden. Dementsprechend stehen heute viele Unternehmen vor großen Herausforderungen, deren Strukturen zwar hinsichtlich der Effizienz optimiert sind, die damit jedoch wenig Spielraum für eine rasche Anpassung haben.

+

Agilität und Agile Strukturen

Unter dem Oberbegriff der Agilität wird eine Reihe von Praktiken, Verhaltensweisen bzw. Strukturierungsformen zusammengefasst, die durch adaptive Planung, evolutionäre Weiterentwicklung und kontinuierliche Verbesserung eine schnelle und flexible Anpassung an Umweltveränderungen (insbesondere Kundenanforderungen im Innovationsprozess) ermöglichen. Besonders bekannte Methoden sind u.a. Scrum, Kanban, Design Thinking, Lean Startup. Sie zeichnen sich vor allem durch teamorientierte Strukturen (wenig hierarchisch) und ein iteratives Vorgehen aus. Entwicklungsschritte sind inkrementell, werden schnell veröffentlicht (z.B. mit Kunden diskutiert) und ermöglichen so rasche Adaptierungen, wenn das Ergebnis noch kein zufriedenstellendes Niveau erreicht hat.[20] Agile Methoden können damit eine sinnvolle Ergänzung zur strategischen Planung darstellen, besonders in jenen Situationen, in denen Entwicklungen und Trends kaum oder nicht erkennbar sind und durch flexibles und iteratives Vorgehen schnell auf notwendige Veränderungen reagiert werden soll.

Wie bei vielen Managementpraktiken existiert auch in Bezug auf agile Methoden eine Reihe von Kritikpunkten. So wird beispielsweise argumentiert, dass ein sinnvoller Einsatz nur in der Softwarebranche bzw. bei Aktivitäten, bei denen Zuverlässigkeit eine geringere Rolle spielt, möglich ist.[21] Hamel und Zanini verweisen zudem darauf, dass agile Teams nur dann unabhängig und rasch agieren können, wenn es klare Richtlinien (z.B. technische Standards) und übergeordnete Ziele gibt.[22]

Agile Strukturen sind mehr als agile Teams oder der punktuelle Einsatz agiler Methoden. Sie erfordern die Anpassung der gesamten Organisation, um so die in einer dynamischen Welt hinderlichen bürokratischen Strukturen zu überwinden, argumentieren Befürworter agiler Unternehmen. Populäre Konzepte im Rahmen agiler Organisationen sind u.a. Holokratie, Soziokratie oder Humanocracy.[23] Zu ihren Kernelementen zählen u.a. Eigenverantwortung, Selbstorganisation, Teamfokus, Menschenzentrierung und Sinnstiftung sowie der Einsatz agiler Methoden.[24]

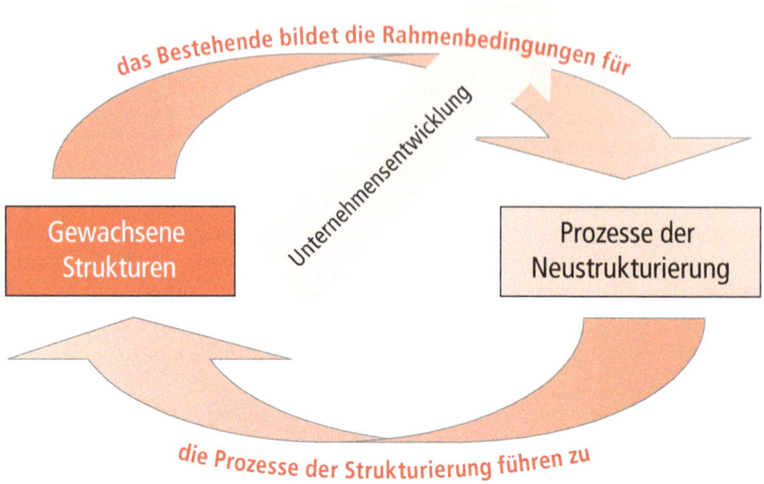

Abbildung 5.4: Strukturgestaltung

Im Rahmen der Implementierung stellt sich die Frage, inwieweit die gewachsenen Strukturen die Umsetzung einer neuen Strategie unterstützen bzw. behindern. Um diese Frage zu beantworten, ist es erforderlich, die mit der Strategierealisierung einhergehenden Anforderungen an die Strukturen des Unternehmens zu kennen. Verfolgt ein Unternehmen beispielsweise eine Preis- und Kostenstrategie, bedingt dies den effizienten Umgang mit Ressourcen, klare Kostenverantwortungen und eine strikte Kostenkontrolle. Bei einer Differenzierungsstrategie sind hingegen spezifische Funktionen wie Innovation und Marketing bzw. eine umfassende Marktorientierung besonders relevant für die Erreichung der strategischen Ziele.

Generell kann festgehalten werden: Strukturen, welche die Implementierung einer neuen Strategie unterstützen, sollten gefestigt werden. Strukturen, welche die Realisierung einer neuen Strategie verhindern bzw. verlangsamen, sollten eliminiert bzw. ersetzt werden.[25] Für die Bewältigung dieser komplexen Aufgabe ist es erforderlich, die gegenwärtige Aufbauorganisation (Organigramme, Stellenbeschreibungen etc.) und die aktuelle Ablauforganisation (Prozesslandkarte und -abbildungen, Schnittstellenbeschreibungen etc.) hinsichtlich ihrer unterstützenden bzw. behindernden Wirkung auf die Strategieimplementierung näher zu beleuchten.[26]

Zeigen sich bei der Analyse Anpassungserfordernisse, dann sind die Strukturen zu adaptieren bzw. falls nötig, muss die Strategie neu formuliert werden. Letzteres ist dann anzuraten, wenn die erforderlichen Änderungsmaßnahmen mit den vorhandenen zeitlichen, finanziellen bzw. personellen Ressourcen nicht durchgeführt werden können. Ist die geortete Kluft zwischen gegenwärtiger und erforderlicher Struktur überbrückbar, sind die erforderlichen Anpassungen ehestmöglich durchzuführen. Denn nur, wenn Struktur und Strategie aufeinander abgestimmt sind, wird die Implementierung einer neuen Strategie gelingen.

Aktuell kommt in vielen Unternehmen der Abstimmung und Optimierung der Prozesse besondere Aufmerksamkeit zu. Dies erklärt sich u.a. aus wachsenden Integrationserfordernissen entlang der Wertschöpfungsprozesse (Industrie 4.0, Internet der Dinge und Dienstleistungen).[27] Eine weitere große strukturelle Herausforderung geht oftmals mit neuen Geschäftsmodellen einher. Diese bedingen in vielen Unternehmen fundamentale Veränderungen der Aufbau- und Ablauforganisation.[28] Eine komplexe Aufgabenstellung für das Management, welche eine eigene Wandelorganisation erfordert.[29]

?

Wandelorganisation

Die Implementierung einer Strategie bedarf bei komplexeren Veränderungen einer eigenen Wandelorganisation. Diese umfasst die Einrichtung einer eigenen Task Force bzw. die Bildung von Projekt- und Prozessteams.[30] Sie sind für das Management der Projekte im Rahmen der Strategieimplementierung verantwortlich. Handelt es sich um große komplexe Veränderungsprojekte, wird die Wandelorganisation zahlreiche unterschiedliche Projektteams umfassen, die sich jeweils mit unterschiedlichen Bereichen bzw. Aufgaben der Implementierung auseinandersetzen. Ihre Koordination erfolgt in aller Regel durch einen eigenen Change Manager bzw. Change Agent.

Projektorganisation

Die Projektorganisation ist für die im Rahmen der Strategieimplementierung zu bearbeitenden komplexen einzig- und neuartigen Aufgaben besonders zweckdienlich. Sie ermöglicht eine zeitlich befristete Form der Zusammenarbeit über etablierte Strukturen und Hierarchien hinweg. Darüber hinaus ist es möglich, das kreative Potenzial von jungen vielversprechenden Nachwuchskräften („High-Potentials") im Strategieprozess zu nutzen. Im Sinne einer zunehmenden Öffnung der Strategieprozesse werden vielfach auch externe Stakeholder (z.B. Lieferanten, Kunden, innovative Start-ups) in Projektteams integriert. Durch die Beteiligung relevanter Akteure sollen erforderliche Aktivitäten und Maßnahmen im Rahmen der Implementierung nicht nur besser umgesetzt werden, sondern vor allem auch rascher erfolgen.[31]

5.2.2 Unternehmenskultur

Sind Unternehmenskultur und Strategie im Einklang? Diese Frage kann mit geeigneten Werkzeugen wie dem im Rahmen der Unternehmensanalyse vorgestellten kulturellen Netz von Johnson[32] oder dem Kulturrad von Denison[33] beantwortet werden. Dabei wird zuerst die IST-Kultur analysiert und dann eine SOLL-Kultur aus der Strategie abgeleitet. Die Differenz aus IST und SOLL verdeutlicht, wie groß der spezifische Veränderungsbedarf ist. Steht die Unternehmenskultur mit der Strategie prinzipiell in Einklang, gibt es aus kultureller Sicht keine Hindernisse für die unmittelbare Operationalisierung der Strategie (siehe ▶ Abschnitt 5.3). Ist dies nicht der Fall, zeigen sich in der Praxis immer wieder folgende vier Vorgehensweisen:[34]

Potenzielle Vorgehensweisen in der Praxis

- **Ignorieren:** Ist die Unternehmenskultur mit der Strategie nicht kompatibel, ist es äußerst gefährlich, diese zu ignorieren. Leider kommt dies in der Praxis immer wieder vor. Viele Implementierungsprozesse scheitern daran, dass die verhaltenssteuernde Funktion vorherrschender Einstellungen, Meinungen, Routinen oder Traditionen unterschätzt bzw. ignoriert wird.
- **Andere Wege finden:** Sollte die Operationalisierung im bestehenden Unternehmen aufgrund der vorhandenen Unternehmenskultur nicht möglich sein, ist es mitunter auch zweckmäßig, andere Wege zu finden (zum Beispiel ein neues Unternehmen gründen bzw. ein anderes Unternehmen kaufen und dieses mit der Umsetzung betrauen).
- **Unternehmenskultur anpassen:** Eine herausfordernde Aufgabe ist die Anpassung einer historisch gewachsenen Unternehmenskultur an die Anforderungen einer neuen Strategie. Dies gilt insbesondere für einen tiefgreifenden Wandel starker Unternehmenskulturen. Hier muss davon ausgegangen werden, dass ein derartiger Wandel langfristig, schwierig und schmerzvoll ist und ohne adäquates Wandelmanagement nicht zu bewältigen ist.
- **Strategie anpassen:** Erscheint die Diskrepanz zwischen IST und SOLL zu groß, ist es mitunter zweckmäßig, die neue Strategie in dieser Form zu verwerfen bzw. an die Unternehmenskultur anzupassen. Diesbezüglich ist allerdings dann Vorsicht anzuraten, wenn die etablierte Kultur eine Strategie zementiert, die aufgrund der äußeren Rahmenbedingungen wenig Erfolg versprechend erscheint.

Starke und schwache Unternehmenskulturen

Die Schaffung strategiekonformer kultureller Rahmenbedingungen gilt dann als besonders herausfordernd, wenn es sich um starke Unternehmenskulturen handelt. **Die Stärke einer Unternehmenskultur** kann gemäß dem Management- und Organisationsforscher Schreyögg anhand von drei Dimensionen (▸ Tabelle 5.1) bewertet werden: Prägnanz, Verbreitungsgrad und Verankerungstiefe:[35]

Faktor	Zentrale Frage	Starke Unternehmenskultur	Schwache Unternehmenskultur
Prägnanz	Wie eindeutig sind die Orientierungsmuster und Wertehaltungen?	Klare Vorstellungen, welches Verhalten angemessen bzw. nicht angemessen ist. Konsistente Werte, Standards, Symbole, …	Unklare Regelungen darüber, welches Verhalten adäquat ist und welches nicht passt. Schafft Freiräume und zugleich Verunsicherung.
Verbreitungsgrad	In welchem Ausmaß teilt die Mitarbeiterschaft die Unternehmenskultur?	Das Handeln sehr vieler Mitarbeiter, idealerweise aller, wird von denselben Orientierungsmustern und Werten geleitet.	Die Mitarbeiter orientieren sich an unterschiedlichen Werten. Es gibt zahlreiche unterschiedliche Sub-Kulturen.
Verankerungstiefe	Inwieweit sind die kulturellen Muster internalisiert, sind sie selbstverständlicher Bestandteil des täglichen Handelns?	Verhaltensmuster werden ohne Bedenken übernommen. Sie sind tief verwurzelt und selbstverständlicher Bestandteil des täglichen Handelns.	Kulturkonformes Verhalten hat keine große Bedeutung im täglichen Handeln bzw. wird falls, dann kalkulierend eingesetzt.

Tabelle 5.1: Starke und schwache Unternehmenskulturen

Vorteile und Grenzen einer starken Unternehmenskultur

Einer **starken Unternehmenskultur** werden zahlreiche positive Eigenschaften zugeschrieben. Sie wirke Sinn stiftend, motivierend, Komplexität reduzierend, Effizienz fördernd, stabilisierend und schaffe eine gemeinsame Orientierung (ausrichtend). In der Literatur finden sich zahlreiche Belege für die positive Wirkung einer starken Unternehmenskultur auf den Erfolg von Unternehmen.[36] Ist die Unternehmenskultur mit der Strategie in Einklang, unterstützt eine starke Kultur die Implementierung der Strategie durch ihre koordinierende, integrierende und motivierende Wirkung. Aus diesem Grund ist es wichtig, entweder jene Strategien auszuwählen, die mit der Unternehmenskultur in Einklang stehen, oder falls möglich, die Unternehmenskultur entsprechend den Erfordernissen einer neuen Strategie anzupassen. Im Falle der Implementierung einer neuen Strategie kann eine starke Unternehmenskultur jedoch aus eben diesen Eigenschaften zu einem großen Hemmnis werden. Allzu konformes Denken und Handeln kann dazu führen, dass Neues und Anderes überhaupt nicht mehr wahrgenommen bzw. von vornherein abgelehnt wird. Einstmals erfolgversprechende Verhaltensweisen und Routinen werden oft weiterhin gepflegt, unabhängig davon, ob sie noch immer zu den gewünschten Effekten führen. Eine starke Unternehmenskultur birgt die Gefahr einer mangelnden Veränderungsfähigkeit in sich, was im Falle der Implementierung einer neuen Strategie – insbesondere in einem VUKA-Umfeld – sehr problematisch sein kann. Dennoch zeigen viele Beispiele aus der Praxis, dass kultureller Wandel plan- und implementierbar ist.[37] Es bedarf jedoch dazu eines umfassenden Wandelmanagements (siehe ▶ Abschnitt 5.4), Konsequenz und Ausdauer sowie eines adäquaten Umgangs mit vorhandenen Widerständen.

5.2.3 Systeme

Informations-, Kommunikations-, Planungs- und Kontrollsysteme

Adäquate Managementsysteme, hier kurz als Systeme bezeichnet, sind eine weitere wichtige Grundlage für eine erfolgreiche Strategieimplementierung. Der Begriff der Managementsysteme bezieht sich primär auf Informations-, Kommunikations-, Planungs- und Kontrollsysteme.[38] Sie unterstützen das Management bei der Analyse, Planung, Steuerung und Kontrolle der betrieblichen Aktivitäten, indem sie interne und externe Vorgänge abbilden und die aufbereiteten Daten als Informationen zur Verfügung stellen. Managementsysteme determinieren, wie Informationen gewonnen und für die Unternehmensleitung aufbereitet werden. Die Digitalisierung der Wirtschaft und die Entwicklung zahlreicher IT-gestützter Management-Tools bewirkten, dass Strategen heute eine große Menge an Informationen quasi in Echtzeit zur Verfügung steht. Diese haben nicht nur einen zentralen Einfluss auf die Wahrnehmung und Bewertung der betrieblichen Aktivitäten, sondern erlauben zudem datenbasierte Entscheidungen und Handlungen.[39] Damit ist der Einfluss von Managementsystemen auf die Implementierung von Strategien und die Entwicklung von Unternehmen nicht zu unterschätzen.

Anreiz- und Belohnungssysteme

Eine wichtige Rolle im Rahmen der Strategieimplementierung wird überdies **Anreiz- und Belohnungssystemen** zugeschrieben. Sie gelten neben intrinsischen Anreizen als wichtiger Einflussfaktor (extrinsische Motivatoren) auf das Verhalten der Mitarbeiter, indem sie Geld, Macht, Status etc. verteilen. Dabei wird davon ausgegangen, dass sich jene Verhaltensweisen durchsetzen, die als positiv erachtet und belohnt werden. Im Rahmen der Implementierung soll strategiekonformes Verhalten positiv honoriert bzw. abweichendes oder boykottierendes Verhalten negativ sanktioniert werden. Demnach gilt: Je besser Anreiz- und Belohnungssysteme auf die Strategie abgestimmt sind, desto rascher und umfassender wird sich ein für die Strategieimplementierung förderliches Verhalten im Unternehmen manifestieren.[40] Eine scheinbar banale Forderung, die jedoch in der Praxis zahlreiche Probleme mit sich bringt.

Erstens ist es nicht immer möglich, das im Unternehmen etablierte Anreiz- und Belohnungssystem an eine neue Strategie anzupassen. Gründe können in der wirtschaftlichen Situation des Unternehmens, in gesetzlichen Rahmenbedingungen bzw. in einem unverhältnismäßig hohen administrativen Aufwand liegen. Zweitens kann die Wirksamkeit strategischer Aktivitäten oft nicht eindeutig gemessen bzw. den einzelnen Akteuren zugeordnet werden. Drittens können Fehlsteuerungseffekte eintreten: Eine positive Sanktionierung des ROI kann zum Beispiel Führungskräfte veranlassen, langfristige Investitionen in den Aufbau von Kernkompetenzen zu reduzieren. Dies schwächt wiederum die nachhaltige Wettbewerbsfähigkeit des Unternehmens.

Das wohl größte Problem von Anreiz- und Belohnungssystemen liegt in ihnen selbst begründet. Aufgrund ihrer extrinsischen Motivationswirkung untergraben bzw. vernichten sie die intrinsische Motivation, erklärt der bekannte Unternehmensberater Sprenger. Er warnt vor der zerstörerischen Wirkung von Prämien und anderen „Motivationsspritzen". Seiner Ansicht nach verliert dadurch die Arbeit ihren eigentlichen Sinn und Zweck. Unweigerlich bleibt Eigeninitiative, Kreativität und Engagement um der Sache willen auf der Strecke, weil nur mehr das Erreichen einer Prämie im Vordergrund steht und nicht mehr die eigentliche Tätigkeit.[41] Im Rahmen der Implementierung kann dies dazu führen, dass wichtige Bottom-up-Initiativen fehlen und dadurch die Implementierung sabotiert wird.

Anforderungen an Anreiz- und Belohnungssysteme

Da aber trotz aller Probleme Anreiz- und Belohnungssysteme in Zusammenhang mit Vergütungssystemen in vielen Unternehmen als unterstützender Faktor im Rahmen der Implementierung eingesetzt werden, sei hier auf einige wichtige Anforderungen verwiesen:[42]

- Anreize immer in Zusammenhang mit den kurz-, mittel- und langfristigen kritischen Erfolgsfaktoren einer Strategie setzen
- Belohnungen unmittelbar nach dem Erreichen bestimmter Meilensteine verteilen: Dies können sowohl materielle (z.B. Bonuszahlung) als auch immaterielle Belohnungen (z.B. Lob, Beförderung, Mitsprache, zusätzliche Freizeit in Form von Urlaubstagen oder freier Zeiteinteilung) sein

- Konsequente Leistungsorientierung in Zielvereinbarungsgesprächen: gemeinsam Etappen(ziele) vereinbaren
- Für Transparenz, Nachvollziehbarkeit und Gerechtigkeit sorgen, dabei die Problematik des subjektiven Gerechtigkeitsempfindens bedenken
- Flexibilität sicherstellen, um sowohl unterschiedliche individuelle Präferenzen als auch Veränderungen im Unternehmen oder seiner Umwelt berücksichtigen zu können
- Wirtschaftlichkeit gewährleisten: Einführungs- und Durchführungskosten inkl. Überprüfung sollen deutlich niedriger sein als der generierte Nutzen

Informations- und Kommunikationssysteme

Die angeführten Anforderungen an Anreiz- und Belohnungssysteme in Bezug auf die Strategieimplementierung machen deutlich, dass die Einführung bzw. Adaptierung eines strategiekonformen Systems eine herausfordernde Aufgabe darstellt. Ähnliches gilt für die erforderlichen **Informations- und Kommunikationssysteme**, auf welche in ▶ Abschnitt 5.3.4 näher eingegangen wird. Sie unterstützen Strategen dabei, erforderliche Informationen rechtzeitig zu erhalten bzw. zu übermitteln sowie mit relevanten Akteuren in geeigneter Form zu interagieren.

Planungs- und Kontrollsysteme

Planungs- und Kontrollsysteme stehen im Zentrum vieler Managementinformationssysteme, da sie Informationen über bzw. für die originären Aufgaben des Managements beinhalten und regeln, wie diese bearbeitet und bereitgestellt werden.[43] Planungs- und Kontrollsysteme sind eng miteinander verbunden, denn Planung bedingt Kontrolle und umgekehrt. Entsprechende Informationen ermöglichen es dem Management zu überprüfen, ob und inwieweit sie auf dem angestrebten Weg vorangekommen sind. Sie können dadurch feststellen, ob Ressourcen effizient und effektiv im Sinne der Strategie eingesetzt werden und gegebenenfalls Korrekturen vornehmen. Planungs- und Kontrollsysteme sind zumeist in umfangreichen IT-Lösungen eingebunden. Dementsprechend kommt der Informationstechnologie und den damit einhergehenden Gestaltungsmöglichkeiten mittlerweile eine wichtige Rolle zu.

Zusammenfassend kann festgehalten werden, dass Managementsystemen aufgrund ihres direkten und indirekten Einflusses auf die Operationalisierung einer Strategie eine besondere Bedeutung zukommt.[44] Strategien werden nicht durch Pläne, sondern durch Taten realisiert. Dazu bedarf es strategiekonformer Allokationen von Ressourcen und deren Kontrolle, adäquater Informationen und ausreichender Kommunikation sowie geeigneter Führungsinterventionen (z.B. in Form von Anreizen und Belohnungen). Bei der konkreten Ausgestaltung von Informations-, Kommunikations-, Planungs- und Kontrollsystemen sowie Anreiz- und Belohnungssystemen ist zu berücksichtigen, dass sich diese gegenseitig beeinflussen. Die damit einhergehende Komplexität bei deren Adaptierung ist daher nicht immer einfach zu bewältigen.

5.2.4 Führungskräfte

Führung in Stabilität vs. Führung im Wandel

Die Steuerung eines Implementierungsprozesses geht einher mit dem Führen von Veränderungsprozessen. Hierzu bedarf es spezifischer Fähigkeiten, da das Führen im Wandel mit anderen Anforderungen einhergeht als das Führen in Stabilität.[45] Vielfach ist es erforderlich, Widerstände abzubauen, Vertrauen aufzubauen und für Neues zu begeistern. Hier geht es nicht darum, etablierte Prozesse weiter zu optimieren, die Effizienz zu erhöhen oder die Qualität zu verbessern, sondern darum, Neues zu wagen, Risiken einzugehen und aus Fehlern zu lernen. Es gilt Ängste zu überwinden, Barrieren abzubauen und Neuland zu betreten. Kommt es zu Machtverschiebungen innerhalb des Unternehmens ist ferner mit Widerständen aus den betroffenen Bereichen zu rechnen. Dementsprechend wichtig ist es, dass Führungskräfte über die Fähigkeiten verfügen, aufkeimende Widerstände rasch abzubauen, Akzeptanz herzustellen und strategiekonformes Verhalten zu fördern.

Management vs. Leadership (Führung)

Kotter differenziert in diesem Zusammenhang zwischen Management und Leadership (Führung).[46] Zu den wichtigsten Managementaufgaben zählt er Planung, Budgetierung, Organisation, Personalauswahl, Controlling und Problemlösung. Durch sie entsteht Ordnung, Effizienz und ein gewisses Maß an Vorhersagbarkeit. Im Sinne einer planungsorientierten Perspektive liegt der Fokus des „Managens" auf rational-analytischen Aufgaben.

Im Rahmen einer Implementierung fallen jedoch auch zahlreiche andere Aufgaben an. Sie betreffen das Führen von Menschen, die Bildung von umsetzungsstarken Teams, die Kommunikation der neuen Strategie, die Motivation und Inspiration der Mitarbeiter usw. Dafür bedarf es entsprechender Fähigkeiten (Qualifikationen), die in vielen Unternehmen nicht vorhanden sind. Dies ist wenig erstaunlich, stehen doch analytische Managementaufgaben sowie spezifische fachliche Kompetenzen im Zentrum der meisten Managementausbildungen. Aus diesem Grund ist es notwendig, in einem ersten Schritt die erforderlichen Qualifikationen im Unternehmen zu entwickeln bzw. Führungskräfte mit entsprechenden Qualifikationen zu akquirieren. Denn ohne entsprechend qualifizierte Führungskräfte scheitert die Strategieimplementierung meistens bereits in ihren Anfängen.[47]

Wie im Falle der drei anderen Faktoren, ist auch hier ein FIT zwischen vorhandenen und erforderlichen Fähigkeiten herzustellen. Dazu ist es erforderlich, die mit der Implementierung einhergehenden qualitativen (Kreativität, Motivationsfähigkeit, Überzeugungskraft, Planungsfähigkeit, ...) und quantitativen Anforderungen (Anzahl der Führungskräfte) zu bestimmen.[48] Zeigt sich eine Lücke, ist diese mit adäquaten Maßnahmen (Akquisition bzw. Entwicklung) bzw. dem Einsatz externer Moderatoren und Begleiter zu schließen. Ist die Lücke allerdings zu groß, kann es erforderlich sein, die Strategie zu überdenken bzw. den Implementierungsprozess anzupassen.

5.3 Strategieoperationalisierung

Im Rahmen der Operationalisierung wird eine Strategie real. Aus Ideen, Plänen und Absichten werden wahrnehmbare Ergebnisse.

In einem ersten Schritt wird die Strategie konkretisiert und präzisiert, damit sie auf allen Ebenen verstanden wird (siehe ▶ Abschnitt 5.3.1). Danach ist es erforderlich, die Strategie stufenweise in bereichsbezogene Einzelmaßnahmen zu transformieren. Erst dann ist eine Strategie konkret genug, um auf den einzelnen Ebenen handlungsleitend zu wirken (siehe ▶ Abschnitt 5.3.2). Eine weitere Aufgabe ist die Verzahnung der Strategie mit der faktorbezogenen operativen Planung sowie der Budgetierung (siehe ▶ Abschnitt 5.3.3).

Zu informieren und zu kommunizieren zählt zu den wichtigsten Aufgaben im Rahmen der Operationalisierung. Erst wenn die Führungskräfte und Mitarbeiter die Strategie verstehen und akzeptieren, können sie zu ihrer Umsetzung beitragen (siehe ▶ Abschnitt 5.3.4). Da die Operationalisierung einer Strategie zahlreiche Aktivitäten und Projekte auf unterschiedlichsten hierarchischen Ebenen, Funktionen und Bereichen umfasst, ist es erforderlich, diese zu koordinieren (siehe ▶ Abschnitt 5.3.5). Es gilt sicherzustellen, dass die Maßnahmen zielgerichtet und aufeinander abgestimmt sind.

5.3.1 Konkretisierung und Präzisierung

Funktionalstrategien

Die Konkretisierung von Unternehmens- und Geschäftsbereichsstrategien erfolgt u.a. mittels **Funktionalstrategien** (z.B. Beschaffungsstrategie, Produktionsstrategie). Sie bilden die Schnittstelle zum operativen Management und sind die Basis für die Ableitung funktionsspezifischer Ziele und Maßnahmen.[49] Sind bereits funktionale Strategien ausgearbeitet, dann ist die Konkretisierung gleichbedeutend mit der Überarbeitung und Präzisierung dieser Teilstrategien, erläutern die Strategieprozessexperten Welge, Al-Laham und Eulerich.[50] Welche Funktionalstrategien im Einzelfall von Bedeutung sind, hängt von der Strukturierung der Leistungsprozesse im Unternehmen sowie der zu konkretisierenden Strategie ab. In aller Regel sind dies die Primärfunktionen entlang der Wertkette (z.B. Forschung &Entwicklung, Produktion, Marketing & Vertrieb) sowie zentrale unterstützende Funktionen (z.B. Infrastruktur, Beschaffung, Personal).

Funktionalstrategien zeigen die Konsequenzen von Unternehmens- und Geschäftsbereichsstrategien für die Funktionsbereiche. Dadurch können sie die operative Machbarkeit infrage stellen und eine Neuformulierung bzw. Überarbeitung der übergeordneten Strategien erforderlich machen. Die Abstimmung der Strategien auf der Unternehmens- und Geschäftsbereichsebene mit den Funktionalstrategien ist eine wichtige Voraussetzung für eine erfolgreiche Implementierung. Nur wenn die in den Funktionen angesiedelten Produktionsfaktoren und operativen Routinen die übergeordneten Strategien widerspiegeln, können diese wirksam werden. ▶ Tabelle 5.2 zeigt exemplarisch anhand eines Produktionsunternehmens, den Zusammenhang von Wettbewerbsstrategie und einzelnen Funktionalstrategien.[51]

	Beschaffung	Produktion	F&E	Marketing & Vertrieb
Preis- und Kostenstrategie	Einkauf von großen Mengen zu niedrigen Preisen; effizientes Lagerwesen	Fokus auf effiziente Fertigungsprozesse; Skaleneffekte und andere Kosteneffekte nutzen	Fokus auf Prozessentwicklung zur Kostenreduzierung von Fertigung und Distribution	Kostengünstiger Vertrieb, Werbung, aggressive Preispolitik
Differenzierungsstrategie	Einkauf von qualitativ hochwertigen Materialien; sorgfältiges Lagerwesen	Fokus auf hohe Qualität, flexible Technologien, Einsatz von TQM: Qualitätsmanagement	Fokus auf Produktentwicklung Ziel: von der Konkurrenz abheben	Differenzierte Ausgestaltung von Vertrieb, Kommunikation und Preispolitik
Nischenstrategie	Einkauf von besonderen Materialien; sorgfältiges Lagerwesen	Fokus auf hohe Qualität, Einsatz außergewöhnlicher Methoden (z.B. Handarbeit)	Fokus auf Entwicklung exklusiver und innovativer Produkte	Zielgerichtete Kommunikation, abgestimmte Vertriebs- und Preispolitik

Tabelle 5.2: Abstimmung der Funktionalstrategien

Die einzelnen Funktionalstrategien sind zudem aufeinander abzustimmen. Einerseits, um einen reibungslosen Ablauf der Wertschöpfungsprozesse zu garantieren, andererseits, um potenzielle Synergien nutzen zu können (z.B. Know-how). Letzteres ist vor allem interessant in Bezug auf die bereichsübergreifende Nutzung vorhandener Kernkompetenzen.

Methoden der Strategieverfolgung

Ein weiterer Schritt im Rahmen der Konkretisierung ist die Festlegung der grundsätzlichen Art und Weise der Strategierealisierung. Dabei werden aus den unterschiedlichen strategischen Methoden der Strategieverfolgung jene ausgewählt, die am geeignetsten erscheinen, die Strategie in der gewünschten Form umzusetzen. Die dem Unternehmen zur Verfügung stehenden Methoden der Strategieverfolgung für die Implementierung unterschiedlicher Entwicklungsstrategien können wie folgt gruppiert werden:[52]

- **Selbst aufbauen & entwickeln**
  Für die Umsetzung ihrer strategischen Vorhaben bauen viele Unternehmen auf eigene Ressourcen und Fähigkeiten. Sie nehmen in Kauf, dass sich organisches bzw. internes Wachstum langsam vollzieht, sehen jedoch Vorteile in Bezug auf die Generierung von Know-how und den Aufbau potenzieller Kernkompetenzen. Überdies ist es vielfach die einzige Möglichkeit, neue Märkte zu erschließen.

- **Kaufen (Fusionen & Übernahmen)**
  Andere Unternehmen zu übernehmen bzw. mit ihnen zu fusionieren, stellt eine weitere häufig genutzte Möglichkeit zur Verfolgung einer Strategie dar. In Zeiten erhöhter Dynamik versprechen sich viele Strategen durch das Kaufen bestehender Unternehmen zeitliche Vorteile (z.B. schneller Markteintritt, umgehender Zugang zu strategisch relevanten Ressourcen und Fähigkeiten, rasche Kosteneffekte durch Synergienutzung). Leider können die erwarteten Effekte oft aufgrund

mangelnder Integration, zu unterschiedlicher Unternehmenskulturen oder zu großer Widerstände nicht realisiert werden.

- **Kooperieren (strategische Allianzen)**
  Die gemeinsame Umsetzung einer Strategie mit einem oder mehreren Partnern wird in den letzten Jahren immer beliebter. Ob durch Joint Ventures, formlose Netzwerke oder mittels Langzeitverträgen (z.B. Franchising, Lizenzen), mit den gemeinsam vorhandenen Ressourcen und Fähigkeiten haben Unternehmen die Möglichkeit, komplexe Strategien zu realisieren. Dabei verteilen sich auch die Risiken und Kosten auf die beteiligten Unternehmen.

- **Verkaufen**
  Jene Bereiche eines Unternehmens, die nicht mehr in das strategisch erwünschte Leistungsportfolio passen, zu verkaufen, ist eine Möglichkeit der Desinvestition. Hier stellt sich einerseits die Frage, ob passende Käufer gefunden werden können, und andererseits, welche Konsequenzen (z.B. Marke, rechtliche Fragen, Kompetenzen) mit dem Verkauf einhergehen.

- **Rück- bzw. abbauen**
  Bestehende Geschäftsaktivitäten rück- bzw. abzubauen ist eine in aller Regel langsamere Form der Desinvestition. Hier werden in spezifischen Bereichen die Aktivitäten Schritt für Schritt verringert bzw. beendet. Dies ist immer dann der Fall, wenn ein Verkauf aus strategischen Gründen nicht gewollt ist (z.B. Wettbewerb) bzw. kein adäquater Käufer gefunden wird.

Bei der Auswahl der strategischen Methoden zur Verfolgung einer Strategie sind die Strategie selbst sowie die spezifischen internen und externen Rahmenbedingungen zu berücksichtigen.

5.3.2 Aktivitäten- und Maßnahmenplanung

Die Umsetzung der präzisierten Strategie in die operativen Planungen ist ein weiterer Schritt im Rahmen der Operationalisierung. Hier geht es darum, konkrete Ziele, Aktivitäten und Maßnahmen für die einzelnen Bereiche eines Unternehmens zu formulieren. Dadurch soll sichergestellt werden, dass sich die Aktivitäten der Führungskräfte und Mitarbeiter im Tagesgeschäft an der übergeordneten Strategie ausrichten. Der Planungszeitraum erstreckt sich in aller Regel über mehrere Jahre, wobei die Pläne für das erste Jahr die höchste Detaillierung aufweisen.

Ziele, Aktivitäten und Maßnahmen

Die Aktivitäten- und Maßnahmenpläne für die einzelnen Funktionen beinhalten konkrete Ziele, Aktivitäten und Maßnahmen in Bezug auf die jeweiligen Funktionalstrategien. Die geplanten Ziele beschreiben den erwünschten zukünftigen Zustand. Die geplanten Aktivitäten und Maßnahmen erläutern, auf welchem Weg und mit welchen Mitteln dieser Zustand erreicht werden soll. Im Rahmen der Planung wird festgelegt, wer wofür verantwortlich ist, welche Ressourcen wofür eingesetzt werden und welche Priorität eine bestimmte Maßnahme für die Strategierealisierung hat. Damit erhalten die Mitarbeiter direkte strategiekonforme Vorgaben für das Handeln im Alltag.

Die Gliederung der funktionalen Aktivitäten- und Maßnahmenplanung orientiert sich an den unternehmensspezifischen Gegebenheiten und der übergeordneten Strategie. Zumeist werden für jene Funktionen, für die auch Strategien formuliert werden, eigene Planungen durchgeführt. Für ein Produktionsunternehmen betrifft dies primär die Kernaufgaben Beschaffung, Produktion, F&E und Marketing & Vertrieb:[53]

- **Beschaffung**
  Aufbauend auf der Beschaffungsstrategie wird die Planung in Bezug auf Bedarf, Bestand und Beschaffung der wichtigsten Produktionsfaktoren erstellt. Festgelegt wird, zu welchen Zeitpunkten, welche Mengen bestellt und gelagert werden. Dabei sollen Bestellmengen und Lagermengen möglichst effizient sein.

- **Produktion**
  Die konkrete Produktionsprogrammplanung orientiert sich an der Absatz- und Produktplanung sowie an den Kapazitätsgrenzen einzelner Produktionsanlagen und etwaiger Restriktionen in Bezug auf die Verfügbarkeit einzelner Ressourcen (z.B. Material, qualifizierte Mitarbeiter). Die Produktionsprogrammplanung legt fest, welche Produkte in welcher Menge wann hergestellt werden. Dabei kommt der operativen Produktionsprozessplanung die Aufgabe der Optimierung zu.

- **F&E**
  Forschungs- und Entwicklungstätigkeiten sollen zu neuen Produkten bzw. zu neuen/verbesserten Prozessen führen. Damit ergeben sich ein deutlich stärkerer Zukunftsbezug und ein längerfristiger Planungshorizont. Erschwerend kommt das höhere Ausmaß an Unsicherheit hinzu. Durch diese Faktoren wird die Planung im Bereich F&E schwierig und bedarf entsprechender Flexibilität.

- **Marketing & Vertrieb**
  Die Marketingstrategien werden im Rahmen der Marketingplanung (Märkte, Zielgruppen, Produkte, Vertriebswege etc.) präzisiert. Als Bezugsobjekte der Marketingplanung sind außerdem die Absatz-, Umsatz- und Deckungsbeitragsziele für die einzelnen Geschäftsbereiche bzw. Produkte sowie die jeweiligen Wettbewerbsstrategien anzuführen. Ferner berücksichtigt die Marketingplanung Einschätzungen der Vertriebsmitarbeiter über die zu bearbeitenden Zielgruppen sowie Marktdaten aus diversen anderen Quellen (z.B. Marktanalysen). Für die Determinierung und Abstimmung der einzelnen Marketingmaßnahmen für eine adäquate Positionierung bei der jeweiligen Zielgruppe wird in der Praxis vielfach der Marketing-Mix verwendet.[54]

Die hier exemplarisch angeführten Planungen der Kernaufgaben (Funktionen) eines Produktionsunternehmens werden in aller Regel ergänzt um Planungen für wichtige Querschnittsfunktionen (z.B. Qualitätssicherung, Logistik). Zu den einzelnen Funktionen findet der interessierte Leser mannigfaltige Bücher und Beiträge mit einer Vielzahl hilfreicher

Instrumente und Vorgehensmodelle. Außerdem gibt es zahlreiche Managementsysteme, die den Transfer von Strategien in Ziele, Aktivitäten und Maßnahmen erleichtern. Die meisten bauen auf den Grundsatzüberlegungen des österreichischen Managementexperten Drucker auf.[55] Er beschrieb bereits 1954 die bekannte Methode „Management by Objectives" (MbO),[56] bei der ein umfassendes Ziel-Beitragssystem im gesamten Unternehmen installiert wird. Dabei werden die individuellen Ziele der Führungskräfte und Mitarbeiter mit den übergeordneten Zielen in Verbindung gebracht. „Management by Objectives" ermöglicht den Transfer der Strategien auf die Individualebene. Damit wird der Implementierungsprozess messbar, steuerbar und überprüfbar. Besondere Bedeutung haben in diesem Zusammenhang KPIs (Key Performance Indicators), siehe ▶ Abschnitt 6.3 Kennzahlen.

Balanced Scorecard

Ein häufig eingesetztes Tool im Rahmen der Implementierung ist die Balanced Scorecard (BSC) von Kaplan und Norton[57]. Die BSC zählt zu den bekanntesten Vorgehensmodellen im Rahmen der Umsetzung einer Strategie. Dabei wird die Strategie in einem integrierten Modell mittels messbarer Ziele und realisierbarer Maßnahmen operationalisiert. Da die BSC in vielen Unternehmen auch als Kontroll- und Steuerungsinstrument eingesetzt wird, findet sich die Beschreibung in diesem Buch im ▶ Abschnitt 6.4.1. Des Weiteren werden das EFQM-Modell und die Wissensbilanz in ▶ Abschnitt 6.4 vorgestellt.

5.3.3 Ressourcenzuweisung & Budgetierung

Ressourcen stehen einem Unternehmen nie unbegrenzt zur Verfügung. Besonders um knappe Ressourcen (z.B. Personal, Anlagen, IT) besteht ein Wettbewerb zwischen den einzelnen Unternehmensbereichen. Aus strategischer Sicht sind knappe Ressourcen derart zu verteilen, dass die angestrebten Strategien realisiert werden können. Aus diesem Grund ist es zweckmäßig, in Ergänzung zu den funktionalen Planungen bereichsübergreifende ressourcenbezogene Planungen durchzuführen.[58] Dabei gilt es darauf zu achten, dass die Ressourcenallokation mit der Strategie in Einklang steht. Ist dies nicht der Fall, dominiert die Ressourcenallokation die Entwicklung des Unternehmens und die Strategie verbleibt bloß ein Plan, ein Stück Papier mit keiner bzw. geringer Relevanz für das operative Handeln.[59]

Ressourcenbezogene Planungen

Welche ressourcenbezogenen Planungen in einem Unternehmen durchgeführt werden, hängt von folgenden drei Faktoren ab: erstens von der Bedeutung der einzelnen Ressourcen für die unternehmerische Leistungserbringung. Je nach Branche und Unternehmen sind unterschiedliche Ressourcen von zentraler Bedeutung für die Leistungserbringung. Dies können in der Spitzengastronomie das Küchenpersonal oder spezifische Rezepturen sein, in einem Transportunternehmen der Fuhrpark und in einem Forschungsunternehmen die spezifischen Anlagen und Fähigkeiten. Der zweite Einflussfaktor ist die Relevanz einer Ressource für die Realisierung einer Strategie. Im Sinne der ressourcenorientierten Perspektive sind hier jene Ressourcen von besonderer Bedeutung, die als Kernkompetenzen zur Wettbewerbsfähigkeit des Unternehmens beitragen. Der dritte Faktor ist die Verfügbarkeit einer Ressource auf den jeweiligen Faktormärkten. Dies ist insbesondere dann von Bedeutung, wenn eine Ressource (z.B. seltene Materialien, Raum und Grundstücke, spezifisches Know-how) schwer bzw. überhaupt nicht mehr beschafft werden kann.

Das Hauptaugenmerk in der ressourcenbezogenen Planung liegt damit auf strategie- und geschäftsrelevanten, schwer beschaffbaren Ressourcen. In den meisten Unternehmen sind dies allenfalls Personal[60] sowie spezifische Anlagen und Systeme (Gebäude, Maschinen, IT etc.) und die damit einhergehenden Investitionen. Aufgrund ihrer generell hohen Bedeutung wird nachstehend näher auf die Personalplanung sowie monetäre Planungen eingegangen.

Personalplanung Das Personal zählt zu den knappen Faktoren in den meisten Unternehmen. Im Rahmen der Personalplanung ist zunächst der mit der Operationalisierung einhergehende quantitative und qualitative Personalbedarf festzulegen: Erstens, welche Mitarbeiter mit welcher spezifischen Qualifikation werden benötigt? Zweitens, wie viele Mitarbeiter mit einer entsprechenden Qualifikation sind erforderlich?

Der konkrete Personalbedarf (SOLL) wird in aller Regel aus den vorgelagerten Planungen der einzelnen Bereiche abgeleitet. Die Gegenüberstellung mit dem aktuellen Personalbestand (IST) zeigt, inwieweit quantitative bzw. qualitative Defizite oder Überkapazitäten vorhanden sind. Diesen gilt es mit adäquaten Maßnahmen (Personalakquisition, -entwicklung, -umschichtung, -freisetzung) zu begegnen. Für die erfolgreiche Operationalisierung einer Strategie kann auch die Besetzung von strategischen Schlüsselpositionen als erfolgskritisch erachtet werden. Dabei können mit der Auswahl und Aufnahme neuer Mitarbeiter und Führungskräfte wichtige Signale in Richtung Wandel gesetzt werden.

Um die festgestellten Qualifikationslücken bei bestehenden Führungskräften und Mitarbeitern zu füllen, sind die Aktivitäten und Maßnahmen im Rahmen der Personalentwicklung an die Erfordernisse der Strategieimplementierung anzupassen. Qualifizierungsprogramme können dabei sowohl Off-the-Job-Maßnahmen, wie Schulungen und Seminare, Near-the-Job-Aktivitäten (z.B. Qualitätszirkel) und On-the-Job-Training beinhalten.

Monetäre Planungen Die monetären Konsequenzen der geplanten Maßnahmen zeigen sich in der Kosten- und Erlösplanung, der bilanziellen Ergebnisplanung und der Liquiditätsplanung. Mit diesen monetären Planungen wird ersichtlich, ob mit den konkretisierten Strategien die monetären Ziele erreicht werden können. Ist dies nicht der Fall, kommt es zu neuen operativen und mitunter sogar strategischen Planungen.

- **Kosten- und Erlösplanung**
  Die Kosten- und Erlösplanung gibt Auskunft über die Rentabilität der geplanten betrieblichen Tätigkeiten. Die Basis für die Kostenplanung bilden die Informationen aus den funktionalen Planungen (Beschaffung, Produktion, Marketing etc.). Die erwarteten Erlöse können aus der Absatzplanung abgeleitet werden. Die konkrete Ausgestaltung der Kosten- und Erlösplanung kann auf Basis der Vollkosten, der Teilkos-

ten bzw. aus einer Kombination von beiden (stufenweise Deckungsbeitragsplanung) erfolgen.

- **Ergebnisplanung**
  Die Ergebnisplanung zeigt, wie sich das Unternehmen aus der Finanzperspektive entwickeln wird. Sie basiert auf der Aufwands- und Ertragsrechnung. In der Gewinn- und Verlustplanung wird das zu erwartende operative Ergebnis sichtbar. In der Bilanzplanung werden Vermögen und Kapital laut Planung dargestellt. Damit wird deutlich, mit welchen Ergebnissen in Zahlen zu rechnen ist, wenn die Strategie, wie in den einzelnen Planungen intendiert, umgesetzt wird.
- **Liquiditätsplanung**
  Im Rahmen der Liquiditätsplanung werden zahlungswirksame Vorgänge als Einzahlungen und Auszahlungen erfasst. Zielsetzung dieser Planung ist die Sicherstellung der Liquidität, damit das Unternehmen jederzeit seinen Zahlungsverpflichtungen nachkommen kann.[61]

Grundlage der Budgetierung

Die einzelnen Planungen werden miteinander verknüpft. Damit wird sichergestellt, dass die einzelnen Teilpläne untereinander abgestimmt sind. Sie bilden die Grundlage der Budgetierung. Diese umfasst die wertmäßige Zusammenfassung der geplanten (erwarteten) Entwicklung in einer Planungsperiode.[62] Dabei werden die Werte für das erste Planjahr so spezifisch wie möglich und für die folgenden Planjahre zumeist in aggregierter Form angegeben. Die einzelnen Budgets präzisieren, über welche Ressourcen ein Bereich verfügen kann, um seine Ziele zu erreichen.

Budgets sind aufgrund ihrer koordinierenden und steuernden Wirkung ein wichtiges Instrument zur Durchsetzung von Strategien. Sie müssen daher in jedem Fall mit der Strategie verzahnt sein. Ist dies nicht der Fall, orientieren sich Führungskräfte und Mitarbeiter an den Zahlen und nicht an der Strategie.[63] Demzufolge müssen sowohl Ressourcenzuweisung als auch Budgets mit der Strategie in Einklang sein, damit Entscheidungen und Handlungen im unternehmerischen Alltag strategiekonform sind.

5.3.4 Information und Kommunikation

Nicht jede Strategie ist für die breite Öffentlichkeit bestimmt, schließlich soll sie doch das Unternehmen langfristig erfolgreich machen, Wettbewerbsvorteile aufbauen und die Marktposition verbessern. Andererseits wirken an der Implementierung einer Strategie jedoch viele Führungskräfte und Mitarbeiter sowie andere Stakeholder mit. Dazu müssen sie die für sie relevanten Inhalte der Strategie und der Planung kennen. Nur dann können sie ihre tägliche Arbeit danach ausrichten. Strategie zur Geheimsache zu erklären, ist daher wenig zweckmäßig, lässt sie doch die eigentlichen „Umsetzer" einer Strategie im Dunkeln tappen. Außerdem lässt es sich ohnehin nicht vermeiden, dass externe Berater oder Strategiemeetings von der Belegschaft bemerkt werden. Fehlen konkrete Informationen, entstehen Gerüchte und damit Sorgen und Ängste bei den Mitarbeitern. Damit besteht die Gefahr, dass sich die Produktivität verringert und ein Klima des Misstrauens entsteht.

Der Kommunikationswissenschaftler und Philosoph Watzlawick[64] stellt fest: „*Man kann nicht nicht kommunizieren*", denn jedes Verhalten ist eine Form von Kommunikation. Selbst wenn die Geschäftsführung oder das mittlere Management nicht informiert, wird ihr Schweigen von Mitarbeitern wahrgenommen und interpretiert. Erhalten die Mitarbeiter keine bzw. unzureichende Informationen, konstruieren sie ihre eigene Wirklichkeit, basierend auf ihren Erfahrungen und Kenntnissen.[65] Ein Mangel an adäquater Information bereitet damit den Boden für Verschwörungstheorien und Gerüchte aller Art.

Ausreichende Information

Die Bedeutung adäquater, zielgruppengerechter Information steht außer Frage und gleichzeitig zeigt sich in vielen Unternehmen ein großes Manko. Zu informieren scheint für viele etwas Selbstverständliches zu sein, sie denken nicht daran die einzelnen Aktivitäten und Maßnahmen zur Vermittlung einer Strategie zu planen. Ein Grund, warum die Notwendigkeit zu informieren oftmals in der Hektik des Alltags vollkommen untergeht. Mitunter ist auch nicht bekannt, wer welche Informationen benötigt und wie diese Informationen die jeweilige Zielgruppe am besten erreichen. Aufgrund der vielfältigen Kanäle, die heute zur Verfügung stehen – von persönlichen Meetings oder gedrucktem Papier, über E-Mail und Plattformen bis hin zu Social Media und Twitter – fällt es oft schwer, herauszufinden, welcher Weg zweckmäßig ist, um die Strategie zu vermitteln.[66] Außerdem wird oft fälschlicherweise davon ausgegangen, dass das Bereitstellen von Information dazu führt, dass die Betroffenen dadurch bereits informiert sind.

Ein weiterer Grund mangelhafter Informiertheit der Mitarbeiter über die Strategie liegt im Wesen der Strategie selbst begründet: Strategien sind komplex und damit schwer vermittelbar. Dazu kommt, dass die Informationsverarbeitungskapazität des Menschen begrenzt ist und wir ohnehin in Zeiten des Informationsüberflusses leben.

Kommunikationsmaßnahmen

Die angeführte Problematik verdeutlicht, dass es umfassender Kommunikationsmaßnahmen bedarf, damit Führungskräfte und Mitarbeiter über die für sie relevanten Informationen verfügen. Es ist zu klären, wie welche Informationen wem wann mitgeteilt werden bzw. zwischen wem sie ausgetauscht werden. Dabei gilt es zu entscheiden, wie häufig und mit welchen Medien Informationen vermittelt werden.

Vor allem dann, wenn grundlegende Veränderungen mit einer Strategie einhergehen, bedarf es eines integrierten Kommunikationskonzepts, damit die Betroffenen die Strategieinhalte verstehen können. Dabei ist zu beachten, dass Kommunikation funktionale und soziale Aspekte enthält. Funktionale Kommunikation bezieht sich auf die sachliche meist aufgabenbezogene Information. Soziale Kommunikation erfüllt Bedürfnisse nach Anerkennung, Wertschätzung, Zugehörigkeit etc. Damit kommt der Kommunikation auch eine wichtige Rolle in Bezug auf das Erkennen und Abbauen potenzieller Widerstände zu. Dementsprechend ist es zweckmäßig, bereits frühzeitig zu informieren, Mitarbeiter aufzurütteln, ihnen den Weg zu weisen und ihre Leistungen anzuerkennen.

Die Grundherausforderung in Bezug auf die Gestaltung adäquater Informations- und Kommunikationsmaßnahmen lässt sich am besten mit der vielzitierten Aussage von Konrad Lorenz verdeutlichen: „*Gesagt ist noch nicht gehört. Gehört ist noch nicht verstanden. Verstanden ist noch nicht einverstanden. Einverstanden ist noch nicht umgesetzt. Umgesetzt ist noch nicht beibehalten.*“ Erfolgreiche Strategieimplementierung beginnt demzufolge mit erfolgreicher Information und Kommunikation. Sie berücksichtigt, dass Menschen nicht unbedingt, nachdem sie etwas erfahren haben (unabhängig davon, ob sie dieses in einem E-Mail gelesen haben oder von jemandem gehört haben), dieses auch verstehen, akzeptieren und umsetzen können.

Kommunikationskonzept

Ein schriftliches Kommunikationskonzept unterstützt die Unternehmensleitung und Führungskräfte auf allen Ebenen adäquat zu informieren. Dabei sollten nicht nur funktionale, sondern auch soziale Aspekte berücksichtigt werden. Ein Kommunikationskonzept sollte allenfalls Antworten auf folgende Fragen geben:[67]

- Wer (welche Person bzw. Zielgruppe) wird informiert?
- Was muss derjenige bzw. diese Zielgruppe wissen?
- Wann und wie oft wird informiert?
- Wie wird informiert (Mitarbeiterversammlungen, Strategieworkshops, Meetings, Mitarbeitergespräch, E-Mail, Intranet, Social Media, …)?

Adäquate Information durch gelungene Kommunikation trägt dazu bei, das Vertrauen der Mitarbeiter in die Unternehmensleitung zu erhalten bzw. aufzubauen. Mitarbeiter müssen darauf vertrauen können, dass sie die Unternehmensleitung mit der neuen Strategie in eine vorteilhafte Zukunft führt. Insbesondere in Zeiten der Krise müssen sie sicher sein, dass die Unternehmensleitung fähig ist, die Krise zu bewältigen. Dies gilt nicht für Mitarbeiter, sondern für alle Stakeholder, ob Kunden, Lieferanten, Geldgeber oder Kooperationspartner. Die beiden Transformationsexperten Kohlöffel und August führen dazu zehn Grundregeln für eine gelungene Kommunikation im Rahmen von strategischen Veränderungsprozessen an (▶ Abbildung 5.5 [68]):

Zehn Grundregeln gelungener Kommunikation

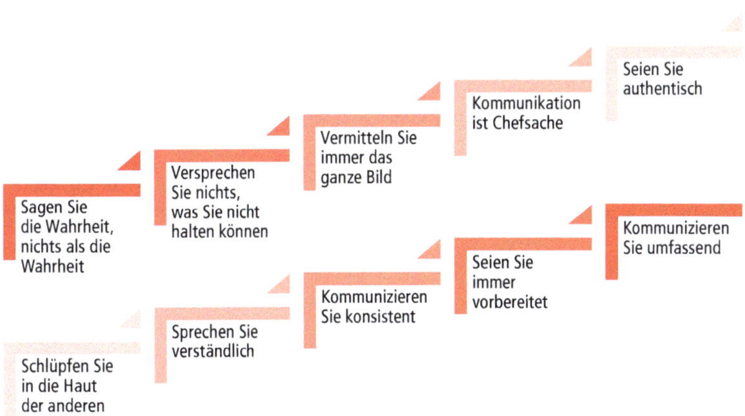

Abbildung 5.5: Zehn Grundregeln gelungener Kommunikation

Es gilt zu bedenken, dass eine gelungene Kommunikation nicht nur das Vertrauen und Engagement der Mitarbeiter sichert. Sie wirkt weiter auf das Image des Unternehmens, auf das Vertrauen von Geldgebern, Lieferanten, Kunden und anderen Stakeholdern und somit auf das Wohlergehen des gesamten Unternehmens.

5.3.5 Koordination und Monitoring

Die Operationalisierung einer Strategie löst mannigfaltige Aktivitäten und Maßnahmen aus. Dazu zählen Planungen und Handlungen in unterschiedlichen Bereichen und auf unterschiedlichen Ebenen. Immer dann, wenn Arbeitsteilung praktiziert wird, ist Koordination in zeitlicher und inhaltlicher Hinsicht erforderlich.[69]

Koordination Die zeitliche Koordination regelt dabei die Reihenfolge der einzelnen Aktivitäten und Maßnahmen (Konkretisierung, operative Planung, Information und Kommunikation, Ressourcenzuweisung und Budgetierung, alltägliche Handlungen im Rahmen der Strategieumsetzung). Die inhaltliche Koordination umfasst die vertikale und horizontale Abstimmung der Aktivitäten und Maßnahmen im Rahmen der Operationalisierung. Dabei umfasst die vertikale Koordination die Abstimmung zwischen den einzelnen Ebenen (Unternehmen, Geschäftsbereiche und Funktionen) und die horizontale Koordination die Abstimmung zwischen den einzelnen Bereichen (z.B. Marketing, Produktion, Beschaffung, F&E).

Monitoring Ein umfassendes Monitoring (siehe ▶ Kapitel 6 „*Strategische Evaluierung*“) der Operationalisierung dient der raschen Information über den Prozessverlauf. Dadurch können Fehleinschätzungen im Rahmen der Planung der Implementierung so rasch wie möglich erkannt und korrigiert werden. Außerdem kann sichergestellt werden, dass die Fülle an Maßnahmen von den Betroffenen bewältigt werden kann und unvorhergesehene Widerstände bzw. neu auftretende Probleme unmittelbar aufgegriffen und frühestmöglich gelöst werden. Überdies ist ersichtlich, wann Ziele erreicht werden und Erfolge gefeiert werden können, wobei dem Feiern der ersten Erfolge besondere Bedeutung zukommt. Damit wird offensichtlich, dass man bereits erfolgreich auf dem Weg ist und die Strategie operationalisiert.

5.4 Strategischer Wandel

Im Fokus der bisherigen Ausführungen standen die schrittweise Operationalisierung einer Strategie und damit die sachbezogenen Aufgaben der Strategieimplementierung. In diesem Kapitel rücken verhaltensbezogene Aufgaben und damit strategischer Wandel in und von Organisationen ins Zentrum des Interesses. Damit geht es um die Frage, wie Unternehmen umfassende Veränderungen bewältigen können. Eine Herausforderung, mit der viele Unternehmen in einer VUKA-Umwelt konfrontiert sind, in der sich Unternehmen nicht nur umfassend, sondern zudem auch schnell verändern müssen.

Erklärungs- und Gestaltungsmodelle in Bezug auf strategischen Wandel finden sich in der Literatur wie Sand am Meer. Mitunter unterscheiden sie sich kaum voneinander bzw. bauen aufeinander auf, manche jedoch sind widersprüchlich. Dies erklärt sich aus unterschiedlichen Grundannahmen über die Gestaltbarkeit von Organisationen und die Art und Weise, wie Wandel in und von Organisationen vor sich geht. Überdies gibt es viele Modelle, die sich ausschließlich auf fundamentalen (evolutionären bzw. revolutionären) Wandel beziehen.

+

Prozesstheorien

Die vielzitierten und grundlegenden Arbeiten von Van de Ven und Poole über vier archetypische Prozesstheorien erlauben einen ersten Einblick in die mitunter unübersichtliche Welt des strategischen Wandels von Organisationen in der Literatur. Basierend auf unterschiedlichen Grundannahmen über Wandel beschreiben sie vier Prozesstheorien mit ihren Implikationen betreffend Gestaltung bzw. Gestaltbarkeit strategischen Wandels (siehe ▶ Abbildung 5.6 [70]):

Teleologische Prozesstheorien

Den meisten Managementansätzen liegt ein teleologisches Prozessverständnis zugrunde. Man geht davon aus, dass ein Unternehmen über klare Zielvorstellungen verfügt und das Topmanagement adäquate Strategien auswählt, um diese Ziele zu erreichen. Ändert sich die Unternehmensumwelt, sind die Strategien anzupassen, damit das Unternehmen in einer sich verändernden Umwelt seine Ziele erreichen kann. Strategischer Wandel basiert gemäß eines teleologischen Verständnisses auf einer rationalen Auseinandersetzung des Topmanagements mit unterschiedlichen strategischen Möglichkeiten, von denen eine als erfolgversprechend ausgewählt wird. Die strategische Entscheidung ist damit der Motor für die vom Topmanagement bewusst geplanten Veränderungsprozesse im Unternehmen.[71] Entsprechendes ist bereits aus der planungsorientierten Perspektive des strategischen Managements bekannt.

Lebenszyklustheorien

Lebenszyklustheorien bilden einen weiteren Erklärungsansatz für den strategischen Wandel von Organisationen. Hier geht man davon aus, dass die Ursachen für Veränderungen innerhalb der sich entwickelnden Einheit selbst liegen. Vergleichbar mit einem Menschen durchlaufen Unternehmen unterschiedliche Phasen von der Geburt bzw. Gründung bis zum Tod bzw. Niedergang. Innerhalb einer Phase finden sich evolutionäre Veränderungsprozesse, während zwischen diesen Transformationen (revolutionäre Veränderungsprozesse) stattfinden.[72] Dem Topmanagement kommen hier zwei Aufgaben zu. Erstens, das Unternehmen in jeder stabilen Phase adäquat zu konfigurieren (Strategie, Strukturen, Systeme, Führung, ...). Zweitens, die Umbruchphasen (Transformationen) durch gezielte systemgerechte Interventionen zu forcieren und so kurz wie möglich zu halten.

Evolutionäre Prozesstheorien

Evolutionäre Prozesstheorien erklären Wandel als einen kontinuierlichen Prozess der Variation, Selektion und Retention.[73] Dabei verläuft die Variation des Systems bzw. der Formen eher zufällig (neue Varianten entstehen einfach). Die Selektion durch die Umwelt führt zur Auswahl der am besten passenden Variante. Die Retention wirkt in diesem Prozess stabilisierend, sie unterstützt das Verharren in der etablierten bekannten Form (Variante). Evolutionäre

Prozesstheorien werden in unterschiedlichen Perspektiven des strategischen Managements zur Erklärung von Veränderungen genützt, z.B. zur Erklärung der Überlebensfähigkeit von Unternehmen in den jeweiligen Branchen (positionierungsorientierte Perspektive). In der ressourcenorientierten Perspektive, erklären evolutionäre Prozesstheorien das Entstehen und Bestehen von Kernkompetenzen solange diese für die Umwelt, in denen das Unternehmen operiert, wertvoll sind.[74]

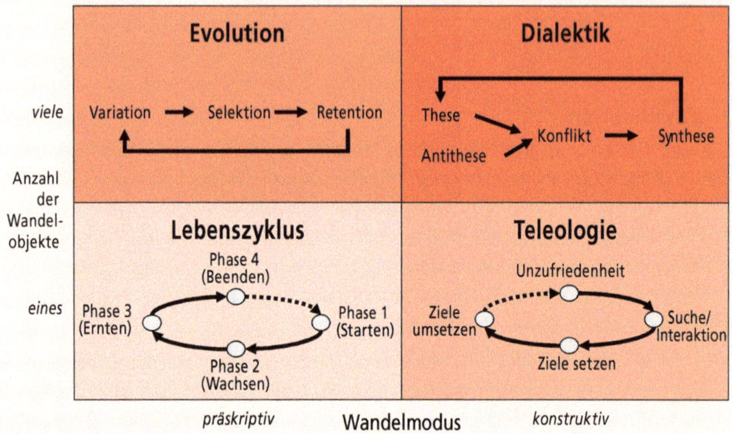

Abbildung 5.6: Prozesstheorien

Dialektische Prozesstheorien

Die Grundannahme dialektischer Prozesstheorien besteht darin, dass Wandel aus Spannungen und Konflikten entsteht, ob nun Mitarbeiter mit ihrer Entlohnung unzufrieden sind oder die Erwartungen anderer Stakeholder nicht erfüllt werden. Wenn Spannungen und Konflikte nach Phasen der Stabilität und dem Aufrechterhalten bekannter Dominanzverhältnisse ausbrechen, folgt oft ein revolutionärer Übergang zu einer neuen Ordnung. Der Motor der Veränderung liegt hier in der Konfrontation und im Konflikt zwischen gegensätzlichen Ereignissen, Kräften, Werten etc. Diese Art des Prozessverständnisses ist vor allem im Umgang mit Komplexität und Diversität relevant, beispielsweise im Stakeholder-Management oder in der Zusammenarbeit heterogener Führungsteams, welche in einer globalisierten und dynamischen Umwelt heute als vorteilhaft erachtet werden.[75]

Resümierend kann festgestellt werden, dass die beschriebenen Prozesstheorien weder in der Praxis noch in der Literatur in reiner Form vorkommen. Vielmehr finden sich unterschiedliche Kombinationen. Wobei der Großteil der strategischen Managementliteratur auf einem teleologischen Prozessverständnis basiert. Viele Autoren und Berater beziehen jedoch auch Aspekte anderer Prozesstheorien in ihre Überlegungen mit ein.

Herausforderungen bei umfassendem (fundamentalem) Wandel

Unabhängig davon, welche Prozesstheorie zugrunde gelegt wird, stellt ein umfassender Wandel eine große Herausforderung für ein Unternehmen dar. Hier greifen bekannte Erfolgsmuster und Führungsinterventionen nicht mehr. Eine reine Operationalisierung der Strategie ist nicht zweckmäßig, geht es doch darum, nicht nur die Dinge anders zu machen, sondern vollkommen andere Dinge zu tun. Damit ist es für die vom Wandel Betroffenen erforderlich, vorhandene Grundauffassungen über die Logik des Geschäfts (z.B. Annahmen darüber, wie man erfolgreich in einem bestimmten Markt bzw. in einer bestimmten Branche agieren kann, welche Produkte und Dienstleistungen gefragt sind, welche Prozesse effizient sind) abzulegen. Dies schließt das Führungsteam mit ein, welches noch dazu mit der herausfordernden Aufgabe konfrontiert ist, einen fundamentalen Wandel zu steuern. Für das Führungsteam bzw. die Change Agents stellen sich folgende Fragen:

Wie kann ein Unternehmen umfassend gewandelt werden bzw. anders formuliert, wie kann die Gestaltung und Steuerung fundamentalen Wandels gelingen? Folgt man den Wandelexpertinnen Balogun, Hope-Hailey und Gustafsson ist es zunächst erforderlich, den spezifischen Wandelkontext (▶ Abschnitt 5.4.1) zu verstehen und potenzielle Gestaltungsmöglichkeiten zu identifizieren (▶ Abschnitt 5.4.2). Erst dadurch wird es möglich, einen spezifischen situationsadäquaten Wandelprozess zu entwickeln (▶ Abschnitt 5.4.3) und die erforderlichen Veränderungen zu realisieren (▶ Abschnitt 5.4.4).

5.4.1 Analyse des Wandelkontextes

Tiefes Verständnis für spezifische Gegebenheiten

Aufbauend auf den Erkenntnissen aus der Analyse des Unternehmens und seiner Umwelt (siehe ▶ Kapitel 3) sowie der Phase der Strategieformulierung (siehe ▶ Kapitel 4) ist es notwendig, ein tiefes Verständnis für die spezifischen Gegebenheiten des strategischen Wandels in einem bestimmten Unternehmen zu gewinnen. Diese sind naturgemäß in einem kleinen jungen Unternehmen mit einem engagierten Team vollkommen anders als in einem großen Konzern mit strikten Regeln, formalen Strukturen und etablierten Routinen. Durch die Berücksichtigung der spezifischen Kontextfaktoren kann strategischer Wandel in und von Organisation gelingen.

In ihrem Buch „Exploring Strategic Change“ präsentieren Balogun, Hope-Hailey und Gustafsson acht wesentliche organisationale Kontextfaktoren, die bei der Gestaltung von umfassenden Wandelprozessen zu berücksichtigen sind. Die acht Faktoren – Zeit, Ausmaß, Bewahrung, Vielfalt, Fähigkeiten, Kapazität, Bereitschaft und Macht – sind hinsichtlich ihrer Relevanz für die konkrete Ausgestaltung des Wandels in einem spezifischen Unternehmen zu untersuchen (▶ Abbildung 5.7 [76]).

Zeit

Ein entscheidender Faktor ist die **Zeit**, die einem Unternehmen für den Wandel zur Verfügung steht. Es macht einen Unterschied, ob ein Unternehmen in einer Krise ist oder ob es erfolgreich ist und einen längerfristigen Strategieprozess eingeht. In der Krisensituation ist zwar weniger Zeit vorhanden, dafür ist der Zwang zur Veränderung größer. Dies wirkt sich in aller Regel positiv auf die Bereitschaft zum Wandel aus.

Abbildung 5.7: Analyse des Wandelkontextes

Ist mehr Zeit vorhanden, kann ein Wandel langsamer vollzogen werden. Dies erfordert jedoch aufgrund der fehlenden Dringlichkeit des Wandels mehr Aktivitäten, um die Bereitschaft für den Wandel bei der Belegschaft herzustellen. Der Faktor Zeit kann auch durch mächtige Stakeholder (z.B. Banken, Kunden, Mitbewerber, Anleger, Behörden) beeinflusst werden. Zudem wirkt das spezifische Ausmaß an Umweltdynamik auf den Faktor Zeit ein. Die aktuelle Situation kann zufolge Topmanagern wie folgt beschrieben werden: „Das Tempo an (technologischen) Veränderungen ist enorm."[77] Darüber hinaus haben die weltweiten Auswirkungen der COVID-19-Pandemie viele Unternehmen zu raschen Handlungen gezwungen.[78]

Ausmaß Das **Ausmaß** des Wandels nimmt Bezug auf die Tiefe und Breite des mit der Strategie einhergehenden Wandels. Dabei bezieht sich die Tiefe auf die Frage, inwieweit sich vorhandene Grundauffassungen, Werte, Routinen etc. (das bestehende Paradigma) verändern müssen (▶ Abbildung 5.8 verweist auf die Unterscheidung zwischen Transformation und Neuordnung).

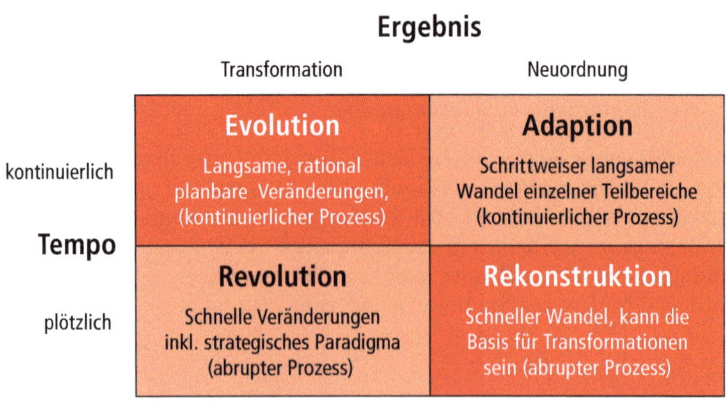

Abbildung 5.8: Typen des Wandels

Die Breite des Wandels zeigt, ob das gesamte Unternehmen oder nur einzelne Bereiche (z.B. Abteilungen oder Divisionen) betroffen sind. Ist das Ausmaß des Wandels tief und breit, ist ein umfassendes Wandelprojekt erforderlich, das sich über mehrere Jahre erstrecken kann. Dabei ist zu berücksichtigen, dass in einem dynamischen Umfeld die erforderliche Entwicklung rasch genug sein muss. Jack Welch drückte dies wie folgt aus: „...when the rate of change inside an institution becomes slower than the rate of change outside, the end is in sight. The only question is when."[79] Dies ist vor allem eine Herausforderung für erfolgsverwöhnte Unternehmen, die über lange Zeit mit ihrem Geschäftsmodell störungsfrei agieren konnten. Für sie ist es besonders schwierig, sich rasch genug anzupassen.

+

Typen des Wandels

Eine Möglichkeit der Differenzierung strategischen Wandels erfolgt in Anlehnung an Balogun, Hope-Hailey und Gustafsson nach dem Tempo (kontinuierlich oder plötzlich) und dem Ergebnis (Transformation oder Neuordnung). Insgesamt können mittels dieser beiden Kriterien vier Typen unterschieden werden (▶ Abbildung 5.8 [80]).

Ist ein Unternehmen transformiert, hat es sein strategisches Paradigma (Strategien, Routinen, Werte, Annahmen etc.) im Rahmen des Wandelprozesses verlassen. Entweder vollzog sich dieser Wandel Schritt für Schritt (Evolution) oder sehr schnell (Revolution). Das Meistern eines fundamentalen Wandels (Transformation) erweist sich als besonders schwierig, da das menschliche Gehirn darauf ausgerichtet ist, Bestehendes und Bekanntes zu bestätigen.

Wird das Unternehmen hingegen nur neu geordnet, bleibt es in seinem bisherigen strategischen Paradigma. Erfolgt die Neuordnung langsam, spricht man von Adaption, ansonsten von Rekonstruktion. Diese Art von Wandel ist weniger herausfordernd, da die Menschen innerhalb des bekannten Paradigmas agieren.

Bewahrung

Was heute wertvoll ist und auch in Zukunft zum Erfolg des Unternehmens beitragen wird, ist im Wandel zu bewahren. Bei der Analyse des Kontextfaktors **Bewahrung** ist zu bestimmen, welche organisationalen Aktiva, Charakteristiken und Praktiken in welchem Ausmaß zu erhalten sind. Hierauf nimmt das Ausmaß des angestrebten Wandels Einfluss. Je umfassender der mit der Strategie einhergehende Wandel, desto weniger wird bewahrt werden und umgekehrt.

Für die meisten Menschen ist es wichtig, dass bestimmte Elemente erhalten werden. Bestehendes gibt ihnen Sicherheit und ermöglicht es ihnen, sich leichter mit den Erfordernissen des Wandels auseinanderzusetzen.

Vielfalt

Der Faktor **Vielfalt** bezieht sich auf die Zusammensetzung der einzelnen Gruppen im Unternehmen. Konkret geht es um die Frage, ob es sich eher um homogene oder heterogene Gruppen handelt. Homogene Gruppen weisen ähnliche Erfahrungen, Wertvorstellungen und Meinungen auf. Sie sind es gewohnt, in gleicher bzw. ähnlicher Weise zu denken, zu entscheiden und zu handeln. Damit kann es im Fall eines fundamentalen Wandels erforderlich sein, in einem ersten Schritt die Vielfalt der Gruppe zu erhöhen.[81] Nur so können in derart stabilen Gruppen neue Erfahrungen, Wahrnehmungs- und Denkmuster entstehen, die den Wandel begünstigen. Diesbezüglich weisen viele international tätige Unternehmen Vorteile aufgrund der Heterogenität ihrer Belegschaft und ihrer Topmanagementteams auf.

Fähigkeiten

Ein wesentlicher Faktor ist die **Fähigkeit,** den für die Strategieimplementierung erforderlichen strategischen Wandel zu gestalten und zu steuern. In vielen Unternehmen müssen diese Fähigkeiten erst aufgebaut werden. Denn umfassende Veränderungsprozesse zu steuern, ist keine alltägliche Aufgabe des Managements.[82] Dies gilt insbesondere für erfolgsverwöhnte Unternehmen. Zu den individuellen Fähigkeiten zählen auch die Flexibilität und Anpassungsfähigkeit der Mitarbeiter. Je höher das Veränderungsvermögen der Mitarbeiter, umso einfacher und rascher kann sich strategischer Wandel vollziehen.

Neben individuellen **Fähigkeiten** sind es auch organisationale Fähigkeiten, die ein Unternehmen in die Lage versetzen, sich umfassend zu wandeln. Derartige organisationale Fähigkeiten begründen sich in Systemen, Strukturen, Prozessen bzw. Routinen und werden vielfach als Dynamic Capabilities[83] bezeichnet. Sind die erforderlichen Fähigkeiten nicht vorhanden, bedarf es einleitend Maßnahmen der Personal- und Organisationsentwicklung.[84]

Kapazität

Die vorhandenen **Kapazitäten** für Wandel bestimmen das mögliche Ausmaß und das Tempo des Wandels. Zu den relevanten Faktoren zählen finanzielle, zeitliche und personelle Ressourcen. Bei der Beurteilung der vorhandenen Kapazitäten ist darauf zu achten, dass sich ein Unternehmen nicht nur mit sich selbst und dem eigenen Wandel beschäftigen kann. Im Gegenteil, die meisten Ressourcen sind bereits mit den bestehenden Aktivitäten ausgelastet. Damit stellt sich die Frage, wie viele Ressourcen überhaupt für den Wandel bereitgestellt werden können.

Bereitschaft

Die **Bereitschaft** zum Wandel betrifft das Bewusstsein und die Akzeptanz der Notwendigkeit eines Wandels. Ob Führungskräfte oder Mitarbeiter, erst wenn sie akzeptieren, dass es wirklich notwendig ist, sich zu verändern, werden sie bereit sein, den Wandel mitzutragen bzw. mitzugestalten. Die Bereitschaft zum Wandel kann in einzelnen Bereichen des Unternehmens unterschiedlich hoch sein. Es ist durchaus möglich, dass in manchen Bereichen großer Widerstand besteht, hingegen in anderen Bereichen der Wandel freudig begrüßt wird. Ähnliches gilt für Lieferanten, Kunden, Kooperationspartner und andere Stakeholder.

Macht

Der Faktor **Macht** ist keinesfalls zu unterschätzen. Einerseits ist der Einsatz von Macht – im Sinne der Durchsetzbarkeit des eigenen Willens der Unternehmensleitung – nicht ausreichend, um einen Wandel erfolgreich durchzuführen.[85] Es bedarf in Ergänzung zu der hierarchischen Initiierung bzw. Anweisung und Ressourcenbereitstellung durch Machtpromotoren auch der Unterstützung durch Fach- und Prozesspromotoren. Sie verfügen über das notwendige Know-how. Andererseits können Fach-

und Prozesspromotoren einen strategischen Wandel ohne Machtpromotoren nicht durchsetzen. Es bedarf demnach des Beitrags aller „Mächtigen“ eines Unternehmens, damit sich dieses erfolgreich wandeln kann.

Die Analyse der acht Faktoren des Wandelkontextes zeigt auf, welche Möglichkeiten in Bezug auf die Ausgestaltung des strategischen Wandelprozesses in einer spezifischen Situation bestehen. Dabei ist darauf zu achten, dass sich der Wandelkontext im Zeitverlauf verändern kann und daher immer wieder neu zu bewerten ist. Der Aufwand dafür lohnt sich – denn damit können die Aktivitäten und Maßnahmen exakt auf die jeweiligen organisatorischen Gegebenheiten abgestimmt werden – eine Voraussetzung für das Gelingen umfassender Veränderungen.

5.4.2 Identifikation der Gestaltungsmöglichkeiten

Nach der Analyse des Wandelkontextes sind die spezifischen Gestaltungsmöglichkeiten zu identifizieren. Balogun, Hope-Hailey und Gustafsson stellen hierzu ein umfassendes Werkzeug, das Change-Kaleidoskop (▶ Abbildung 5.9), zur Verfügung. Mit diesem Instrument wird es möglich, einen kontextspezifischen Wandelprozess zu gestalten.[86]

Das Change-Kaleidoskop

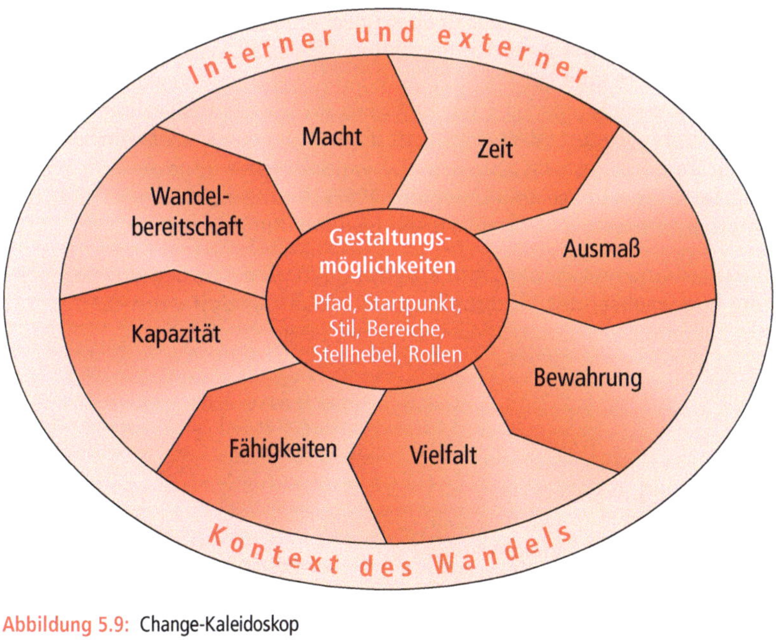

Abbildung 5.9: Change-Kaleidoskop

Im Grunde genommen dient ein Kaleidoskop dem Sehen und Betrachten von Formen und Gestalten. Mit jeder Drehung wird ein anderes Muster bzw. eine andere Form oder Gestalt sichtbar. Ein Kaleidoskop hat keinen Anfang und kein Ende. Das Change-Kaleidoskop von Balogun, Hope-Hailey und Gustafsson funktioniert in gleicher Weise:

- Unternehmen sind unterschiedlich: Entsprechend den jeweiligen Kontextfaktoren werden durch das Change-Kaleidoskop unterschiedliche Gestaltungsmöglichkeiten strategischen Wandels für unterschiedliche Unternehmen sichtbar.
- Unternehmen verändern sich im Verlauf der Zeit: Damit ändern sich auch die Gestaltungsmöglichkeiten für ein und dasselbe Unternehmen im Zeitverlauf. Was vor fünf Jahren funktionierte, muss heute nicht mehr passen.

Das Change-Kaleidoskop besteht aus drei Ringen. Der äußere Ring nimmt Bezug auf den übergeordneten Kontext des Wandels und zeigt, in welchem Ausmaß Wandel aufgrund der aktuellen Gegebenheiten von Unternehmen (interner Kontext) und Umwelt (externer Kontext) erforderlich ist (siehe ▸ Kapitel 3 *und* ▸ 4). Der mittlere Ring enthält die bereits dargelegten Kontextfaktoren des Wandels (siehe ▸ Abschnitt 5.4.1) und der innere Ring beinhaltet die zur Verfügung stehenden Gestaltungsmöglichkeiten. Deren Konkretisierung wird durch die spezifischen Ausprägungen des äußeren und mittleren Kreises bestimmt.[87]

Pfad

Der **Pfad** des Wandels hängt von den Ergebnissen der Analyse der Kontextfaktoren ab. Ist die Zeit beispielsweise knapp und das Erfordernis des Wandels hoch, bedarf es eines revolutionären Wandels. Einer Phase eines fundamentalen Wandels folgt in aller Regel eine Phase des inkrementalen Wandels, in der die neue Konfiguration verfeinert wird (siehe ▸ Abbildung 5.2). In seinem bereits 1972 veröffentlichten Modell skizzierte Greiner[88] die Entwicklung des Unternehmens im Wachstumsverlauf. Ihm zufolge durchlebt ein Unternehmen fünf verschiedene wachstumsbedingte Krisen, in denen es sich revolutionär wandelt. Jeder umfassenden Wandlung folgt eine Phase inkrementaler Veränderungen, in denen sich das Unternehmen evolutionär entwickelt (siehe ▸ Abbildung 5.10).

Entwicklung von Unternehmen

In Anlehnung an Greiner kann aufgrund aktueller Studien die Entwicklung von wachsenden Unternehmen wie folgt skizziert werden:[89]

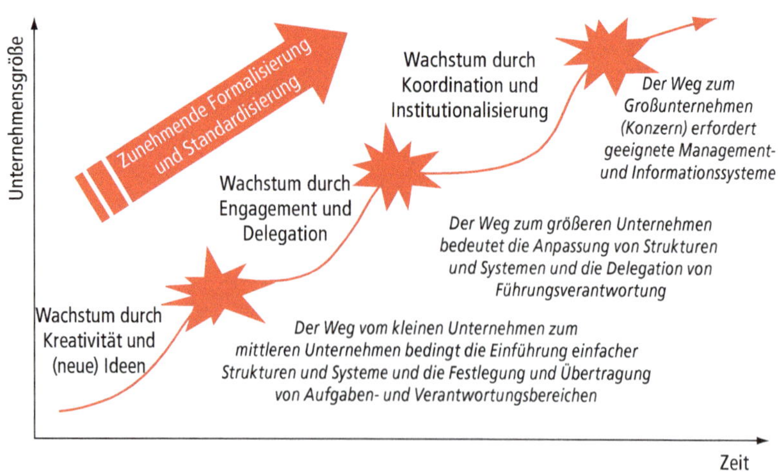

Abbildung 5.10: Unternehmenswachstum, Krisen und deren Bewältigung

Das Erfordernis eines revolutionären Wandels kann sich nicht nur in Wachstumsphasen, sondern auch aus radikalen Umbrüchen in der Unternehmensumwelt ergeben (z.B. technologische Revolutionen, Finanzkrisen, Pandemien). Ein weiterer Grund findet sich im zu langen Ignorieren von Veränderungen am Markt bzw. im Wettbewerb. Die Konsequenz daraus ist das Erfordernis umfassender Veränderungen (Transformationen).

Startpunkt

Eine zentrale Frage im Rahmen der Strategieimplementierung ist der **Startpunkt** bzw. Ausgangspunkt für die Initiierung strategischen Wandels. Veränderungen können mittels Pilotprojekten in einigen ausgewählten Bereichen oder unternehmensweit gleichzeitig eingeleitet werden. Dabei stellt sich die Frage, ob der Wandel top-down, bottom-up oder im Gegenstromverfahren bzw. durch „gute Praktiken" (pockets of good practice) erfolgt.[90]

- **Top-down:** Ausgangspunkt ist die Unternehmensleitung. Die dort formulierten Pläne werden entlang der Hierarchie schrittweise konkretisiert und umgesetzt.
- **Bottom-up:** Die einzelnen Unternehmensbereiche sind selbst verantwortlich für die Gestaltung der aus ihrer Sicht erforderlichen Veränderungen. Diese werden von den jeweils übergeordneten Bereichen koordiniert.
- **Gegenstromverfahren:** Bei der Kombination von top-down und bottom-up gibt die Unternehmensleitung nur einen groben Rahmen vor. Dieser wird durch die untergeordneten Bereiche konkretisiert und gegebenenfalls adaptiert. Die endgültige Vorgehensweise wird idealerweise gemeinsam beschlossen.
- **Gute Praktiken** („pockets of good practice"): Eine Form des Wandels ergibt sich durch das Lernen von jenen, die als Vorbild dienen. Dies kann implizit erfolgen oder explizit in Form des Benchmarking.

Die direkte Steuerungsmöglichkeit durch die Unternehmensleitung ist im Top-down-Prozess am höchsten und im Fall der „guten Praktiken" am geringsten. Insbesondere im Fall radikaler Umbrüche werden aufgrund des schnelleren Tempos häufig Top-down-Prozesse eingesetzt. Allerdings kann es sich bei umfassenden Wandelprozessen als sinnvoll erweisen, die betroffenen Führungskräfte und Mitarbeiter in die Gestaltung mit einzubeziehen. Dadurch steigt die Akzeptanz, Identifikation und Motivation und damit das Engagement für den Wandel.

Stil

Mit dem **Stil** des Wandels wird die Art und Weise, wie dieser geführt wird, bezeichnet. Es gibt sehr unterschiedliche Führungsstile, diese reichen vom Einsatz von Macht und Zwang zum Wandel, über Partizipation und Einbeziehung der Mitarbeiter bis hin zu Überzeugung und Delegation des Wandels.

Je nach situativem Wandelkontext erweisen sich unterschiedliche Führungsstile als zweckdienlich. So erhöhen Mitwirkungsmöglichkeiten die Akzeptanz der Betroffenen und fördern ihre Motivation. Allerdings bedingen sie vermehrte Abstimmung und gehen mit einem höheren Zeitbedarf einher. Je direktiver der Führungsstil, desto geringer ist der Abstimmungsbedarf und der damit verbundene Zeitaufwand. Jedoch ist dann mit größeren Widerständen der Mitarbeiter zu rechnen.

Die Auswahl des Führungsstils hängt natürlich nicht nur vom spezifischen Kontext und dem jeweiligen Strategieinhalt (z.B. Restrukturierung) ab, sondern wird auch durch die spezifischen Persönlichkeitsmerkmale des Topmanagements beeinflusst.[91]

Bereiche

Die Frage, was sich ändern soll, zeigt, in welchen **Bereichen** der Wandel ansetzen soll: Ist der Fokus auf den Ergebnissen, dem Verhalten oder den Einstellungen der Mitarbeiter? Liegt der Ansatzpunkt bei den **Ergebnissen,** wird den Betroffenen nicht vorgegeben, wie sie sich verändern müssen, sondern lediglich welche Ergebnisse (z.B. Erträge, Umsätze, Aufträge) sie erbringen sollen. Der Ausgangspunkt des Wandels liegt hier in der Adaptierung der Vorgaben, Indikatoren und Kontrollsysteme.

Soll das **Verhalten** der Mitarbeiter geändert werden, ist es erforderlich, dass sich das System (Unternehmen), in dem sie tätig sind, verändert. Dadurch erhalten sie neue Rollen, Aufgaben und Verantwortlichkeiten, diese haben Auswirkungen auf das Verhalten. Die derart initiierten Verhaltensänderungen führen zu veränderten Einstellungen.[92] Andererseits können auch neue Erfahrungen (z.B. durch Trainings) dazu führen, dass sich das Verhalten der Mitarbeiter verändert. Veränderungen im Verhalten können wiederum zu inkrementalen Anpassungen des Unternehmens führen.

Müssen sich die **Einstellungen** der Führungskräfte und Mitarbeiter ändern, bedarf es umfassender Maßnahmen im Rahmen der Organisations- und Personalentwicklung. Dies gilt insbesondere dann, wenn es sich um tief verankerte Grundhaltungen handelt. Ist hingegen nur neues Fachwissen (z.B. Kenntnisse über die Funktionsweise neuer Maschinen oder IT-Systeme) erforderlich, kann dies relativ einfach vermittelt werden. Hier liegt die Herausforderung in der Herstellung von Akzeptanz des Neuen.

Stellhebel

Bei der Gestaltung und Steuerung strategischen Wandels stehen unterschiedliche **Stellhebel** und Interventionen zur Verfügung (z.B. Symbole, Rituale). Dabei müssen die unterschiedlichen Subsysteme (Strukturen und Systeme, formale und informale Machtstrukturen, Unternehmenskultur) des Unternehmens und deren Interdependenzen beachtet werden. Hierzu dienen Modelle wie das eingangs vorgestellte 7-S-Modell oder das im Rahmen der Analyse vorgestellte Cultural Web.

Werden grundsätzliche Wertvorstellungen, selbstverständliche Grundannahmen und Überzeugungen (Paradigmen) verändert, bedarf es intensiver Kommunikation[93], damit die Mitarbeiter verstehen, warum, wozu und weshalb es anders werden muss. Hier reichen Adaptierungen von Strukturen und Systemen bzw. Prozessen und Routinen nicht aus, damit sich Mitarbeiter strategiekonform verhalten. Letztere sind erst dann zweckmäßig, wenn das organisationale Paradigma mit der Strategie übereinstimmt, ansonsten finden Menschen Wege, neue Strukturen zu umgehen.

Im strategischen Wandel können Interventionen symbolischer Natur besonders förderlich sein. Ob neue Rituale eingeführt oder alte abgeschafft werden, Gebäude neu gestrichen, Logos adaptiert oder die Art der Sprache verändert werden, es wird für die Betroffenen sichtbar und erlebbar, dass es nun anders ist. Eine mögliche Intervention stellt das „Story Telling“ dar, indem einfach neue strategiekonforme und verhaltensleitende (Helden-)Geschichten erzählt und weitererzählt werden.

Rollen

Erfolgreicher Wandel bedarf der Mitwirkung zahlreicher Akteure. Sie nehmen unterschiedliche **Rollen** im Wandelprozess ein. Zunächst ist hier die **Unternehmensleitung** anzuführen, in vielen Fällen initiiert und steuert sie strategischen Wandel. Außerdem sind das **mittlere und untere Management** zu nennen. Sie sind insbesondere für die Konkretisierung und Operationalisierung einer neuen Strategie von hoher Bedeutung.[94] Damit sind sie es, die der übergeordneten Strategie in den einzelnen Bereichen einen Sinn geben und damit für die Mitarbeiter nachvollziehbar machen. Sie haben dadurch eine wichtige Brückenfunktion.

Externe Berater werden nicht nur im Rahmen der Analyse und Formulierung einer Strategie eingesetzt, ihr Know-how wird auch bei der Implementierung genützt. Sie übernehmen planende, koordinierende und vermittelnde Aufgaben. Externe Berater haben den Vorteil, dass sie Ansichten und Annahmen wahrnehmen und hinterfragen können. Außerdem wird ihnen eine gewisse Neutralität und Expertise zugesprochen, was sich bei Konflikten als vorteilhaft erweist. Des Weiteren bringen sie zusätzliche Ressourcen und spezifisches Know-how mit und können dadurch die zuständigen Akteure im Wandelprozess unterstützen.

Schließlich gibt es noch die große Gruppe jener Personen, die vom Wandel betroffen sind. Sie können, je nach ihrer Einstellung, Veränderungsprozesse beschleunigen oder verzögern und mitunter sogar verhindern. Dies ist bei der Gestaltung des Wandelprozesses zu berücksichtigen.

Gestaltung von Wandelprozessen

Gestaltungsmöglichkeiten	Mögliche Ansatzpunkte
Pfad Wie viel Zeit ist vorhanden?	■ Revolution oder Evolution (siehe Abbildungen 5.8 und 5.2)
Startpunkt Wo wird begonnen?	■ Unternehmensweit oder einzelne Pilotprojekte ■ Top down, im Gegenstromverfahren oder Bottom-up
Stil Wie wird der Wandel geführt?	■ Zwang und Anweisung oder Partizipation und Überzeugung
Bereiche Was soll sich ändern?	■ Ergebnis (Ertrag, Umsatz, Auftrag), Verhalten oder Einstellungen der Mitarbeiter
Stellhebel Wo werden wir ansetzen?	■ Strukturen, Prozesse, Systeme oder Unternehmenskultur und Werte ■ Formale oder informale Machtstrukturen
Rollen Wer (Top Management, mittleres Management, externe Berater,...) übernimmt welche Aufgabe?	■ Wer initiiert und steuert den Wandel ■ Wer konkretisiert die Strategie ■ Wer hat welche Aufgabe im Rahmen der Operationalisierung der Strategie?

Tabelle 5.3: Identifikation der Gestaltungsmöglichkeiten

5.4.3 Gestaltung des Wandelprozesses

Situationsadäquate Wandelprozesse gestalten

Die Gestaltung eines situativ adäquaten Wandelprozesses baut auf den Erkenntnissen aus der Kontextanalyse (Schritt 1) und den spezifischen Gestaltungsmöglichkeiten (Schritt 2) auf. Da jede Situation einmalig ist, ist auch jeder Transformationsprozess einzigartig und bedarf eines spezifischen Wandeldesigns. Dieses sollte genügend Spielraum für Unvorhergesehenes und emergente Strategien beinhalten.[95]

Bewusst initiierten Wandelprozessen ist eines gemein, sie durchlaufen alle die von Lewin und anderen Wandelexperten dargelegten Phasen:[96] (1) „Auftauen" – die Mobilisierung für den Wandel einleiten; (2) „Verändern" – das Bewegen des Unternehmens bzw. seiner Angehörigen in die laut Strategie gewünschte Richtung und (3) „Einfrieren" – die Integration des neu Erlernten sicherstellen.

!

3-Phasen-Modell von Lewin

Die Mehrzahl der Phasenmodelle zu strategischem Wandel baut auf den Erklärungen von Lewin[97] auf. Ihm zufolge muss jede Organisation, die auf Dauer überleben will, über ein Gleichgewicht an stabilisierenden Kräften (lehnen Veränderung ab und wollen das Bestehende erhalten) und verändernden Kräften (initiieren und drängen auf Wandel) verfügen (▶ Abbildung 5.11 [98]):

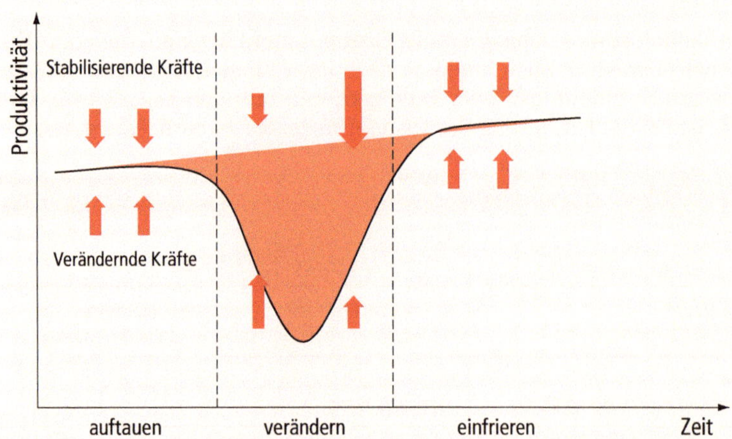

Abbildung 5.11: Das 3-Phasen-Modell von Lewin

Im Fall des Wandels gilt es nun dieses Gleichgewicht in einem ersten Schritt zu stören. Das System muss „aufgetaut" (mobilisiert) werden, bevor Erneuerungen durchgeführt werden können. Sobald genügend verändernde Kräfte aktiviert sind, können neue Lösungen entwickelt und neue Arbeitsweisen erlernt werden. Diese Phase des „Veränderns" sollte aufgrund der reduzierten Produktivität und damit einhergehenden geringeren Performance so kurz wie möglich sein. Die letzte Phase beinhaltet das „Einfrieren" und damit Aufrechterhalten des neuen Gleichgewichts.

3-Phasen-Modell von Lewin

Das skizzierte Modell basiert auf der Annahme eines geplanten Wandels. Es ist Grundlage für zahlreiche weitere Verlaufsmodelle des Wandels. Diese unterscheiden sich in der Anzahl und Benennung der einzelnen Phasen. Darüber hinaus gibt es deutliche Unterschiede in Bezug auf das Ausmaß und die Art der Einbeziehung der Betroffenen sowie die Fokussierung auf harte bzw. weiche Faktoren des Wandels.[99]

Für jede dieser drei Phasen sowie die Prozessvorbereitung finden sich in der Literatur zahlreiche Tipps und Anregungen.[100] Wichtige Hinweise für die Gestaltung gelungener Transformationsprozesse werden nachstehend entlang der Einteilung (siehe ▶ Abbildung 5.12) der drei Expertinnen für strategischen Wandel Balogun, Hope-Hailey und Gustaffson ergänzt um die Phase der Vorbereitung dargelegt:[101]

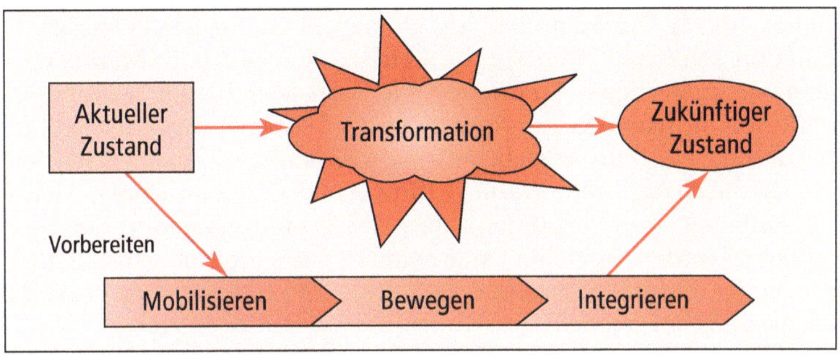

Abbildung 5.12: Gestaltung von Wandelprozessen

Vorbereiten

Ein erfolgreicher Transformationsprozess basiert auf einer guten **Vorbereitung**. Wie bei jedem Vorhaben sind als Erstes die Voraussetzungen für einen guten Start zu schaffen.

Effektives Team zusammenstellen

Zu den Vorbereitungen eines gelungenen Wandels zählt die Zusammenstellung eines effektiven Teams, das die Belegschaft durch den Wandel führt. Kotter empfiehlt ein Team mit Führungsqualitäten, Glaubwürdigkeit, analytischen und kommunikativen Fähigkeiten, Durchsetzungskraft, Engagement und Ausdauer.[102] Außerdem ist darauf zu achten, dass das Team über ausreichende Entscheidungsbefugnisse verfügt.

Klare Vision

Sollte die Strategie keine klare, kommunizierbare Vision des zukünftigen Zustands beinhalten, ist die Strategie dahingehend zu konkretisieren. Dabei ist es wichtig, dass der beschriebene zukünftige Zustand für die vom Wandel Betroffenen anstrebenswert ist, sie aktiviert und ihre Handlungen darauf ausrichtet. Besonders sollten die für den Wandel Verantwortlichen darauf achten, dass die Strategie auf allen Ebenen und in allen Bereichen verstanden wird.

Wandelbarrieren identifizieren

Im Rahmen der Vorbereitungen ist es zweckmäßig, frühzeitig herauszufinden, wie sich einzelne Stakeholder im Rahmen der Transformation verhalten werden.[103] Es ist davon auszugehen, dass nicht alle den Wandel befürworten und insbesondere potenzielle Verlierer sowie Veränderungsunwillige diesen boykottieren werden. Dies gilt es bei der

Gestaltung und Steuerung des Wandels zu berücksichtigen. Neben den Widerständen von einzelnen Personen und Stakeholder-Gruppen können strukturelle oder kulturelle Barrieren existieren. Diese gilt es abzubauen bzw. falls dies nicht möglich ist, im Wandeldesign entsprechend zu berücksichtigen.

Phase 1 – Mobilisieren

Menschen aus ihrer „Wohlfühlzone" (aus dem, was ihnen bekannt und vertraut ist) zu locken, sie für eine neue Strategie zu begeistern und für den damit verbundenen Wandel zu mobilisieren, ist alles andere als einfach. Dies erklärt sich dadurch, dass sich die Mehrzahl der Menschen nur dann ändert, wenn für sie der Leidensdruck zu groß wird.[104] Sie ändern sich nicht aus eigener Überzeugung oder aufgrund vernünftiger Gründe, sondern weil die aktuelle Situation für sie unerträglich wird.

Unzufriedenheit als Ausgangsbasis

Ähnliches gilt für Unternehmen. Sie können in eine existenzbedrohende Situation schlittern, weil sie die Zeichen der Zeit (z.B. Markt- und Branchenveränderungen) ignorieren. Sie verharren in der etablierten, bislang Erfolg bringenden Konfiguration aus Strategie, Struktur, Kultur, Positionierung etc. und verschlafen es, notwendige Transformationen rechtzeitig durchzuführen. Warum? Die vorherrschenden Denk-, Sicht- und Verhaltensweisen verhindern, dass die Veränderungen in der Umwelt erkannt werden. In vielen Unternehmen muss die Not erst sehr groß werden, bevor die Betroffenen bereit sind, das Erfordernis eines Wandels zu akzeptieren.

Formel für Wandel

Der Managementberater Gleicher und der MIT-Professor Beckhard formulierten eine Wandelformel, die später von Dannemiller vereinfacht wurde. Die populäre Formel erklärt in vereinfachter Form, wann in Unternehmen umfassender Wandel möglich ist (▶ Abbildung 5.13 [105]):

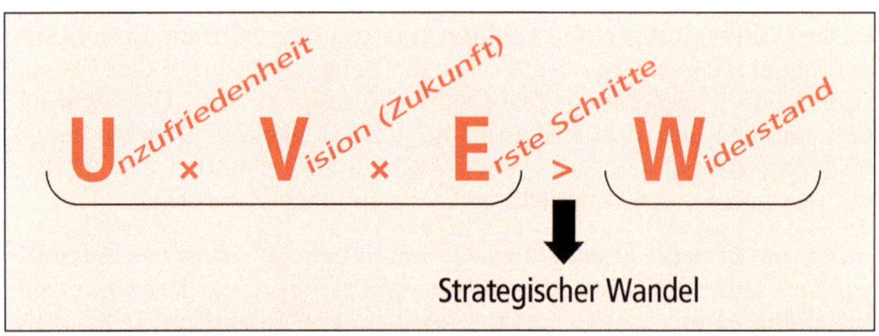

Abbildung 5.13: Formel für Wandel

Dringlichkeit und Notwendigkeit

Die Formel besagt**, dass strategischer Wande**l nur dann eintritt, wenn die **Unzufriedenheit** mit dem Status quo multipliziert mit der Vision der Zukunft multipliziert mit verstandenen und akzeptierten **ersten Schritten** der Veränderung größer ist als der Widerstand aufgrund der **angenommenen Kosten der Veränderung.**[106] Wenn nur eine der drei Bedingungen null ist, wird das Produkt null und der intendierte strategische Wandel findet nicht statt.

Aus diesem Grund ist es entscheidend, bei den Betroffenen das Gefühl der Notwendigkeit und Dringlichkeit eines Wandels zu erzeugen. Sie müssen verstehen, wozu sie sich verändern sollten und welchen potenziellen Nutzen sie daraus ziehen. Dazu ist es erforderlich, den Status quo zu hinterfragen, mit der Vergangenheit zu brechen und Dinge anders zu machen. Mitunter bedarf es drastischer Maßnahmen, ist sogar ein Schockerlebnis, eine Krise erforderlich, damit die NOT-Wendigkeit und Dringlichkeit eines Wandels breitflächig begriffen und akzeptiert wird.

Informieren und kommunizieren

Um Akzeptanz und Unterstützung aufzubauen, bedarf es ausreichender Information und intensiver Kommunikation[107] über die neue Strategie, über die Vision von einer besseren Zukunft. Man sollte die Vision überall hören, sehen, spüren und riechen können. Dazu bedarf es nicht nur einer einfachen und klaren Sprache und der Nutzung verschiedener Kommunikationsplattformen, sondern auch eines adäquaten Verhaltens der Führungskräfte.[108] Ein strategiekonformes Verhalten der Führungskräfte macht das Erfordernis des Wandels für die betroffenen Mitarbeiter glaubhaft und nachvollziehbar. Im Wandelmanagement zählen Taten mehr als Worte. Daher bewirken beispielsweise vorgelebte Einsparungen mehr als Einsparungsappelle.

Bei der Gestaltung des Wandeldesigns kommt der schriftlichen, verbalen und nonverbalen Kommunikation im Rahmen der Mobilisierung große Aufmerksamkeit zu. Hier geht es darum, glaubwürdig die Notwendigkeit und Dringlichkeit des Wandels zu vermitteln, eine Vision der Zukunft zu zeichnen und die ersten Schritte darzulegen. Dazu bedarf es eines sensiblen und abgestimmten Umgangs mit Worten, Taten, Symbolen etc.

Phase 2 – Bewegen

Empowerment

Damit Führungskräfte und Mitarbeiter die Strategie umsetzen können, benötigen sie entsprechende Handlungsspielräume. Sie müssen Neues ausprobieren, Fehler machen und daraus lernen können. Dazu muss die Unternehmensleitung Kreativität, Risiko- und Experimentierfreude fördern. Es gilt jene Kräfte zu unterstützen, die die Umsetzung der Strategie vorantreiben. Sie sind es, die eine Bewegung in Gang setzen, zu der im Idealfall jeden Tag mehr Mitarbeiter dazustoßen. Indem den Antreibern des Wandels der erforderliche Freiraum eingeräumt wird, können sie Veränderungen innerhalb des gesetzten Rahmens selbstständig forcieren (Empowerment).

Konstruktive Auseinandersetzung

Neben den Befürwortern und Vorantreibern des Wandels finden sich auch Gegner. Sie sind von der Unternehmensleitung enttäuscht, lehnen die Strategie ab und bekämpfen bzw. ignorieren die eingeleiteten Veränderungen. Das Wandeldesign sollte daher aktive Möglichkeiten einer konstruktiven Auseinandersetzung bzw. adäquater Gegenmaßnahmen (z.B. Ressourcenentzug) vorsehen.

Kurzfristige Erfolge

Das Erreichen der ersten Ziele motiviert und unterstützt den weiteren Wandel. Kurzfristige Erfolge zu feiern und die dafür verantwortlichen Führungskräfte und Mitarbeiter zu belohnen, mobilisiert Nachahmer und schwächt die verbliebenen Gegner der Veränderung. Es ist deswegen förderlich, im Wandeldesign kurzfristig erreichbare Ziele und publikumswirksame Feiern vorzusehen.

Engagement, Kraft und Ausdauer

Umfassende Veränderungsprojekte erstrecken sich über mehrere Jahre. Es ist daher empfehlenswert, bei der Gestaltung des Wandeldesigns darauf zu achten, dass genügend Engagement, Kraft und Ausdauer für den gesamten Wandelprozess vorhanden sind. Ein zu ambitionierter Start führt mitunter dazu, dass die Änderungen von Strukturen, Systemen und insbesondere der Unternehmenskultur nur in Ansätzen vollzogen werden und damit die erfolgreiche Implementierung der Strategie zum Scheitern verurteilt ist. Erfolgreicher umfassender Wandel bedarf eben nicht nur einer großen Entschlossenheit, sondern auch eines langfristigen Durchhaltens.

Wandel im Unternehmen verankern

Phase 3 – Integrieren

Mit der Zeit entwickeln sich im Unternehmen neue Denkmuster, Meinungen und Handlungsweisen. Jetzt geht es darum, diese ins Unternehmen zu integrieren und in der Unternehmenskultur nachhaltig zu verankern. Dies erfolgt im Rahmen der Feinabstimmung der etablierten Konfiguration aus Strukturen, Systemen, Unternehmenskultur, Positionierung etc. Darüber hinaus gilt es, das im Rahmen des Wandels erworbene Know-how für zukünftige Wandelprozesse zu sichern.

!

8-Stufen-Modell von Kotter

Ein populäres Erklärungs- und Gestaltungsmodell strategischen Wandels ist das 8-Stufen-Modell des Harvard-Professors Kotter.[109] Es basiert auf acht Kardinalfehlern, die der Experte im Rahmen seiner umfassenden Studien als Gründe für das Scheitern von Wandelprojekten geortet hat. Sein daraus abgeleitetes 8-Stufen-Modell zeigt, wie Veränderungen erfolgreich gemeistert werden können (▶ Abbildung 5.14 [110]).

Gründe für das Scheitern		Veränderungen meistern
Zu viel Selbstgefälligkeit	Stufe 1	Wecken Sie ein Gefühl der Dringlichkeit
Fehlen einer ausreichend starken Erneuerungs-/Führungskoalition	Stufe 2	Stellen Sie ein starkes Leitungsteam zusammen
Die Kraft der Vision wird unterschätzt	Stufe 3	Entwickeln Sie eine klare Zielvorstellung und eine Strategie für die Veränderung
Mangelnde Kommunikation der Vision	Stufe 4	Kommunizieren Sie Ihre Vision, werben Sie um Verständnis und Akzeptanz
Zulassen, dass Hindernisse die neue Vision blockieren	Stufe 5	Sichern Sie Handlungsfreiräume, befähigen Sie Mitarbeiter auf breiter Basis
Die Unfähigkeit, schnelle Erfolge zu erzielen	Stufe 6	Sorgen Sie für kurzfristige Erfolge
Zu früh den Sieg erklären	Stufe 7	Lassen Sie nicht nach, leiten Sie weitere Veränderungen ein
Kultur bleibt unverändert	Stufe 8	Entwickeln und verankern Sie eine neue Kultur (Verhaltensweisen)

Abbildung 5.14: Das 8-Stufen-Modell von John Kotter

Kotter betont die weichen Faktoren des Wandelmanagements. Gemäß seiner Erkenntnisse geht es nicht nur um Analyse, Planung und Durchsetzung, sondern vielmehr um überzeugen, begeistern, inspirieren und motivieren. Für den Leser wird dies besonders offensichtlich in der populärwissenschaftlichen Version seiner Arbeit, in der im Rahmen einer Fabel über eine Pinguinkolonie erklärt wird, wie in acht Schritten Veränderungen gemeistert werden können.[111]

Das 8-Stufen-Modell orientiert sich an den Betroffenen des Wandels, sie müssen überzeugt und motiviert werden. Damit verdeutlicht Kotter, dass im Fall eines fundamentalen Wandels das Augenmerk zunächst auf verhaltensbezogenen Aufgaben der Implementierung liegt und erst in Folge die sachbezogenen Aufgaben im Rahmen der Operationalisierung (z.B. Ressourcenzuweisung und Budgetierung) Beachtung finden können.[112]

In den meisten Unternehmen verfügt das Topmanagement nicht über ausreichende Kapazitäten, um den Wandel zu begleiten. Immerhin bedarf strategischer Wandel zusätzlicher Ressourcen zur normalen Geschäftstätigkeit. Aus diesen Gründen werden häufig neue Führungskräfte bzw. speziell ausgebildete Wandelexperten angeworben und/oder externe Unternehmensberater engagiert.

5.4.4 Führung und Management des Wandels

Führungs- und Managementaufgaben

Unterschiedliche Führungs- und Managementaufgaben gehen mit der Leitung eines strategischen Wandels einher. Da die meisten Menschen nicht alle geforderten Aufgaben exzellent beherrschen,[113] bedarf es zumeist eines ausbalancierten Teams aus charismatischen überzeugenden Führungskräften und effizienten Managern, um einen strategischen Wandel erfolgreich zu meistern.

Sieben Phasen von Veränderungsprozessen

Zu den Aufgaben des Leitungsteams gehört es, die Betroffenen durch den Wandel zu leiten. Um die damit einhergehenden Anforderungen besser verstehen zu können, wird von den meisten Autoren auf das bekannte Sieben-Phasen-Modell individueller Veränderungsprozesse verwiesen. Dieses zeigt, wie sich die wahrgenommene eigene Kompetenz der Betroffenen im Verlauf eines nicht selbst initiierten Wandelprozesses verändert (siehe ▸ Abbildung 5.15). Dabei ist die Dauer der jeweiligen Phasen je nach Mensch und Situation unterschiedlich lang:[114]

- **Phase 1: Schock**
  Unerwartete Veränderungserfordernisse erleben Menschen als Schock. Die wahrgenommene eigene Handlungskompetenz sinkt, denn die eigenen Fähigkeiten werden in der neuen Situation als unzureichend erachtet. Damit setzt die Leugnung und Verneinung ein.

- **Phase 2: Ablehnung**
  Ist der erste Schock überwunden, werden die etablierten Werte, Glaubenssätze und Einstellungen aktiviert. Sie stärken die Überzeugung, dass eine Veränderung überhaupt nicht notwendig ist. Dies bewirkt, dass die wahrgenommene eigene Kompetenz kurzfristig wieder ansteigt, das Selbstvertrauen gestärkt wird und die Handlungsfähigkeit zunimmt. Die Sündenböcke sind meist schnell gefunden und die vermeintlich neue Situation wird nur als Übergangsphase betrachtet.

- **Phase 3: Rationale Einsicht**
  Da das Erfordernis der Veränderung nicht einfach verschwindet, werden zunächst schnelle Lösungen gesucht, die die unangenehme Situation beenden bzw. lindern. Damit werden jedoch nur die Symptome behandelt. Die eigentlichen Ursachen des Problems werden nach wie vor vernachlässigt, da der Wille zur Veränderung fehlt. In dieser Phase sinkt die wahrgenommene Kompetenz, da sich das Individuum als inadäquat versteht, um den neuen Anforderungen gerecht zu werden. Festgefahrene Denkmuster und Grundwerte verhindern den emotionalen Zugang. Es kommt zu erhöhter Frustration.

- **Phase 4: Emotionale Akzeptanz**
  Sobald es dem Individuum möglich ist, seine eigenen (alten) Einstellungen, Werte und Glaubenssätze infrage zu stellen, kann es neue entwickeln. Diese Phase ist kritisch, denn aufgrund der emotionalen Akzeptanz der veränderten Situation sinkt die Einschätzung der eigenen Kompetenz weiter und das Selbstvertrauen verringert sich erheblich. In dieser Phase wird der Verlust der vermeintlich goldenen Zeiten betrauert. Die Gefahr, dass man im Tal des Jammerns und der Tränen verharrt, ist groß. Insbesondere dann, wenn eine erneute Ablehnung der neuen Situation erfolgt und der Veränderungsprozess dadurch stoppt.

- **Phase 5: Üben**
  Ist die Phase der Trauer durchlebt, müssen neue Fähigkeiten und Fertigkeiten sowie Verhaltensweisen ausprobiert und geübt werden. Hier ist es wichtig, dass es zulässig ist, zu experimentieren und zu üben. Scheitern und Fehler sind Bestandteil dieser Phase. Mit jeder erfolgreichen Übung steigen jedoch die wahrgenommene Kompetenz und das Selbstvertrauen.

- **Phase 6: Erkenntnis**
  Der Mensch lernt durch seine Erfolge und Misserfolge und versteht zunehmend, warum manche Handlungsweisen funktionieren und andere nicht. Das Verhalten kann derart immer genauer und zufriedenstellender an die neue Situation angepasst werden. Durch die Erweiterung der Denk- und Verhaltensweisen entsteht eine größere Verhaltensflexibilität. Damit steigen das Vertrauen in die eigenen Fähigkeiten und die wahrgenommene eigene Kompetenz über das ursprüngliche Niveau.

- **Phase 7: Integration**
  Mit der Integration der neuen Denk- und Verhaltensweisen werden diese als selbstverständlich erachtet und weitgehend unbewusst vollzogen. Jetzt kann sich das Individuum wieder auf seine eigentlichen Aufgaben konzentrieren und muss keine Ressourcen für Veränderungsarbeit aufbringen.

Das operative Geschäft ist ebenfalls zu bewältigen

Bei der Implementierung einer Strategie und der dafür notwendigen Veränderungen ist es entscheidend zu berücksichtigen, dass ein Sinken der wahrgenommenen Kompetenz zu einem entsprechenden Einbruch der Performance des Unternehmens führt.[115] Da neben der Veränderung auch das weiterlaufende operative Geschäft zu bewältigen ist, gilt es, dies bei der Leitung der durch den Wandel Betroffenen zu berücksichtigen. Ein Unternehmen kann sich eben nicht wie eine Raupe verpuppen, um dann nach einer gegebenen Zeit der Metamorphose als Schmetterling zu erscheinen. Weder Kunden noch Lieferanten hätten dafür Verständnis. Aus diesem Grund sollte die Dauer der Transformation so kurz wie möglich und das Absinken der wahrgenommenen Kompetenz so gering wie möglich sein. Dabei müssen die vom Wandel Betroffenen den gesamten Prozess durchlaufen, nur so können sie die neuen Denkweisen, Fähigkeiten und Verhaltensweisen integrieren. Ein etwaiges Abkürzen des Prozesses ist den Experten zufolge nicht möglich.

Bringt man das auf Individuen bezogene Sieben-Phasen-Modell der Veränderung in Zusammenhang mit den oben erörterten drei Phasen strategischen Wandels in und von Unternehmen, so zeigt sich, dass Individuen durch geeignete Interventionen im Durchleben des Prozesses unterstützt werden können (▶ Abbildung 5.15 [116]):

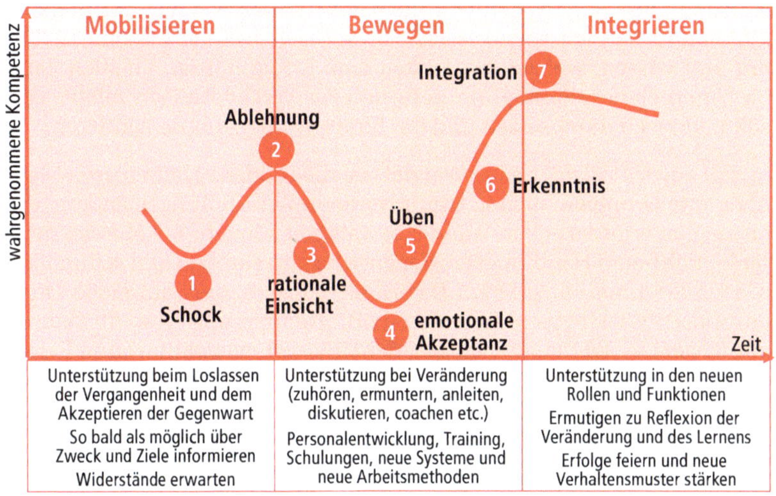

Abbildung 5.15: Strategischer Wandel und Veränderungen auf Individualebene

Mobilisieren

Im Rahmen der Mobilisierung sind Interventionen nützlich, die das Individuum dabei unterstützen, den Wandel anzunehmen und sich von alten, nunmehr inadäquaten Verhaltensmustern zu lösen. Dazu ist ein aktiver Umgang mit vorhandenen Ängsten und Widerständen empfehlenswert, denn die vom Wandel betroffenen Menschen benötigen die Gewissheit, dass ihre Ängste, ihre Unsicherheit oder ihre Wut ernst genommen werden.

Bewegen

Von der Einsicht über die Akzeptanz bis hin zum Finden und Einüben neuer Denk- und Verhaltensmuster durchlaufen Individuen viele kritische Momente und Phasen. Ein breites Spektrum an Interventionen, von Weiterbildung und Training bis hin zu umfassenden Personalentwicklungsmaßnahmen sowie Coaching und Beratung können unterstützend wirken. Besonders wichtig ist die Etablierung einer „Fehlerkultur“, in der die Betroffenen etwas Neues ausprobieren und üben dürfen.

Integrieren Zu Interventionen, die die Integration von Verhalten fördern, zählen die Unterstützung von Individuen bei der Ausfüllung neuer Rollen, bei der Reflexion des Wandels und der damit einhergegangenen Lernprozesse. Darüber hinaus können bzw. sollen Erfolge gefeiert werden und neue Heldengeschichten etabliert werden.

5.5 Diskussion

Beschäftigt man sich mit Fragen der Strategieimplementierung, wird eines offensichtlich: Nur indem Menschen ihr Denken, Fühlen und Handeln verändern, können sich auch Unternehmen verändern. Erfolgreiche Strategieimplementierung geht daher immer mit einer situations- und strategieadäquaten Organisations- und Personalentwicklung einher.

Handelt es sich um die Optimierung des bestehenden Geschäftsmodells bzw. um eine schlichte Neuordnung innerhalb des bestehenden kulturellen Paradigmas, fällt es den Betroffenen meist relativ leicht, ihr Denken, Fühlen und Handeln anzupassen. Sie bewegen sich auf bekanntem Terrain und wissen, welche Aktivitäten zum Erfolg führen. Folglich kann die Unternehmensleitung die notwendigen Veränderungen relativ einfach und rasch durchsetzen und die Strategie zügig implementieren.

Im Fall eines fundamentalen Wandels ist dies anders. Hier müssen Menschen ihre Grundannahmen, Grundwerte und Einstellungen ändern, damit sie den erforderlichen Wandel bewältigen können. Sie müssen neue Denk-, Fühl- und Handlungsmuster entwickeln, einüben und schließlich in neue Routinen integrieren. Das ist ein Prozess, der zahlreiche Organisationsentwicklungsmaßnahmen (z.B. Adaptierung von Strukturen und Systemen, Weiterentwicklung der Unternehmenskultur) und Personalentwicklungsmaßnahmen (z.B. Ausbildung, Training, Coaching) beinhaltet und sich über mehrere Jahre erstrecken kann. Da ein derartiger Wandel mit einem großen Aufwand verbunden ist, ist darauf zu achten, dass dieser nachhaltig im Unternehmen integriert ist. Denn nur dann kann die Implementierung der neuen Strategie, welche diesen fundamentalen Wandel bedingte, Erfolg haben.

Unternehmen verstehen und Menschen begreifen Wer Strategien erfolgreich implementieren will, muss die spezifische Konfiguration eines Unternehmens verstehen und die vom Wandel betroffenen Menschen begreifen.[117] Nur dann kann er ein Wandeldesign kreieren, das den spezifischen Erfordernissen gerecht wird. Diese Grunderkenntnis findet sich in den Studien von Kotter ebenso wie in den Ausführungen von Müller-Stewens und Lechner oder in den Befragungsergebnissen des internationalen Consulting-Unternehmens Capgemini.[118]

Den genannten Experten zufolge sind erfolgreiche Implementierungsprozesse dadurch gekennzeichnet, dass die Verantwortlichen zuerst denken und dann handeln. Sie stimmen ihre Aktivitäten und Maßnahmen auf die Erfordernisse des Unternehmens und die Bedürfnisse der betroffenen Menschen ab. Erfolgreiche Implementierer holen Menschen ab, erklären die Notwendigkeit des Wandels und nehmen sie auf die Reise mit, betonen die beiden Transformationsexperten Kohlöffel und August. Sie zeigen in ihren Ausführungen auf, dass sowohl Formulierung als auch Implementierung am Kontext auszurichten sind: Genauso wie eine Strategie nur erfolgversprechend sein kann, wenn sie die Realität von Wettbewerb, Markt, Umwelt, Ressourcen und Fähigkeiten versteht, anerkennt und beachtet, kann eine Implementierung nur dann gelingen, wenn die spezifischen Charakteristika eines Unternehmens und seiner Menschen verstanden und berücksichtigt werden.[119] Eine Erkenntnis, die nach wie vor von vielen Strategen nicht akzeptiert oder verstanden wird bzw. zuweilen einfach ignoriert wird. Ein Grund, warum so viele Strategien nicht realisiert werden.[120] Aktuelle Strömungen in der Forschung greifen daher zunehmend jene Aspekte auf, die einen strategischen Wandel unterstützen, darunter Sprache und Kommunikation, Aufmerksamkeitsfokus und Sinnstiftung, Emotionalität und Kognition, Macht und Einfluss.[121] Strategen finden in diesen Beiträgen viele wertvolle Hinweise, wie Krisen bewältigt, Wandel begünstigt und Menschen bestmöglich bei ungewollten Veränderungsprozessen unterstützt werden können.

ZUSAMMENFASSUNG

Die **Strategieimplementierung** wird von Wissenschaftlern und Praktikern als eine herausfordernde Aufgabe beschrieben. Dabei stellt die **Abstimmung** von vier **Erfolgsfaktoren (Struktur, Unternehmenskultur, Systeme und Führungskräfte)** mit der **Strategie**, Experten zufolge, eine Voraussetzung für eine erfolgreiche Implementierung dar. Stehen diese vier Faktoren – oft auch als organisatorische Rahmenbedingungen einer Implementierung bezeichnet – weitgehend mit der Strategie in Einklang, kann zügig mit der Operationalisierung begonnen werden (inkrementaler Wandel). Sind jedoch tiefgreifende Anpassungen erforderlich, bedarf es umfassender Veränderungen (fundamentaler Wandel).

Ein inkrementaler Wandel führt zu Veränderungen innerhalb des bestehenden Paradigmas. Im Rahmen der **Strategieoperationalisierung** ist es erforderlich, die Strategie zu konkretisieren bzw. auf die einzelnen Ebenen und Bereiche „herunterzubrechen“. Dazu werden Aktivitäten und Maßnahmen geplant, Ressourcen zugewiesen und Budgets verabschiedet. Es erfolgt eine Verzahnung mit der operativen Planung und dem tatsächlichen Handeln im Alltag. Dazu bedarf es adäquater Information und Kommunikation. Außerdem gilt es die einzelnen Aktivitäten und Maßnahmen zu koordinieren und zu überwachen.

Ein fundamentaler Wandel geht einher mit substanziellen Veränderungen – hier wird das vorherrschende Paradigma verlassen. Es ändert sich das scheinbar Selbstverständliche, die Grundannahmen darüber, wie das Geschäft funktioniert, wie informiert, kommuniziert und interagiert wird. Inwieweit ein derartiger **strategischer Wandel** bewusst gestaltet werden kann, darüber existieren unterschiedliche Sichtweisen und Meinungen. Der diesem Buch zugrunde gelegte **gemäßigte Voluntarismus** geht davon aus, dass Unternehmen in einem gewissen Ausmaß willentlich gestaltet werden können.

Ein intendierter umfassender **strategischer Wandel** beginnt mit der Analyse des spezifischen Wandelkontextes und der Identifikation der jeweiligen Gestaltungsmöglichkeiten. Nur so kann ein Wandeldesign entstehen, das für ein konkretes Unternehmen in einer spezifischen Situation passend ist. Ein erfolgreicher strategischer Wandel basiert auf einer guten Vorbereitung (klare Vision, effektives Team, bekannte Ausgangsbasis, ...) eines dreistufigen Wandelprozesses (mobilisieren, bewegen, integrieren). Die erste Phase betrifft die Mobilisierung zum Wandel (Dringlichkeit, Notwendigkeit, Bereitschaft, ...). Die zweite Phase umfasst die tatsächliche Veränderung, die Bewegung und das Erlernen von Neuem. Im Rahmen der dritten Phase wird Erlerntes integriert und Wandel im Unternehmen verankert. Dabei gilt es, im Verlauf der drei Phasen unvorhergesehene Ereignisse und emergent entstehende Initiativen miteinzubeziehen.

Erfolgreiches Führen und Managen im Rahmen eines strategischen Wandels setzt voraus, dass einerseits das laufende operative Tagesgeschäft bewältigt wird und andererseits so rasch wie möglich Neues erlernt wird. Eine Herausforderung, die sowohl Führungs- als auch Managementqualifikationen erfordert.

Literaturhinweise und Anmerkungen

1 Balogun, Hope-Hailey und Gustafsson (2016), S. 1; Kohlöffel und August (2012), S. 202; Kreikebaum, Gilbert und Behnam (2018), S. 174.

2 Klimmer und Selonke (2016), S. 36.

3 Kagermann (2015), S. 23f.; Klimmer und Selonke (2016), S. 27.

4 Keese (2016a), S. 109; Keese (2016b), S. 52 und S. 107ff.: Befragungen österreichischer und deutscher TOP-Unternehmen zeigen, dass Trendumbrüche große Herausforderungen in Bezug auf Change Management mit sich bringen: Klimmer und Selonke (2016) und Reisinger, Lehner und Strehl (2017).

5 Keese (2016b), S. 151ff.; interessante Einblicke bieten u.a. Schallmo et al. (2021); Rogers (2016) sowie Westerman, Bonnet und McAfee (2014).

6 Peters und Waterman (1982); Pascale und Athos 1981, S. 81.

7 Die Bezeichnung McKinsey-Modell hat den Hintergrund, dass die beiden maßgeblichen Urheber, Peter und Waterman, seinerzeit als Berater bei McKinsey & Company tätig waren. Aktuellere Beiträge bestätigen die zentrale Bedeutung dieser sieben Faktoren: siehe z.B. Singh (2013), Mitchell und Fredendall (2015) oder Razmi, Mehrvar und Hassani (2020).

8 Viel zitierte Auflistungen finden sich beispielsweise bei Welge, Al-Laham und Eulerich (2017), S. 816ff.; Thompson et al. (2021), S. 355. oder Kotter (2011), S. 15ff.

9 Welge, Al-Laham und Eulerich (2017), S. 817.

10 Welge, Al-Laham und Eulerich (2017), S. 816.

11 Müller-Stewens und Lechner (2016), S. 450ff.

12 Kohlöffel und August (2012), S. 234.

13 Die Frage der willentlichen Gestaltbarkeit von Unternehmen ist noch nicht abschließend geklärt. Dies zeigen durchaus unterschiedliche Ansätze und wissenschaftliche Beiträge wie Argyres et al. (2020); Suddaby und Foster (2017); Thietart (2016); Zhang, Tan und Tan (2016); Simsek, Fox und Heavey (2015) und Judge et al. (2015).

14 Müller-Stewens und Lechner (2016), S. 474ff.

15 Johnson et al. (2018), S. 608ff. sowie Balogun, Hope-Hailey und Gustafsson (2016), S. 15ff.

16 Höglinger (2011), S. 39ff.

17 Eine ausführliche Darlegung der unterschiedlichen Standpunkte findet sich bei Schewe (1998).

18 Zur Rekursivität von Strukturen und Strukturierungsprozessen siehe die grundlegenden Arbeiten von Giddens (1984 und 1991); in Bezug auf Organisation und Strukturation siehe Sydow und Wirth (2014) und in Bezug auf Strategie und Strukturation siehe Ortmann (2001).

19 Rüegg-Stürm (2003), S. 100 basierend auf den Überlegungen von Giddens Strukturationstheorie (1984, 1991). Weiterführende Überlegungen zu sich selbst strukturierenden Organisationen finden sich u. a. in der 4. Generation des St. Galler Management-Modells: Rüegg-Stürm und Grand (2015), S. 80ff. oder bei Kaltenecker (2017).

20 Siehe das „Manifest für Agile Softwareentwicklung“: http://agilemanifesto.org/iso/de/manifesto.html) sowie Brand et al. (2021), S. 157ff.; Cooper (2016) S. 1ff. und Denning (2016) S. 10ff.

21 Denning (2016) S. 11.

22 Hamel und Zanini (2020), S. 162f.

23 Schell und Bischof (2021), Strauch und Reijmer (2020) und Hamel und Zanini (2020) nennen einige Beispiele, wie sich Organisationen entwickeln können, um aktuellen Herausforderungen erfolgreich zu begegnen.

24 Häusling (2020) als auch Oestereich und Schröder (2019) gewähren interessante Einblicke in die Besonderheiten agiler Organisationen, ihre wissenschaftlichen Grundlagen und mögliche Ansätze Agilität in Unternehmen zu verankern. In den Harvard Business Insights (2020) erläutern Rigby et al., warum gute Intentionen allein nicht ausreichen, um tatsächlich agil zu sein.

25 Siehe z.B. Thompson et al. (2021), S. 310ff.; Lombriser und Abplanalp (2018), S. 391ff. oder Hungenberg (2014), S. 336ff.

26 Gathen (2014), S. 84ff.

27 Rüegg-Stürm und Grand (2015), S. 118ff.

28 Keese (2016a), S. 237ff. und Kagermann (2015), S. 39ff. zeigen auf, dass Netzwerkorganisationen in einer dynamischen Umwelt vorteilhaft sind. Netzwerke haben jedoch zufolge Sydow (2015), S. 89ff. nicht nur Vorteile, denn auch sie weisen Pfadabhängigkeiten auf.

29 Kappe 2016, S. 5ff. sowie Kotter, Akhtar und Gupta (2021).

30 Lombriser und Abplanalp (2018), S. 416ff. sowie Müller-Stewens und Lechner (2016), S. 529ff.

31 Siehe Ansätze dazu beispielsweise in Hautz, Seidl und Whittington (2017) und Seidl, Whittington und von Krogh (2019).

32 Johnson et al. (2018), S. 236ff. sowie die Originalquellen von Johnson (1987 und 1992).

33 Denison und Mishra (1989); Denison (1990) und Denison Consulting (2017).

34 Siehe Bresser (2010), S. 142f.; Lombriser und Abplanalp (2018), S. 402ff. sowie Kreikebaum, Gilbert und Behnam (2018), S. 181ff.

35 Schreyögg und Geiger (2016), S. 331ff.

36 Sackmann (2017 und 2006); Denison und Mishra (1995) sowie Quinn und Cameron (1983).

37 Bresser (2010), S. 143.; Interessierte finden umfassende Anleitungen bei Homma (2015); Alvesson und Sveningsson (2016); Cummings und Worley (2019) sowie bei Hamel und Zanini (2020) oder Kotter, Akhtar und Gupta (2021).

38 Kreikebaum, Gilbert und Behnam (2018), S. 181ff. sowie Welge, Al-Laham und Eulerich (2017), S. 822ff.

39 Westerman, Bonnet und McAfee (2014), S. 246; Schmidt, Rosenberg und Eagle (2015), S. 152f.

40 Müller-Stewens und Lechner (2016), S. 392.

41 Siehe z.B. Sprenger (2021 und 2012).

42 Corsten und Corsten (2012), S. 221ff.; Lombriser und Abplanalp (2018), S. 402ff.

43 Hungenberg (2014), S. 341ff.

44 Hitt et al. (2017), S. 12ff; Davila und Ditillo (2017), S. 393ff.; Welge, Al-Laham und Eulerich (2017), S. 822ff.

45 Umfassendes Wissen zu Führen im Wandel liefern z. B. Kotter, Akhtar und Gupta (2021); Yang, Huang und Wu (2019); Kappe (2016); Herrmann und Nadkarni (2014); Kohlöffel und August (2012).

46 Kotter (2011), S. 22f.

47 Welge, Al-Laham und Eulerich (2017), S. 825; für Interessierte siehe die Ausführungen des Leadership-Experten John P. Kotter (2011 und 2009).

48 Lombriser und Abplanalp (2018), S. 410f. sowie Kotter (2011), S. 22f.

49 Müller-Stewens und Lechner (2016), S. 408ff.

50 Welge, Al-Laham und Eulerich (2017), S. 816.

51 Wright, Pringle und Kroll (1994), S. 172f. zitiert in Müller-Stewens und Lechner (2013), S. 415; Coulter (2013), S. 122ff.

52 Siehe u.a. Johnson et al. (2018), S. 438ff. sowie Coulter (2013), S. 166ff.

53 Hungenberg (2014), S. 349ff.

54 Meffert, Burmann und Kirchgeorg (2018), S. 325ff.

55 Scheuss (2016), S. 290.

56 Drucker (2006).

57 Kaplan und Norton (1996).

58 Raps (2017), S. 87f.; Welge, Al-Laham und Eulerich (2017), S. 861ff.

59 Diese Erkenntnisse gehen auf die Forschungen von Bower (1970) und Burgelman (1983) zurück und wurden in ihren Grundsätzen immer wieder empirisch bestätigt und weiterentwickelt: siehe Marian und Lee (2017) und Bower und Gilbert (2005) sowie mit Bezug zu Start-ups Zahra (2021).

60 Aktuelle Studien zeigen, dass insbesondere in den Sektoren Produktion und Dienstleistung ein Mangel an talentierten und engagierten Mitarbeitern besteht: siehe z.B. Reisinger, Lehner und Strehl (2017), S. 11ff.

61 Hungenberg (2014), S. 353ff.

62 Welge, Al-Laham und Eulerich (2017), S. 886.

63 Smith (2003), S. 379f.

64 Watzlawick, Bavelas und Jackson (2016), S. 58ff.

65 In „Anleitungen zum Unglücklichsein" zeigt Watzlawick (2011) mit amüsanten Geschichten, wie wir unsere Wirklichkeit konstruieren. In seinem Lesebuch „Man kann nicht nicht kommunizieren" (2015) führt er in seine grundlegenden Erkenntnisse ein.

66 Deutinger (2017), S. 19ff.

67 Kostka und Mönch (2009), S. 59ff.

68 Kohlöffel und August (2012), S. 282ff.

69 Bea und Haas (2019), S. 232f.

70 Van de Ven und Poole (1995), S. 520.

71 Grundlagen hierzu liefert u.a. Lewin (1963). Interessierte finden aktuelle Anleitungen beispielsweise bei Cummings und Worley (2019) oder Balogun, Hope-Hailey und Gustafsson (2016).

72 Besonders häufige Verweise finden sich auf das Wachstums- und Krisenmodell von Greiner (1972) und die Arbeiten von Quinn und Cameron (1983) zu Effektivität innerhalb von Lebenszyklen.

73 Weiterführende Informationen: siehe die grundlegenden Werke von Hannan und Freeman (1984 und 1977) oder eine zeitgemäße Sammlung über die Entwicklung von Organisationen von Child (2012).

74 Garud und van de Ven (2006), S. 216f.

75 Garud und van de Ven (2006), S. 214ff.; in Bezug auf Stakeholder-Management siehe u.a. Freeman (1984); Freeman und McVea (2001); Bridoux und Stoelhorst (2014) und Freeman, Dmytriyev und Phillips (2021); hinsichtlich Heterogenität im Topmanagement siehe u.a. Nielsen und Nielsen (2013); Tasheva und Hillman (2019); Jarzabkowski und Searle (2004).

76 Johnson et al. (2018), S. 615ff. sowie Balogun, Hope-Hailey und Gustafsson (2016), S. 85ff.

77 Reisinger, Lehner und Strehl (2017), S. 32. Interessante Einblicke zur Hochgeschwindigkeitsökonomie finden sich u. a. bei Keese (2016b), S. 120ff.

78 Siehe z.B. Wenzel, Stanske und Lieberman (2020) oder Klyver und Nielsen (2021) sowie Kotter, Akhtar und Gupta (2021).

79 Welch (2000), S. 4.

80 Welge, Al-Laham und Eulerich (2017), S. 910 sowie Balogun, Hope-Hailey und Gustafsson (2016), S. 23.

81 Braun (2015), S. 68ff.

82 Wieser (2014), S. 58. siehe auch Judge et al. (2015).

83 Siehe u.a. Pezeshkan et al. (2016); Vogel und Güttel (2013); Teece (2012); Teece (2007); Teece, Pisano und Shuen (1997) oder Eisenhardt und Martin (2000).

84 Wieser (2014), S. 190.; Balogun, Hope-Hailey und Gustafsson (2016), S. 173ff.

85 Siehe die Argumentation von Welge, Al-Laham und Eulerich (2017), S. 938 sowie Corsten und Corsten (2012), S. 216f. basierend auf Witte (1973), S. 20.

86 Johnson et al. (2018), S. 602ff. sowie Balogun, Hope-Hailey und Gustafsson (2016), S. 15ff.

87 Balogun, Hope-Hailey und Gustafsson (2016), S. 15f.

88 Greiner (1972), S. 41.

89 Siehe z.B. Schreyögg (2016); Reisinger (2007), S. 300ff.

90 Balogun, Hope-Hailey und Gustafsson (2016), S. 51ff.; Macharzina und Wolf (2017); Welge, Al-Laham und Eulerich (2017), S. 911f.

91 Johnson et al. (2018), S. 615; siehe außerdem Herrmann und Nadkarni (2014).

92 Deutinger (2017), S. 57ff.; Doppler und Lautenburg (2014), S. 481ff.

93 Welge, Al-Laham und Eulerich (2017), S. 915.

94 Wieser (2014), S. 42ff.

95 Weiler, Jarzabkowski und Laamanen (2020) zeigen basierend auf einer ausführlichen Literaturrecherche, dass Strategie- und Veränderungsprozesse nicht nur geplant und strukturiert, sondern auch evolutionär und adaptierend verlaufen. Dementsprechend empfiehlt sich die Einbeziehung beider Prozesse.

96 Die Mehrzahl der Phasenmodelle (z.B. Kotter (2011); Doppler und Lautenburg (2019); Müller-Stewens und Lechner (2016) etc.) basiert auf den grundsätzlichen Überlegungen von Lewin (1963).

97 Lewin (1963).

98 Eigene Darstellung in Anlehnung an Staehle, Conrad und Sydow (1999), S. 592 und Ungericht (2012), S. 363.

99 Für Interessierte sei hier beispielsweise auf das im deutschsprachigen Raum bekannte 5-Phasen-Modell von Müller-Stewens und Lechner (2016) sowie das 12-Phasen-Modell von Doppler und Lauterburg (2019) verwiesen.

100 Siehe z.B. Kotter (2011); Balogun und Hope-Hailey (2009) oder Doppler und Lauterburg (2019).

101 Balogun, Hope-Hailey und Gustafsson (2016), S. 145.

102 Kotter und Rathgeber (2009), S. 135.

103 Deutinger (2017), S. 74ff.; Bridoux und Stoelhorst (2014).

104 Höglinger (2011), S. 39.

105 Adaptiert nach Dannemiller (1992) und Beckhard und Harris (1987).

106 Cohen (2003), S. 157.

107 Appelbaum et al. (2017), S. 213ff.; siehe auch Deutinger (2017).

108 Paul und Wollny (2014), S. 412.

109 Kotter (2011).

110 Kotter (2011).

111 Kotter und Rathgeber (2009).

112 Kotter (2011) sowie Welge, Al-Laham und Eulerich (2017), S. 814ff. und Whittington et al. (2020), 479ff.

113 Diese Erkenntnis zeigt sich bereits in den viel zitierten Schriften des Psychologen Riemann (1961), aber auch in aktuellen Publikationen im Rahmen der Ambidexterity-Forschung (siehe z.B. Raisch et al. (2009); Gupta, Smith und Shalley (2006) sowie in empirischen Untersuchungen wie z.B. Reisinger und Lehner (2015)).

114 In Anlehnung an Kostka und Mönch (2009), S. 12ff. sowie Balogun, Hope-Hailey und Gustafsson (2016), S. 148ff.

115 Kohlöffel und August (2012), S. 240.

116 Basierend auf den grundsätzlichen Überlegungen von Adams, Hayes und Hopson (1976) sowie den Erkenntnissen von Balogun, Hope-Hailey und Gustafsson (2016), S. 149ff.

117 Finkbeiner und Morner (2015), S. 51ff.; Deutinger (2017), S. 50ff.

118 Kotter (2011), S. 3ff.; Müller-Stewens und Lechner (2016), S. 447ff. sowie Capgemini Consulting (2012), S. 53ff.

119 Kohlöffel und August (2012), S. 230ff.

120 Kohlöffel und August (2012), S. 202 sowie Kreikebaum, Gilbert und Behnam (2018), S. 174.

121 Weiser, Jarzabkowski und Laamanen (2020); Burgelman et al. (2018); Müller und Kunisch (2018); Weiser (2021); Ocasio, Laamanen und Vaara (2018).

Strategische Evaluierung

6

Im MyLab | Strategisches Management finden Sie:

- eText des Kapitels mit praktischen Werkzeugen
- Kapitelübersicht mit Schwerpunkten
- Digitale Lernkarten und ein umfangreiches Glossar
- Übungsaufgaben und Fragen
- Tipps zum Selbststudium

KAPITELEINSTIEG

Der Pionier moderner Managementlehre Drucker verwies bereits im Jahr 1954 auf die herausragende Bedeutung der Evaluierung und Messung. In seinem einflussreichen Werk „The Practice of Management" erklärt er, dass Menschen sich an den Dingen orientieren, die evaluiert bzw. gemessen werden.[1] Andere Aspekte haben für ihre Entscheidungen und Handlungen hingegen kaum Relevanz. Die im Rahmen der strategischen Evaluierung generierten Informationen geben damit nicht nur ex-post Auskunft über das Erreichen von Zielen. Sie liefern wertvolle Informationen für die strategische Analyse, beeinflussen die strategische Entscheidung und unterstützen die Strategieimplementierung.

Die beiden Begründer der Balanced Scorecard, Kaplan und Norton, bringen es in ihrem gleichnamigen Buch auf den Punkt: *„If you can't measure it, you can't manage it."*[2] Ihrer Aussage folgend bedarf die gelungene Steuerung von Strategieprozessen einer adäquaten strategischen Evaluierung. Mussten die Daten für die strategische Evaluierung früher aufwendig erhoben werden, stehen sie heute in großer Menge zur Verfügung. Die Schwierigkeit besteht in einer digitalisierten Welt nicht in der Erhebung der Daten, sondern in der Auswahl und Aggregation jener Daten, die für Strategen wichtige Informationen liefern.

In diesem Kapitel erfahren Sie zunächst Grundlegendes über die strategische Evaluierung. Dem folgt die Darlegung konkreter Kennzahlen und etablierter Instrumente. Dabei wird das Augenmerk auf jene Evaluierungsinstrumente gelegt, die das Management im gesamten Strategieprozess, von der Analyse über die Entscheidung bis hin zur Implementierung, unterstützen.

6.1 Grundsätze und Ziele

Unterschiedliche Perspektiven und spezifische Anforderungen

Je nach Perspektive des strategischen Managements ergeben sich unterschiedliche Grundsätze und Ziele der strategischen Evaluierung. Mit Fokus auf die strategische Analyse bzw. Strategieformulierung rückt die planungsorientierte Perspektive die Informationsbedürfnisse des Topmanagements in den Mittelpunkt der strategischen Evaluierung. Sie benötigen einerseits Informationen für die Strategieformulierung (Planung) und andererseits darüber, inwieweit die Strategien (Pläne) von den Mitarbeitern umgesetzt und die angestrebten Ziele erreicht werden.

Für die Eigentümer eines Unternehmens (Shareholder) stellt sich die Frage, welchen Einfluss die vom Topmanagement ausgewählten Strategien auf den ökonomischen Unternehmenswert haben. Sie wollen mittels der strategischen Evaluierung erkennen, ob das Topmanagement in ihrem Sinne handelt und den Wert ihrer Anteile am Unternehmen steigert.[3] Die strategische Evaluierung orientiert sich in diesem Fall am Shareholder Value und informiert darüber, inwieweit mit dem zur Verfügung stehenden Kapital Wert geschaffen bzw. vernichtet wird.

Aus stakeholderorientierter Perspektive hat die strategische Evaluierung die Informationsbedürfnisse aller relevanten Anspruchsgruppen zu berücksichtigen. Da die Interessen der Stakeholder äußerst unterschiedlich sind, ist es jedoch aufgrund der Informationsvielfalt nicht möglich, für alle Stakeholder die jeweils relevanten Informationen systematisch aufzubereiten.[4] Aus diesem Grund sollte man sich bei der Konzeption und Erhebung auf die bedeutendsten Stakeholder konzentrieren.

!

Shareholder vs. Stakeholder

Shareholder-Value-Ansatz

Nach dem Shareholder-Value-Ansatz ist das primäre Ziel der Unternehmensführung die Steigerung des Aktionärsvermögens. Dabei geht man davon aus, dass der Aktionär sein Engagement in einem Unternehmen aus Sicht der zukünftig ihm zufließenden Zahlungen beurteilt. Weiter in der Zukunft liegende Zahlungen werden niedriger bewertet als Zahlungen, die zu einem früheren Zeitpunkt zufließen.[5] Damit steigt der ökonomische Wert eines Unternehmens, wenn ein Unternehmen in der Lage ist, zusätzlichen Wert – über die Kapitalkosten hinaus – zu generieren. Die strategische Evaluierung aus wertorientierter Sicht überprüft die Strategie und die im Rahmen ihrer Implementierung gesetzten Maßnahmen aus Sicht der Eigenkapitalgeber.[6] Ziel ist die langfristige Steigerung des ökonomischen Werts des Unternehmens bzw. die Steigerung der Rendite – das heißt die Erzielung eines nachhaltigen finanziellen Erfolgs für das Unternehmen und für die Anteilseigner. Die strategische Evaluierung aus wertorientierter Sicht fokussiert daher auf Kennzahlen basierend auf dem Cashflow.[7]

Stakeholder-Ansatz und Corporate Social Responsibility

Als Erweiterung einer reinen Shareholder-Orientierung wurden in den letzten Jahren die Konzepte der Stakeholder-Orientierung[8] und damit in Zusammenhang der Corporate Social Responsibility[9] (gesellschaftliche Verantwortung) entwickelt. Sie erweitern die traditionelle Ausrichtung der strategischen Evaluierung um die Interessen anderer Anspruchsgruppen. Diese sind von unternehmerischen Aktivitäten entweder (passiv) betroffen oder können das Unternehmen selbst (aktiv) beeinflussen. Damit haben Stakeholder ein Interesse am Unternehmen, an dessen Strategie und an den getroffenen Maßnahmen und Aktivitäten. Um diese bewerten zu können und zu wissen, inwieweit ihre Anliegen ernst genommen werden, benötigen Stakeholder Informationen. Die gewünschten Informationen reichen von finanziellen Kennzahlen zur Beurteilung der aktuellen Wirtschaftskraft,[10] über Indikatoren zur Bewertung des Verhaltens gegenüber Stakeholdern, bis hin zu Informationen über den Umgang mit natürlichen Ressourcen oder die Wahrnehmung der gesellschaftlichen Verantwortung. Mit derart unterschiedlichen Informationsanforderungen wird die Konzeption und Implementierung einer strategischen Evaluierung eine komplexe Herausforderung. Allerdings verweisen aktuelle Forschungsbeiträge auf eine steigende Bedeutung unternehmerischer Verantwortung und entsprechend umfassender Rechenschaftslegung.[11]

Aus ressourcenorientierter Perspektive hat die strategische Evaluierung Informationen über strategierelevante Ressourcen und Fähigkeiten bereitzustellen. Kennzahlen und Indikatoren sollen darüber informieren, inwieweit Ressourcen und Fähigkeiten aufgebaut, genützt und immer wieder neu kombiniert werden. Aus positionierungsorientierter Perspektive benötigen Strategen Informationen über Märkte (Kunden, Mitbewerber). Vor allem interessieren jene Aspekte, die einem Unternehmen die Differenzierung vom Mitbewerb und Positionierung am Markt ermöglichen. Darüber hinaus sollte die strategische Evaluierung Rückschlüsse über die Zweckmäßigkeit der Aktivitäten im Rahmen der Strategiearbeit (aktivitätenorientierte Perspektive) und deren Auswirkungen auf das Unternehmen und seine Umwelt erlauben (konfigurations- und systemorientierte Perspektiven). Denn nur durch eine umfassende strategische Evaluierung wird es möglich, Strategien und die Aktivitäten im Verlauf von Strategieprozessen zu beurteilen.

Die Herausforderung bei der Auswahl geeigneter Kennzahlen, Indikatoren und Instrumente der strategischen Evaluierung liegt zuallererst im Erkennen erfolgsrelevanter Informationserfordernisse. Es ist zu klären, wem welche Informationen in welcher Form zur Verfügung gestellt werden sollen. Daraus ergeben sich die spezifischen Anforderungen an die Ausgestaltung der strategischen Evaluierung in einem Unternehmen und der damit einhergehenden Auswahl von Kennzahlen und Instrumenten.

Allgemeine Anforderungen

Als allgemeine Anforderungen an die Konzeption einer strategischen Evaluierung können zudem folgende genannt werden (▶ Tabelle 6.1 [12]):

Anforderung	Erläuterung
Stakeholder berücksichtigen	Relevante Stakeholder und deren Zielvorstellungen sind bei der Konzeption der strategischen Evaluierung zu berücksichtigen.
Ausgeglichene breite Informationsbasis	Die eingesetzten Kennzahlen sollten ausgeglichen sein und eine breite Basis an Information bereitstellen: z.B. finanziell und nicht-finanziell, kurzfristig und langfristig, Vergangenheit und Zukunft, interner und externer Bezug.
Anpassungsfähigkeit	Die strategische Evaluierung muss derart konzipiert sein, dass sie bei Veränderung externer Rahmenbedingungen einfach adaptiert werden kann.
Unterstützung im gesamten Strategieprozess	Bei der Konzeption ist zu berücksichtigen, dass die strategische Evaluierung die Strategieimplementierung unterstützt und erforderliche Informationen für die strategische Analyse und Strategieformulierung generiert.
Organizational FIT	Die eingesetzten Messmethoden und berechneten Kennzahlen müssen auf die spezifische Struktur und Unternehmenskultur abgestimmt werden.
Wirtschaftlichkeit	Es geht um effiziente Zweckerfüllung. Ungebührlicher Messaufwand, komplexe unverständliche Kennzahlen und Datenflut sind zu vermeiden.
Zuverlässigkeit der Messmethoden	Ziel ist die inhaltlich korrekte Darstellung relevanter Informationen. Dazu bedarf es eindeutiger Definitionen, korrekter Messung bzw. Berechnung.
Akzeptanz	Breite Akzeptanz ist die Voraussetzung für die Nutzung der Information. Benutzerfreundlichkeit, Verständlichkeit und Transparenz fördern diese.

Tabelle 6.1: Allgemeine Anforderungen an die strategische Evaluierung

In aller Regel wird bei der Konzeption strategischer Evaluierungssysteme auf die Bedürfnisse des Managements, der Mitarbeiter, der Shareholder und ausgewählter Stakeholder (z.B. Behörden, Förderinstitutionen, Kunden, Lieferanten) geachtet. Dabei ist sicherzustellen, dass die generierten Informationen für die einzelnen Anspruchsgruppen nützlich, verständlich und nachvollziehbar sind. Die Ziele der strategischen Evaluierung orientieren sich damit an den konkreten Informationsbedürfnissen der als relevant erachteten Stakeholder.

Aktuelle Strömungen

Die Ziele der strategischen Evaluierung werden überdies durch unterschiedliche Strömungen in Forschung, Beratung und Politik sowie andere Umweltbedingungen beeinflusst. Besondere Schwerpunkte der strategischen Evaluierung finden sich beispielsweise in Bezug auf Total Quality Management (TQM), Innovation und kontinuierliche Verbesserungsprozesse (KVP), die prozessbezogene Steuerung unternehmerischer Aktivitäten sowie unternehmensübergreifendes Supply-Chain-Management. Mit zunehmender Digitalisierung und der vermehrten Bedeutung von Plattformen und Social Media, interessieren überdies Kommunikation und Netzwerke. Außerdem zeigt sich ein vermehrtes Interesse an einer erweiterten Rechenschaftslegung von Unternehmen in Bezug auf die Nachhaltigkeit ihrer Aktivitäten und die Wahrnehmung der gesellschaftlichen Verantwortung.[13]

+

CSR und Triple Bottom Line

Corporate Social Responsibility

Corporate Social Responsibility (CSR)[14] bedeutet die Übernahme gesellschaftlicher Verantwortung durch Unternehmen und das Beachten der Auswirkungen unternehmerischen Handelns auf die unterschiedlichen Anspruchsgruppen in der Gesellschaft und auf die ökologische Umwelt. In diesem Zusammenhang hat der Begriff der Nachhaltigkeit (Sustainability)[15] bzw. des nachhaltigen Wirtschaftens an Bedeutung gewonnen. Damit spielen nicht nur die ökonomischen Dimensionen der Leistung, sondern auch die gesellschaftlichen und ökologischen Dimensionen eine zentrale Rolle für die Positionierung am Markt und in der Gesellschaft. Dementsprechend ist die Performance eines Unternehmens aus diesen drei Dimensionen zu evaluieren. Damit kommt es zu einer Erweiterung der „Bottom Line". Dies wird unter dem Begriff „Triple Bottom Line"[16] diskutiert.

- **„Bottom Line"** bedeutet im Englischen unternehmerischer Erfolg im Sinne des Nettogewinns nach Steuern in der unternehmerischen Erfolgsrechnung, also die Darstellung des Ergebnisses eines Geschäftsjahrs „unter dem Strich".
- **„Triple Bottom Line"** umfasst ein wesentlich erweitertes Spektrum von Werten und Erfolgskriterien: Neben den ökonomischen werden auch die gesellschaftlichen und ökologischen Dimensionen der Leistungen des Unternehmens mit Bezug auf Nachhaltigkeit in die Bewertung mit einbezogen.

Nachhaltigkeit

Im Prinzip geht es um die Frage, wie eine dauerhafte und zukunftsfähige Entwicklung der drei Dimensionen ermöglicht werden kann und welche Rolle

Unternehmen im Wirtschafts- und Gesellschaftssystem spielen können und müssen: **Ökonomische Nachhaltigkeit** bedeutet, dass Unternehmen ihre Aktivitäten so gestalten, dass sie dauerhaft betrieben werden können. Diesbezüglich kommt der Frage, was wirtschaftliches Wachstum bedeutet, wie es definiert wird und welche Faktoren zu dessen Messung herangezogen werden, große Bedeutung zu. **Gesellschaftliche Nachhaltigkeit** bedeutet, dass ein Gesellschaftssystem so organisiert sein soll, dass sich soziale Spannungen in Grenzen halten und Konflikte nicht eskalieren. **Ökologische Nachhaltigkeit** bedeutet, dass durch die Aktivitäten des Unternehmens kein Raubbau an der Natur betrieben wird. Die natürlichen Lebensgrundlagen sollten demnach nur so weit beansprucht werden, dass sie sich regenerieren können und auch für zukünftige Generationen erhalten bleiben.

Erweiterte Rechenschaftslegung

Die Erweiterung der Verantwortung und Rechenschaftslegung von Unternehmen ist als Reaktion auf Trends und Forderungen von Politik und Gesellschaft zu sehen und nicht nur als Wiederentdeckung der Bedeutung von Ethik und Moral in der BWL und im Management. Unternehmen befinden sich damit zunehmend im Spannungsfeld zwischen Shareholder und Stakeholder Value.[17] Dabei spielt auch Social Media[18] mit ihren positiven und negativen Auswirkungen eine zentrale Rolle.

Heute geht man davon aus, dass für die langfristige Erzielung eines Mehrwerts für die Shareholder die Beachtung der Interessen und Anliegen der Stakeholder – vor allem jener, die das Unternehmen beeinflussen können – wichtig ist.

Die strategische Evaluierung wird zunehmend schwieriger, erklären die Strategieexperten David und David. Die Gründe dafür orten sie in der Erhöhung der Komplexität und Dynamik der Umwelt, den ökonomischen Rahmenbedingungen und Märkten, in kürzeren Zeitrahmen für Planung, Produktentwicklung und ganz generell in der Beschleunigung des technologischen Fortschritts. Aus Sicht der Experten sind damit genaue Vorhersagen von zukünftigen Entwicklungen auf Basis erhobener Daten schwieriger und die Auswirkungen nationaler und internationaler Ereignisse für Unternehmen kaum mehr abzusehen.[19]

?

Performance Measurement

In Zusammenhang mit der strategischen Evaluierung wird häufig der Begriff „Performance Measurement" bzw. „Performance-Messung" verwendet. Die primäre Zielsetzung des Performance Measurement besteht darin, Leistungen innerhalb eines Unternehmens systematisch zu erfassen und zu verfolgen, um durch deren Evaluation einen kontinuierlichen Verbesserungsprozess zu fördern.[20] Damit kann Performance Measurement als Leistungsmessung verstanden werden, die primär aus Leistungskennzahlen und Leistungsindikatoren in Bezug auf die Zielerreichung des Unternehmens besteht. Der Begriff wird jedoch vielfach auch umfassender ausgelegt. Müller-Stewens und Lechner nennen als Ziel einer Performance-Messung die umfassende und rechtzeitige Information, wie sich Strategien auf unternehmerische Einheiten auswirken.

Die dazu eingesetzten Instrumente unterstützen Entscheidungen und Handlungen, indem sie systematisch Informationen über die Leistungskraft eines Unternehmens sammeln, analysieren und Interessierten zur Verfügung stellen.[21] Performance Measurement in einem derart umfassenden Verständnis bezieht sich damit, wie die strategische Evaluierung, auf die Effektivität und Effizienz strategischen Denkens und Handelns.

Resümierend kann festgehalten werden, dass Grundsätze und Ziele einer strategischen Evaluierung vor dem Hintergrund der spezifischen Anforderungen zu beurteilen sind. Dies inkludiert die Frage, wessen Informations-, Steuerungs- und Kontrollinteressen wie Berücksichtigung finden. Konkret geht es darum, welche Anspruchsgruppen in welcher Form Auskunft über die Grundannahmen, Fortschritte und Konsequenzen einer Strategie erhalten. In aller Regel sind dies jene, die auch im Rahmen der strategischen Entscheidung (siehe ▸ Kapitel 4) berücksichtigt bzw. bedacht wurden. Die jeweiligen Grundsätze und Ziele einer strategischen Evaluierung bilden die Basis für deren unterschiedliche Funktionen, welche im folgenden Abschnitt dargelegt werden.

6.2 Funktionen

Die strategische Evaluierung mit ihren Instrumenten, Kennzahlen und Indikatoren ermöglicht die Abbildung unternehmerischer Handlungen, ihre Erfassung, Messung und Beurteilung. Mithilfe der strategischen Evaluierung werden die Konsequenzen einer Strategie offensichtlich. Komplexe Sachverhalte werden in simplifizierter Form kurz und prägnant aufgezeigt. Dadurch kann die strategische Evaluierung vielfältige Funktionen übernehmen. Neben der klassischen Kontrolle (▸ Abschnitt 6.2.1) dient sie der Information und Steuerung (▸ Abschnitt 6.2.2), der Motivation (▸ Abschnitt 6.2.3) und dem organisationalen und individuellen Lernen (▸ Abschnitt 6.2.4).

6.2.1 Planung und Kontrolle

Die viel zitierte Aussage von Jürgen Wild „*Planung ohne Kontrolle ist sinnlos, Kontrolle ohne Planung unmöglich.*“[22] verdeutlicht, dass Planung und Kontrolle wie die zwei Seiten einer Medaille sind. Im Rahmen der strategischen Planung werden Annahmen über die Relevanz einzelner Aspekte des Unternehmens (Stärken und Schwächen) und seiner Umwelt (Chancen und Risiken) sowie deren zukünftige Entwicklung getroffen. Dies reduziert Komplexität und Unsicherheit, wodurch handlungsleitende Strategien formuliert werden können. Die strategische Kontrolle stellt damit das natürliche Gegengewicht zur Selektivität der strategischen Planung dar und unterstützt dadurch organisationales Lernen.[23]

Strategische Kontrolle

Die strategische Kontrolle beinhaltet mehrere eng miteinander verbundene Formen der Kontrolle. Je nach ihrem Fokus spricht man von Input-Kontrollen (orientieren sich an den eingesetzten Ressourcen, Fähigkeiten etc.), Output-Kontrollen (orientieren sich an den erzielten Ergebnissen) und Verhaltenskontrollen (orientieren sich an Regeln, Verfahren und Richtlinien).[24] In ▶ Abbildung 6.1 werden wesentliche Formen der strategischen Kontrolle in Anlehnung an die grundlegenden Arbeiten von Schreyögg und Steinmann sowie die Weiterentwicklungen von Hasselberg, Bea und Haas, Lombrisser und Abplanalp skizziert und nachfolgend erläutert:[25]

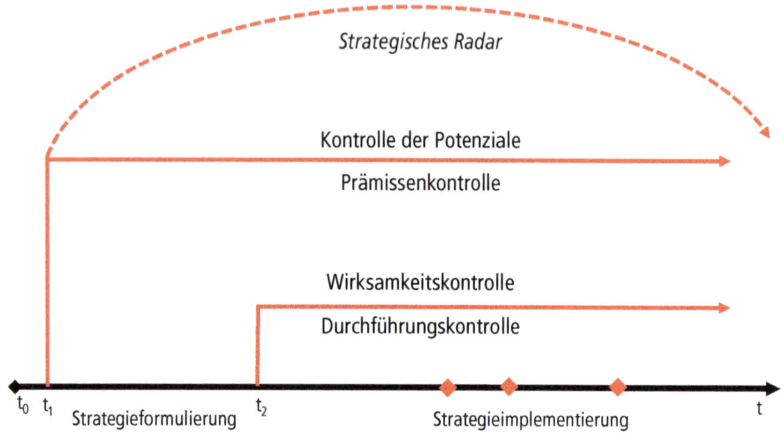

Abbildung 6.1: Strategische Kontrolle

Durchführungskontrolle

Die **Durchführungskontrolle** (Umsetzungs- oder Fortschrittskontrolle) flankiert die Strategieimplementierung. Sie gibt Auskunft, inwieweit die geplanten Aktivitäten und Maßnahmen durchgeführt wurden bzw. umgesetzt werden. Es zeigt sich damit, wie gut die Pläne ausgeführt werden und ob die gesetzten Meilensteine erreicht werden. Im Rahmen der Durchführungskontrolle werden unerwartete Probleme, Widerstände, Zeitverzögerungen, Qualifikationsmängel, Budgetüberschreitungen etc. offenkundig. Die potenziellen Folgen derartiger Probleme können dadurch rechtzeitig erkannt werden. Bei geringfügigen Abweichungen schaffen adäquate Gegenmaßnahmen rasch Abhilfe. Im Fall erheblicher Differenzen zwischen IST und SOLL ist jedenfalls eine Anpassung der Umsetzungsplanung und gegebenenfalls der Strategie erforderlich.

Wirksamkeitskontrolle

Im Rahmen der **Wirksamkeitskontrolle** wird überprüft, ob mit der verfolgten Strategie die übergeordneten Ziele bestmöglich erreicht werden können. Dabei stellt sich die Frage, welche Erkenntnisse aus den bisherigen Aktivitäten gewonnen werden können. Gibt es vielleicht bessere Wege (Strategien)? Dies könnte der Fall sein, wenn sich im Rahmen der Umsetzung neue Möglichkeiten eröffnen (z.B. durch neue Technologien, Veränderungen im Konsum, Ausscheiden eines Wettbewerbers). Andererseits könnten sich Strategien im Zeitverlauf als inadäquat erweisen, wenn beispielsweise neue Konkurrenten in den Markt eintreten oder ein Strategiewechsel bestehender Mitbewerber die Strategieimplementierung torpediert. Durch die Wirksamkeitskontrolle wird offensichtlich, ob die Strategie noch passt, sie adaptiert oder verworfen werden muss.

Prämissenkontrolle

Die **Prämissenkontrolle** nimmt Bezug auf die der Strategie zugrunde liegenden Annahmen über die Umwelt, potenzielle Brachenentwicklungen, Strategien der Mitbewerber etc. Strategen beziehen ihre dafür erforderlichen Informationen aus der Umwelt- und Unternehmensanalyse. Sie bewerten diese aufgrund ihrer Erfahrungen und Wertvorstellungen und legen damit die Prämissen einer Strategie fest. Ändern sich Analyseergebnisse und/oder die Einschätzungen der Strategen, dann ändern sich die Prämissen der Strategie. Dies bedarf einer Auseinandersetzung mit den erwarteten Auswirkungen der georteten Veränderungen. Sind sie substanziell, kann die Strategie nicht weiterverfolgt werden, da sie ihrer Grundlage beraubt ist.

Kontrolle der Potentziale

Die Kontrolle der Potenziale untersucht, inwieweit die Entwicklungsfähigkeit eines Unternehmens gegeben ist. Diese von Bea und Haas thematisierte Form der Kontrolle ist in Zeiten erhöhter Dynamik von großer Bedeutung. Sie überprüft, inwieweit das Unternehmen auf Veränderungen angemessen reagieren kann, inwieweit die erforderlichen Ressourcen und Fähigkeiten vorhanden sind.[26] Eine große Herausforderung bei der Kontrolle der Potenziale stellt die Auswahl geeigneter Messverfahren und Messgrößen dar. Da sich die sogenannten weichen Faktoren nur schwer quantifizieren bzw. bewerten lassen, ist es teilweise schwierig, die vorhandenen Leistungspotenziale (z.B. Personal, Kapital, Forschung und Entwicklung, Produktion, Beschaffung) und Führungspotenziale (Strukturen, Systeme, Unternehmenskultur) zu bestimmen bzw. zu überprüfen.

Strategisches Radar

Mithilfe eines strategischen Radars wird die Umwelt praktisch flächendeckend auf strategierelevante Informationen hin überwacht. Ziel ist eine kontinuierliche Beobachtung der internen und externen Umwelt auf bisher vernachlässigte oder unvorhergesehene Ereignisse.[27] Es interessieren dabei einerseits jene Ereignisse, die die Implementierung einer Strategie beeinflussen könnten. Andererseits klammern strategische Entscheidungen immer einen Großteil strategischer Optionen aus. Angesichts der dynamischen Veränderungen der Rahmenbedingungen können aber gerade diese Alternativen relevant werden.[28]

6.2.2 Information und Steuerung

Steuerung von Entscheidungen und Handlungen

Die größte Bedeutung kommt den im Rahmen der strategischen Evaluierung generierten Informationen in Bezug auf die Unternehmenssteuerung zu.[29] Rechtzeitig zu wissen, welche Strategien zum Erfolg eines Unternehmens beitragen können, ist eine Voraussetzung für eine zielgerichtete Steuerung. Die Unternehmensleitung hat daher ein Interesse, frühzeitig zu erfahren, welche Strategien in welchem Ausmaß Erfolg bringen, einen Wertbeitrag für das Unternehmen leisten und zur Befriedigung der Stakeholder-Ansprüche dienen (können).

Die im Rahmen der strategischen Evaluierung erhobenen Informationen ermöglichen eine gezielte Lenkung von Führungskräften und Mitarbeitern. Deren Verhalten wird überdies durch die eingesetzten Instrumente, Kennzahlen und Indikatoren selbst gelenkt. Denn Menschen richten ihre Entscheidungen und Handlungen an dem aus, was gemessen wird (z.B.

Rüstzeiten, Fehlerquoten). Der strategischen Evaluierung kommt daher in mehrfacher Hinsicht eine steuernde Funktion zu. Die steuernde Funktion der einzelnen Instrumente, Kennzahlen und Indikatoren ergibt sich einerseits aus der spezifischen Auswahl und andererseits durch das Bestimmen der konkreten Referenz- bzw. Vergleichswerte (Soll-Werte). Das sind vorgegebene bzw. vereinbarte Zielwerte, mit denen die tatsächlichen Ist-Werte verglichen werden. Der Vergleich gibt Feedback und erlaubt Lernen.

Unterschiedliche Informationsbedürfnisse der Stakeholder

Die im Rahmen der strategischen Evaluierung generierten Informationen interessieren nicht nur strategische Entscheidungsträger, sondern auch andere Anspruchsgruppen. Wie in ▶ Abschnitt 6.1 „*Grundsätze und Ziele*" aufgezeigt, haben viele Stakeholder ein Interesse an Informationen über ein Unternehmen und die Auswirkungen der verfolgten Strategien.[30] Die Unterschiedlichkeit ihrer Anliegen spiegelt sich dabei in den jeweiligen Informationsbedürfnissen wider. Indem Strategen diese aufgreifen, können sie die einzelnen Stakeholder adäquat informieren. Dies ist eine Voraussetzung, damit Stakeholder die Strategien und Aktivitäten eines Unternehmens bewerten können und über ihre weitere Partizipation entscheiden können.

6.2.3 Motivation

Extrinsische und intrinsische Motivation

Der strategischen Evaluierung wird auch eine motivierende Wirkung zugesprochen. Dies gilt insbesondere dann, wenn jene Faktoren, die evaluiert werden, in Zusammenhang mit Anreiz- und Belohnungssystemen stehen. Dabei geht man davon aus, dass Menschen ihr Verhalten (Entscheidungen, Handlungen) daran orientieren, was evaluiert und belohnt wird. Diese Annahme ist allerdings nicht unumstritten (siehe ▶ Abschnitt 5.2.3).

Seit geraumer Zeit ist bekannt, dass die Kombination von Zielerreichung mit finanziellen und anderen Belohnungen durchaus sehr gut funktionieren kann, dies allerdings nicht zwangsweise der Fall sein muss. Außerdem ist mittlerweile erwiesen, dass extrinsische Motivation (Anreize und Belohnungen) die intrinsische Motivation (Eigenantrieb) reduzieren bzw. zerstören kann.[31] Ein Effekt, der ebenso wenig erwünscht ist, wie ungeplante, auf falschen Einschätzungen beruhende Fehlsteuerungseffekte strategischer Evaluierungssysteme.

6.2.4 Organisationales und individuelles Lernen

Die strategische Evaluierung fördert organisationales und individuelles Lernen. Menschen erhalten Feedback über die Konsequenzen ihrer Entscheidungen und Handlungen. Damit wird es ihnen möglich, ihr Verhalten zu reflektieren und zu verändern. So können sie Verbesserungen in der Zielerreichung herbeiführen. Dies ermöglicht Veränderung und strategischen Wandel.

Reflexions- und Lernprozesse

Unternehmensweit löst die strategische Evaluierung Reflexions- und Lernprozesse aus. Während eine reine Ergebniskontrolle nur darauf abzielt, Abweichungen zwischen Ziel oder Plan festzustellen, richtet die

Durchführungskontrolle den Blick auf die Aktivitäten und Maßnahmen der Implementierung. Sie zeigt, inwieweit der geplante Implementierungsprozess realisiert wird, und gibt Hinweise auf potenzielle Ursachen, warum geplante Maßnahmen nicht umgesetzt werden (z.B. unvorhergesehene Widerstände). Die Prämissenkontrolle setzt bereits bei den grundlegenden Annahmen einer Strategie an. Damit können frühzeitig Probleme erkannt und Gegenmaßnahmen durchgeführt werden.

Feedback- und Feedforward-Informationen

Beim Ergreifen von Korrekturmaßnahmen ist es wichtig, dass nicht nur die momentan aufgetretenen Abweichungen korrigiert werden, betont Bresser in seinem Grundsatzwerk über die Entwicklung des strategischen Managements. Vielmehr sollte sichergestellt werden, dass sich die konstatierten Fehleinschätzungen bzw. Abweichungen zukünftig nicht wiederholen.[32] Damit generiert ein gutes strategisches Evaluierungssystem immer Feedback- und Feedforward-Informationen. Feedback-Informationen beziehen sich auf bereits vorgefallene Ereignisse, Fehler bzw. Abweichungen. Hier kann ein möglicher Schaden nicht mehr verhindert, sondern bestenfalls im Nachhinein behoben werden. Feedforward-Informationen antizipieren hingegen mögliche in der Zukunft liegende Entwicklungen bzw. Ereignisse.

Single-loop-learning
Double-loop-learning

Feedback- und Feedforward-Informationen ermöglichen zwei unterschiedliche Formen des Lernens: „single-loop-learning“ und „double-loop-learning“.[33] „Single-loop-learning“ bezieht sich auf das kontinuierliche Verbessern und Optimieren, auf das Ausbessern dessen, was fehlerhaft ist, ohne die zugrunde liegende Strategie infrage zu stellen. „Double-loop-learning“ löst eine Überprüfung der Strategie aus, die mitunter mit ihrer Anpassung einhergeht. Damit wird es möglich, frühzeitig zu agieren und erforderliche Anpassungen rechtzeitig vorzunehmen. Derart ermöglicht die strategische Evaluierung sowohl einen individuellen als auch einen kollektiven Lernprozess, in dem Strategien formuliert, geprüft, bestätigt, angepasst oder revidiert werden.

6.3 Kennzahlen

Finanzielle und nichtfinanzielle Kennzahlen

Finanzielle und nichtfinanzielle Kennzahlen bilden den Kern jeder strategischen Evaluierung. Sie werden in übersichtlicher Form in geeigneten Kennzahlensystemen bzw. Instrumenten der strategischen Evaluierung (siehe ▸ Abschnitt 6.4) gruppiert. Finanzielle Kennzahlen informieren primär über die aktuelle Situation des Unternehmens in Bezug auf Rentabilität, Liquidität und Kapitalstruktur. Nichtfinanzielle Kennzahlen beschreiben darüber hinausgehende Aspekte in Bezug auf Märkte und Kunden, Mitarbeiter, Lieferanten, Prozesse etc. Bei der Auswahl und Zusammenstellung einzelner Kennzahlen sind die begrenzte Informationsverarbeitungskapazität von Menschen und der meist enge Terminplan vieler Führungskräfte zu berücksichtigen. Eine zu große Menge unterschiedlicher Informationen kann in aller Regel nicht verarbeitet werden. Der Fokus sollte daher auf jenen Kennzahlen liegen, die einen Bezug zu den kritischen Erfolgsfaktoren aufweisen und unmittelbar in Zusammenhang mit der Strategie, den Zielen und den Aufgaben des Unternehmens stehen.

Kennzahlen sind nützlich, da sie Informationen über die finanzielle Lage, die Wettbewerbsposition, die Wertschöpfung, die Produktivität, die Qualität der Produkte, die Zufriedenheit der Kunden oder Mitarbeiter, den Innovationsgrad etc. verdichten und dadurch die vorhandene Komplexität reduzieren. Werden jedoch zu viele Kennzahlen erhoben, können relevante Informationen in der Kennzahlenflut untergehen. Aus diesem Grund ist es zweckmäßig, sich auf einige strategisch relevante und aussagekräftige Kennzahlen (sogenannte Key Performance Indicators, kurz KPIs) zu beschränken. Welche dies konkret sind, ist abhängig von den unternehmensspezifischen Grundsätzen und Zielen und ist im Einzelfall festzulegen.

Kennzahlensysteme

Kennzahlensysteme sind eine Zusammenstellung aus verschiedenen Einzelkennzahlen, die in einer sinnvollen Beziehung zueinander stehen, sich gegenseitig ergänzen und erklären.[34] Sie geben schnelle und verdichtete Informationen über die Leistung eines Unternehmens. Das wohl bekannteste Kennzahlensystem ist das Du-Pont-Kennzahlensystem (▶ Abbildung 6.2).

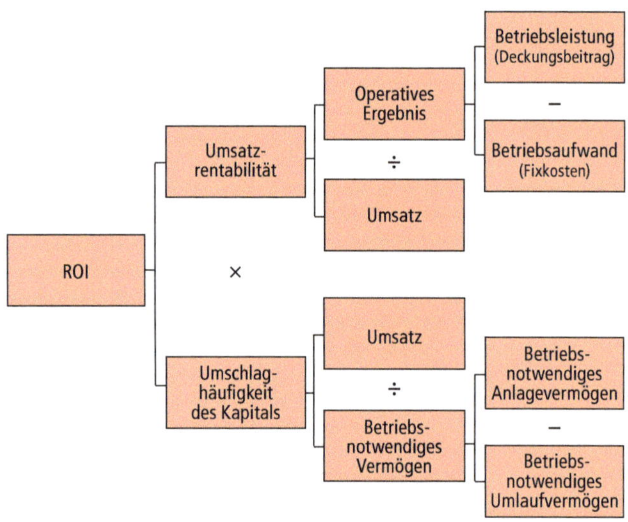

Abbildung 6.2: Du-Pont-Kennzahlensystem (ROI-Baum)

Das Kennzahlensystem des ROI wird in Literatur und Praxis unterschiedlich weit aufgegliedert. ▶ Abbildung 6.2 zeigt die ersten vier Ebenen der auch als ROI-Baum bekannten Rentabilitätsdarstellung.

Indem aufgezeigt wird, wie sich einzelne Faktoren gegenseitig beeinflussen, dienen Kennzahlensysteme sowohl zur Analyse als auch der Steuerung im Rahmen der Implementierung.

6.3.1 Finanzielle Kennzahlen

Ausgangspunkt der strategischen Evaluierung

Ausgangspunkt der strategischen Evaluierung sind in aller Regel finanzielle Kennzahlen. Sie bilden den Kern vieler Instrumente und Kennzahlensysteme. Finanzielle Kennzahlen informieren über den aktuellen

Zustand des Unternehmens und den Fortschritt der Strategieimplementierung, da sich – wenn auch mit einer gewissen Zeitverzögerung – alle unternehmerischen Aktivitäten in den Finanzen widerspiegeln.[35]

Vorsicht ist geboten

Grundsätzlich sollten finanzielle Kennzahlen mit Vorsicht verwendet und interpretiert werden, da insbesondere traditionelle finanzielle Kennzahlen des Finanz- und Rechnungswesens beeinflusst werden können. Zudem sind die Praktiken und Standards der Erhebung und Berechnung mitunter sehr unterschiedlich, woraus sich unterschiedliche Kennzahlenwerte ergeben können.[36] Da die meisten finanziellen Kennzahlen isoliert betrachtet einen geringen Aussagewert besitzen, entwickelten sich im Lauf der Zeit Kennzahlensysteme (▶ Abbildung 6.2)[37]. Sie sollen über das Unternehmen in seiner Gesamtheit informieren und dabei Abhängigkeiten und Querverbindungen aufzeigen. Eine andere Möglichkeit, den **Bedeutungsgehalt** von finanziellen Kennzahlen zu erhöhen, ist durch einen Vergleich von Plan- und Ist-Werten, Vergangenheitswerten oder Branchenstandards.

Rentabilitätskennzahlen

Für die strategische Evaluierung sind insbesondere Rentabilitäts-, Liquiditäts- und wertorientierte Kennzahlen interessant. Nachstehend werden wichtige Kennzahlen vorgestellt. Zunächst zu den **Rentabilitätskennzahlen:**

Die in ▶ Tabelle 6.2 angeführten **Rentabilitätskennzahlen** sind Beziehungszahlen, bei denen eine Ergebnisgröße zu einer das Ergebnis maßgebend beeinflussenden Größe in Relation gesetzt wird. Damit können Aussagen darüber getroffen werden, ob sich der Einsatz des Kapitals in der durch die Strategie determinierten Form tatsächlich lohnt. Hinsichtlich der Berechnung von Rentabilitätszahlen finden sich in Literatur und Praxis unterschiedlichste Varianten. Dies gilt insbesondere für den ROI, der auch als Produkt von Umsatzrentabilität und Umschlaghäufigkeit des Kapitals definiert wird. Der ROI wird überdies als Spitzenkennzahl in Kennzahlensystemen verwendet.[38]

Kennzahl	Formel	Strategische Relevanz
Eigenkapitalrentabilität Return on Equity (ROE)	$ROE = \frac{Gewinn}{Eigenkapital} \times 100$	Zeigt die Verzinsung des eingesetzten Kapitals durch seinen Einsatz im Unternehmen. Eine wichtige Kennzahl für bestehende und potenzielle Investoren.
Gesamtkapitalrentabilität Return on Assets (ROA)	$ROA = \frac{Gewinn + Fremdkapitalzinsen}{Gesamtkapital} \times 100$	Gibt Auskunft über die Fähigkeit eines Unternehmens Gewinne zu erzielen – inkludiert Eigen- und Fremdkapital, eignet sich damit für Unternehmensvergleiche.
Umsatzrentabilität Return on Sales (ROS)	$ROS = \frac{operatives\ Ergebnis}{Umsatz} \times 100$	Informiert über den Erfolg der betrieblichen Tätigkeit, der beim Verkauf von Produkten und Dienstleistungen erzielt wird, zeigt den Anteil vom Umsatz, der als Gewinn dem Unternehmen verbleibt.
Betriebsrentabilität Return on Investments (ROI)	$ROS = \frac{operatives\ Ergebnis}{betriebsnotwendiges\ Vermögen} \times 100$	Gibt Auskunft über die Verzinsung des tatsächlich im betrieblichen Bereich des Unternehmens investierten Kapitals; informiert damit über den Erfolg der eigentlichen Geschäftstätigkeit.

Tabelle 6.2: Rentabilitätskennzahlen

Liquiditätskennzahlen

Liquiditätskennzahlen informieren über die aktuelle bzw. zukünftige Zahlungsfähigkeit eines Unternehmens. Dazu werden Vermögenswerte und Verbindlichkeiten gegenübergestellt. Die Liquidität ist gleichsam eine Grundvoraussetzung für die Realisierung einer Strategie.

Die kurzfristige Liquidität stellt flüssige Mittel (Kassa, Bankguthaben, Schecks, ...), kurzfristige Forderungen und Vorräte den kurzfristigen Verbindlichkeiten gegenüber. Insgesamt gibt es drei Grade an kurzfristiger Liquidität (siehe ▸ Tabelle 6.3). Die langfristige Liquidität untersucht die Deckungsrelationen bzw. Deckungsgrade des Anlagevermögens. Deckungsgrad 1 bis 3 (siehe ▸ Tabelle 6.3) informieren über die finanzielle Stabilität eines Unternehmens. Bei der Bewertung werden oftmals Branchenkennzahlen als Vergleichswerte herangezogen.[39]

Kennzahl	Formel	Strategische Relevanz
Liquidität 1. Grades (L1)	$L1 = \frac{\text{Flüssige Mittel}}{\text{Kurzfristige Verbindlichkeiten}} \times 100$	Die drei Liquiditätsgrade informieren über die kurzfristige Liquiditätssituation eines Unternehmens. Sie zeigen, ob das Unternehmen seinen kurzfristigen Verbindlichkeiten nachkommen kann.
Liquidität 2. Grades (L2)	$L2 = \frac{\text{Flüssige Mittel + kurzfristige Forderungen}}{\text{Kurzfristige Verbindlichkeiten}} \times 100$	
Liquidität 3. Grades (L3)	$L3 = \frac{\text{Flüssige Mittel + kurzfristige Forderungen + Vorräte}}{\text{Kurzfristige Verbindlichkeiten}} \times 100$	
Deckungsgrad 1 (D1)	$D1 = \frac{\text{Eigenkapital}}{\text{Anlagevermögen}} \times 100$	Zeigt inwieweit Anlagevermögen (und Vorräte) langfristig finanziert sind. Goldene Finanzierungsregel: D1 = 100 % Goldene Bilanzregeln enge Fassung: D1 = 100 % weitere Fassung: D2 bzw. D3 = 100 %
Deckungsgrad 2 (D2)	$D2 = \frac{\text{Eigenkapital + langfristiges Fremdkapital}}{\text{Anlagevermögen}} \times 100$	
Deckungsgrad 3 (D3)	$D3 = \frac{\text{Eigenkapital + langfristiges Fremdkapital}}{\text{Anlagevermögen + Vorräte}} \times 100$	

Tabelle 6.3: Liquiditätskennzahlen

Die goldene Finanzierungsregel ist aus der goldenen Bankregel abgeleitet und besagt, dass die Dauer der Kapitalbindung der Dauer der Kapitalüberlassung entsprechen soll. Damit ist Fristenkongruenz zwischen Investition und Finanzierung gegeben. Die goldenen Bilanzregeln übertragen die Forderung der Fristenkongruenz auf die Bilanz. Sie beziehen sich auf die Einhaltung bestimmter Relationen zwischen spezifischen Vermögensarten (z.B. Grundstücke, Anlagen, Lizenzen) und Kapitalarten (z.B. Eigenkapital, Darlehen), da sonst mitunter Liquiditätsengpässe drohen.[40]

Kennzahlen zur Kapitalstruktur

Kennzahlen zur Kapitalstruktur liefern weitere wichtige Informationen über die Finanzsituation eines Unternehmens. Sie beschreiben unter anderem das Verhältnis von Eigen- zu Fremdkapital. Dies gibt Aufschluss über die Finanzierung eines Unternehmens. Weitere wichtige Informationen beziehen sich auf den Einsatz und die Verfügbarkeit des Kapitals. Diese Kennzahlen geben Hinweise auf den strategischen Entscheidungs- und Handlungsspielraum des Unternehmens. ▸ Tabelle 6.4 enthält einige relevante Kennzahlen zur Kapitalstruktur.

Kennzahl	Formel	Strategische Relevanz
Eigenkapitalquote (EQ)	$EQ = \frac{Eigenkapital}{Bilanzsummer} \times 100$	Gibt Aufschluss über die Kreditwürdigkeit und Unabhängigkeit des Unternehmens.
Verschuldungsgrad (VG)	$VG = \frac{Fremdkapital}{Eigenkapital} \times 100$	Ein höherer Verschuldungsgrad erschwert es Kredite zu erhalten.
Entschuldungsdauer (ED)	$ED = \frac{Fremdkapital - liquide\ Mittel}{operativer\ Cashflow} \times 100$	Zeigt, wie viele Jahre die Rückzahlung des Fremdkapitals dauern würde.
Umschlaghäufigkeit des Kapitals (UHK)	$UHK = \frac{Umsatzerlöse}{Durchschnittliches\ Gesamtkapital}$	Informiert über den produktiven Einsatz des Kapitals. Zeigt, wie oft sich das Gesamtkapital im Jahr umschlägt.
Free Cash Flow (FCF)	$FCF = Operativer\ Cashflow - Investitionszahlungen$	Zeigt, inwieweit ein Cash-Überschuss aus den operativen Tätigkeiten zur Deckung des Investitionsvolumens eines Jahres zur Verfügung gestanden ist.
Capital Employed (CE)	$CE = Gesamtkapital - kurzfristige\ Verbindlichkeiten - liquide\ Mittel$	Informiert über das langfristig investierte Kapital ohne Berücksichtigung kurzfristiger Schwankungen.

Tabelle 6.4: Kennzahlen zur Kapitalstruktur

Wert- und zahlungsorientierte Kennzahlen

Wertorientierte Kennzahlen informieren darüber, ob ein Unternehmen mit dem zur Verfügung stehenden Kapital Wert schafft oder Wert vernichtet. **Zahlungsorientierte Kennzahlen** stellen Transparenz in Bezug auf die Zahlungsmittelströme dar. Die Bedeutung von wert- und zahlungsorientierten Kennzahlen hat in den letzten Jahren zugenommen.[41] Die Gründe dafür liegen in den Mängeln traditioneller rechnungslegungsorientierter Kennzahlen (Vergangenheitsorientierung, Bewertungsspielräume, Einperiodenfokussierung etc.). In ▶ Tabelle 6.5 werden einige der im Rahmen der strategischen Evaluierung häufig verwendeten Kennzahlen dargestellt:[42]

Kennzahl	Formel	Strategische Relevanz
Earnigs before Interest and Taxes (EBIT)	$EBIT = Jahresüberschuss + Steueraufwand - Steuerertrag + Zinsaufwand - Zinsertrag \pm außerordentliches\ Ergebnis$	Zeigt das operative Ergebnis (Gewinn/Verlust) vor Zinsen und Steuern. Abgebildet wird das Ergebnis der eigentlichen betrieblichen Tätigkeit.
Earnigs before Interest, Taxes, Depreciation and Amortization (EBITDA)	$EBITDA = EBIT + Abschreibungen - Zuschreibungen\ auf\ Sachanlagen\ und\ immaterielle\ Vermögensgegenstände$	Zeigt den operativen Erfolg ohne bilanzielle, steuerliche und finanzielle Sondereinflüsse. Ziel ist die globale Vergleichbarkeit der Erfolgszahl.
Net Operating Profit After Tax (NOPAT)	$NOPAT = EBIT - tatsächlicher\ Steueraufwand\ auf\ EBIT$	Geschäftsergebnis (operativen Gewinn) nach Steuern. Aus Sicht der Kapitalgeber kann dieser ausgeschüttet werden.

Kennzahl	Formel	Strategische Relevanz
Return on Capital Employed (ROCE)	$ROCE = \frac{EBIT,\ EBITDA\ oder\ NOPAT}{Capital\ Employed\ (CE)} \times 100$	Informiert über Effizienz und Profitabilität des Kapitaleinsatzes. Dazu wird eine Gewinngröße im Verhältnis zum eingesetzten Kapital gestellt.
Economic Value Added (EVA)	$EVA = NOPAT - WACC$ *(gewichtete durchschnittliche Kapitalkosten)* $\times$ *Capital Employed*	Informiert über die Werte welche in einer Periode tatsächlich erwirtschaftet wurden.

Tabelle 6.5: Wert- und zahlungsorientierte Kennzahlen

Eine Hauptkennzahl in der wertorientierten Unternehmensführung ist neben dem Economic Value Added (EVA) der Return on Capital Employed (ROCE). Diese Kennzahl ist eine Weiterentwicklung der Kapitalrentabilität und kann wie der ROI als Spitzenkennzahl eines Kennzahlensystems eingesetzt werden.[43]

6.3.2 Nichtfinanzielle Kennzahlen

Nichtfinanzielle Kennzahlen über Märkte und Kunden, Mitarbeiter, Lieferanten, Prozesse, Innovationen oder Veränderungen haben in den letzten Jahren durch die Etablierung umfassender strategischer Evaluierungsinstrumente (z.B. Balanced Scorecard, Performance Pyramide, Performance Prisma) an Bedeutung gewonnen. Die Gründe dafür sind vielschichtig: Einerseits richtete sich – bedingt durch das Scheitern vieler Strategien – das Augenmerk vermehrt auf die Phase der Implementierung. Dabei stellte man fest, dass man für die Steuerung der Implementierung frühzeitig Informationen über Angemessenheit und Wirkung der einzelnen Aktivitäten benötigt. Die klassischen Finanzkennzahlen aus dem Rechnungswesen waren hier nur teilweise von Nutzen. Sie informieren über das Ergebnis und nicht über den Prozess, der das Ergebnis bewirkt. Damit liefern sie weder die erforderlichen Informationen noch kommt ihnen eine derart leistungsmotivierende Wirkung zu.

Ein weiterer Grund, warum nichtfinanzielle Kennzahlen an Bedeutung gewonnen haben, findet sich im Erfordernis, die Entscheidungen und Handlungen der Führungskräfte und Mitarbeiter auf die Strategie abzustimmen. Durch das Herunterbrechen der Strategie bis auf Kennzahlen, wird direktes und schnelles Feedback möglich – eine Voraussetzung für die Verhaltensanpassung an die Erfordernisse der Strategie. Die Weiterentwicklung der Informations- und Kommunikationstechnologien machte es möglich, damit einhergehende Informationsbedürfnisse zu befriedigen.

Nicht nur interne Anspruchsgruppen profitieren von den Möglichkeiten neuer Technologien. Ob Geldgeber, Kunden, Lieferanten oder Behörden, sie alle wollen frühzeitig über die Entwicklung eines Unternehmens informiert werden. So können sie einschätzen, ob ihre Anliegen berücksichtigt und ihre Bedürfnisse befriedigt werden. Je nach Bewertung der zur Verfügung stehenden Informationen werden sie ihre (Teilnahme-)Entscheidungen treffen. Aus diesem Grund kommt einer zielgruppengerechten Aufbereitung der vorhandenen Informationen und der Auswahl geeigneter – und hier insbesondere nichtfinanzieller – Kennzahlen eine große Bedeutung zu.

Nichtfinanzielle Kennzahlen sind heute ein unverzichtbarer Bestandteil einer strategischen Evaluierung.[44] Ob Markt-, Wettbewerbs-, Kunden- oder Mitarbeiterkennzahlen, kein Unternehmen kann es sich auf Dauer leisten, wertvolle Informationen sowohl aus seiner Umwelt als auch über die Bewertung seiner Leistungen zu ignorieren. In diesem Kapitel werden einige Kennzahlen vorgestellt. Dabei ist darauf hinzuweisen, dass bei der konkreten Auswahl die spezifischen Gegebenheiten (z.B. relevante Stakeholder, bestehende IT-Systeme und vorhandene Datenqualität, Zugang zu Markt- bzw. Wettbewerbsinformationen) und die konkreten Anforderungen der Strategie (z.B. Differenzierungsmerkmale) zu berücksichtigen sind.

Wichtiger Bestandteil der strategischen Evaluierung

Kennzahl	Bestimmung / Formel	Strategische Relevanz
Marktpotential (MP)	*MP = potenzielle Verbraucher × potenzielle Menge*	Informiert über die gesamte mögliche Absatzmenge auf einem Markt.
Marktvolumen (MV)	*MV = Summe aller Absätze bzw. aller Umsätze aller Anbieter*	Zeigt die Höhe der erzielten Absätze / Umsätze. Die konkrete Höhe ist durch Marketingmaßnahmen beeinflussbar.
Absatzvolumen (AV)	*AV = Summe aller Absätze bzw. aller Umsätze eines Unternehmens*	Zeigt die Höhe der erzielten Absätze / Umsätze eines Unternehmens.
Marktanteil (MA)	$MA = \frac{\textit{Absatzvolumen bzw. Umsatz}}{\textit{Marktvolumen (Umsätze)}} \times 100$	Informiert über den Anteil des Unternehmens am Marktvolumen.
Relativer Marktanteil	$\textit{Relativer MA} = \frac{\textit{Eigener MA}}{\textit{MA des Marktführers}} \times 100$	Gilt als Indikator für die Marktstellung bzw. Marktmacht des Unternehmens.
Marktwachstum (MW)	$MW = \frac{\textit{MV aktuell} - \textit{MV Vorjahr}}{\textit{MV Vorjahr}} \times 100$	Zeigt das Wachstum des Marktes innerhalb des letzten Jahres.
Neukundenanteil (NKA)	$NKA = \frac{\textit{Anzahl an Neukunden}}{\textit{Gesamtkundenzahl}} \times 100$	Informiert wie viele neue Kunden akquiriert wurden bzw. wie schnell sich der Kundenstamm verändert.
Kunden-/Zielgruppenprofitabilität (KP)	*KP = Erträge – Kosten je Kundengruppe bzw. Zielgruppe in einer spezifischen Periode*	Zeigt die Attraktivität von Kunden- bzw. Zielgruppen in einer spezifischen Periode.
Kundenzufriedenheit	*Erhebung mittels Befragung oder indirekt über Kennzahlen (z.B. Wiederverkäufer, Beschwerden)*	Informiert über das Ausmaß der Zufriedenheit der Kunden mit den Produkten und Leistungen.

Tabelle 6.6: Kennzahlen zu Märkten, Zielgruppen und (potenziellen) Kunden

Informationen über **Märkte, Zielgruppen** und die Bedürfnisse von (potenziellen) **Kunden** sind eine wichtige Voraussetzung für die Formulierung erfolgreicher Strategien. Nur so können passende Produkte und Dienstleistungen entwickelt und in angemessener Form (Marketing-Mix) angeboten werden. Im Rahmen der Implementierung unterstützen adäquate Kennzahlen die Forcierung jener Aktivitäten und Maßnahmen, die zur Erreichung der gesetzten Marktziele führen. Aus der Vielzahl möglicher Kennzahlen werden in ▶ Tabelle 6.6 einige strategisch bedeutsame vorgestellt.

Märkte und Kunden

Einige markt- und vertriebsorientierte Kennzahlen können direkt aus der Struktur bzw. Entwicklung der Umsätze gewonnen werden. Die Informationen für die Mehrzahl der markt-, zielgruppen- bzw. kundenrelevanten Kennzahlen müssen jedoch zusätzlich erhoben oder aus vorhandenen Daten extrahiert und neu aggregiert werden bzw. von Marktanalysten zugekauft werden. Ein Grund, warum vielen Unternehmen verwertbare Informationen über ihre (potenziellen) Kunden sowie die von ihnen bearbeiteten Zielgruppen fehlen. Das Fehlen konkreter Informationen zeigt sich oft auch in Bezug auf die aktuelle Wettbewerbssituation und deren Entwicklung. Es fehlen in vielen Unternehmen Kennzahlen, die zeigen, wie gut bzw. schlecht man im Verhältnis zur Konkurrenz tatsächlich abschneidet.

Der Mangel an verfügbaren Informationen für die Generierung entscheidungs- und handlungsleitender Kennzahlen in Bezug auf Märkte, Zielgruppen und (potenzielle) Kunden hängt unter anderem damit zusammen, dass das Wissen einzelner Mitarbeiter nicht systematisch erfasst wird. Informationen von Verkäufern, Transporteuren oder Beschwerdemanagern stehen eben nur dann für die strategische Evaluierung zur Verfügung, wenn sie in entsprechenden Systemen erfasst werden und in Form adäquater Kennzahlen und Indikatoren verarbeitet werden.

Kennzahl	Bestimmung / Formel	Strategische Relevanz
Personalintensität (PI)	$PI = \frac{\text{Personalaufwand}}{\text{gesamte Aufwendungen}} \times 100$	Informiert über die Intensität des Personaleinsatzes bei der Leistungserbringung.
Fluktuationsquote (FQ)	$FQ = \frac{\text{Anzahl der Austritte im Jahr}}{\text{durchschnittliche Beschäftigte}} \times 100$	Informiert über die Austritte, gilt als Indikator für fehlende Entwicklungsmöglichkeiten und Unzufriedenheit.
Fehlzeitenquote (FZQ)	$FZQ = \frac{\text{Fehlstunden}}{\text{Sollarbeitszeit in Stunden}} \times 100$	Gibt Auskunft über den Umfang der beanspruchten Fehlzeiten, gilt als Indikator der Mitarbeiterzufriedenheit.
Krankenstandsquote (KQ)	$KQ = \frac{\text{Anzahl der Krankenstandstage}}{\text{Summe der Sollarbeitstage}} \times 100$	Gibt Auskunft über den Umfang der beanspruchten Krankenstandstage; gilt als Indikator der Mitarbeiterzufriedenheit.
Mitarbeiterproduktivität (MP)	$MP = \frac{\text{Umsatz bzw. Ertrag oder Wertbeitrag}}{\text{durchschnittliche Beschäftigte}}$	Gibt Auskunft über den Umsatz bzw. Ertrag pro Mitarbeiter und damit über die Produktivität seiner Leistungen.
Mitarbeiterzufriedenheit	*Erhebung mittels Befragung oder indirekt über Kennzahlen (z.B. Fluktuationsquote, Fehlzeiten)*	Gilt als Voraussetzung für die Leistungsbereitschaft der Mitarbeiter.

Tabelle 6.7: Kennzahlen zu Mitarbeitern

Mitarbeiter Es sind die **Mitarbeiter,** die eine Strategie im Alltag umsetzen. Damit liegt es an ihren Fähigkeiten und ihrem Willen, inwieweit eine Strategie tatsächlich realisiert werden kann. Wichtige Kennzahlen im Bereich des Personals sind die Bestimmung der Mitarbeiterproduktivität und der Mitarbeiterzufriedenheit. Letztere wird in aller Regel mittels Befragung erhoben.

Prozesse

In jedem Unternehmen finden wir eine Vielzahl an **Prozessen**. Welche Prozesse von Relevanz sind, determiniert sich durch die Branche (z.B. Industrie, Handwerksbetrieb, Dienstleistungsunternehmen) und die spezifische Strategie (z.B. Kosten-/Preisführer, Innovationsführer). Kennzahlen werden insbesondere für die Steuerung bzw. Optimierung erfolgskritischer Prozesse erstellt. Sie betreffen den erforderlichen Mitteleinsatz, die Durchlaufzeit sowie die Quantität und Qualität des Outputs. Eine Auswahl häufig angewandter Kennzahlen wird in ▶ Tabelle 6.8 gezeigt:

Kennzahl	Bestimmung / Formel	Strategische Relevanz
Time-to-market (TTM)	*TTM = Dauer von Produktentwicklung bis zur Platzierung des Produkts am Markt in Tagen*	Informiert über die Zeitdauer in Tagen, in der Kosten entstehen, aber kein Umsatz und keine Erträge generiert werden.
Cash-to-Cash-Cycle (CCC)	*CCC = Lagerdauer in Tagen + Kundenzahlungsdauer in Tagen – Lieferantenzahlungsdauer in Tagen*	Gibt Auskunft über die Kapitalbindung in Tagen im operativen Bereich und damit über die Finanzierungserfordernisse.
Produktivitätskennzahlen	$\frac{\text{Ertrag der Faktoreinsatzmenge (Output)}}{\text{Faktoreinsatzmenge (Input)}}$	Produktivität wird für einzelne Bereiche berechnet (Arbeit, Anlagen, Material ...).
Kapazitätsauslastungsgrad (KAG)	$KAG = \frac{\text{Fertigungsstunden}}{\text{Kapazitätsstunden}} \times 100$	Informiert über das Ausmaß der Nutzung der vorhandenen Anlagen etc.
Reklamationsquote (RQ)	$RQ = \frac{\text{reklamierte Mnge}}{\text{(gelieferte) Gesamtmenge}} \times 100$	Informiert über Qualität der Produkte. Ist ein Indikator für Kundenzufriedenheit.
Neuproduktanteil (NPA)	$NPA = \frac{\text{Umsatz mit neuen Produkten}}{\text{Gesamtumsatz}} \times 100$	Zeigt jenen Anteil des Umsatzes der mit neuen Produkten erwirtschaftet wird. Indikator für realisierte Innovationskraft.
Erlösminderungen (EM)	$EM = \frac{\text{gewährte Skonti + gewährte Boni}}{\text{Bruttoumsatz}} \times 100$	Die gewährten Erlösminderungen durch den Vertrieb sind ein Indikator des Preisgestaltungsspielraumes (Macht).
Wareneinstandsminderung (WM)	$WM = \frac{\text{erhaltene Skonti + erhaltene Boni}}{\text{Gesamteinkaufsvolumen}} \times 100$	Indikator für den Umfang des finanziellen Erfolges der Gestaltung der Lieferantenbeziehung.

Tabelle 6.8: Kennzahlen zu Prozessen

Im Rahmen der strategischen Evaluierung interessieren zahlreiche weitere Kennzahlen. Welche dies konkret sind, ist für den Einzelfall festzulegen. So kann die Liefertreue (Zeitpunkt, Menge, Qualität) von Lieferanten dort eine wichtige Kennzahl sein, wo der Produktionsprozess von knappen Ressourcen bestimmt wird. Wird die Erhöhung der Produktivität in der Herstellung angestrebt, können Rüstzeiten oder Durchlaufzeiten wichtige Kennzahlen darstellen. Soll die Innovationskraft gesteigert werden, können die Anzahl der eingebrachten Ideen, vorgestellte Neuentwicklungen oder die Anzahl an Patenten interessante Werte darstellen.

Kennzahlen liefern simplifizierte Teilinformationen

Resümierend kann hier festgestellt werden, dass jede Kennzahl komplexe Sachverhalte vereinfacht und simplifizierte Teilinformationen liefert. Es ist vergleichbar mit der Bestimmung des Blutdrucks eines Menschen. Die Werte für sich haben nur einen geringen Informationsgehalt in Bezug auf den Gesamtzustand. Erst durch den Vergleich mit anderen oder vergangenen Werten erhöht sich ihre Aussagekraft. Kennzahlen öffnen den Blick auf einen spezifischen Teilaspekt eines Unternehmens und liefern zu diesem simplifizierte, erfassbare und handlungsleitende Informationen. Dies kann zu erwünschten und unerwünschten Lenkungseffekten führen. Dementsprechend sorgfältig sollte man bei der Auswahl vorgehen. Erschwert wird dies durch die schiere Flut an Daten, Informationen und Kennzahlen, die in einer digitalisierten und zunehmend vernetzten Welt zur Verfügung stehen. Dementsprechend sind hier jene Entscheidungsträger im Vorteil, die rasch über strategisch relevante Informationen verfügen. In einer VUKA-Umwelt kann die rechtzeitige Verfügbarkeit von entscheidungsrelevanten Daten einen Wettbewerbsvorteil bedeuten.

6.4 Instrumente

Instrumente der strategischen Evaluierung sind Systeme, die den gesamten Strategieprozess von der Analyse über die Formulierung bis hin zur Implementierung mit Kennzahlen und Indikatoren unterstützten. Dabei liegt der Fokus der einzelnen Instrumente auf unterschiedlichen Aspekten und Prozessphasen. In diesem Kapitel werden drei in der Praxis bedeutsame Instrumente vorgestellt.

6.4.1 Balanced Scorecard

Die Balanced Scorecard (BSC) wurde von Kaplan und Norton[45] als ein Instrument des strategischen Managements entwickelt, das die Umsetzung von Strategien unterstützt und deren Wirkung abbildet. Dabei geht man davon aus, dass in Zeiten eines intensiven Wettbewerbs mit hohem Innovations-, Kosten- und Qualitätsdruck die traditionellen, finanziellen Kennzahlensysteme alleine nicht ausreichen, um eine Strategie und deren Implementierung zu bewerten. Die reine Finanzperspektive wird daher um erfolgskritische Dimensionen (Leistungstreiber) wie Kundenbeziehungen, Prozesse oder Mitarbeiter erweitert, damit ein integriertes Gesamtbild entstehen kann.

Vier Perspektiven

Eine Balanced Scorecard besteht grundsätzlich aus vier Perspektiven, die mit entsprechenden Kennzahlen und Indikatoren abgebildet werden:[46]

- **Finanzperspektive:** Für gewinnorientierte Unternehmen ist diese eine zentrale Dimension der Evaluierung und Erfolgskontrolle.
- **Kundenperspektive:** Die Kundenorientierung und das spezifische Leistungsangebot für definierte Kundengruppen sind Basis für den Unternehmenserfolg.
- **Interne Prozessperspektive:** Die effiziente Gestaltung der internen Prozesse ist ein weiterer Schlüssel für den unternehmerischen Erfolg. Es geht um die Identifikation derjenigen Prozesse, die große Bedeutung für den Erfolg haben und in denen Verbesserungsnotwendigkeiten bestehen.
- **Lern- und Entwicklungsperspektive:** Der Aufbau und die Weiterentwicklung von Wissen und Technologien und die Erhöhung der Innovationskraft sind zentral für die Realisierung der Ziele der Kunden- und der internen Prozessperspektive.

Im Bedarfsfall können diese vier Perspektiven auch verändert bzw. ergänzt werden. Da ihnen jedoch in der Praxis große Bedeutung zukommt, werden sie häufig in der ursprünglichen Konstellation eingesetzt. ▶ Abbildung 6.3 zeigt das Grundmodell, bei dem jede Perspektive mit einer Schlüsselfrage umrissen wird:[47]

Grundmodell

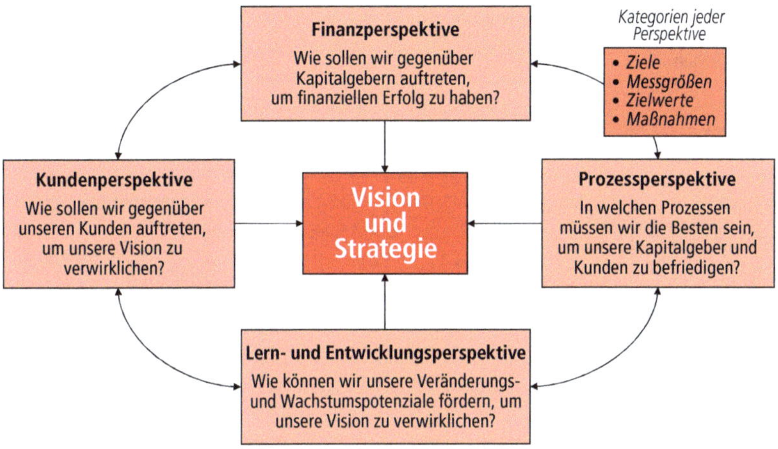

Abbildung 6.3: Grundmodell der Balanced Scorecard

Der Balanced Scorecard liegt eine einfache Kausallogik zugrunde. Beispielsweise kann eine hohe Gesamtkapitalproduktivität (Finanzperspektive) nur durch effiziente interne Prozesse (Prozessperspektive) erreicht werden. Für diese benötigt das Unternehmen innovative Mitarbeiter (Lern- und Entwicklungsperspektive), die Ideen für Prozessinnovationen einbringen, um beispielsweise Prozessdurchlaufzeiten oder Prozesskosten zu reduzieren. Dies bindet Kunden an das Unternehmen und veranlasst sie dazu, weiterhin das Produkt zu kaufen (Kundenperspektive).[48]

In der Balanced Scorecard werden innerhalb jeder Perspektive jeweils vier Kategorien zur Konkretisierung und Präzisierung festgelegt. Diese Kategorien sind:

- Formulierung der strategischen Ziele (in Zusammenhang mit der Vision und Strategie)
- Entwicklung von Messgrößen (Kennzahlen/Indikatoren) für die Feststellung des Zielerreichungsgrads („Key Performance Indicators")
- Festlegung von Zielwerten in Form von operativen Zielen als Soll-Werte. Sie sind die Grundlage für einen späteren Soll-Ist-Vergleich, d.h. die Evaluierung des Zielerreichungsgrads.
- Festlegung von Maßnahmen (Aktivitäten): Wer erledigt welche Aufgaben, (bis) wann, mit welchem Budget und mit wem.
- ▶ *Tabelle 6.9* verdeutlicht die Zusammenhänge zwischen den vier Perspektiven und den vier Kategorien an einem Beispiel, in dem die übergeordnete Vision bzw. Strategie „Marktführerschaft in der Produktgruppe XY" heruntergebrochen wird.

Beispiel einer BSC

	Strategische Ziele	Messgrößen	Zielwerte	Maßnahmen
Finanzwirtschaft	■ Ertragssteigerung ■ Kostenstruktur halten ■ Schneller als der Markt wachsen	■ ROCE ■ Strukturkostenanteil ■ Prognostiziertes Marktwachstum = 5 % + 2 %	40 Mio. € 20 % 7 %	■ Rationalisierungspotenzial ausschöpfen ■ Werbung/Vertrieb intensivieren
Kunden	■ Kundenzufriedenheit steigern ■ Marktanteil erhöhen	■ Kundenbefragung ■ Relativer Marktanteil	+ 5 % + 3 %	■ Aus Ergebnissen Maßnahmen setzen ■ Marketing intensivieren
Prozesse	■ Marken stärken ■ Qualitätssicherung stärken	■ Gestützte Markenbekanntheit ■ Fehlerhafte Produkte	35 % < 3 %	■ Werbung optimieren ■ Qualitätsmanagement evaluieren
Lernen & Entwicklung	■ Optimierung der Fertigung ■ Intensivierung der Weiterbildung ■ Mitarbeitermotivation steigern ■ Vertriebskompetenz stärken	■ Durchlaufzeit in Tagen ■ Tage pro Jahr pro Mitarbeiter ■ Partizipation ■ Anzahl Kundenkontakte	– 10 % + 3 Tage – + 5 %	■ Fertigungsprozesse analysieren ■ Weiterbildungsangebot überarbeiten ■ Intensivierung Feedback ■ Qualifikation und Effektivität im Vertrieb stärken

Tabelle 6.9: Beispiel einer Balanced Scorecard

Strategy Map Die Übersetzung der Strategie (Vision) in operative Ziele und Aktivitäten erfolgt in einer ergänzenden Weiterentwicklung der Balanced Scorecard, mit einer Strategy Map.[49] Sie zeigt Ursache-Wirkungs-Beziehungen zwischen den Perspektiven und Zielen.

In Weiterführung des obigen Beispiels zeigt ▸ Abbildung 6.4 die wichtigsten Wirkungszusammenhänge zwischen strategischen Zielen und den daraus abgeleiteten Zielen in den vier Perspektiven. Die finanzielle Perspektive wird hier durch die Kapitalrentabilität und die dafür eingesetzte Kennzahl ROCE (Return on Capital Employed) definiert. Diese Kennzahl misst die Rendite auf das eingesetzte Kapital und zeigt, wie effektiv bzw. profitabel das Unternehmen dieses verwendet hat. Durch die Strategy Map wird überdies erkennbar, dass die der Balanced Scorecard zugrunde liegende Kausallogik eng an den Wertsteigerungsansatz (Shareholder Value) angelehnt ist und eine starke Markt-/Kundenorientierung aufweist.[50] Im Zentrum der Aufmerksamkeit stehen damit die Shareholder gefolgt von den Kunden. Weitere Stakeholder bleiben in der ersten Ausführung weitgehend unberücksichtigt. Dies ist anders in der von Kaplan und McMillan weiterentwickelten Version der Balanced Scorecard für Triple-Bottom-Line-Strategien. Hier wird die Kundenperspektive zur Stakeholderperspektive und die finanzielle Perspektive zur Ergebnisperspektive mit Bezug zu Geschäft, Gesellschaft und Umwelt.

Insgesamt kann die Balanced Scorecard als ein wichtiges und nutzenstiftendes Instrument der strategischen Evaluierung und der Strategieimplementierung gesehen werden. Sie lenkt durch die Verwendung der vier Perspektiven den Fokus auf die drei zentralen und durch das Management beeinflussbaren Haupttreiber des Wertsteigerungsansatzes: Umsatzwachstum und Umsatzzusammensetzung, Kostenreduktion und Produktivitätsverbesserung sowie Nutzung der Vermögenswerte.[51] Sie führt zu einer Balance zwischen extern orientierten Messgrößen für Geldgeber und Kunden und internen Messgrößen für kritische Geschäftsprozesse, Innovation, Lernen und Wachstum. Die Kennzahlen sind außerdem in einer Balance zwischen vergangenheitsorientierten Messgrößen und Werten in Bezug auf zukünftige Leistungen. Die Scorecard ist überdies ausgewogen in Bezug auf objektive quantitative und subjektiv eingeschätzte Ergebniskennzahlen für Leistungstreiber.[52] Letztere schaffen einen Interpretationsspielraum und geben Raum für eine Verhandlung der Neuordnung von Ressourcen und Machtquellen in der Organisation.[53]

Beispiel einer Strategy Map

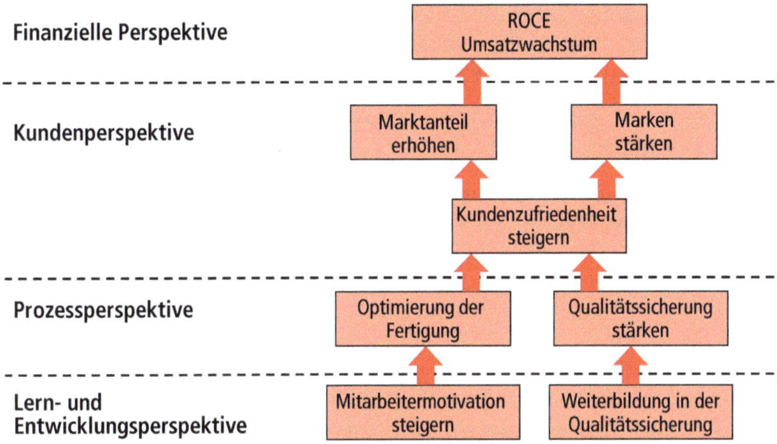

Abbildung 6.4: Strategy Map: Ursache-Wirkungs-Zusammenhänge in der BSC

Flexibles Rahmenkonzept

Resümierend kann festgehalten werden, dass die Balanced Scorecard ein flexibles Rahmenkonzept ist, das unternehmensspezifisch gestaltet und angepasst werden kann bzw. muss.[54] Dadurch kommt es jedoch auch zu Adaptierungen, die strategische Initiativen in eine bestimmte Richtung lenken sollten und damit für einzelne Akteure Vorteile bringen.[55] Sie wird weltweit von vielen Unternehmen eingesetzt. Entsprechend vielfältig sind die in der Praxis vorzufindenden Konzepte und die jeweils eingesetzten Kennzahlen.

Herausforderungen

Bei der Einführung einer Balanced Scorecard ergeben sich unter anderem folgende Herausforderungen:[56]

- Die Strategie des Unternehmens bzw. des Geschäftsbereichs muss eindeutig sein. Es muss klar sein, wer auf welcher Hierarchieebene welche Beiträge zur Implementierung leisten muss und welche Schwerpunkte im Verantwortungs- und Tätigkeitsbereich zu setzen sind. Die Ressourcen- und Budgetallokation muss einen eindeutigen Bezug zur Strategie aufweisen.
- In der BSC sind die Perspektiven und Kennzahlen vernetzt und sie sollen das Verständnis für die Unternehmens-/Geschäftsbereichsstrategie unterstützen. Die Kennzahlen müssen allerdings die Perspektiven bzw. deren Konkretisierung zutreffend und verlässlich abbilden.

Dabei ist darauf zu achten, dass die Zielwerte realistisch und erreichbar sind. Die Zielerreichung muss sich für die Mitarbeiter lohnen, d.h., dass entsprechende Anreizsysteme gegeben sein müssen, denn Motivation und Leistung der Mitarbeiter sind Schlüsselfaktoren für die erfolgreiche Umsetzung einer Strategie.

- Die Existenz einer BSC kann noch nicht als Motivation zur Leistung gesehen werden. Sehr häufig wird die BSC von der Unternehmensleitung entwickelt und top-down eingeführt. Wenn die Mitarbeiter nicht eingebunden werden, kann dies zu einer Akzeptanzfrage führen und Widerstände auslösen. Transparenz der Wirkungsweise der BSC und Kommunikation der Strategie sind wichtige Voraussetzungen für Akzeptanz und Umsetzung. Gerade in der Einbeziehung zentraler Akteure bei der Konkretisierung und Operationalisierung einer Strategie liegt ein zentraler Nutzen der Balanced Scorecard.[57]

6.4.2 EFQM-Modell

European Foundation for Quality Management

Das EFQM-Modell ist ein Instrument zur umfassenden Bewertung und nachhaltigen Weiterentwicklung von Unternehmen. EFQM steht für European Foundation for Quality Management, welche 1989 gegründet wurde, um ein europäisches Rahmenwerk für das Qualitätsmanagement zu entwickeln.[58] Die aktuelle Version des EFQM-Modells setzt auf Design Thinking auf und bietet einen Handlungsrahmen, der einen ganzheitlichen Blick auf jede Organisation ermöglicht. Es dient der Bewertung der aktuellen Situation, dem Entdecken von Potenzialen und der Verbesserung der Leistungs- und damit Wettbewerbsfähigkeit. Durch die strategische Ausrichtung des EFQM-Modells ist es ein geeignetes Werkzeug, um aktuelle und künftige Herausforderungen zu erkennen und Lösungsansätze ausgewogen, mit Blick auf das Gesamtsystem zu erdenken, zu evaluieren und umzusetzen.[59]

Dreiteilung: Ausrichtung, Realisierung und Ergebnisse

Das EFQM-Modell 2020 nutzt die Dreiteilung **„Ausrichtung“, „Realisierung“ und „Ergebnisse“**, um ein holistisches Bild des Unternehmens zu erfassen und Potenziale zur Weiterentwicklung sichtbar zu machen (siehe ▸ Abbildung 6.5[60]). Die dreiteilige Struktur entspricht dem Grundgedanken von Simon Sinek's Goldenem Kreis mit den drei Fragen „Warum?“, „Wie?“ und „Was?“. Dabei geht es im EFQM-Modell bei der **„Ausrichtung“** um die Fragen „Warum existiert das Unternehmen?“, „Warum werden bestimmte Strategien verfolgt?“ und „Warum werden bestimmte Aktivitäten gesetzt?“. Bei der **„Realisierung“** stehen folgende Fragen im Zentrum des Interesses: „Wie wird der Zweck erreicht?“ und „Wie werden Strategien realisiert?“. Bei den **„Ergebnissen“** wird gefragt „Was hat das Unternehmen bislang erreicht?“ und „Was will man zukünftig erreichen?“.[61]

7 Kriterien

Die sieben Kriterien (▸ Abbildung 6.5) bilden den Kern des aktuellen EFQM-Modells. Auf ihnen basieren jene Überlegungen, die es einem Unternehmen ermöglichen, dauerhaft herausragende Ergebnisse zu erzielen, die die Erwartungen ihrer Stakeholder erfüllen oder sogar übertreffen. Die übergeordneten sieben Kriterien sind den drei Elementen zugeordnet und werden mittels Teilkriterien erläutert:[62]

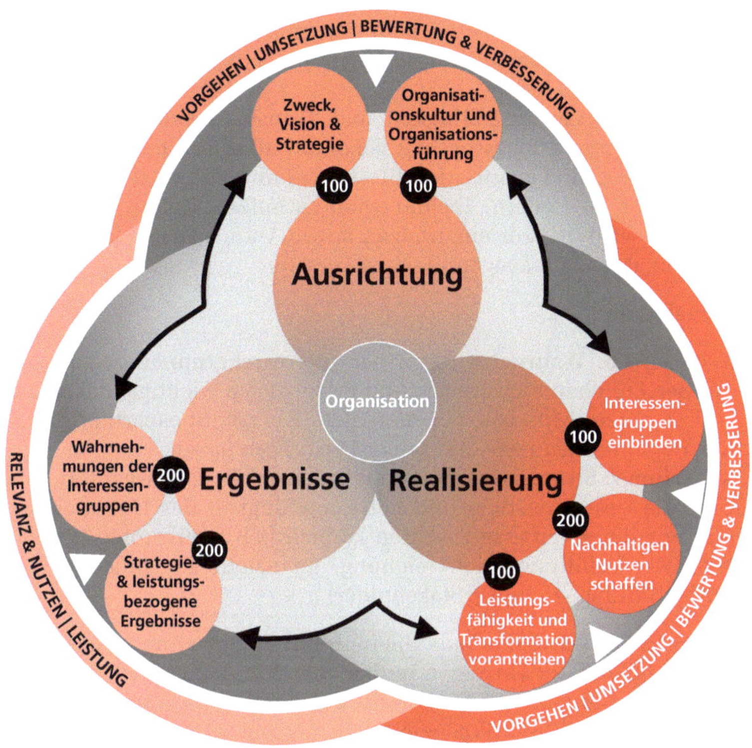

Abbildung 6.5: Die Grundstruktur des EFQM-Modells

Die Ausrichtung

- **Kriterium 1: Zweck, Vision und Strategie.** Hier werden folgende Schritte empfohlen: inspirierenden Zweck und erstrebenswerte Vision definieren, Stakeholder und ihre Bedürfnisse identifizieren, das Ökosystem, die eigene Kompetenzbasis und wichtige Herausforderungen verstehen, wirksame Strategien, leistungsfördernde Governance-Strukturen und Steuerungssysteme entwickeln und implementieren.
- **Kriterium 2: Organisationskultur und Organisationsführung.** Folgende Aspekte gilt es, zu berücksichtigen: Unternehmenskultur lenken und Werte fördern, Rahmenbedingungen für erfolgreiche Veränderung gestalten, Kreativität und Innovation ermöglichen sowie gemeinsam und engagiert für Zweck, Vision und Strategie einstehen.

Die Realisierung

- **Kriterium 3: Interessengruppen einbinden.** Als Beispiele werden hier genannt: Kunden (Beziehungen auf- und ausbauen), Mitarbeitende (gewinnen, entwickeln und halten), wirtschaftliche und regulatorische Interessengruppen (kontinuierliche Unterstützung sicherstellen), Gesellschaft (zu Wohlergehen und Wohlstand beitragen) sowie Partner und Lieferanten (Beziehungen aufbauen und Schaffung nachhaltigen Nutzens sicherstellen).

- **Kriterium 4: Nachhaltigen Nutzen schaffen** beinhaltet folgende Aktivitäten: planen und entwickeln, kommunizieren und vermarkten, tatsächlich liefern sowie ein Gesamterlebnis definieren und verwirklichen.
- **Kriterium 5: Leistungsfähigkeit und Transformation vorantreiben,** um das laufende Tagesgeschäft gekonnt zu bewerkstelligen, Risiken zu managen, die Organisation für die Zukunft zu transformieren, Innovationen zu fördern, Technologien zu nutzen, Daten, Information und Wissen wirksam einzusetzen sowie Vermögenswerte und Ressourcen aktiv zu managen.

Die Ergebnisse

- **Kriterium 6: Wahrnehmungen der Interessengruppen** zeigen, welche persönlichen Sichtweisen und Erfahrungen wichtige Stakeholder (z.B. Kunden, Mitarbeiter, Lieferanten, Kooperationspartner) bezüglich des Unternehmens und seiner Leistungen haben.
- **Kriterium 7: Strategie- und leistungsbezogene Ergebnisse** informieren über die Gesamtleistung und Leistungsfähigkeit des Unternehmens und wie diese verbessert werden können (z.B. Indikatoren in Bezug auf Zweckerfüllung, Zielerreichung, finanzielle Ergebnisse, Erwartungserfüllung wichtiger Stakeholder).

EFQM RADAR

Das neue EFQM-Modell erlaubt die umfassende Bewertung eines Unternehmens anhand der einzelnen Indikatoren mit maximal 1000 Punkten (siehe ▶ Abbildung 6.5).[63] Dabei hilft das EFQM-Diagnosetool RADAR bestehende Stärken und Potenziale zu erkennen. Untersucht wird, wie die angestrebten Ergebnisse (**R**esults) in der Strategie verankert werden, wie Vorgehensweisen (**A**pproaches) zur Zielerreichung festgelegt werden, wie diese systematisch umgesetzt werden (**D**eployment) und wie diese bewertet, verbessert und weiterentwickelt (**A**ssessment and **R**efinement) werden.[64]

Das EFQM-Modell und das EFQM-Diagnosetool RADAR ermöglichen eine strukturierte Analyse, Evaluierung und Hinterfragung der gegenwärtigen Performance und zukünftigen Leistungsfähigkeit eines Unternehmens. Damit unterstützt das EFQM-Modell bei der strategischen Evaluierung und Weiterentwicklung des Unternehmens.

6.4.3 Wissensbilanz

Messung des intellektuellen Kapitals

In den letzten Jahren haben Ansätze, die sich mit der Messung des intellektuellen Kapitals beschäftigen, an Bedeutung gewonnen.[65] Die Wissensbilanz (Intellectual Capital Statement) befasst sich mit der Darstellung, Bewertung, Entwicklung und Kommunikation des intellektuellen Kapitals. Sie zeigt Zusammenhänge zwischen den Unternehmenszielen, den Leistungsprozessen, dem intellektuellen Kapital und dem Erfolg bzw. Misserfolg eines Unternehmens. Die Wissensbilanz informiert damit über die strategische Bedeutung von Wissen für die Leistungsfähigkeit und Wertschöpfung eines Unternehmens.[66] Sie wurde als Ergänzung bzw. Erweiterung zum klassischen Finanzberichtswesen entwickelt und liefert Informationen, die in den Rechnungslegungsvorschriften gemäß Handelsgesetzbuch oder den **International Financial Reporting Standards** (IRFS) nicht erfasst werden.

Grundmodell

Das Grundmodell einer Wissensbilanz mit seinen Elementen, Funktionen und Zusammenhängen wird in ▶ Abbildung 6.6[67] skizziert:

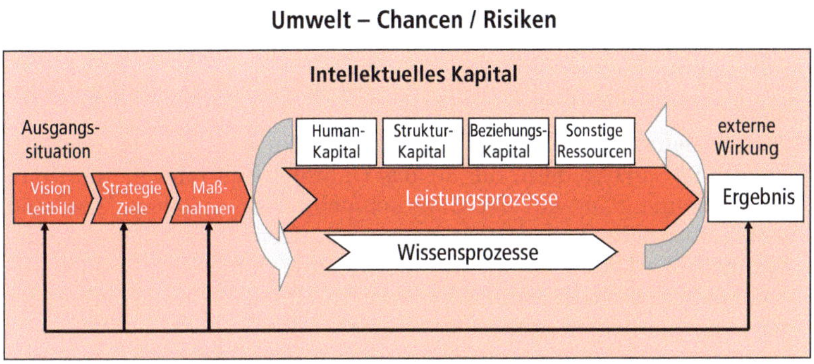

Abbildung 6.6: Grundmodell einer Wissensbilanz

Ausgangspunkt für die Bestandsaufnahme des intellektuellen Kapitals sind die Vision und das Leitbild, die Strategie und die Ziele sowie die Maßnahmen unter Beachtung der Chancen und Risiken in der Unternehmensumwelt. Das intellektuelle Kapital setzt sich zusammen aus dem Humankapital, dem Strukturkapital, dem Beziehungskapital und sonstigen Ressourcen. Die Zusammenhänge bzw. Wechselwirkungen zwischen den Dimensionen des intellektuellen Kapitals und den Leistungs- und Wissensprozessen werden ebenfalls erfasst. Dabei wird der Stellenwert der einzelnen Faktoren für das Unternehmen offensichtlich. Leistungs- und Wissensprozesse führen gemeinsam mit den Ressourcen zum Ergebnis. Dies erlaubt Rückschlüsse auf Strategie und Ziele bzw. daraus abgeleitete Maßnahmen. Im Folgenden werden die zentralen Elemente der Wissensbilanz dargelegt:

- **Leistungsprozesse (Geschäftsprozesse)** sind z.B. F&E-Projekte, Entwicklung neuer Produkte, Erschließung neuer Märkte, Aktivitäten entlang der Wertkette wie Beschaffung, Produktion, Marketing usw.
- **Wissensprozesse** unterstützen die Leistungsprozesse mit Wissen. Dies sind z.B. Entwicklung und Dokumentation von Wissen durch unternehmensinterne Dokumentationssysteme und Datenbanken, Intranet, Wissensweitergabe bzw. Wissensaustausch zwischen Mitarbeitern durch Kooperation und Teamarbeit.

Hauptdimensionen

Das **intellektuelle Kapital** wird in drei Hauptdimensionen gegliedert. Eine vierte Dimension (sonstige Ressourcen) kann für etwaige Ressourcen, die nicht in diese Hauptdimensionen passen, vorgesehen werden. Die Schlüsselfrage in jeder Kategorie lautet: Welches Kapital haben bzw. brauchen wir, um aktuell und zukünftig erfolgreich zu sein?

- Das **Humankapital** umfasst jene intellektuellen Kapitalanteile, die an die Mitarbeiter und Führungskräfte gebunden sind. Faktoren sind z.B. Anzahl Mitarbeiter, Weiterbildungstage pro Person/Jahr, Fachwissen, Fähigkeiten, Erfahrungen, soziale Kompetenzen, Motivation und Engagement sowie auch die Lern- und Kooperationsbereitschaft.
- Das **Strukturkapital** beschreibt wissensrelevante strukturelle Gegebenheiten im Unternehmen. Faktoren sind z.B. technische Infrastruktur, dokumentiertes Wissen, Informationstechnologie, Wissensmanagement, Managementinstrumente, aber auch die Unternehmenskultur und die Form der Interaktion zwischen Mitarbeitern und Führungskräften.
- Das **Beziehungskapital** bewertet die Beziehungen zu externen Partnern und Stakeholdern, die für das Unternehmen relevant sind und in Zusammenhang mit der Unternehmenstätigkeit stehen. Dies sind z.B. industrielle Partner, Lieferanten, Kunden, Forschungsinstitute, Europäische Union, Bund, Land, Gemeinde, Kammern, Gesellschafter, Medien, Öffentlichkeit. Es werden die Intensität und Qualität der Zusammenarbeit erfasst.

Ergebnis Für die Erfassung, Beschreibung und Analyse des intellektuellen Kapitals werden Kennzahlen (quantitative Darstellung) und qualitative Indikatoren (inkl. einer verbalen Beschreibung) verwendet. Darin liegt ein wesentlicher Vorteil einer Wissensbilanz. Sie ermöglicht die Darstellung, Messung und Bewertung des intellektuellen Kapitals und macht damit auch „weiche Faktoren“ einem systematischen Management zugänglich. Zugleich liegt hierin die Gefahr, dass Indikatoren schwer nachzuvollziehen sind bzw. nur jene Indikatoren verwendet werden, die für bestimmte Entscheidungsträger vorteilhaft sind.[68] Im Ergebnis zeigt sich, wie sich das intellektuelle Kapital durch Leistungs- und Wissensprozesse im Unternehmen selbst sowie im näheren und weiteren Umfeld des Unternehmens (Markt, Stakeholder) auswirkt (z.B. Umsatzwachstum, höhere Erträge, größere Marktanteile, neue Patente, höhere Zufriedenheit der Partnerunternehmen, Standortsicherung, verbessertes Image, erhöhte Zufriedenheit der Mitarbeiter).

Eine Wissensbilanz bietet damit die Möglichkeit, vorhandene Schwachstellen und Potenziale in den Bereichen des intellektuellen Kapitals zu identifizieren. Mithilfe einer Wissensbilanz können erfolgskritische immaterielle Einflussfaktoren sowie deren Zusammenhänge untereinander aufgezeigt werden. Dadurch kann festgestellt werden, welche immateriellen Ressourcen für den Erfolg eines Unternehmens besonders wichtig sind, mit welchen Entwicklungen zu rechnen ist und welche Verbesserungsmaßnahmen in Bezug auf die strategische Nutzung immaterieller Vermögenswerte getroffen werden können. [69]

Die Wissensbilanz ist außerdem ein extern orientiertes Berichtsinstrument, das die Kommunikation des Unternehmens mit seinem Geschäftsumfeld verbessern soll. Es wird Rechenschaft über den Zustand der intellektuellen Leistungsfähigkeit abgelegt. Bestehende Informationsdefizite zwischen dem Unternehmen und externen Stakeholdern können dadurch reduziert werden. Das Ziel ist, mehr und vor allem qualitativ besser über die Zukunftsfähigkeit und das Innovationspotenzial eines Unternehmens zu informieren. Dies dient der Verbesserung der Zusammenarbeit und ermöglicht es den jeweiligen Stakeholdern, das Unternehmen besser einzuschätzen.[70]

Die Wissensbilanz wird als umfassendes Instrument der strategischen Evaluierung eingesetzt, das die traditionell finanzorientierte Bewertung ergänzt und erweitert. Sie trägt damit zur ganzheitlichen Standortbestimmung eines Unternehmens bei und ist eine aussagefähige Grundlage für dessen Weiterentwicklung.[71]

6.5 Diskussion

Die strategische Evaluierung wirkt unterstützend entlang des gesamten Strategieprozesses von der Analyse, über die Formulierung bis hin zur Implementierung. Die dabei übernommenen Funktionen sind vielfältig und reichen von der schlichten Bereitstellung von Information bis hin zur Steuerung und Motivation. Dabei ist die Macht der generierten Zahlen (Informationen) nicht zu unterschätzen – stehen sie der Strategie entgegen, kann ihre Realisierung unmöglich werden.

Zahlen leiten Entscheidungen

Die Macht der Zahlen zu ignorieren, ist gefährlich, verdeutlicht der Strategieexperte Smith in seinem Beitrag „Strategy as Numbers“.[72] Er zeigt auf, dass zwar die Strategie dazu dienen sollte, die Zahlen (besser gesagt die Ergebnisse) in die gewünschte Richtung zu beeinflussen, sehr häufig jedoch das Gegenteil der Fall ist und die Zahlen die Strategie determinieren. Zu beobachten ist dies unter anderem dann, wenn es einem Unternehmen schlecht geht: Dann werden mitunter sehr schnell Strategien über Bord geworfen, ein Kurswechsel verkündet, Einsparungsmaßnahmen verabschiedet und strategisch wichtige Investitionen ad acta gelegt. Kurzfristige Anpassungsmaßnahmen, die das Vertrauen der Stakeholder (vor allem der Geldgeber) in das Unternehmen erhalten bzw. wieder herstellen sollen. Langfristig verspricht dieses kurzfristige Agieren jedoch wenig Erfolg, wie umfassende Studien von Miles und Snow zeigen. Ihnen zufolge ist ein Unternehmen, das keine strategische Konsistenz aufweist, unbeständig und instabil.[73]

Ungenügende Verzahnung mit der Budgetierung

Ein anderer Grund, warum die Zahlen mitunter mächtiger und wegweisender sind als die Strategie selbst, findet sich in einer von der Strategie weitgehend losgelösten, traditionellen, meist vergangenheitsorientierten Budgetierung und Ressourcenzuweisung. Ist dies der Fall, dann dominieren die zugewiesenen Budgets und nicht die angestrebten Ziele und Strategien die Entscheidungs- und Handlungsmöglichkeiten der Führungskräfte und Mitarbeiter. Baum, Coenenberg und Günther verweisen auf diese Problematik in ihrem Klassiker zum strategischen Controlling und propagieren die Überwindung traditioneller Budgetierungsmethoden mittels „Better Budgeting“ bzw. dem weitgehend radikaleren „Beyond Budgeting“.[74]

Better Budgeting

„Better Budgeting“ ist eine Weiterentwicklung der traditionellen Budgetierung. Im Fokus stehen eine stärkere Integration der strategischen und operativen Planung, eine höhere Outputorientierung, eine geringere Detaillierung sowie eine Erweiterung der Planung um nicht monetäre Größen.[75] „Beyond Budgeting" ist ein radikalerer Ansatz, der versucht, ohne Budgetziele auszukommen. Er geht auf die Überlegungen von Hope, Fraser und Bunce zurück, die versuchten, deutliche Verbesserungen in der Planung zu bewirken, indem sie moderne Verfahren in einem ganzheitlichen Führungsansatz zusammenführten.[76] Die zwölf Grundprinzipien des „Beyond Budgeting" betreffen Strukturen und Systeme, Unternehmenskultur sowie Führungs- und Managementprozesse – propagieren Dezentralisation, Selbstkontrolle, Netzwerke, Teamorientierung etc. Dadurch sind sie nützlich für agile Organisationen.

Beyond Budgeting

Die Überlegungen des „Beyond Budgeting" sind insbesondere in dynamischen und komplexen Umwelten von Interesse. Ziele werden in Relation zum Wettbewerb formuliert, Strategien werden rollierend adaptiert, Ressourcen werden bedarfsorientiert eingesetzt und eine Erwartungsrechnung erlaubt frühzeitige Anpassungen von Zielen und Strategien.[77]

Advanced Budgeting

Eine Weiterentwicklung und pragmatische Alternative zu den beiden zuvor genannten Ansätzen stellt das „Advanced Budgeting" dar. Ziel dieses Ansatzes ist mehr Effektivität und Effizienz durch Vereinfachung und weniger Detaillierung, mehr Flexibilität durch Anpassung an Forecasts, strategiekonformer Ressourceneinsatz durch eine enge Verzahnung von Strategie und Budgets sowie eine abgestimmte Performance-Messung.[78]

Die einschlägige Literatur zeigt, dass die Anpassung der historisch gewachsenen Planungs- und Budgetierungspraxis in aller Regel eine Voraussetzung für die Realisierbarkeit einer neuen Strategie darstellt. Denn die beste Strategie bleibt zahnlos, stehen ihr Pläne und Budgets und die damit einhergehenden Rechte an Ressourcen bzw. Verpflichtungen entgegen.

Strategische Evaluierung und die Macht der Zahlen

Die Macht der Zahlen zeigt sich auch im Bereich der strategischen Evaluierung. Die gemessenen Zahlen geben Feedback, erlauben Lernen und das Anpassen von Entscheidungen und Handlungen. Bereits zu wissen, dass etwas gemessen wird, lässt Menschen ihre Aktivitäten an dem, was gemessen wird, ausrichten. Sie berücksichtigen in ihren Entscheidungen und Handlungen die potenziellen Ergebnisse ihrer Aktivitäten in der strategischen Evaluierung und deren mögliche Konsequenzen für sie, ihren Bereich bzw. für das Unternehmen. Damit wirken die strategische Evaluierung und die darin dargestellten Zahlen entscheidungs- und handlungsleitend.

Wie bei der Budgetierung und der Ressourcenzuweisung finden sich in den meisten Unternehmen historisch gewachsene Evaluierungsinstrumente bzw. -systeme. Vielfach enthalten sie eine Unmenge an Daten, eine große Menge an unterschiedlichsten Kennzahlen und damit zahlreiche Informationen unterschiedlichster Qualität. Es gilt im Einzelfall zu bewerten, inwieweit das vorhandene Evaluierungssystem den Strategieprozess unterstützt bzw. behindert. Zielsetzung ist die Etablierung eines zweckmäßigen Evaluierungssystems. Es sollte die erforderlichen Informationen für die Strategieformulierung bereitstellen und darüber hinaus jene Zahlen enthalten, die das Verhalten der Menschen in Richtung Strategierealisierung leiten.

Empfehlungen

Die beiden St. Galler Strategieprozessexperten Müller-Stewens und Lechner sehen die richtige Ausgestaltung einer strategischen Performance-Messung aufgrund ihrer mannigfaltigen Funktionen mit zahlreichen Herausforderungen verbunden. In Anlehnung an ihre Ausführungen können folgende Empfehlungen für die Gestaltung der strategischen Evaluierung gegeben werden.[79]

- **Datenfriedhöfe vermeiden** Im Bestreben, möglichst viele Informationsbedürfnisse so umfassend wie möglich zu berücksichtigen, werden häufig viele Details erhoben und eine Unmenge an Kennzahlen und Indikatoren gebildet. Die Flut an Daten ist von den Betroffenen dann nicht mehr zu bewältigen und wichtige Informationen werden nicht mehr wahrgenommen. Bei der Konzeption einer effektiven strategischen Evaluierung bedarf es der Konzentration auf das Wesentliche.
- **Essenzielle Informationen inkludieren** Zu wenige bzw. unwichtige (falsche) Informationen können ebenfalls schwerwiegende Folgen für ein Unternehmen haben. Bei der Konzeption eines strategischen Evaluierungssystems ist darauf zu achten, dass essenzielle Informationen inkludiert werden. Oftmals genannte Schwierigkeiten bei der Erhebung bzw. Erfassung sollten nicht als Gründe für das bewusste Ausklammern relevanter Informationen akzeptiert werden.
- **Die Bedeutung von Stakeholdern** Zahlen können für unterschiedlichste Zwecke genutzt werden. Sie untermauern Einstellungen und Argumente, zeigen Erfolge und Misserfolge, motivieren bzw. demotivieren, Beiträge zu leisten. Dementsprechend werden Kennzahlen für die Zwecke der jeweiligen Stakeholder instrumentalisiert. Bei der Konzeption des Evaluierungssystems ist darauf zu achten, dass allen relevanten Anliegen von Stakeholdern Rechnung getragen wird.
- **Bewusster Umgang mit Interpretationsspielräumen** Die meisten Kennzahlen lassen ein mehr oder weniger hohes Maß an Interpretationsspielraum offen. Ein bewusster Umgang mit diesen Spielräumen ermöglicht die Reduktion von Manipulationen.
- **Orientierung an der Zukunft** Die Zukunft ist ungewiss und dennoch sollte sich die strategische Evaluierung nicht nur an der Vergangenheit orientieren. Vielmehr sollte der Blick in die Zukunft gerichtet sein, um frühzeitig Entwicklungen zu erkennen und rechtzeitig Korrekturmaßnahmen einzuleiten. Die Herausforderung liegt in der Erhebung von in die Zukunft gerichteten Kennzahlen und Indikatoren. Oftmals können diese Informationen nicht direkt gewonnen werden. Aus diesem Grund konzentrieren sich viele Unternehmen nach wie vor auf vergangenheitsorientierte Zahlen. Dies kann in einer VUKA-Umwelt existenzgefährdend sein.
- **Objektivierbarkeit und subjektive Interpretation** Es ist eine Illusion, alles objektiv messen zu können. Für bestimmte Faktoren gibt es bislang keine geeigneten Kennzahlen. Darüber hinaus bedürfen auch scheinbar objektiv gemessene Zahlen der Interpretation und werden erst durch ihre Deutung im jeweiligen Kontext aussagekräftig. So kann beispiels-

weise die Steigerung des Umsatzes unterschiedlichste Ursachen haben und in den Anstrengungen der Verkaufsmannschaft ebenso begründet sein wie im Anstieg des Marktpotenzials. Je nach Ursache wird die gemessene Umsatzsteigerung unterschiedlich zu bewerten sein.

- **Vernetzung einzelner Messkriterien berücksichtigen** Die einzelnen Kennzahlen und Indikatoren können nicht isoliert voneinander bewertet werden. Viele von ihnen sind miteinander vernetzt und damit zeigen sich Effekte, die es bei der Evaluierung zu berücksichtigen gilt.

Die strategische Evaluierung beeinflusst den gesamten Strategieprozess. Durch sie werden die entscheidenden Informationen bereitgestellt und die handlungsleitenden Zahlen generiert. Eben deshalb sollte die spezifische Konzeption immer wieder kritisch hinsichtlich ihrer Wirkungen überprüft werden.

ZUSAMMENFASSUNG

Die **strategische Evaluierung** ermöglicht die Abbildung unternehmerischer Handlungen, ihre Erfassung, Messung und Beurteilung. Sie wirkt damit unterstützend entlang des gesamten Strategieprozesses von der Analyse, über die Formulierung bis hin zur Implementierung.

Grundsätze und Ziele der strategischen Evaluierung ergeben sich aus den zugrunde liegenden Perspektiven des strategischen Managements. Dies schließt die Frage ein, wessen Informations-, Steuerungs- und Kontrollinteressen wie berücksichtigt werden. Konkret geht es damit um die Frage, welche Stakeholder in welcher Form Auskunft über die Grundannahmen, Fortschritte und Konsequenzen einer Strategie erhalten. In aller Regel sind dies das Management, Mitarbeiter, Shareholder und ausgewählte Stakeholder (z.B. Behörden, Förderinstitutionen, Kunden, Lieferanten). Zudem wird heute vielfach erwartet, dass Unternehmen ihrer Rechenschaftspflicht nachkommen und über die ökonomischen, ökologischen und gesellschaftlichen Wirkungen ihrer Tätigkeiten informieren.

Zu den grundlegenden **Funktionen** der strategischen Evaluierung zählt bis heute die **strategische Kontrolle**. Sie beinhaltet mehrere eng miteinander verbundene Formen der Kontrolle: Durchführungskontrolle, Wirksamkeitskontrolle, Prämissenkontrolle, Kontrolle der Potenziale und strategisches Radar. Neben den klassischen Aufgaben der strategischen Kontrolle dient die strategische Evaluierung der **Information und Steuerung**, der **Motivation** und dem **organisationalen und individuellen Lernen** durch Reflexions- und Lernprozesse. Aufgrund ihrer vielfältigen Funktionen sollte man bei der Konzeption entsprechend achtsam vorgehen.

Kennzahlen bilden den Kern der strategischen Evaluierung. Sie werden in übersichtlicher Form in Kennzahlensystemen bzw. Instrumenten der strategischen Evaluierung gruppiert. **Finanzielle Kennzahlen informieren** in erster Linie über die aktuelle Situation des Unternehmens in Bezug auf Rentabilität, Liquidität und Kapitalstruktur. **Nichtfinanzielle Kennzahlen** beschreiben darüber hinausgehende Aspekte in Bezug auf Märkte und Kunden, Mitarbeiter, Lieferanten, Prozesse etc.

Instrumente der strategischen Evaluierung unterstützen mit ausgewählten Kennzahlen und Indikatoren den gesamten Strategieprozess von der Analyse über die Formulierung bis hin zur Implementierung. Zu bekannten Instrumenten zählen die Balanced Scorecard, das EFQM-Excellence-Modell und die Wissensbilanz.

Literaturhinweise und Anmerkungen

1 Drucker (2006), S. 56.

2 Kaplan und Norton (1996), S. 26.

3 Die Beziehung zwischen Management und Kapitalgeber wird u.a. in der Prinzipal-Agent-Theorie diskutiert: Ein guter Überblick findet sich bei Eisenhardt (1989). Bezüglich der Leitung und Überwachung des Topmanagements finden sich interessante Beiträge unter dem Stichwort „Corporate Governance" z.B. bei Nippa, Petzold und Kürsten (2002); Schewe (2018) sowie Misangyi und Acharya (2014).

4 Schreyer (2007), S. 92; siehe auch Queen (2015); Adams, Licht und Sagiv (2011) sowie Bundy, Shropshire und Buchholtz (2013).

5 Camphausen (2013), S. 159.

6 Müller-Stewens und Lechner (2016), S. 582.

7 Schreyer (2007), S. 88.

8 Zu Stakeholder-Ansatz siehe z.B. Freeman, Harrison und Zyglidopoulos (2018) und Freeman (1984); sowie Bundy, Shropshire und Buchholtz (2013); Bridoux und Stoelhorst (2014) und Mitchell et al. (2016).

9 Zu Corporate Social Responsibility (CSR) siehe z.B. Chandler und Werther (2019); Carroll (2015) und Breuer (2011).

10 Müller-Stewens und Lechner (2016), S. 579.

11 In Bezug auf die steigende Verantwortung von Unternehmen gegenüber ihren Stakeholdern siehe z.B. Alvarez et al. (2020), S. 712 und Freeman, Dmytriyev und Phillips (2021). Für weitere Informationen im Hinblick auf eine umfassende Rechenschaftslegung siehe u.a. Freeman, Harrison und Zyglidopoulos (2018), S. 60ff. oder Bornemann und Reinhardt (2017), S. 23ff.

12 Gleich (2001), S. 226f. zitiert in Schreyer (2007), S. 96ff.

13 Alvarez et al. (2020), S. 712 und umfänglich erläutert im Klassiker von Carroll, Brown und Buchholtz (2018).

14 Zu CSR siehe z.B. Carroll, Brown und Buchholtz (2018); Wang et al. (2016); Wang, Dou und Jia (2016) und Breuer (2011).

15 Carroll (2015), S. 92f.

16 Kaplan und McMillan (2020); Elkington (1999).

17 Siehe z.B. Adams, Licht und Sagiv (2011) sowie Barauskaite und Streimikiene (2021).

18 Hoffmann und Lutz (2015); Deutinger (2017).

19 David und David (2017), S. 363.

20 Gleich (2001), S. 115 zitiert in Schreyer (2007), S. 4.

21 Müller-Stewens und Lechner (2016), S. 573.

22 Wild (1974), S. 44.

23 Zu den Grundlagen der strategischen Kontrolle siehe Goold und Quinn (1990) und Schreyögg und Steinmann (1985), S. 391ff. sowie weiterführend Steinmann und Schreyögg und Koch (2016), S. 140ff.; Corsten und Corsten (2012), S. 230ff.; und Bea und Haas (2019), S. 254ff.

24 Wheelen et al. (2015), S. 349f. und Müller-Stewens und Lechner (2016), S. 581f.

25 Schreyögg und Steinmann (1985), S. 391ff.; Hasselberg (1989), S. 97 und Bea und Haas (2019), S. 259ff. sowie Lombriser und Abplanalp (2018), S. 436ff.

26 Bea und Haas (2019), S. 263ff.

27 Hasselberg (1989), S. 97.

28 Schreyögg und Steinmann (1985) zitiert in Bea und Haas (2019), S. 262.

29 Buchholz (2019), S. 57ff.

30 Bundy, Shropshire und Buchholtz (2013); Bridoux und Stoelhorst (2014) und Mitchell et al. (2016).

31 Weber et al. (2017), S. 157ff.

32 Bresser (2010), S. 151.

33 Dermol (2013); Garcia-Morales, Verdu-Jover und Llorens (2009).

34 Geyer (2013), S. 46.

35 Müller-Stewens und Lechner (2016), S. 602.

36 Matzler, Müller und Mooradian (2021), S. 79f.

37 Camphausen (2013), S. 154.

38 Müller-Stewens und Lechner (2016), S. 605; Vollmuth und Zwettler (2019), S. 90ff.

39 Vollmuth und Zwettler (2019), S. 65ff., Matzler, Müller und Mooradian (2021), S 179.

40 Matschke, Hering und Klingelhöfer (2002), S. 48f.

41 Weber et al. (2017), S. 29ff.

42 Wöltje (2021), S. 78ff.; Müller-Stewens und Lechner (2016), S. 606ff.

43 Müller-Stewens und Lechner (2016), S. 609f.

44 Arbeitskreis Externe Unternehmensrechnung der Schmalenbach-Gesellschaft für Betriebswirtschaft e.V. (2915), S. 235.

45 Kaplan und Norton (1996). Wer mehr über die Entwicklung und Bedeutung der Balanced Scorecard erfahren will, findet Informationen u. a. bei Cooper, Ezzamel und Qu (2017), S. 991ff. und Saraiva (2011), S. 53ff.

46 Kaplan und Norton (1996), S. 9.

47 Kaplan und Norton (1996), S. 9.

48 Matzler, Müller und Mooradian (2021), S. 174f.

49 Kaplan und Norton (1996), S. 29.

50 Müller-Stewens und Lechner (2016), S. 591f.; Kaplan und Mcmillan (2020), S. 13ff.

51 Müller-Stewens und Lechner (2016), S. 590.

52 Kaplan und Norton (1996), S. 10.

53 Jarzabkowski und Kaplan (2015), S. 539 und Chesley und Wenger (1999).

54 Vuorinen et al. (2018); Jarzabkowski und Kaplan (2015) und Chesley und Wenger (1999).

55 Jarzabkowski und Kaplan (2015), S. 544 und Chesley und Wenger (1999).

56 Bresser (2010), S. 156ff.; Horvath & Partners (2007), S. 10ff.; Simon (2014); S. 185f.

57 Vuorinen et al. (2018), S. 591; Jarzabkowski und Kaplan (2015) und Chesley und Wenger (1999).

58 Siehe Website der European Foundation for Quality Management (EFQM):http://www.efqm.org/about

59 European Foundation for Quality Management (EFQM) (2019), S. 3f.

60 European Foundation for Quality Management (EFQM) (2019), S. 9.

61 Sinek (2017), S. 39ff. und European Foundation for Quality Management (EFQM) (2019), S. 9.

62 European Foundation for Quality Management (EFQM) (2019), S. 10ff.

63 European Foundation for Quality Management (EFQM) (2019), S. 31.

64 European Foundation for Quality Management (EFQM) (2019), S. 27ff.

65 Edvinsson und Malone (1997) zitiert in Müller-Stewens und Lechner (2016), S. 596. Interessierte finden detaillierte Informationen zur Wissensbilanz in Bornemann und Reinhardt (2017) sowie Bundesministerium für Wirtschaft und Technologie (2008). Über die Entwicklung berichtet Dumay (2016) im Journal of Intellectual Capital.

66 Bundesministerium für Wirtschaft und Technologie (2008), S. 3.

67 Bornemann und Reinhardt (2017), S. 3 basierend auf der Darstellung des deutschen Arbeitskreises zur Wissensbilanz veröffentlicht in deren Leitfäden und den historischen Vorläufermodellen des Forschungszentrums Seibersdorf und der Österreichischen Universitäten.

68 Bornemann und Reinhardt verweisen darauf, dass eine geschönte Wissensbilanz meist negativ auffällt (2017), S. 241ff.

69 Bornemann und Reinhardt (2017), S. 14f.; Bundesministerium für Wirtschaft und Technologie (2008). S. 8.

70 Bundesministerium für Wirtschaft und Technologie (2008). S. 8.

71 Siehe z.B. Bornemann und Reinhardt (2017), S. 13ff.

72 Smith (2003), S. 356ff.

73 Miles und Snow (1978), S. 89ff.; Miles und Snow (2003).

74 Baum, Coenenberg und Guenther (2013), S. 418ff.

75 Gleich, Greiner und Hofmann (2006), S. 26f.

76 Hope und Fraser (2003); Bunce, Fraser und Hope (2001); Hope und Fraser (2000).

77 Gleich, Greiner und Hofmann (2006), S. 31ff. und Pfläging (2003), S. 82ff.

78 Gleich, Greiner und Hofmann (2006), S. 29ff. sowie die grundlegenden Arbeiten von Horvath & Partners (2004).

79 Müller-Stewens und Lechner (2016), S. 586f.

Literaturverzeichnis

A

Abell, D. (1980): Defining the Business, Englewood Cliffs.

Abdelkafi, N., Döbel, I., Drzewiecki, J. D., Meironke, A., Niekler, A. und Ries, S. (2019): Künstliche Intelligenz (KI) im Unternehmenskontext Literaturanalyse und Thesenpapier, Leipzig.

Adams, R., Licht, A. und Sagiv, L. (2011): Shareholders and stakeholders: How do directors decide? In: Strategic Management Journal, Vol. 32, Nr. 12, S. 1331–1355.

Ahlert, D. (1991): Distributionspolitik, 2. Auflage, Stuttgart; Jena.

Alvarez, S. A., Zander, U., Barney, J. und Afuah, A. (2020): Developing a Theory of the Firm for the 21st Century. In: Academy of Management Review, Vol. 45, Nr. 4, S. 711–716.

Alvesson, M. und Sveningsson, S. (2016): Changing organizational culture: Cultural change work in progress, London, New York.

Amis, J., Barney, J., Mahoney, J. T., und Wang, H. (2020): From the Editors—Why We Need a Theory of Stakeholder Governance—And Why This is a Hard Problem. Academy of Management Review, Vol. 45, Nr. 3, S. 499–503.

Amit, R. und Zott, C. (2001): Value creation in E-business. In: Strategic Management Journal, Vol. 22, Nr. 6-7, S. 493–520.

Amit, R. und Zott, C. (2012): Creating Value Through Business Model Innovation. In: MIT Sloan Management Review, Vol. 53, Nr. 3, S. 41–49.

Amit, R. und Zott, C. (2020): Business Model Innovation Strategy: Transformational Concepts and Tools for Entrepreneurial Leaders. Hoboken, New Jersey.

Andreini, D., Bettinelli, C., Foss, N. und Mismetti, M. (2021): Business model innovation: a review of the process-based literature. In: Journal of Management and Governance. Online Publication: https://doi.org/10.1007/s10997-021-09590-w

Andrews, K. (1971): The concept of corporate strategy, IL.

Ansoff, H. (1965): Corporate strategy: An analytic approach to business policy for growth and expansion, New York.

Ansoff, H. I. (1976): Managing Surprise and Disconinuity – Strategic Response to Weak Signals. In: zfbf, Vol. 28, Nr. 3, S. 129–152.

Ansoff, H. und McDonnell, E. (1992): Implanting strategic management, New York.

Antonelli, C. und Fassio, C. (2016): The role of external knowledge(s) in the introduction of product and process innovations. In: R&D Management, Vol. 46, S3, S. 979–991.

Appelbaum, S., Cameron, A., Ensink, F., Hazarika, J., Attir, R., Ezzedine, R. und Shekhar, V. (2017): Factors that impact the success of an organizational change: a case study analysis. In: Industrial & Commercial Training, Vol. 49, Nr. 5, S. 213–230.

Argyres, N., Massis, A. de, Foss, N., Frattini, F., Jones, G. und Silverman, B. (2020): History-informed strategy research: The promise of history and historical research methods in advancing strategy scholarship. Strategic Management Journal, Vol. 41, Nr. 3, S. 343–368.

Awaysheh, A., Heron, R., Perry, T. und Wilson, J. (2020): On the relation between corporate social responsibility and financial performance. In: Strategic Management Journal, Vol. 41, Nr. 6, S. 965–987.

B

Bain, J. (1956): Barriers to new competition, Cambridge.

Balogun, J., Hope-Hailey, V. und Gustafsson, S. (2016): Exploring strategic change, 4. Auflage, Harlow u.a.

Bamiatzi, V., Bozos, K., Cavusgil, S. und Hult, G. (2016): Revisiting the firm, industry, and country effects on profitability under recessionary and expansion periods: A multilevel analysis. In: Strategic Management Journal, Vol. 37, Nr. 7, S. 1448–1471.

Barauskaite, G. und Streimikiene, D. (2021): Corporate social responsibility and financial performance of companies: The puzzle of concepts, definitions and assessment methods. In: Corporate Social Responsibility and Environmental Management, Vol. 28, Nr. 1, S. 278–287.

Barney, J. (1991): Firm Resources and Sustained Competitive Advantage. In: Journal of Management, Vol. 17, Nr. 1, S. 99–120.

Barney, J. (2011): Gaining and sustaining competitive advantage, 4. Auflage, Upper Saddle River, NJ.

Barney, J. (2018): Why resource-based theory's model of profit appropriation must incorporate a stakeholder perspective. Strategic Management Journal, Vol. 39, Nr. 13, S. 3305–3325.

Barney, J. und Hesterly, W. (2019): Strategic management and competitive advantage: Concepts and cases, 6. Auflage, Hallow, N.J.

Barney, J. und Mackey A. (2018): Monopoly profits, Efficiency profits, and Teaching Strategic Management. In: Academy of Management Learning & Education, Vol. 17, Nr. 3, 359–373.

Baum, H.-G., Coenenberg, A. und Guenther, T. (2015): Strategisches Controlling, 5. Auflage, Stuttgart.

Bea, F. und Haas, J. (2019): Strategisches Management, 10. Auflage, München.

Becchetti, L., Ciciretti, R., Hasan, I. und Kobeissi, N. (2012): Corporate social responsibility and shareholder's value. In: Journal of Business Research, Vol. 65, Nr. 11, S. 1628–1635.

Becker, J. und Kahn, D. (2012): Der Prozess im Fokus, In: Becker, J. und Kugeler, M. und Rosemann, M. (Eds.): Prozessmanagement. Ein Leitfaden zur prozessorientierten Organisationsgestaltung, Berlin, Heidelberg.

Becker, W., Ulrich, P., Botzkowski, T. und Eurich, S. (2017): Digitalisierung von Geschäftsmodellen, In: Digitale Transformation von Geschäftsmodellen. Grundlagen, Instrumente und Best Practices, D. Schallmo, A. Rusnjak, J. Anzengruber, T. Werani und M. Jünger (Hrsg.), Wiesbaden.

Beckhard, R. und Harris, R. (1987): Organizational transitions: Managing complex change, 2. Auflage, Reading Mass. u.a.

Bigelow, L. S. und Barney, J. B. (2021): What can Strategy Learn from the Business Model Approach? In: Journal of Management Studies, Vol. 58, Nr. 2, S. 528–539.

Bornemann, M. und Reinhardt, R. (2017): Handbuch Wissensbilanz: Umsetzung und Fallstudien, 2. Auflage, Berlin.

Boston Consulting Group (BCG): Homepage, http://www.bcg.com.

Bower, J. (1970): Managing the resource allocation process: A study of corporate planning and investment, Boston.

Bower, J. und Gilbert, C. (2005): From resource allocation to strategy, Oxford.

Brand, M., Tiberius, V., Bican, P. M. und Brem, A. (2021): Agility as an innovation driver: towards an agile front end of innovation framework. In: Review of Managerial Science, Vol. 15, Nr. 1, S. 157–187.

Braun, S. (2015): Diversity Management and Corporate Change: Implications for Co-Determination, In: Management of permanent change, H. Albach, H. Meffert, A. Pinkwart und R. Reichwald (Hrsg.), Wiesbaden.

Bresser, R. (2010): Strategische Managementtheorie, 2. Auflage, Stuttgart.

Breuer, M. (2011): CSR Corporate Social Responsibility: Theoretische Konzepte und strategische Relevanz, Linz.

Bridoux, F., Smith, K. und Grimm, C. (2013): The Management of Resources: Temporal Effects of Different Types of Actions on Performance. In: Journal of Management, Vol. 39, Nr. 4, S. 928–957.

Bridoux, F. und Stoelhorst, J. W. (2014): Microfoundations for stakeholder theory: Managing stakeholders with heterogeneous motives. In: Strategic Management Journal, Vol. 35, Nr. 1, S. 107–125.

Brocklesby, J. und Cummings, S. (2003): Strategy as Systems Thinking, In: Images of strategy, S. Cummings und D. Wilson (Hrsg.).

Buchholz, L. (2019): Strategisches Controlling, 3. Auflage, Wiesbaden.

Bunce, P., Fraser, R. und Hope, J. (2001): Beyond Budgeting-The Barrier Breakers. In: Strategien erfolgreich umsetzen, Stuttgart, S. 55–76.

Bundesministerium für Wirtschaft und Technologie (2008): Wissensbilanz – Made in Germany. Leitfaden 2.0 zur Erstellung einer Wissensbilanz. Berlin.

Bundy, J., Shropshire, C. und Buchholtz, A. (2013): Strategic cognition and issue salience: Toward an explanation of firm responsiveness to stakeholder concerns. In: Academy of Management Review, Vol. 38, Nr. 3, S. 352–376.

Burgelman, R. (1983): A process model of internal corporate venturing in the diversified major firm. In: Administrative science quarterly: ASQ; dedicated to advancing the understanding of administration through empirical investigation and theoretical analysis, Vol. 28, Nr. 2, S. 223–244.

Burgelman, R. , Floyd, S. , Laamanen, T., Mantere, S., Vaara, E. und Whittington, R. (2018): Strategy processes and practices: Dialogues and intersections. In: Strategic Management Journal, Vol. 39, Nr. 3, S. 531–558.

C

Calvo-Mora, A., Navarro-García, A. und Periañez-Cristobal, R. (2015): Project to improve knowledge management and key business results through the EFQM excellence model. In: International Journal of Project Management, Vol. 33, Nr. 8, S. 1638–1651.

Cameron, K. und Quinn, R. (2011): Diagnosing and changing organizational culture, 3. Auflage, San Francisco.

Camphausen, B. (2013): Strategisches Management: Planung, Entscheidung, Controlling, 3. Auflage, München.

Capgemini Consulting (2012): Change Management Studie 2012: Digitale Revolution. Ist Change Management mutig genug für die Zukunft, München.

Carroll, A. (2015): Corporate social responsibility: The centerpiece of competing and complementary frameworks. In: Organizational dynamics: a quarterly review of organizational behavior for professional managers, Vol. 44, Nr. 2, S. 87–96.

Carroll, A., Brown, J. und Buchholtz, A. (2018): Business & Society, Ethics, Sustainability & Stakeholder Management, 10. Auflage, Boston.

Casadesus-Masanell, R. und Ricart, J. (2010): From Strategy to Business Models and onto Tactics. In: Long Range Planning, Vol. 43, 2-3, S. 195–215.

Chakravarthy, B., Lorange, P., Muller-Stewens, G. und Lechner, C. (Hrsg.) (2003): Strategy Process, Oxford.

Chandler, A. (1962): Strategy and structure: Chapters in the history of the industrial enterprise, Cambridge.

Chandler, D. und Werther W. (2019): Strategic Corporate Social Responsibility: Stakeholders, Globalization, and Sustainable Value Creation, Thousand Oaks, California.

Chatterji, A. und Fabrizio, K. (2014): Using users: When does external knowledge enhance corporate product innovation? In: Strategic Management Journal, Vol. 35, Nr. 10, S. 1427–1445.

Chesley, J. , und Wenger, M. (1999): Transforming an Organization: Using Models to Foster a Strategic Conversation. In: California Management Review, Vol. 41, Nr. 3, S. 54–73.

Chen, H.-L., Hsu, W.-T. und Chang, C.-Y. (2014): Family Ownership, Institutional Ownership, and Internationalization of SMEs. In: Journal of Small Business Management, Vol. 52, Nr. 4, S. 771–789.

Chen, M.-J. und Miller, D. (2011): The Relational Perspective as a Business Mindset: Managerial Implications for East and West. In: Academy of Management Perspectives, Vol. 25, Nr. 3, S. 6–18.

Chen, M.-J. und Miller, D. (2015): Reconceptualizing competitive dynamics: A multidimensional framework. In: Strategic Management Journal, Vol. 36, Nr. 5, S. 758–775.

Cheng, C. und Huizingh, Eelko K. R. E. (2014): When Is Open Innovation Beneficial? The Role of Strategic Orientation. In: Journal of Product Innovation Management, Vol. 31, Nr. 6, S. 1235–1253.

Chesley, J., und Wenger, M. (1999): Transforming an Organization: Using Models to Foster a Strategic Conversation. In: California Management Review, Vol. 41, Nr. 3, S. 54–73.

Child, J. (1972): Organizational Structure, Environment and Performance: The Role of Strategic Choice. In: Sociology, Vol. 6, Nr. 1, S. 1–22.

Child, J. (2012): The evolution of organizations, Cheltenham.

Choi, J., Menon, A. und Tabakovic, H. (2021): Using machine learning to revisit the diversification–performance relationship. In: Strategic Management Journal, Vol. 42, Nr. 9, S. 1632-1661.

Clifford, D., Bridgewater B. A. und Hardy Thomas (1975): The game has changed. In: The McKinsey Quarterly, Autumn, S. 2–21.

Coenenberg, A. und Salfeld, R. (2015): Wertorientierte Unternehmensführung: vom Strategieentwurf zur Implementierung, 3. Auflage, Stuttgart.

Cohen, A. (2003): Transformational Change at Babson College. In: Academy of Management Learning & Education, Vol. 2, Nr. 2, S. 155–180.

Cooper, D., Ezzamel, M. und Qu, S. (2017): Popularizing a Management Accounting Idea: The Case of the Balanced Scorecard. In: Contemporary Accounting Research, Vol. 34, Nr. 2, S. 991–1025.

Cooper, R. G. und Sommer, A. F. (2016): The Agile-Stage-Gate Hybrid Model: A Promising New Approach and a New Research Opportunity. In: Journal of Product Innovation Management, Vol. 33, Nr. 5, S. 513–526.

Correani, A., De Massis, A., Frattini, F., Petruzzelli, A. und Natalicchio, A. (2020): Implementing a digital strategy: Learning from the experience of three digital transformation projects. In: California Management Review, Vol. 62, Nr. 4, S. 37-56.

Corsten, H. und Corsten, M. (2012): Einführung in das strategische Management, Konstanz.

Cortimiglia, M., Ghezzi, A. und Frank, A. (2016): Business model innovation and strategy making nexus: Evidence from a cross-industry mixed-methods study. In: R&D Management, Vol. 46, Nr. 3, S. 414–432.

Coulter, M. (2013): Strategic management in action, 6. Auflage, Upper Saddle River, N.J.

Cummings, S. und Angwin, D. (2015): Strategy Builder: How to make and communicate more effective strategies, Chichester, West Sussex, Hoboken, New Jersey.

Cummings, S. und Wilson, D. (2003): Images of Strategy, In: Images of strategy, S. Cummings und D. Wilson (Hrsg.).

Cummings, T. und Worley, C. (2018): Organization development & change, 11. Auflage, Stamford, Conn.

Cyert, R. und March, J. (1963): Behavioral Theory of The Firm, Englewood Cliffs.

D

D'Aveni, R. (1995): Hypercompetitive rivalries: competing in highly dynamic environments, New York.

D'Aveni, R. und Gunther, R. (1994): Hypercompetition: Managing the dynamics of strategic maneuvering, New York.

D'Aveni, R., Ravenscraft, D. und Anderson, P. (2004): From corporate strategy to business-level advantage: Relatedness as resource congruence. In: Managerial and Decision Economics, Vol. 25, Nr. 67, S. 365–381.

Dannemiller, K. (1992): Changing the Way Organizations Change: A Revolution of Common Sense. In: The Journal of Applied Behaviorabel Science, Vol. 28, Nr. 4, S. 480–498.

Dannenberg, H. und Zupancic, D. (2007): Excellence in sales: Empirische Ergebnisse einer länderübergreifenden Erfolgsfaktorenstudie im Vertrieb, St. Gallen.

David, F. und David, F. (2017): Strategic management: Concepts and cases - a competitive advantage approach, 16. Auflage, Boston u.a.

Davila, A. und Ditillo, A. (2017): Management Control Systems and Creativity, In: Oxford handbook of strategy implementation, M.A. Hitt, S.E. Jackson, S. Carmona, L. Bierman, C.E. Shalley und M. Wright (Hrsg.), New York.

de Wit, B. und Meyer, R. (2020): Strategy: An International Perspective, 7. Auflage, Andover.

Denison Consulting (2017): Denison: Research-based Model, https://www.denisonconsulting.com/, abgerufen am 31.05.2017.

Denison, D. (1990): Corporate Culture and Organizational Effectiveness, New York.

Denison, D. und Mishra, A. (1989): Organizational Culture and Organizational Effectiveness: A Theory and Some Preliminary Empirical Evidence. In: Academy of Management Best Papers Proceedings, Vol. 8, Nr. 1, S. 168–172.

Denison, D. und Mishra, A. (1995): Toward a Theory of Organizational Culture and Effectiveness. In: Organizational Science, Vol. 6, Nr. 2, S. 204–223.

Denning, S. (2014): An economy of access is opening for business: Five strategies for success. In: Strategy & Leadership, Vol. 42, Nr. 4, S. 14–21.

Denning, S. (2016): How to make the whole organization "Agile". In: Strategy & Leadership, Vol. 44, Nr. 4, S. 10–17.

Dermol, V. (2013): Relationship between Learning, Knowledge Creation and Organisational Performance. In: Scientific Annals of the 'Alexandru Ioan Cuza' University of Iasi, Vol. 60, Nr. 1, S. 67–81.

Deutinger, G. (2017): Kommunikation im Change: Erfolgreich kommunizieren in Veränderungsprozessen, Berlin, Heidelberg

Diefenbach, S. und Deelmann, T. (2016): Organizational Approaches to Answer a VUCA World, In: Managing in a VUCA World, O.J. Mack, A. Khare, A. Krämer und T. Burgartz (Hrsg.), Cham u.a.

Dobbs, M. (2014): Guidelines for applying Porter's five forces framework: A set of industry analysis templates. In: Competitiveness Review, Vol. 24, Nr. 1, S. 32–45.

Donaldson, L. (1996): For positivist organization theory: Proving the hard core, London u.a.

Doppler, K. und Lauterburg, C. (2019): Change Management: Den Unternehmenswandel gestalten, 14. Auflage, Frankfurt/New York.

Drucker, P. (2006): The practice of management, New York.

Dumay, J. (2016): A critical reflection on the future of intellectual capital: From reporting to disclosure. In: Journal of Intellectual Capital, Vol. 17, Nr. 1, S. 168–184.

Duong, L. N. K. und Chong, J. (2020): Supply chain collaboration in the presence of disruptions: a literature review. In: International Journal of Production Research, Vol 58, Nr. 11, S. 3488–3507.

E

Edvinsson, L. und Malone, M. (1997): Intellectual capital: Realizing your company's true value by finding its hidden brainpower, New York.

Eisend, M., Evanschitzky, H. und Gilliland, D. (2016): The Influence of Organizational and National Culture on New Product Performance. In: Journal of Product Innovation Management, Vol. 33, Nr. 3, S. 260–276.

Eisenhardt, K. (1989): Agency theory: An assessment and review. In: Academy of Management Review, S. 57–74.

Eisenhardt, K. und Martin, J. (2000): Dynamic Capabilities: What are they. In: Strategic Management Journal, Vol. 21, S. 1105–1151.

Elkington, J. (1999): Cannibals with forks: The triple bottom line of 21st century business, Oxford.

Eschenbach, R. und Kunesch, H. (1996): Strategische Konzepte: Management-Ansätze von Ansoff bis Ulrich, 3. Auflage, Stuttgart.

European Foundation for Quality Management (EFQM) (2019): EFQM Excellence Modell 2020. Brussels.

F

Fahey, L. und Narayanan, V. (1989): Linking Changes in Revealed Causal Maps and Environmental Change: An Empirical Study. In: Journal of Management Studies, Vol. 26, Nr. 4, S. 361–378.

Farmer, R. und Richman, B. (1965): Comparative Management and Economic Progress, Homewood, ILL.

Faulkner, D. (1998): Portfolio matrices, In: Exploring Techniques of Analysis and Evaluation in Strategic Management, Ambrosini, V. (Hrsg.), Harlow.

Faulkner, D. und Bowman, C. (1995): The Essence of Competitive Strategy.

Feldman, E. R. (2021): The corporate parenting advantage, revisited. In: Strategic Management Journal, Vol. 42, Nr. 1, S. 114–143.

Fergnani, A. (2020): Corporate foresight: A new frontier for strategy and management. In: Academy of Management Perspectives, ja.

Ferrari, E., Sparrer, I. und Kibed, M. von (2016): Simply More Complex: A SySt® Approach to VUCA, In: Managing in a VUCA World, O.J. Mack, A. Khare, A. Krämer und T. Burgartz (Hrsg.), Cham u.a.

Ferreira, J., Fernandes, C., Alves, H. und Raposo, M. (2015): Drivers of innovation strategies: Testing the Tidd and Bessant (2009) model. In: Journal of Business Research, Vol. 68, Nr. 7, S. 1395–1403.

Fink, A. und Siebe, A. (2016): Szenario-Management: Von strategischem Vorausdenken zu zukunftsrobusten Entscheidungen, Frankfurt/Main.

Finkbeiner, N. und Morner, M. (2015): The Role of Conditional Cooperation in Organizing Change, In: Management of permanent change, H. Albach, H. Meffert, A. Pinkwart und R. Reichwald (Hrsg.), Wiesbaden.

Fitzgerald, C. und Berger, J. (2002): Executive coaching: Practices & perspectives, Palo Alto, CA.

Foss, N. J. und Saebi, T. (2017): Fifteen Years of Research on Business Model Innovation In: Journal of Management, Vol. 43, Nr. 1, S. 200–227.

Freeman, R. (1984): Strategic management: A stakeholder approach, Boston.

Freeman, R., Dmytriyev, S. und Phillips, R. (2021): Stakeholder Theory and the Resource-Based View of the Firm. Journal of Management, 014920632199357.

Freeman, R. und MCVea, J. (2001): A Stakeholder Approach to Strategic Management, In: The Blackwell handbook of strategic management, M.A. Hitt, R.E. Freeman und J.S. Harrison (Hrsg.), Oxford, UK and Malden, MA.

Freeman, R., Harrison, J. und Zyglidopoulos, S. C. (2018): Stakeholder theory: Concepts and strategies. Elements in organization theory. Cambridge.

G

Gabrielsson, M., Seppälä, T. und Gabrielsson, P. (2016): Realizing a hybrid competitive strategy and achieving superior financial performance while internationalizing in the high-technology market. In: Industrial Marketing Management, Vol. 54, S. 141–153.

Garcia-Morales, V., Verdu-Jover, A. und Llorens, F. (2009): The Influence of CEO Perceptions on the Level of Organizational Learning: Single-Loop and Double-Loop Learning. In: International Journal of Manpower, Vol. 30, Nr. 6, S. 567–590.

Garud, R. und van de ven, A. (2006): Strategic Change Processes, In: Handbook of strategy and management, A.M. Pettigrew, H. Thomas und R. Whittington (Hrsg.), London, Thousand Oaks, CA.

Gassmann, O., Frankenberger, K. und Csik, M. (2020): Geschäftsmodelle entwickeln: 55 innovative Konzepte mit dem St. Galler Business Model Navigator, 3. Auflage, München.

Gassmann, O. und Sutter, P. (2019): Digitale Transformation gestalten: Geschäftsmodelle Erfolgsfaktoren Checkliste,. 2., überarbeitete und erweiterte Auflage, München.

Gathen, A. (2014): Das große Handbuch der Strategieinstrumente: Werkzeuge für eine erfolgreiche Unternehmensführung, 3. Auflage, Frankfurt am Main.

Gattringer, R. (2009): Vertriebsstrategische Konfigurationen für Unternehmen mit indirektem Vertrieb, Linz.

Gattringer, R., Damm, F., Kranewitter, P. und Wiener, M. (2021): Prospective collaborative sensemaking for identifying the potential impact of emerging technologies. In: Creativity and Innovation Management.

Gattringer, R., Reisinger, S. und Strehl, F. (2012): Vertriebsstrategie: Wahl oder Qual? Vertriebsstrategische Optionen für mittelständische Hersteller. In: ZfKE – Zeitschrift für KMU und Entrepreneurship, Vol. 60, Nr. 2, S. 83–110.

Gattringer, R., Wiener, M. und Strehl, F. (2017): The challenge of partner selection in collaborative foresight projects. In: Technological Forecasting and Social Change, Vol. 120, S. 298–310.

Gausemeier, J., Fink, A. und Schlake, O. (1996): Szenario-Management: Planen und Führen mit Szenarien, 2. Auflage, München.

Gelb, B. (1982): Strategic Planning for the Under-Dog: Gelb, Betsy D. In: Business Horizons, Vol. 25, Nr. 6, S. 8–11.

Gelbmann, U. und Vorbach, S. (2007): Strategisches Innovationsmanagement, In: Innovations- und Technologiemanagement, H. Strebel Hrsg., 2. Auflage, Wien.

Geschka, H. (1999): Die Szenariotechnik in der strategischen Unternehmensplanung, In: Strategische Unternehmungsplanung – Strategische Unternehmungsführung, D. Hahn und B. Taylor (Hrsg.), 8. Auflage.

Geyer, H. (2013): Praxiswissen BWL: Crash-Kurs für Führungskräfte und Quereinsteiger. 2. Auflage, Freiburg.

Giddens, A. (1984): The constitution of society: Introduction of the theory of structuration, Berkeley.

Giddens, A. (1991): Modernity and self-identity: Self and society in the late modern age, Cambridge.

Gleich, R. (2001): Das System des Performance measurement: Theoretisches Grundkonzept, Entwicklungs- und Anwendungsstand, München.

Gleich, R., Greiner, O. und Hofmann, S. (2006): Better, Advanced and Beyond Budgeting: Von der Evolution zur Revolution, In: Planungs- und Budgetierungsinstrumente. Innovative Ansätze und Best-Practice für den Managementprozess, Gleich, R., Hofmann, S. und Leyk, J. (Hrsg.), München.

Golsorkhi, D., Rouleau, L., Seidl, D. und Vaara, E. (Hrsg.) (2016): Cambridge handbook of strategy as practice, Cambridge.

Goold, M. und Quinn, J. (1990): The paradox of strategic controls. In: Strategic Management Journal, Vol. 11, Nr. 1, S. 43–57.

Gordon, A. V., Ramic, M., Rohrbeck, R. und Spaniol, M. J. (2020): 50 Years of corporate and organizational foresight: Looking back and going forward. In: Technological Forecasting and Social Change, Vol. 154, S. 119966.

Grant, R. und Nippa, M. (2006): Strategisches Management: Analyse, Entwicklung und Implementierung von Unternehmensstrategien, 5. Auflage, München [u.a.].

Greiner, L. (1972): Evolution and revolution as organizations grow, S. 37–46.

Gur, F. A. und Greckhamer, T. (2019): Know Thy Enemy: A Review and Agenda for Research on Competitor Identification. In: Journal of Management, Vol. 45, Nr. 5, S. 2072–2100.

Gupta, A., Smith, K. und Shalley, C. (2006): The Interplay Between Exploration and Exploitation. In: Academy of Management Journal, Vol. 49, Nr. 4, S. 693–706.

Gustavsson, P. (1994): Learning to Glocalize. In: Advances in Strategic Management, Vol. 10, S. 255–288.

Gutenberg, E. (1973): Grundlagen der Betriebswirtschaftslehre – Die Produktion, 20. Auflage, Berlin.

H

Habbershon, T., Williams, M. und MacMillan, I. (2003): A unified systems perspective of family firm performance. In: Journal of Business Venturing, Vol. 18, Nr. 4, S. 451–465.

Hambrick, D. (2007): Upper Echelons Theory: An Update. In: Academy of Management Review, Vol. 32, Nr. 2, S. 334–343.

Hambrick, D. und Mason, P. (1984): Upper Echelons: The Organization as a Reflection of Its Top Managers. In: Academy of Management Review, Vol. 9, Nr. 2, S. 193–206.

Hamel, G. und Prahalad, C. (1997): Wettlauf um die Zukunft: Wie Sie mit bahnbrechenden Strategien die Kontrolle über Ihre Branche gewinnen und die Märkte von morgen schaffen, Wien.

Hamel, G. und Zanini, M. (2020): Humanocracy. Creating organizations as amazing as the people inside them, Boston.

Hannan, M. und Freeman, J. (1977): The Population Ecology of Organizations. In: American Journal of Sociology, Vol. 82, Nr. 5, S. 929–964.

Hannan, M. und Freeman, J. (1984): Structural Inertia and Organizational Change. In: American Sociological Review, Vol. 49, Nr. 2, S. 149–164.

Harrison, J., Barney, J., Freeman, R. und Phillips, R. (2019): The Cambridge handbook of stakeholder theory. Cambridge.

Harvard Business School (2020): Agile: How to Get in the Game (and Not Get in the Way), Boston.

Haspeslagh, P., Noda, T. und Boulos, F. (2002): Wertemanagement – über die Zahlen hinaus. In: Harvard Business Manager, Nr. 1, S. 46–59.

Hasselberg, F. (1989): Strategische Kontrolle im Rahmen strategischer Unternehmensführung.

Häusling, A. (2020): Agile Organisationen: Transformationen erfolgreich gestalten Beispiele agiler Pioniere, 2. Auflage, Freiburg.

Hautz, J., Seidl, D. und Whittington, R. (2017): Open Strategy: Dimensions, Dilemmas, Dynamics. In: Long Range Planning, Vol. 50, Nr. 3, S. 298–309.

Hedley, B. (1977): Strategy and the „business portfolio“. In: Long Range Planning, Vol. 10, Nr. 1, S. 9–15.

Helfat, C., Finkelstein, S., Mitchell, W., Peteraf, M., Singh, H., Teece, D. und Winter, S. (2007): Dynamic capabilities: Understanding strategic change in organizations, Oxford.

Helfat, C. E. und Peteraf, M. A. (2009): Understanding dynamic capabilities: progress along a developmental path. In: Strategic Organization, Vol. 7, Nr. 1, S. 91–102.

Helfat, C. und Peteraf, M. (2015): Managerial cognitive capabilities and the microfoundations of dynamic capabilities. In: Strategic Management Journal, Vol. 36, Nr. 6, S. 831–850.

Herrmann, P. und Nadkarni, S. (2014): Managing strategic change: The duality of CEO personality. In: Strategic Management Journal, Vol. 35, Nr. 9, S. 1318–1342.

Hess, T. (2019): Digitale Transformation strategisch steuern: Vom Zufallstreffer zum systematischen Vorgehen, München.

Heuskel, D. (1999): Wettbewerb jenseits von Industriegrenzen, Frankfurt am Main.

Hitt, M.A., Freeman, R.E. und Harrison, J.S. (Hrsg.) (2001): The Blackwell handbook of strategic management, Oxford, UK and Malden, MA.

Hitt, M., Jackson, S., Carmona, S., Bierman, L., Shalley, C. und Wright, M. (2017): The Imperative for Strategy Implementation, In: Oxford handbook of strategy implementation, M.A. Hitt, S. E. Jackson, S. Carmona, L. Bierman, C. E. Shalley und M. Wright (Hrsg.), New York.

Hodgkinson, Gerard P., Whittington, R., Johnson, G. und Schwarz, M. (2006): The Role of Strategy Workshops in Strategy Development Processes: Formality, Communication, Co-ordination and Inclusion. In: Long Range Planning, Vol. 39, S. 479–496.

Hodgkinson, G., Bown, N., Maule, J., Glaister, K. und Pearman, A. (1999): Breaking the frame: an analysis of strategic cognition and decision making under uncertainty. In: Strategic Management Journal, Vol. 20, Nr. 10, S. 977–985.

Hofbauer, G., Mashhour, T. und Fischer, M. (2012): Lieferantenmanagement: Die wertorientierte Gestaltung der Lieferbeziehung, 2. Auflage, München.

Hofer, C. und Schendel, D. (1978): Strategy formulation: Analytical concepts, St. Paul.

Hoffmann, C. und Lutz, C. (2015): The impact of online media on stakeholder engagement and the governance of corporations. In: Journal of Public Affairs, Vol. 15, Nr. 2, S. 163–174.

Hogan, S. und Coote, L. (2014): Organizational culture, innovation, and performance: A test of Schein's model. In: Journal of Business Research, Vol. 67, Nr. 8, S. 1609–1621.

Höglinger, A. (2011): Veränderungen, Linz.

Holtbrügge, D. (2018): Personalmanagement, 7. Auflage, Nürnberg.

Holtbrügge, D. und Welge, M. (2015): Internationales Management: Theorien, Funktionen, Fallstudien, 6. Auflage, Stuttgart.

Homburg, C. (2020): Grundlagen des Marketingmanagements: Einführung in Strategie, Instrumente, Umsetzung und Unternehmensführung; 6. Auflage, Wiesbaden.

Homburg, C., Schneider, J. und Schäfer, H. (2016): Sales excellence: Vertriebsmanagement mit System, 8. Auflage, Wiesbaden.

Homma, N. und Bauschke, R. (2015): Unternehmenskultur und Führung: Den Wandel gestalten - Methoden, Prozesse, Tools. Wiesbaden.

Hope, J. und Fraser, R. (2000): Beyond budgeting. In: Strategic Finance, Vol. 82, Nr. 4, S. 30–35.

Hope, J. und Fraser, R. (2003): Beyond budgeting: Wie sich Manager aus der jährlichen Budgetierungsfalle befreien, Stuttgart.

Horvath & Partners (2004): Beyond budgeting umsetzen: Erfolgreich planen mit Advanced Budgeting, Stuttgart.

Horvath & Partners (2007): Balanced Scorecard umsetzen, 4. Auflage, Stuttgart.

Hungenberg, H. (2014): Strategisches Management in Unternehmen: Ziele – Prozesse – Verfahren, 8. Auflage, Wiesbaden.

Hutzschenreuter, T. und Horstkotte, J. (2013): Performance effects of top management team demographic faultlines in the process of product diversification. In: Strategic Management Journal, Vol. 34, Nr. 6, S. 704–726.

Hutzschenreuter, T., Pedersen, T. und Volberda, H. (2007): The role of path dependency and managerial intentionality: A perspective on international business research. In: Journal of International Business Studies, Vol. 38, Nr. 7, S. 1055–1068.

J

Jackson, S. und Dutton, J. (1988): Discerning Threats and Opportunities. In: Administrative Science Quarterly, Vol. 33, Nr. 3, S. 370–387.

Jarzabkowski, P. (2003): Strategic Practices: An Activity Theory Perspective on Continuity and Change. In: Journal of Management Studies, Vol. 40, Nr. 1.

Jarzabkowski, P. (2005): Strategy as practice: An activity-based approach, London u.a.

Jarzabkowski, P., Balogun, J. und Seidl, D. (2007): Strategizing: The challenges of a practice perspective. In: Human Relations, Vol. 60, Nr. 1, S. 5–27.

Jarzabkowski, P. und Kaplan, S. (2015): Strategy tools-in-use: A framework for understanding "technologies of rationality" in practice. In: Strategic Management Journal, Vol. 36, Nr. 4, S. 537–558.

Jarzabkowski, P. und Paul Spee, A. (2009): Strategy-as-practice: A review and future directions for the field. In: International Journal of Management Reviews, Vol. 11, Nr. 1, S. 69–95.

Jarzabkowski, P. und Searle, R. (2004): Harnessing Diversity and Collective Action in the Top Management Team. In: Long Range Planning, Vol. 37, Nr. 5, S. 399–419.

Jindal, R., Reinartz, W., Krafft, M. und Hoyer, W. (2007): Determinants of the variety of routes to market. In: International Journal of Research in Marketing, Vol. 24, Nr. 1, S. 17–29.

Johnson, G. (1987): Strategic change and the management process, Oxford, OX, UK, New York, USA.

Johnson, G. (1992): Managing Strategic Change – Strategy, Culture and Action. In: Long Range Planning, Vol. 25, Nr. 1, S. 28–36.

Johnson, G., Melin, L. und Whittington, R. (2003): Micro Strategy and Strategizing: Towards an Activity-Based View. In Journal of Management Studies, Vol. 40, Nr. 1, S. 3–22.

Johnson, G., Whittington, R., Scholes, K., Angwin, D. und Regnér P. (2018): Strategisches Management: Eine Einführung; Analyse, Entscheidung und Umsetzung, 11. Auflage, München.

Judge, W., Hu, H., Gabrielsson, J., Talaulicar, T., Witt, M., Zattoni, A., López-Iturriaga, F., Chen, J., Shukla, D., Quttainah, M., Adegbite, E., Luis Rivas, J. und Kibler, B. (2015): Configurations of Capacity for Change in Entrepreneurial Threshold Firms: Imprinting and Strategic Choice Perspectives. In: Journal of Management Studies, Vol. 52, Nr. 4, S. 506–530.

K

Kagermann, H. (2015): Change Through Digitization—Value Creation in the Age of Industry 4.0, In: Management of permanent change, H. Albach, H. Meffert, A. Pinkwart und R. Reichwald (Hrsg.), Wiesbaden.

Kaltenecker, S. (2017): Selbstorganisierte Unternehmen: Management und Coaching in der agilen Welt. Heidelberg.

Kapelianis, D., Walker, B., Hutt, M. und Kumar, A. (2005): Those winning ways: The role of competitive crafting in complex sales: Working Paper, Arizona State University.

Kaplan, R. und Norton, D. (1996): The balanced scorecard: Translating strategy into action, Boston Mass.

Kaplan, R. und McMillan, D. (2020): Updating the balanced scorecard for triple bottom line strategies, Harvard Business School Accounting & Management Unit Working Paper, (21-028).

Kappe, D. (2016): Führung in Zeiten der Transformation, In: High Performance Leader – Dauerhaft erfolgreich auf der Top-Ebene. Wirksame Selbst- und Unternehmenssteuerung, D. Kappe (Hrsg.), Wiesbaden.

Keese, C. (2016a): Silicon Germany: Wie wir die digitale Transformation schaffen, München.

Keese, C. (2016b): Silicon Valley: Was aus dem mächtigsten Tal der Welt auf uns zukommt, 3. Auflage, München.

Kerth, K., Asum, H. und Stich, V. (2015): Die besten Strategietools in der Praxis: Welche Werkzeuge brauche ich wann? Wie wende ich sie an? Wo liegen die Grenzen?, 6. Auflage, München.

Kiesel, J. (2001): Szenario-Management als Instrument zur Geschäftsfeldplanung, Marburg.

Kieser, A. und Ebers, M. (2019): Organisationstheorien, 8. Auflage, Stuttgart.

Kim, K.-H., Kim, M. und Qian, C. (2018): Effects of Corporate Social Responsibility on Corporate Financial Performance: A Competitive-Action Perspective. In: Journal of Management, Vol. 44, Nr. 3, S. 1097–1118.

Kim, W. C. und Mauborgne, R. (2004): Blue Ocean Strategy. In Harvard Business Review, Vol. 82, Nr. 10, S. 76–84.

Kim, W. C. und Mauborgne, R. (2005): Blue Ocean Strategy: From Theory to Practice. In: California Management Review, Vol. 47, Nr. 3, S. 105–121.

Klier, H., Schwens, C., Zapkau, F. und Dikova, D. (2017): Which Resources Matter How and Where?: A Meta-Analysis on Firms' Foreign Establishment Mode Choice. In: Journal of Management Studies, Vol. 54, Nr. 3, S. 304–339.

Klimmer, M. und Selonke, J. (2016): DigitalLeadership: Wie Top-Manager in Deutschland den Wandel gestalten, Berlin.

Klingebiel, R. und Joseph, J. (2016): Entry timing and innovation strategy in feature phones. In: Strategic Management Journal, Vol. 37, Nr. 6, S. 1002–1020.

Klyver, K. und Nielsen, S. L. (2021): Which crisis strategies are (expectedly) effective among SMEs during COVID-19? Journal of Business Venturing Insights, 16, e00273.

Kohlöffel, K. und August, H.-J. (2012): Veränderungskonzepte und strategische Transformation: Trends, Krisen, Innovationen als Chancen nutzen, Erlangen.

Kostka, C. und Mönch, A. (2009): Change-Management: 7 Methoden für die Gestaltung von Veränderungsprozessen, 4. Auflage, München.

Kotler, P., Armstrong, G., Harris, L. und Piercy, N. (2019): Grundlagen des Marketing, 7. Auflage, München.

Kotler, P., Keller, K. und Opresnik, M. (2017): Marketing-Management: Konzepte – Instrumente – Unternehmensfallstudien, 15. Auflage, München.

Kotter, J. (2011): Leading Change: Wie Sie Ihr Unternehmen in acht Schritten erfolgreich verändern, München.

Kotter, J. (1982): General managers are not generalists. In: Organizational Dynamics, Vol 10, Nr. 4, S. 5-19.

Kotter, J., Akhtar, V. und Gupta, G. (2021): Change: How Organizations Achieve Hard-to-Imagine Results in Uncertain and Volatile Times. Hoboken, New Jersey.

Kotter, J. und Rathgeber, H. (2009): Das Pinguin-Prinzip: Wie Veränderung zum Erfolg führt, München.

KPMG (2015): Der Kunde der Zukunft – Einkaufen heute und morgen: Konsumentenstudie 2015, Deutschland.

Kreikebaum, H., Gilbert, D. und Behnam, M. (2018): Strategisches Management, 8. Auflage, Stuttgart.

Kretschmer, T., Leiponen, A., Schilling, M. und Vasudeva, G. (2020): Platform ecosystems as meta-organizations: Implications for platform strategies. In: Strategic Management Journal. Online publication: https://doi.org/10.1002/smj.3250.

Kreutzer, R. (2021): Treiber und Hintergründe der digitalen Transformation, In: Digitale Transformation von Geschäftsmodellen. Grundlagen, Instrumente und Best Practices, D. Schallmo, A. Rusnjak, J. Anzengruber, T. Werani und M. Jünger (Hrsg.), Wiesbaden.

Kreutzer, R. (2021): Praxisorientiertes Online-Marketing, Wiesbaden.

Krüger, W. (1993): Organisation der Unternehmung, 2. Auflage, Stuttgart.

Krüger, W. und Homp, C. (1997): Kernkompetenz-Management: Steigerung von Flexibilität und Schlagkraft im Wettbewerb, Wiesbaden.

Krystek, U. (1987): Unternehmungskrisen: Beschreibung, Vermeidung und Bewältigung überlebenskritischer Prozesse in Unternehmungen, Wiesbaden.

L

Lahiri, N. und Narayanan, S. (2013): Vertical integration, innovation, and alliance portfolio size: Implications for firm performance. In: Strategic Management Journal, Vol. 34, Nr. 9, S. 1042–1064.

Lanzolla, G. und Markides, C. (2021): A Business Model View of Strategy. In: Journal of Management Studies, Vol. 58, Nr. 2, S. 540–553.

Laux, H., Gillenkirch, R. und Schenk-Mathes, H. (2019): Entscheidungstheorie, 10. Auflage, Berlin/Heidelberg.

Learned, E., Andrews, K., Christensen, C. und Guth, W. (1965): Business policy: Text and cases, Homewood/Ill.

Lewin, K. (1963): Feldtheorie in den Sozialwissenschaften: Ausgewählte theoretische Schriften, Bern u.a.

Lieberman, M., Garcia-Castro, R. und Balasubramanian, N. (2017): Measuring value creation and appropriation in firms: The VCA model. In: Strategic Management Journal, Vol. 38, Nr. 6, S. 1193–1211.

Lin, Y. und Wu, L.-Y. (2014): Exploring the role of dynamic capabilities in firm performance under the resource-based view framework. In: Journal of Business Research, Vol. 67, Nr. 3, S. 407–413.

Lindgreen, A. und Wynstra, F. (2005): Value in business markets: What do we know? Where are we going? In: Industrial Marketing Management, Vol. 34, Nr. 7, S. 732–748.

Lindner-Lohmann, D., Lohmann, F. und Schirmer, U. (2016): Personalmanagement, 3. Auflage, Berlin/Heidelberg.

Liu, J. und Su, J. (2014): Market Orientation, Technology Orientation and Product Innovation Success: Insights from CoPS. In: International Journal of Innovation Management, Vol. 18, Nr. 04, S. 1450020.

Lombriser, R. und Abplanalp, P. (2018): Strategisches Management: Visionen entwickeln, Erfolgspotenziale aufbauen, Strategien umsetzen, 7. Auflage, Zürich.

López-Gamero, M. und Molina-Azorín, J. (2016): Environmental Management and Firm Competitiveness: The Joint Analysis of External and Internal Elements. In: Long Range Planning, Vol. 49, Nr. 6, S. 746– 763.

Loureiro, S. M. C., Guerreiro, J. und Tussyadiah, I. (2021): Artificial intelligence in business: State of the art and future research agenda. In: Journal of Business Research, Vol. 129, S. 911–926.

Lynch, R. (2021): Strategic management, 9. Auflage, Harlow, England, London, New York.

M

Macharzina, K. und Wolf, J. (2017): Unternehmensführung: Das internationale Managementwissen – Konzepte – Methoden – Praxis, 10. Auflage, Wiesbaden.

Mack, O. J., Khare, A., Krämer, A. und Burgartz, T. (Hrsg.) (2016): Managing in a VUCA World, Cham u.a.

Mackey, T., Barney, J. und Dotson, J. (2017): Corporate diversification and the value of individual firms: A Bayesian approach. In: Strategic Management Journal, Vol. 38, Nr. 2, S. 322–341.

Maitland, E. und Sammartino, A. (2015): Managerial cognition and internationalization. In: Journal of International Business Studies, Vol. 46, Nr. 7, S. 733–760.

Maitlis, S. und Christianson, M. (2014): Sensemaking in Organizations Taking Stock and Moving Forward. In: Academy of Management Annals, Vol. 8, Nr. 1, S. 57–125.

Maritan, C. A. und Lee, G. K. (2017): Resource Allocation and Strategy. In: Journal of Management, Vol. 43, Nr. 8, S. 2411–2420.

Markides, C. und Sosa, L. (2013): Pioneering and First Mover Advantages: The Importance of Business Models. In: Long Range Planning, Vol. 46, 4-5, S. 325–334.

Markoczy, L, L. (1997): Measuring Beliefs: Accept no Substitutes. In: Academy of Management Journal, Vol. 40, Nr. 5, S. 1228–1242.

Mason, E. (1939): Price and production policies of large scale enterprises. In: American Economic Review, Nr. 29, S. 61–74.

Massa, L., Tucci, C. und Afuah, A. (2017): A Critical Assessment of Business Model Research. In: Academy of Management Annals, Vol. 11, Nr. 1, S. 73–104.

Matschke, M., Hering, T. und Klingelhöfer, H. (2002): Finanzanalyse und Finanzplanung, München.

Matyssek, T. (2021): Geschäftsmodelle im Internet der Dinge, In: Digitale Transformation von Geschäftsmodellen. Grundlagen, Instrumente und Best Practices, 2. Auflage, D. Schallmo, A. Rusnjak, J. Anzengruber, T. Werani und M. Jünger (Hrsg.), Wiesbaden.

Matzler, K., Abfalter, D., Mooradian, T. und Bailom, F. (2013): Corporate Culture as an Antecedent of Successful Exploration and Exploitation. In: International Journal of Innovation Management, Vol. 17, Nr. 05, S. 1350025.

Matzler, K., Müller, J., Hautz, J. und Mooradian, T. (2021): Strategisches Management: Konzepte und Methoden, 3. Auflage, Wien.

McCathy, E. (1960): Basic Marketing: A Managerial Approach.

McGahan, A. und Mitchell, W. (2003): How do firms change in the face of constraints to change? Toward an agenda for research on strategic organization. In: Strategic Organization, Vol. 1, Nr. 2, S. 231–239.

McIntyre, D. P. und Srinivasan, A. (2017): Networks, platforms, and strategy. Emerging views and next steps. In: Strategic Management Journal, Vol. 38, Nr. 1, S. 141–160.

McKinsey: Homepage, http://www.mckinsey.com.

Meffert, H., Burmann, C. und Kirchgeorg, M. (2018): Marketing: Grundlagen marktorientierter Unternehmensführung; Konzepte – Instrumente – Praxisbeispiele, 13. Auflage, Wiesbaden.

Meissner, H. und Gerber (1989), S. 217–228: Die Auslandsinvestition als Entscheidungsproblem. In: Betriebswirtschaftliche Forschung und Praxis, Vol. 32, Nr. 3.

Michl, T., Welpe, I., Spörrle, M. und Picot, A. (2010): Der Einfluss affektiver Zustände auf den strategischen Entscheidungsfindungsprozess, In: Organisation und Strategie, Schreyögg, G. und Conrad, P. (Hrsg.), Wiesbaden.

Miles, R. und Snow, C. (1978): Organizational Strategy, Structure, and Process, New York.

Miles, R. und Snow, C. (2003): Organizational Strategy, Structure, and Process, 2. Auflage, Stanford.

Miles, R., Snow, C., Meyer, A. und Coleman Jr., H. (1978): Organizational Strategy, Structure, and Process. In: Academy of Management Review, Vol. 3, Nr. 3, S. 546–562.

Mintzberg, H. (1973): The Nature of Managerial Work.

Mintzberg, H. (1978): Patterns in strategy formation. In: Management Science, Vol. 24, Nr. 9, S. 934–948.

Mintzberg, H. (1979): The structuring of organizations, Englewood Cliffs, N.J.

Mintzberg, H. (1987): The strategy concept: 5 Ps for strategy. In: California Management Review, Vol. 30, Nr. 1, S. 11–32.

Mintzberg, H., Ahlstrand, B. und Lampel, J. (2008): Strategy safari: A guided tour through the wilds of strategic management, 2. Auflage, Hemel Hempstead.

Mirabeau, L. und Maguire, S. (2014): From autonomous strategic behavior to emergent strategy. In: Strategic Management Journal, Vol. 35, Nr. 8, S. 1202–1229.

Misangyi, V. und Acharya, A. (2014): Substitutes or Complements?: A Configurational Examination of Corporate Governance Mechanisms. In: Academy of Management Journal, Vol. 57, Nr. 6, S. 1681–1705.

Mitchell, R., Agle, B. und Wood, D. (1997): Toward a Theory of Stakeholder Identification and Salience: Defining the Principle of Who and What Really Counts. In: Academy of Management Review, Vol. 22, Nr. 4, S. 853–886.

Mitchell, B. und Fredendall, L. (2015): Using McKinsey's model to empirically examine organizational effectiveness among the NBA teams. In: International Journal of Management & Human Resources, Vol. 3, Nr. 1, S. 69–85.

Mitchell, R., Weaver, G., Agle, B., Bailey, A. und Carlson, J. (2016): Stakeholder Agency and Social Welfare: Pluralism and Decision Making in the Multi-Objective Corporation. In: Academy of Management Review, Vol. 41, Nr. 2, S. 252–275.

Müller, J. und Kunisch, S. (2018): Central Perspectives and Debates in Strategic Change Research. In: International Journal of Management Reviews, Vol. 20, Nr. 2, S. 457–482.

Müller, A. und Müller-Stewens, G. (2009): Strategic Foresight: Trendund Zukunftsforschung in Unternehmen – Instrumente, Prozesse, Fallstudien, s.l.

Müller-Stewens, G. und Lechner, C. (2016): Strategisches Management: Wie strategische Initiativen zum Wandel führen, 5. Auflage, Stuttgart.

Mustak, M., Salminen, J., Plé, L. und Wirtz, J. (2021): Artificial intelligence in marketing: Topic modeling, scientometric analysis, and research agenda. In: Journal of Business Research, Vol. 124, S. 389–404.

N

Nalebuff, B. und Brandenburger, A. (1996): Coopetition – kooperativ konkurrieren: Mit der Spieltheorie zum Unternehmenserfolg, Frankfurt.

Ndofor, H., Sirmon, D. und He, X. (2015): Utilizing the firm's resources: How TMT heterogeneity and resulting faultlines affect TMT tasks. In: Strategic Management Journal, Vol. 36, Nr. 11, S. 1656–1674.

Neef, A. und Burmeister, K. (2005): In the long run: Corporate foresight und Langfristdenken in Unternehmen und Gesellschaft, München.

Nelson, D. und Quick, J. (2011): Organizational behavior: Science, The Real World, and You, 7. Auflage, Mason, Ohio.

Nerur, S., Rasheed, A. und Natarajan, V. (2008): The intellectual structure of the strategic management field: an author co-citation analysis. In: Strategic Management Journal, Vol. 29, Nr. 3, S. 319–336.

Neumann, J. von und Morgenstern, O. (2007): Theory of games and economic behavior: Sixtieth-anniversary edition, Princeton.

Nielsen, B. und Nielsen, S. (2013): Top management team nationality diversity and firm performance: A multilevel study. In: Strategic Management Journal, Vol. 34, Nr. 3, S. 373–382.

Nippa, M., Petzold, K. und Kürsten, W. (2002): Corporate Governance: Herausforderungen und Lösungsansätze, Heidelberg.

O

Ocasio, W., Laamanen, T. und Vaara, E. (2018): Communication and attention dynamics: An attention-based view of strategic change. In: Strategic Management Journal, Vol. 39, Nr. 1, S. 155–167.

Oestereich, B. und Schröder, C. (2019): Agile Organisationsentwicklung: Handbuch zum Aufbau anpassungsfähiger Organisationen, München.

Ortmann, G. (2001): Strategie und Strukturation: Strategisches Management von Unternehmen, Netzwerken und Konzernen, Wiesbaden.

Osterwalder, A. und Pigneur, Y. (2011): Business Model Generation: Ein Handbuch für Visionäre, Spielveränderer und Herausforderer, Frankfurt am Main.

P

Parker-Lue, S. und Lieberman, M. (2020): The impact of diversification on task performance: Evidence from kidney transplant centers. In: Strategic Management Journal, Vol. 41, Nr. 7, S. 1169–1190.

Pascale, R. und Athos, A.(1981): The Art of Japanese Management. New York.

Paul, H. und Wollny, V. (2020): Instrumente des strategischen Managements: Grundlagen und Anwendung, 3. Auflage, Berlin, Boston.

Penrose, E. (1959): The theory of the growth of the firm.

Peters, T. und Waterman, R. (1982): In search of excellence: Lessons from America's best-run companies, New York.

Pettigrew, A. 1973: The Politics of Organizational Decision Making, London.

Pettigrew, A., Thomas, H. und Whittington, R. (2006b): Strategic Management: The Strengths and Limitations of a Field, In: Handbook of strategy and management, Pettigrew, A.M., Thomas, H. und Whittington, R. (Hrsg.), London, Thousand Oaks, CA.

Pettigrew, A.M., Thomas, H. und Whittington, R. (Hrsg.) (2006a): Handbook of strategy and management, London, Thousand Oaks, CA.

Pezeshkan, A., Fainshmidt, S., Nair, A., Lance Frazier, M. und Markowski, E. (2016): An empirical assessment of the dynamic capabilities– performance relationship. In: Journal of Business Research, Vol. 69, Nr. 8, S. 2950–2956.

Pfläging, N. (2003): Beyond budgeting, better budgeting: Ohne feste Budgets zielorientiert führen und erfolgreich steuern, Freiburg.

Popper, R. (2008): How are foresight methods selected? In: foresight, Vol. 10, Nr. 6, S. 62–89.

Porter, M. (1980): Competitive strategy. Techniques for analyzing industries and competitors, New York.

Porter, M. (1981): The contributions of industrial organization to strategic management. In: Academy Management Revue, Vol. 6, Nr. 4, S. 609–620.

Porter, M. (1985): Competitive advantage. Creating and sustaining superior performance, New York.

Porter, M. (2013): Wettbewerbsstrategie: Methoden zur Analyse von Branchen und Konkurrenten = (Competitive strategy), 12. Auflage, Frankfurt/Main.

Porter, M. (2008): The five competitive forces that shape strategy. In: Harvard Business Review, Vol. 86, Nr. 1, S. 78–93.

Porter, M. (2014): Wettbewerbsvorteile: Spitzenleistungen erreichen und behaupten = Competitive Advantages, 8. Auflage, Frankfurt/Main.

Prahalad, C. und Hamel, G. (1990): The Core Competence of the Corporation. In: Harvard Business Review, Vol. 68, Nr. 3, S. 79–91.

Prahalad, C. und Hamel, G. (2001): Nur Kernkompetenzen sichern das Überleben. In: Strategie. Die brillanten Beiträge der weltbesten Experten. Montgomery, C.A. und Porter, M.E. (Hrsg.), Wien.

Prescott, J. E. und Filatotchev, I. (2021): The Business Model Phenomenon: Towards Theoretical Relevance. In: Journal of Management Studies, Vol. 58, Nr. 2, S. 517–527.

Q

Qiu, T. (2008): Scanning for competitive intelligence: a managerial perspective. In: European Journal of Marketing, Vol. 42, Nr. 7/8, S. 814–835.

Queen, P. (2015): Enlightened Shareholder Maximization: Is this Strategy Achievable? In: Journal of Business Ethics, Vol. 127, Nr. 3, S. 683–694.

Quinn, J. (1980): Strategies for change. Logical Incrementalism., Homewood, ILL.

Quinn, R. und Cameron, K. (1983): Organizational life cycles and shifting criteria of effectiveness: Some preliminary evidence. In: Management Science, Vol. 29, Nr. 1, S. 33–51.

Quinn, R. und Rohrbaugh, J. (1983): A spatial model of effectiveness criteria: Towards a competing values approach to organizational analysis. In: Management Science, Vol. 29, Nr. 3, S. 363–377.

R

Rabetino, R., Kohtamäki, M. und Federico, J. (2021): A (Re)view of the Philosophical Foundations of Strategic Management. In: International Journal of Management Reviews, Vol. 23, Nr. 2, S. 151-190.

Raisch, S., Birkinshaw, J., Probst, G. und Tushman, M. (2009): Organizational Ambidexterity: Balancing Exploitation and Exploration for Sustained Performance. In: Organization Science, Vol. 20, Nr. 4, S. 685–695.

Ramos-Rodríguez, A.-R. und Ruíz-Navarro, J. (2004): Changes in the intellectual structure of strategic management research: a bibliometric study of the Strategic Management Journal, 1980–2000. In: Strategic Management Journal, Vol. 25, Nr. 10, S. 981–1004.

Rappaport, A. 1981: Selecting strategies that create shareholder value. In: Harvard Business Review, Vol. 59, Nr. 3, S. 139–149.

Raps, A. (2017): Erfolgsfaktoren der Strategieimplementierung: Konzeption, Instrumente und Fallbeispiele, 4. Auflage, Wiesbaden.

Razmi, J., Mehrvar, M. und Hassani, A. (2020): An Assessment Model of McKinsey 7S Model-Based Framework for Knowledge Management Maturity in Agility Promotion. In: Journal of Information & Knowledge Management, Vol. 19, Nr. 04, 2050036.

Reisinger, S. (2007): Strategisches Management in Österreichs Klein- und Mittelunternehmen des produzierenden Sektors, Linz.

Reisinger, S. und Lehner, J. (2015): Navigating a family business through a changing environment: Findings from a longitudinal study. In: Review of Managerial Science, Vol. 9, Nr. 2, S. 411–429.

Reisinger, S., Lehner, J. und Strehl, F. (2017): Creating Competitiveness: Erfolgreich in einer globalisierten, digitalen Welt. Studienbericht, Linz.

Ricciotti, F. (2020): From value chain to value network: a systematic literature review. In: Management Review Quarterly, Vol. 70, Nr. 2, S. 191–212.

Riemann, F. (1961): Grundformen der Angst und die Antinomien des Lebens, München u.a.

Rietveld, J. und Schilling, M. A. (2021): Platform Competition: A Systematic and Interdisciplinary Review of the Literature. In: Journal of Management, Vol. 47, Nr. 6, S. 1528–1563.

Ringland, G. (2010): The role of scenarios in strategic foresight. In: Technological Forecasting and Social Change, Vol. 77, Nr. 9, S. 1493– 1498.

Robinson, C. V., Ahmad, F. und Simmons, J. E. (2021): Consolidation and fragmentation in environmental scanning: A review and research agenda. In: Long Range Planning, Vol. 54, Nr. 3, 101997.

Rogers, D. (2016): The Digital Transformation Playbook: Rethink Your Business for the Digital Age, New York.

Rohrbeck, R., Battistella, C. und Huizingh, E. (2015): Corporate foresight: An emerging field with a rich tradition. In: Technological Forecasting and Social Change, Vol. 101, December 2015, S. 1–9.

Rohrbeck, R. und Gemünden, H. (2011): Corporate foresight: Its three roles in enhancing the innovation capacity of a firm. In: Technological Forecasting and Social Change, Vol. 78, Nr. 2, S. 231–243.

Rohrbeck, R. und Kum, M. E. (2018): Corporate foresight and its impact on firm performance A longitudinal analysis. In: Technological Forecasting and Social Change, Vol. 129, S. 105–116.

Romanelli, E. und Tushman, M. 1994: Organizational transformation as punctuated equilibrium: An empirical test. In: Academy of Management Journal, Vol. 37, Nr. 5, S. 1141–1166.

Rosell, D. (2014): Implementation of Open Innovation Strategies - A Buyer-Supplier Perspective. In: International Journal of Innovation Management, Vol. 18, Nr. 06, S. 1–23.

Rosenkranz, F. (2006): Geschäftsprozesse Modell- und computergestützte Planung, Berlin.

Roundy, P., Dai, Y., Bayer, M. und Byun, G. (2016): Motivated to change? TMT regulatory focus and strategic change. In: Management Research Review, Vol. 39, Nr. 7, S. 803–829.

Rüegg-Stürm, J. (2003): Organisation und Organisationaler Wandel. Eine theoretische Erkundung aus konstruktivistischer Sicht. 2. Auflage. Wiesbaden.

Rüegg-Stürm, J. und Grand, S. (2015): Das St. Galler Management-Modell. 4. Generation, 2. Auflage, Bern.

Rüegg-Stürm, J. und Grand, S. (2020): Das St. Galler Management-Modell: Management in einer komplexen Welt. 2. Auflage.

Rumelt, R. (1974): Strategy, Structure, and Economic Performance.

Rumelt, R. (1982): Diversification Strategy and Profitability. In: Strategic Management Journal, Vol. 3, Nr. 4, S. 359–369.

S

Sackmann, S. (2017): Unternehmenskultur: Erkennen - Entwickeln - Verändern. Erfolgreich durch kulturbewusstes Management. 2. Auflage, München.

Sackmann, S. (2006): Assessment, evaluation, improvement: success through corporate culture: = Messen, werten, optimieren – Erfolg durch Unternehmenskultur. In: Assessment, evaluation, improvement: success through corporate culture.

Saebi, T. und Foss, N. (2015): Business models for open innovation: Matching heterogeneous open innovation strategies with business model dimensions. In: European Management Journal, Vol. 33, Nr. 3, S. 201–213.

Salomo, S., Talke, K. und Strecker, N. (2008): Innovation Field Orientation and Its Effect on Innovativeness and Firm Performance. In: Journal of Product Innovation Management, Vol. 25, Nr. 6, S. 560–576.

Saraiva, H. (2011): The Balanced Scorecard: The Evolution of the Concept and Its Effects on Change in Organizational Management. In: EBS Review, Nr. 28, S. 53–66.

Schallmo, D. (2013): Geschäftsmodell-Innovation: Grundlagen, bestehende Ansätze, methodisches Vorgehen und B2B-Geschäftsmodelle, Wiesbaden.

Schallmo, D., Rusnjak, A., Anzengruber, J., Werani, T. und Jünger, M. (Hrsg.) (2017): Digitale Transformation von Geschäftsmodellen, Wiesbaden.

Schäppi, B, Andreasen, M., Kirchgeorg, M. und Rademacher, F. (2005): Handbuch Produktentwicklung, München.

Schein, E. und Schein, P. (2017): Organizational culture and leadership, 5. Auflage, San Francisco.

Schell, S. und Bischof, N. (2021): Change the way of working. Ways into self-organization with the use of Holacracy: An empirical investigation. European Management Review. May 2021:1. doi:10.1111/emre.12457

Scherer, A. und Beyer, R. (1998): Der Konfigurationsansatz im Strategischen Management – Rekonstruktion und Kritik. In: Der Betriebswirt, Vol. 58, Nr. 3, S. 332–347, Nürnberg.

Scheuss, R. (2016): Handbuch der Strategien: 240 Konzepte der weltbesten Vordenker, 3. Auflage, Frankfurt.

Schewe, G. (1998): Strategie und Struktur: Eine Re-Analyse empirischer Befunde und Nicht-Befunde. Univ., Habil-Schr., Kiel, 1998, Tübingen.

Schewe, G. (2018): Unternehmensverfassung: Corporate governance im Spannungsfeld von Leitung, Kontrolle und Interessenvertretung, 4. Auflage, Berlin, Heidelberg.

Schilke, O., Hu, S. und Helfat, C. E. (2018): Quo Vadis, Dynamic Capabilities? A Content-Analytic Review of the Current State of Knowledge and Recommendations for Future Research. In: Academy of Management Annals, Vol. 12, Nr. 1, S. 390–439.

Schmidt, E., Rosenberg, J. und Eagle, A. (2015): Wie Google tickt, Frankfurt a. M., New York.

Schommer, M., Richter, A. und Karna, A. (2019): Does the Diversification–Firm Performance Relationship Change Over Time? A Meta-Analytical Review. In: Journal of Management Studies, Vol. 56, Nr. 1, S. 270–298.

Schreyer, M. (2007): Entwicklung und Implementierung von Performance-measurement-Systemen, Wiesbaden.

Schreyögg, G. (2016): Wachstumsschwellen in Gründerunternehmen: Die Pionierkrise, In: Handbuch Entrepreneurship, G. Faltin (Hrsg.), Wiesbaden.

Schreyögg, G. und Geiger, D. (2016): Organisation: Grundlagen moderner Organisationsgestaltung, 6. Auflage, Wiesbaden.

Schreyögg, G. und Koch, J. (2014): Grundlagen des Managements: Basiswissen für Studium und Praxis, 3. Auflage, Wiesbaden.

Schreyögg, G. und Steinmann, H. (1985): Strategische Kontrolle. In: Zeitschrift für betriebswirtschaftliche Forschung, Vol. 37, Nr. 5, S. 391–410.

Schuh, G. 2012: Innovationsmanagement: Handbuch Produktion und Management 3, 2. Auflage, Berlin, Heidelberg.

Seidl, D. und Whittington, R. (2014): Enlarging the Strategy-as-Practice Research Agenda: Towards Taller and Flatter Ontologies. In: Organization Studies, Vol. 35, Nr. 10, S. 1407–1421.

Seidl, D., Whittington, R. und Krogh, G. von. (2019): Cambridge handbook of open strategy. Cambridge, New York, New Delhi, Port Melbourne, Singapore.

Sepp, H. (1996): Strategische Frühaufklärung: Eine ganzheitliche Konzeption aus ökologieorientierter Perspektive, Wiesbaden.

Short, J., Payne, G. und Ketchen, D. (2008): Research on Organizational Configurations: Past Accomplishments and Future Challenges. In: Journal of Management, Vol. 34, Nr. 6, S. 1053–1079.

Simon, H. (1972): Theories of Bounded Rationality, In: Decision and Organization, C.B. McGuire, R. Radner und K.J. Arrow (Hrsg.).

Simon, H. (2012): Hidden Champions – Aufbruch nach Globalia: Die Erfolgsstrategien unbekannter Weltmarktführer, Frankfurt am Main.

Simsek, Z., Fox, B. und Heavey, C. (2015): What's Past Is Prologue? In: Journal of Management, Vol. 41, Nr. 1, S. 288–317.

Singh, A. (2013): A Study of Role of McKinsey's 7S Framework in Achieving Organizational Excellence. In: Organization Development Journal, Vol. 31, Nr. 3, S. 39–50.

Smith, C. (2003): Strategy as Numbers, In: Images of strategy, S. Cummings und D. Wilson (Hrsg.).

Specht, G. und Fritz, W. 2005: Distributionsmanagement, 4. Auflage, Stuttgart.

Spieth, P., Schneckenberg, D. und Matzler, K. (2016): Exploring the linkage between business model (&) innovation and the strategy of the firm. In: R&D Management, Vol. 46, Nr. 3, S. 403–413.

Spieth, P., Schneckenberg, D. und Ricart, J. (2014): Business model innovation - state of the art and future challenges for the field. In: R&D Management, Vol. 44, Nr. 3, S. 237–247.

Sprenger, R. (2021): Mythos Motivation: Wege aus einer Sackgasse, 20. Auflage, Frankfurt, a. M., New York.

Sprenger, R. (2012): Radikal führen, Frankfurt am Main.

Stadelmann, M. und Neureiter, M. (2020): Das CRM-Kompetenzmodell – Basis einer konsequent kundenorientierten Unternehmensgestaltung, In: Stadelmann, M. and Pufahl, M. und Laux, D. (Eds.): CRM goes digital: Digitale Kundenschnittstellen in Marketing, Vertrieb und Service exzellent gestalten und nutzen, Wiesbaden.

Staehle, W., Conrad, P. und Sydow, J. (1999): Management: Eine verhaltenswissenschaftliche Perspektive, 8. Auflage, München.

Stähler, P. (2014): Geschäftsmodellinnovationen oder sein Geschäft radikal neudenken, In: Kompendium Geschäftsmodell-Innovation. Grundlagen, aktuelle Ansätze und Fallbeispiele zur erfolgreichen Geschäftsmodell-Innovation, D. R. Schallmo (Hrsg.), Wiesbaden.

Steinmann, H. und Schreyögg, G. (2005): Management: Grundlagen der Unternehmensführung; Konzepte – Funktionen – Fallstudien, 6. Auflage, Wiesbaden.

Stock, R. und Schnarr, N. (2016): Exploring the product innovation outcomes of corporate culture and executive leadership. In: International Journal of Innovation Management, Vol. 20, Nr. 1, S. 1650009.

Strauch, B. und Reijmer, A. (2020): Soziokratie: Kreisstrukturen als Organisationsprinzip zur Stärkung der Mitverantwortung des Einzelnen, 2. Auflage, München.

Suarez, F., Grodal, S. und Gotsopoulos, A. (2015): Perfect timing?: Dominant category, dominant design, and the window of opportunity for firm entry. In: Strategic Management Journal, Vol. 36, Nr. 3, S. 437– 448.

Suddaby, R. und Foster, W. M. (2017): History and Organizational Change. In: Journal of Management, Vol. 43, Nr. 1, S. 19–38.

Sydow, J. (2015): Networks, Persistence and Change—A Path Dependence Perspective, In: Management of permanent change, H. Albach, H. Meffert, A. Pinkwart und R. Reichwald (Hrsg.), Wiesbaden.

Sydow, J. und Wirth, C. (Hrsg.) (2014): Organisation und Strukturation, Wiesbaden.

T

Tasheva, S. und Hillman, A. J. (2019): Integrating Diversity at Different Levels: Multilevel Human Capital, Social Capital, and Demographic Diversity and Their Implications for Team Effectiveness. In: Academy of Management Review, Vol. 44, Nr. 4, S. 746–765.

Teece, D. J. (2007): Explicating dynamic capabilities: the nature and microfoundations of (sustainable) enterprise performance. In: Strategic Management Journal, Vol. 28, Nr. 13, S. 1319–1350.

Teece, D. (2010): Business Models, Business Strategy and Innovation. In: Long Range Planning, Vol. 43, Nr. 2-3, S. 172–194.

Teece, D. (2012): Dynamic Capabilities: Routines versus Entrepreneurial Action. In: Journal of Management Studies, Vol. 49., Nr. 8, S. 1395– 1401.

Teece, D. (2018): Business models and dynamic capabilities. In: Long Range Planning, Vol. 51, Nr. 1, S. 40–49.

Teece, D., Pisano, G. und Shuen, A. (1997): Dynamic Capabilities and Strategic Management. In: Strategic Management Journal, Vol. 18, Nr. 7, S. 509–533.

Terstiege, M. (2021): KI als Treiber für Marketing und Vertrieb, in: Terstiege, M. (Ed.): KI in Marketing & Sales – Erfolgsmodelle aus Forschung und Praxis, Wiesbaden.

Thietart, R.-A. (2016): Strategy dynamics: Agency, path dependency, and self-organized emergence. In: Strategic Management Journal, Vol. 37, Nr. 4, S. 774–792.

Thissen, S. (2000): Strategisches Desinvestitionsmanagement, Frankfurt am Main, Tübingen.

Thompson, A., Strickland, A., Gamble, J. und Peteraf, M. (2021): Crafting and executing strategy: The quest for competitive advantage; concepts and cases, 23. Auflage, New York.

Tidhar, R. und Eisenhardt, K. M. (2020): Get rich or die trying... finding revenue model fit using machine learning and multiple cases. In: Strategic Management Journal, Vol. 41, Nr. 7, S. 1245–1273.

Timsit, J.-P., Castiaux, A., Truong, Y., Athaide, G. und Klink, R. (2015): The effect of market-pull vs. resource-push orientation on performance when entering new markets. In: Journal of Business Research, Vol. 68, Nr. 9, S. 2005–2014.

U

Ulrich, H. (1990): Unternehmenspolitik, 3. Auflage, Bern, Stuttgart.

Ungericht, B. (2012): Strategiebewusstes Management: Konzepte und Instrumente für nachhaltiges Handeln, München u.a.

Untiedt, R., Nippa, M. und Pidun, U. (2012): Corporate Portfolio Analysis Tools Revisited: Assessing Causes that May Explain Their Scholarly Disdain. In: International Journal of Management Reviews, Vol. 14, Nr. 3, S. 263–279.

V

van Bruggen, G., Antia, K., Jap, S., Reinartz, W. und Pallas, F. (2010): Managing Marketing Channel Multiplicity. In: Journal of Service Research, Vol. 13, Nr. 3, S. 331–340.

van de Ven, A. und Ferry, D. (1980): Measuring and assessing organizations, New York.

van de Ven, A. und Poole, M. (1995): Explaining Development and Change in Organizations. In: Academy of Management Review, Vol. 20, Nr. 3, S. 510–540.

van Marrewijk, A. (2016): Conflicting Subcultures in Mergers and Acquisitions: A Longitudinal Study of Integrating a Radical Internet Firm into a Bureaucratic Telecoms Firm. In: British Journal of Management, Vol. 27, Nr. 2, S. 338–354.

Vecchiato, R. (2015): Creating value through foresight: First mover advantages and strategic agility. In: Technological Forecasting and Social Change, Vol. 101, December 2015, S. 25–36.

Vermunt, D., Negro, S., Verweij, P., Kuppens, D. und Hekkert, M. (2019): Exploring barriers to implementing different circular business models. In: Journal of Cleaner Production, Vol. 222, S. 891-902.

Vogel, R. und Güttel, W. (2013): The dynamic capability view in strategic management: a bibliometric review. In: International Journal of Management Reviews, Vol. 15, Nr. 4, S. 426–446.

Vollmuth, H. und Zwettler, R. (2019): Kennzahlen, 4. Auflage, Freiburg.

Vuorinen, T., Hakala, H., Kohtamäki, M. und Uusitalo, K. (2018): Mapping the landscape of strategy tools: A review on strategy tools published in leading journals within the past 25 years. In: Long Range Planning, Vol. 51, Nr. 4, S. 586–605.

W

Wang, H., Tong, L., Takeuchi, R. und George, G. (2016): Corporate Social Responsibility: An Overview and New Research Directions: Thematic Issue on Corporate Social Responsibility. In: Academy of Management Journal, Vol. 59, Nr. 2, S. 534–544.

Wang, K. (2017): Technology Deployment by late Movers. In: International Journal of Innovation Management, Vol. 21, Nr. 04, S. 1750040.

Wang, Q., Dou, J. und Jia, S. (2016): A Meta-Analytic Review of Corporate Social Responsibility and Corporate Financial Performance: The Moderating Effect of Contextual Factors. In: Business & Society, Vol. 55, Nr. 8, S. 1083–1121.

Watzlawick, P. (2011): Anleitung zum Unglücklichsein, 19. Auflage, München.

Watzlawick, P. (2015): Man kann nicht nicht kommunizieren: Das Lesebuch, 2. Auflage, Bern.

Watzlawick, P., Bavelas, J. und Jackson, D. (2016): Menschliche Kommunikation: Formen, Störungen, Paradoxien, 13. Auflage, Bern.

Weber, J., Bramsemann, U., Heineke, C. und Hirsch, B. (2017): Wertorientierte Unternehmenssteuerung: Konzepte – Implementierung – Praxis-Statement, 2. Auflage, Wiesbaden.

Weiser, A.-K., Jarzabkowski, P. und Laamanen, T. (2020): Completing the Adaptive Turn: An Integrative View of Strategy Implementation. In: Academy of Management Annals, Vol .14, Nr. 2, S. 969–1031.

Weiser, A.-K. (2021): The Role of Substantive Actions in Sensemaking During Strategic Change. In: Journal of Management Studies, Vol. 58, Nr. 3, S. 815–848.

Welch, J. (2001): GE Annual Report 2000, Fairfield.

Welge, M., Al-Laham, A., Eulerich M. (2017): Strategisches Management: Grundlagen – Prozess – Implementierung, 7. Auflage, Wiesbaden.

Wenzel, M., Stanske, S. und Lieberman, M. B. (2020): Strategic responses to crisis. Strategic Management Journal. Advance online publication. https://doi.org/10.1002/smj.3161.

Wernerfelt, B. (1984): A resource-based view of the firm. In: Strategic Management Journal, Vol. 5, Nr. 2, S. 171–180.

Westerman, G., Bonnet, D. und McAfee, A. (2014): Leading digital: Turning technology into business transformation, Boston, Mass.

Wheelen, T., Hunger, J., Hoffman, A. und Bamford, C. (2018): Concepts in strategic management and business policy: Globalization, innovation, and sustainability, 15. Auflage, Boston.

Whittington, R. (1996): Strategy as Practice. In: Long Range Planning, Vol. 29, Nr. 5, S. 731–735.

Whittington, R. (2006): Completing the Practice Turn in Strategy Research. In: Organization Studies, Vol. 27, Nr. 5, S. 613–634.

Whittington, R., Regnér P., Angwin, D., Johnson, G. und Scholes (2020): Exploring Strategy, 12. Auflage, Harlow.

Wieser, D. (2014): Mittlere Manager in Veränderungsprozessen, Wiesbaden.

Wild, J. (1974): Grundlagen der Unternehmungsplanung, Reinbek (bei Hamburg).

Wilson, H. und Daniel, E. (2007): The multi-channel challenge: A dynamic capability approach. In: Industrial Marketing Management, Vol. 36, Nr. 1, S. 10–20.

Wirtz, B., Pistoia, A., Ullrich, S. und Göttel, V. (2016): Business Models: Origin, Development and Future Research Perspectives. In: Long Range Planning, Vol. 49, Nr. 1, S. 36–54.

Witte, E. (1973): Organisation für Innovationsentscheidungen: Das Promotoren-Modell, Göttingen.

Wöltje, J. (2015): Betriebswirtschaftliche Formeln, 4. Auflage, Freiburg, Br.

Woo, C. und Cooper, A. (1981): Strategies of Effective Low Share Businesses. In: Strategic Management Journal, Vol. 2, Nr. 3, S. 301–318.

Wright, P., Pringle, C. und Kroll, M. (1994): Strategic management: Text and cases, 2. Auflage, Boston.

Wulf, T. (2005): Diversifikationserfolg – eine top-management-orientierte Perspektive: Habilitationsschrift, Nürnberg.

Y

Yang, F., Huang, X. und Wu, L. (2019): Experiencing meaningfulness climate in teams: How spiritual leadership enhances team effectiveness when facing uncertain tasks. In: Human Resource Management, Vol. 58, Nr. 2, S. 155–168.

Z

Zahra, S. (2021): The Resource-Based View, Resourcefulness, and Resource Management in Startup Firms: A Proposed Research Agenda. In: Journal of Management, Vol. 47, Nr. 7, S. 1841–1860.

Zahra, S. und Sharma, P. (2004): Family Business Research: A Strategic Reflection. In: Family Business Review, Vol. 18, Nr. 4, S. 331–346.

Zäpfel, G. (2000): Strategisches Produktions-Management, 2. Auflage, München.

Zhang, C., Tan, J. und Tan, D. (2016): Fit by adaptation or fit by founding? A comparative study of existing and new entrepreneurial cohorts in China. In: Strategic Management Journal, Vol. 37, Nr. 5, S. 911–931.

Zhukov, D., Kanishchev, V. und Lyamin, S. (2016): Application of the Theory of Self-Organized Criticality to the Investigation of Historical Processes. In: SAGE Open, Vol. 6, Nr. 4, 215824401668321.

Zott, C., Amit, R. und Massa, L. (2011): The Business Model: Recent Developments and Future Research. In: Journal of Management, Vol. 37, Nr. 4, S. 1019–1042.

Stichwortverzeichnis

Symbole

A

B

C

D

E

F

G

H

I

K

L

M

N

O

P

R

S

T

U

V

W

Z